"十三五"国家重点出版物
出版规划项目

卫星导航工程技术丛书

GNSS-R 卫星测高方法及水下导航应用

Methodology on GNSS-R Satellite Altimetry and Its Application in Underwater Navigation

郑伟　李伟强　李钊伟　吴凡　著

国防工业出版社

·北京·

图书在版编目(CIP)数据

GNSS-R卫星测高方法及水下导航应用/郑伟等著. —北京:国防工业出版社,2022.6
(卫星导航工程技术丛书)
ISBN 978-7-118-12480-4

Ⅰ.①G… Ⅱ.①郑… Ⅲ.①卫星测高-研究②水下-导航系统-研究 Ⅳ.①P228.3②TN967.2

中国版本图书馆 CIP 数据核字(2022)第 091370 号

※

国防工業出版社出版发行
(北京市海淀区紫竹院南路23号 邮政编码100048)
三河市腾飞印务有限公司印刷
新华书店经售

*

开本 710×1000 1/16 插页5 印张23¼ 字数400千字
2022年6月第1版第1次印刷 印数1—2000册 定价168.00元

(本书如有印装错误,我社负责调换)

国防书店:(010)88540777　　书店传真:(010)88540776
发行业务:(010)88540717　　发行传真:(010)88540762

致 读 者

本书由中央军委装备发展部**国防科技图书出版基金**资助出版。

为了促进国防科技和武器装备发展,加强社会主义物质文明和精神文明建设,培养优秀科技人才,确保国防科技优秀图书的出版,原国防科工委于1988年初决定每年拨出专款,设立国防科技图书出版基金,成立评审委员会,扶持、审定出版国防科技优秀图书。这是一项具有深远意义的创举。

国防科技图书出版基金资助的对象是:

1. 在国防科学技术领域中,学术水平高,内容有创见,在学科上居领先地位的基础科学理论图书;在工程技术理论方面有突破的应用科学专著。

2. 学术思想新颖,内容具体、实用,对国防科技和武器装备发展具有较大推动作用的专著;密切结合国防现代化和武器装备现代化需要的高新技术内容的专著。

3. 有重要发展前景和有重大开拓使用价值,密切结合国防现代化和武器装备现代化需要的新工艺、新材料内容的专著。

4. 填补目前我国科技领域空白并具有军事应用前景的薄弱学科和边缘学科的科技图书。

国防科技图书出版基金评审委员会在中央军委装备发展部的领导下开展工作,负责掌握出版基金的使用方向,评审受理的图书选题,决定资助的图书选题和资助金额,以及决定中断或取消资助等。经评审给予资助的图书,由中央军委装备发展部国防工业出版社出版发行。

国防科技和武器装备发展已经取得了举世瞩目的成就,国防科技图书承担着记载和弘扬这些成就,积累和传播科技知识的使命。开展好评审工作,使有限的基金发挥出巨大的效能,需要不断摸索、认真总结和及时改进,更需要国防科技和武器装备建设战线广大科技工作者、专家、教授,以及社会各界朋友的热情支持。

让我们携起手来,为祖国昌盛、科技腾飞、出版繁荣而共同奋斗!

国防科技图书出版基金

评审委员会

国防科技图书出版基金
2019 年度评审委员会组成人员

主 任 委 员　吴有生
副主任委员　郝　刚
秘 书 长　郝　刚
副 秘 书 长　刘　华　　袁荣亮
委　　　员　于登云　王清贤　王群书　甘晓华　邢海鹰
（按姓氏笔画排序）刘　宏　孙秀冬　芮筱亭　杨　伟　杨德森
　　　　　　肖志力　何　友　初军田　张良培　陆　军
　　　　　　陈小前　房建成　赵万生　赵凤起　郭志强
　　　　　　唐志共　梅文华　康　锐　韩祖南　魏炳波

序

　　潜器是实现我国未来海洋强国建设的重要支撑,由于其隐蔽性好、突击力强、作战半径大、对制空权和制海权依赖性低,在战略性打击中起决定性作用,因而是世界军事强国海上攻防的中坚力量。潜器导航系统主要由惯性导航系统(陀螺仪和加速度计)组成,可为潜器航行和潜射武器精准打击提供有利条件,但惯导系统存在误差随时间累积的缺点,因此需进行外部校正。目前国际水下惯性/重力组合导航精度为百米级,我国仍以惯性导航(如静电陀螺仪)为主,正加紧开展水下惯性/重力组合导航理论方法研究和关键技术攻关。水下惯性/重力组合导航系统主要包括全球高精度和高空间分辨率重力场基准图、高精度重力仪/重力梯度仪、重力匹配算法等。目前国际获取全球海洋重力场的常规手段是卫星高度计测高,但其数据在全球尺度空间分辨率较低(约100km)。满足水下高精度导航要求的100m级分辨率和厘米级精度的全球海面测高方法在国际上仍为空白。新一代卫星测高技术——全球导航卫星系统反射技术(GNSS-R)是基于GNSS信号经海面反射到接收机的路程相对于GNSS信号直射到接收机的路程差进行海面测高,其优点为可同时多发多收,信号发射源是未来在轨正常运行的100余颗GNSS卫星,信号接收源可以是多颗低轨GNSS-R测高卫星,观测对象是处于镜面反射点处的海表面。GNSS-R测高相比高度计测高具有信号源丰富、成本低等优势,可通过多颗GNSS-R测高星座实现高时空分辨率全球海面测高,其测高精度经岸基和空基验证与高度计相当(厘米级)。

　　本书开展了GNSS-R卫星测高方法及水下导航应用研究,研究成果力争为我国将来新一代GNSS-R测高星座的立项规划提供支撑。主要研究内容包括:基于新一代GNSS-R星座海面测高原理提高水下惯性/重力组合导航精度研究进展;GNSS-R卫星海面测高基本原理;GNSS-R海面风场测量及反射信号处理方法;GNSS-R海面测高及反射信号处理方法;海面有效波高测量及信号处理方法;GNSS反射信号接收处理平台设计;GNSS海面测高反射信号的部分干涉处理;互调分量对干涉GNSS-R测量的影响;基于TechDemoSat-1星载GNSS-R的海冰相位测高;GNSS-R波形统计及其对测高反演的影响;利用CYGNSS计划获取的星载GNSS-R数据测量湖泊水位与表面地形;基于重力场-法向投影反射参考面组合修正法提高GNSS-R镜面反射点定位精度;基于海洋潮汐时变高程修正定位法提高星载GNSS-R镜面反射点海面定位精度;基于星载下视天线观测能力优化法提高 GNSS-R 测高卫星接收海面反射信号数量;基于测地线周期性航向控制法提高水下地形匹配导航的匹配效率;基于分层邻域阈值搜索法提高水下潜器重力匹配导航的匹配效率;基于主成分加权平均归一化法优选水下重力匹配导航适配区;基于先验递推迭代最小二乘误匹配修正法提高水下潜器重力匹配导航的可靠性。

  本书不仅为我国卫星测高学、水下导航学等相关学科交叉研究做出较大贡献,一定程度提升我国在该领域的研究水平和国际影响,也为解决我国将来新一代 GNSS-R 测高星座系统的关键技术难题提供科学依据和理论方法应用服务,具有重要的军事意义、经济价值和社会效益。本书总结了国防科技创新特区创新工作站项目、中央军委科技委前沿科技创新项目、国家自然科学基金项目等国家和省部级项目的研究成果,主要围绕"GNSS-R 卫星测高方法及水下导航应用"开展论述,旨在为我国新一代 GNSS-R 卫星测高计划的成功实施提供可行性的理论基础和应用支持。本书紧跟国际卫星测高和水下导航的最新热点,以解决航天、测绘、海洋等交叉研究领域的前沿性科学问题为导向,以满足我国迫切提出的科学和国防需求为牵引,提出了一系列具有我国特色和科学适用的技术方案,培养了一批相关交叉研究领域的优秀青年科技人才。本书研究成果为"我国新一代 GNSS-R 卫星测高计划实施"起到重要作用,为"航天强国"和"海洋强国"建设提供了有力支撑,读后受益匪浅。为此,将我的读后感受写成"序"供作者和读者参考。如有不妥之处,请不吝赐教。

  我殷切希望此书能对在卫星测高和水下导航领域读者的学习和科研提供有力帮助,并能对我国新一代 GNSS-R 卫星测高研究领域的快速发展起到促进作用。衷心祝愿作者今后在基于 GNSS-R 卫星测高原理提高水下组合导航精度研究工作中取得更大进步,同时也祝愿所有从事卫星测高学和水下导航学研究的学者们为我国对地观测和国防安全做出更大贡献。

中国科学院院士 房建成

北京航空航天大学

2021 年 7 月 28 日

前 言

水下潜器是保卫我国海防安全的主力军。水下导航精度是水下潜器航行隐蔽性和打击精确性的决定因素,然而目前我国水下潜器导航精度与国际先进水平存在较大差距,严重制约了水下潜器的战斗力。海洋重力匹配导航是对水下潜器惯导漂移误差进行必要修正,进而提高隐蔽性和导航精度的最佳手段。目前获取全球海洋重力场的常规手段是卫星高度计测高,但其数据在全球尺度空间分辨率较低(约100km)。全球导航卫星系统反射技术(GNSS-R)作为新一代测高技术,其原理是利用 GNSS 海面反射信号与直射信号到达接收机的路程差实现测高。GNSS-R 技术相比高度计具有信号源丰富和成本低等优点,通过多颗 GNSS-R 卫星组网可实现高空间分辨率全球海面测高,其测高精度经岸基和空基实验验证与高度计相当(厘米级)。本书旨在基于新一代 GNSS-R 测高星座原理,突破实现厘米级测高精度及百米级空间分辨率的全球海面测高关键技术,力争为获得高分辨率和高精度全球海洋重力场基准图,进而提高水下潜器导航精度(百米级)提供理论基础和方法支持。本书提出的高分辨率和高精度 GNSS-R 海面测高理论方法和关键技术具有成本低、覆盖广、全天候、全天时等特点,有利于为海面高度测量、海面风场反演、海洋跃层探测、海底地震监测、海面有效波高测量、土壤湿度测量、海冰测量等军民应用提供理论和方法支持。

为了适应航天、测绘、海洋等交叉学科的发展,我国很多高等院校都为空间大地测量和海洋测绘专业的本科生和研究生开设了"卫星测高学"和"水下导航学"等相关课程。本书为满足此方面的教学和科研需要撰写而成,全书共 18 章。第 1 章基于新一代 GNSS-R 星座海面测高原理提高水下惯性/重力组合导航精度研究进展;第 2 章 GNSS-R 卫星海面测高基本原理;第 3 章 GNSS-R 海面风场测量及反射信号处理方法;第 4 章 GNSS-R 海面测高及反射信号处理方法;第 5 章海面有效波高测量及信号处理方法;第 6 章 GNSS 反射信号接收处理平台设计;第 7 章 GNSS 海面测高反射信号的部分干涉处理;第 8 章互调分量对干涉 GNSS-R 测量的影响;第 9 章基于 TechDemoSat-1 星载 GNSS-R 的海冰相位测高;第 10 章 GNSS-R 波形统计及其对测高反演的影响;第 11 章利用 CYGNSS 计划获取的星载 GNSS-R 数据测量湖泊水位与表面地形;第 12 章基于重力场-法向投影反射参考面组合修正法提高 GNSS-R 镜面反射点定位精度;第 13 章基于海洋潮汐时变高程修正定位法提高星载GNSS-R镜面反射点海面定位精度；第14章基于星载下视天线观测能力优化法提高GNSS-R测高卫星接收海面反射信号数量；第15章基于测地线周期性航向控制法提高水下地形匹配导航的匹配效率；第16章基于分层邻域阈值搜索法提高水下潜器重力匹配导航的匹配效率；第17章基于主成分加权平均归一化法优选水下重力匹配导航适配区；第18章基于先验递推迭代最小二乘误匹配修正法提高水下潜器重力匹配导航的可靠性。

本书是第一作者在10余年（2005—2022年）从事卫星重力/测高学和水下重力匹配导航学的科研（以第一/通迅作者在国内外权威学术期刊 Surveys in Geophysics（IF=6.673，SCI一区）、Journal of Hydrology（IF=5.722，SCI一区）、Journal of Geophysical Research - Atmospheres（IF=4.261，SCI二区）、IEEE Geoscience and Remote Sensing Letters（IF=3.966，SCI二区）、Progress in Natural Science（IF=3.607，SCI二区）等发表论文140余篇（SCI收录100余篇）；以第一发明人授权/受理国家发明专利56项）和教学工作的基础上扩充和整理而成。本书的出版获得了国防科技国书出版基金，国防科技创新特区创新工作站项目，军委科技委前沿科技创新项目（17-H863-05-ZT-001-022-01、19-H863-05-ZT-001-017-01），国家自然科学基金重点项目（40234039、41131067）、面上项目（41574014、41774014）和青年项目（41004006，结题特优），"兴辽英才计划"攀登学者（科技创新领军人才）项目（XLYC2002082），日本学术振兴会基金项目（B19340129），中国科学院知识创新工程重要方向青年人才项目（KZCX2-EW-QN114），中国科学院卢嘉锡青年人才和青年创新促进会基金等联合资助。项目成果获中国测绘科技进步一等奖（2012年、2018年、2020年，第一完成人）、中国专利优秀奖（第一发明人）、中国地球物理科技进步二等奖（第一完成人）、湖北省自然科学二等奖（第一完成人）、中国科学院卢嘉锡青年人才奖（全国30名/年）、刘光鼎地球物理青年科学技术奖（全国5名/年）、傅承义青年科技奖（全国5名/年）、十佳中国电子学会优秀科技工作者奖（全国10名/年）、中国青年测绘地理信息科技创新人才奖（全国30名/年）、中国地球物理科学技术创新奖（全国2名/年）、中国产学研合作创新奖（全国40名/年）、辽宁省攀登学者奖（全省15名/年）、湖北省新世纪高层次人才工程奖、领跑者5000-中国精品科技期刊顶尖论文奖（排名第一）等30余项。本书的技术成果获西班牙科学院空间科学研究所、澳大利亚纽卡斯尔大学等20个国防、航天、测绘、海洋等部门的应用和好评（应用证明）。

诚挚感谢中央军委装备发展部"国防科技图书出版基金"对本书出版的全额资助；衷心感谢国防工业出版社肖姝等全体编辑在本书出版过程中的辛勤工作和鼎力支持。由于作者的科研和教学水平有限，书中不足之处在所难免。如发现不妥之处，恳请广大读者批评指正，并与本书作者联系（Email：zhengwei1@qxslab.cn），作者将不胜感激。

郑 伟
2022年1月5日

目 录

第1章 绪 论 ... 1
1.1 概述 ... 1
1.2 GNSS-R测高研究进展 ... 2
1.2.1 GNSS-R测高精度研究进展 ... 3
1.2.2 GNSS-R测高空间分辨率研究进展 ... 6
1.3 全球海洋重力场模型的研究进展和未来展望 ... 8
1.3.1 海洋重力场研究概述 ... 9
1.3.2 海洋重力场获取手段研究进展 ... 10
1.3.3 海洋重力场反演理论和方法研究进展 ... 11
1.3.4 全球海洋重力场模型发展历程 ... 17
1.3.5 海洋重力场模型未来展望 ... 25
1.4 水下重力匹配导航研究进展 ... 27
1.4.1 惯性器件发展概况 ... 27
1.4.2 水下匹配导航技术概述 ... 28
1.4.3 水下重力匹配导航系统研究现状及趋势 ... 34
1.5 天空海一体化导航与探测团队研究进展 ... 37
1.5.1 已取得阶段性研究成果 ... 37
1.5.2 预期研究工作 ... 38
1.6 小结 ... 39

第2章 GNSS-R卫星海面测高基本原理 ... 40
2.1 GNSS系统的发展、现状与趋势 ... 41
2.1.1 GPS卫星导航系统 ... 41
2.1.2 GLONASS卫星导航系统 ... 45
2.1.3 GALILEO卫星导航系统 ... 45
2.1.4 北斗卫星导航系统 ... 47
2.1.5 其他卫星导航系统 ... 49

2.1.6　GNSS系统发展趋势 …………………………………………… 49
  2.2　GNSS-R基本原理 ……………………………………………………… 50
   2.2.1　电磁波及反射 ………………………………………………… 50
   2.2.2　GNSS-R中的各种几何关系 ………………………………… 55
   2.2.3　GNSS-R信号特性 …………………………………………… 61
  2.3　GNSS-R技术发展现状 ………………………………………………… 70
   2.3.1　应用领域及应用方法 ………………………………………… 70
   2.3.2　反射信号接收处理方法及接收机设计 ……………………… 72
   2.3.3　GNSS-R技术国内发展现状 ………………………………… 74
  2.4　小结 ……………………………………………………………………… 74

第3章　GNSS-R海面风场测量及反射信号处理方法 ……………………… 76
  3.1　GNSS-R海面风场测量特点及基本流程 …………………………… 76
   3.1.1　GNSS-R海面风场测量特点 ………………………………… 76
   3.1.2　GNSS-R海面风场测量基本流程及算法 …………………… 76
  3.2　理论模型及波形仿真 …………………………………………………… 77
   3.2.1　海面风场与海面摩擦风速 …………………………………… 77
   3.2.2　海浪谱及模型 ………………………………………………… 78
   3.2.3　海面统计特征参数 …………………………………………… 80
   3.2.4　电磁散射模型 ………………………………………………… 81
   3.2.5　海面散射信号的自相关函数及相关功率 …………………… 83
   3.2.6　波形仿真流程 ………………………………………………… 85
   3.2.7　时延多普勒二维相关功率数值仿真 ………………………… 86
  3.3　GNSS-R海面风场测量信号处理方法 ……………………………… 88
   3.3.1　二维相关处理基本流程 ……………………………………… 88
   3.3.2　时延-多普勒二维相关通道设计 …………………………… 89
   3.3.3　二维相关值中本地信号产生方法 …………………………… 91
   3.3.4　二维相关参考点的选取及同步 ……………………………… 94
  3.4　面向风场反演的反射信号接收处理系统、实验及结果 ……………… 95
   3.4.1　面向风场反演的反射信号接收处理系统 …………………… 95
   3.4.2　南海海面风场反演实验及相关结果 ………………………… 96
  3.5　小结 ……………………………………………………………………… 97

第4章　GNSS-R海面测高及反射信号处理方法 …………………………… 98
  4.1　海面高度测量的几何模型 ……………………………………………… 98
   4.1.1　水平地表模型 ………………………………………………… 98

         4.1.2 考虑地球曲率影响的模型 ……………………………………… 99
   4.2 高度测量误差 …………………………………………………………… 100
         4.2.1 高度误差和路径延迟误差 ……………………………………… 100
         4.2.2 路径延迟与时间延迟 …………………………………………… 101
         4.2.3 相位测量误差 …………………………………………………… 102
         4.2.4 电离层误差 ……………………………………………………… 104
         4.2.5 大气延迟模型 …………………………………………………… 106
   4.3 基于载波相位的海面高度测量 ………………………………………… 106
         4.3.1 高度与载波相位 ………………………………………………… 106
         4.3.2 基于直射闭环反射开环的载波相位差提取方法 ……………… 107
   4.4 基于码相位的海面高度测量 …………………………………………… 110
         4.4.1 基于本地副本信号的码相位差提取 …………………………… 110
         4.4.2 基于未知波形信号的码相位差提取 …………………………… 113
   4.5 小结 ……………………………………………………………………… 118

第 5 章 海面有效波高测量及信号处理方法 ……………………………………… 119
   5.1 海面有效波高定义 ……………………………………………………… 119
   5.2 基于 GNSS-R 技术的有效波高常用测量方法 ………………………… 120
         5.2.1 利用函数宽度测量有效波高 …………………………………… 120
         5.2.2 利用干涉复数场测量有效波高 ………………………………… 121
   5.3 基于干涉复数场的 GNSS-R 有效波高测量方法与实现 ……………… 122
         5.3.1 干涉复数场函数的定义及表达式 ……………………………… 122
         5.3.2 干涉复数场函数的相关时间 …………………………………… 123
         5.3.3 干涉复数场有效波高反演方法 ………………………………… 124
         5.3.4 有效波高反演软件设计 ………………………………………… 124
   5.4 有效波高测量实验验证 ………………………………………………… 125
   5.5 小结 ……………………………………………………………………… 128

第 6 章 GNSS 反射信号接收处理平台设计 ……………………………………… 129
   6.1 平台总体框架设计 ……………………………………………………… 129
   6.2 信号接收天线 …………………………………………………………… 130
   6.3 信号采集前端设计 ……………………………………………………… 131
         6.3.1 射频前端 ………………………………………………………… 131
         6.3.2 采样和量化 ……………………………………………………… 132
   6.4 信号实时处理后端设计 ………………………………………………… 133
         6.4.1 硬件结构 ………………………………………………………… 133

XIII

	6.4.2 信号处理架构	134
	6.4.3 基于块处理和流处理组合的相关结构	135
6.5	信号后处理软件设计	137
	6.5.1 软件架构及反射信号处理流程	137
	6.5.2 信号后处理软件初步实现	139
6.6	小结	142

第7章 GNSS 海面测高反射信号的部分干涉处理 … 143

7.1	概述	143
7.2	部分干涉处理	144
	7.2.1 干涉波形模型综述	144
	7.2.2 部分干涉处理	145
7.3	测高性能分析	147
	7.3.1 测高灵敏度	147
	7.3.2 脉冲限制足印尺寸	148
	7.3.3 信噪比	149
	7.3.4 整体测高精度评估	149
	7.3.5 扩展到其他 GNSS 系统和信号	150
7.4	小结	151

第8章 互调分量对干涉 GNSS-R 测量的影响 … 152

8.1	概述	152
8.2	多路复用信号的特性	153
8.3	对 iGNSS-R 测高性能的影响	156
	8.3.1 波形模型	157
	8.3.2 信噪比	157
	8.3.3 测高灵敏度	158
	8.3.4 精度分析	159
8.4	小结	160

第9章 基于 TechDemoSat-1 星载 GNSS-R 的海冰相位测高 … 162

9.1	概述	162
9.2	数据获取与处理	163
	9.2.1 数据获取	163
	9.2.2 数据处理	164
9.3	测高分析	165

  9.3.1 相位延迟模型 …………………………………………………… 165

  9.3.2 测高反演结果 …………………………………………………… 167

  9.3.3 海冰厚度测量领域的应用潜力 ………………………………… 168

 9.4 小结 ………………………………………………………………………… 169

第10章 GNSS-R波形统计及其对测高反演的影响 ……………………… 170

 10.1 概述 ……………………………………………………………………… 170

 10.2 GNSS-R波形统计的基本定义 ………………………………………… 172

 10.3 机载数据集 ……………………………………………………………… 173

 10.4 单跟踪点的延迟估计 …………………………………………………… 174

  10.4.1 从振幅不确定性到延迟不确定性 …………………………… 174

  10.4.2 连续波形间的相关性 ………………………………………… 176

 10.5 波形拟合的延迟估计 …………………………………………………… 178

  10.5.1 用波形拟合实现最大似然估计 ……………………………… 179

  10.5.2 基于波形拟合法的测高精度理论预测 ……………………… 181

 10.6 波形协方差解析模型 …………………………………………………… 182

  10.6.1 复合波形的统计 ……………………………………………… 182

  10.6.2 从复合波形到功率波形 ……………………………………… 183

  10.6.3 基于实测数据的模型验证 …………………………………… 185

 10.7 星载GNSS-R应用 ……………………………………………………… 187

  10.7.1 案例 …………………………………………………………… 187

  10.7.2 测高精度模型简化 …………………………………………… 189

 10.8 小结 ……………………………………………………………………… 193

第11章 利用CYGNSS计划获取的星载GNSS-R数据测量湖泊水位与表面地形 ………………………………………………………………… 197

 11.1 概述 ……………………………………………………………………… 197

 11.2 数据集 …………………………………………………………………… 198

 11.3 测高反演 ………………………………………………………………… 200

  11.3.1 观测数据双基地延迟 ………………………………………… 200

  11.3.2 双基地延迟模型 ……………………………………………… 201

 11.4 测高结果和讨论 ………………………………………………………… 201

  11.4.1 基于群延迟测量的湖泊水位 ………………………………… 202

  11.4.2 基于相位测量的表面形貌 …………………………………… 203

 11.5 小结 ……………………………………………………………………… 205

第12章　基于重力场-法向投影反射参考面组合修正法提高GNSS-R镜面
　　　　反射点定位精度 ……………………………………………………… 206
　　12.1　概述 …………………………………………………………………… 206
　　12.2　数据与方法 …………………………………………………………… 208
　　　　12.2.1　数据 …………………………………………………………… 208
　　　　12.2.2　方法 …………………………………………………………… 209
　　12.3　研究结果 ……………………………………………………………… 212
　　　　12.3.1　重力场反射参考面修正定位法 ……………………………… 212
　　　　12.3.2　法向投影反射参考面修正定位法 …………………………… 217
　　12.4　讨论 …………………………………………………………………… 217
　　12.5　小结 …………………………………………………………………… 219

第13章　基于海洋潮汐时变高程修正定位法提高星载GNSS-R镜面反射点
　　　　海面定位精度 …………………………………………………………… 220
　　13.1　概述 …………………………………………………………………… 220
　　13.2　数据与方法 …………………………………………………………… 223
　　　　13.2.1　数据与模型 …………………………………………………… 223
　　　　13.2.2　方法 …………………………………………………………… 224
　　13.3　研究结果 ……………………………………………………………… 226
　　　　13.3.1　海洋潮汐时变高程修正定位法精度比较 …………………… 227
　　　　13.3.2　基于海洋潮汐时变高程修正定位法提高定位精度 ………… 228
　　13.4　讨论 …………………………………………………………………… 230
　　　　13.4.1　近海段与深远海段划分 ……………………………………… 231
　　　　13.4.2　近海和深远海潮高梯度与潮汐定位修正量梯度 …………… 232
　　　　13.4.3　研究展望 ……………………………………………………… 234
　　13.5　小结 …………………………………………………………………… 235

第14章　基于星载下视天线观测能力优化法提高GNSS-R测高卫星接收
　　　　海面反射信号数量 ……………………………………………………… 236
　　14.1　概述 …………………………………………………………………… 236
　　14.2　数据 …………………………………………………………………… 239
　　　　14.2.1　TDS-1卫星数据 ……………………………………………… 239
　　　　14.2.2　GNSS精密星历 ……………………………………………… 239
　　14.3　星载GNSS-R下视天线观测能力优化法 ………………………… 240
　　　　14.3.1　星载GNSS-R下视天线接收信噪比模型 ………………… 240

  14.3.2 基于镜面反射点处卫星高度角的可用镜面反射点筛选算法 ·········· 242
 14.4 结果与讨论 ·········· 244
  14.4.1 接收 GNSS 反射信号信噪比 ·········· 244
  14.4.2 满足信噪比要求的最小卫星高度角 ·········· 246
  14.4.3 接收反射信号数量 ·········· 247
  14.4.4 天线参数组合最优化 ·········· 248
 14.5 小结 ·········· 250

第 15 章 基于测地线周期性航向控制法提高水下地形匹配导航的匹配效率 ·········· 251

 15.1 概述 ·········· 251
 15.2 水下地形匹配导航系统 ·········· 252
 15.3 测地线周期性航向控制法计算原理 ·········· 253
 15.4 测地线周期性航向控制法验证和应用 ·········· 256
 15.5 小结 ·········· 263

第 16 章 基于分层邻域阈值搜索法提高水下潜器重力匹配导航的匹配效率 ·········· 264

 16.1 概述 ·········· 264
 16.2 水下重力匹配导航系统 ·········· 265
 16.3 分层邻域阈值搜索法的计算原理和算法流程 ·········· 267
 16.4 分层邻域阈值搜索法的验证和应用 ·········· 269
 16.5 小结 ·········· 278

第 17 章 基于主成分加权平均归一化法优选水下重力匹配导航适配区 ·········· 279

 17.1 概述 ·········· 279
 17.2 重力场特征参数 ·········· 280
 17.3 重力匹配区域选择准则 ·········· 281
 17.4 数值模拟及验证 ·········· 283
 17.5 小结 ·········· 293

第 18 章 基于先验递推迭代最小二乘误匹配修正法提高水下潜器重力匹配导航的可靠性 ·········· 294

 18.1 概述 ·········· 294
 18.2 先验递推迭代最小二乘误匹配修正法计算原理 ·········· 295

18.3　误匹配判别动态修正模型构建……………………………………… 297
　　18.4　误匹配判别动态修正模型验证及应用……………………………… 302
　　18.5　小结……………………………………………………………………… 304
参考文献 ……………………………………………………………………… 305

Contents

Chapter 1　Introduction ……………………………………………………… 1

1.1　Research Overview ………………………………………………………… 1
1.2　Research Progress of GNSS – R Altimetry ……………………………… 2
　1.2.1　Research Progress of GNSS – R Altimetry Accuracy ……………… 3
　1.2.2　Research Progress on Spatial Resolution of GNSS – R Altimetry ……… 6
1.3　Research Progress and Future Prospect of Global Ocean Gravity Field Model …………………………………………………………………………… 8
　1.3.1　Overview of Marine Gravity Field Research ……………………… 9
　1.3.2　Research Progress of Marine Gravity Field Acquisition …………… 10
　1.3.3　Research Progress of Theory and Method on Marine Gravity Field Recovery ……………………………………………………………… 11
　1.3.4　Development of Global Ocean Gravity Field Model ……………… 17
　1.3.5　Future Prospects of Ocean Gravity Field Model …………………… 25
1.4　Research Progress of Underwater Gravity Matching Navigation ………… 27
　1.4.1　Development of Inertial Devices …………………………………… 27
　1.4.2　Overview of Underwater Matching Navigation Technology ………… 28
　1.4.3　Research Status and Trend of Underwater Gravity Matching Navigation System ……………………………………………………… 34
1.5　Research Progress of Research Team of Navigation and Detection Based on the Information of Aerospace – Aeronautics – Marine Integration …………………………………………………………………… 37
　1.5.1　Phased Research Results …………………………………………… 37
　1.5.2　Expected Research Work …………………………………………… 38
1.6　Summary …………………………………………………………………… 39

Chapter 2　Basic Principle of GNSS – Reflectometry Satellite Sea Surface Altimetry ……………………………………………… 40

2.1　Development, Status and Trend of GNSS System ……………………… 41
　2.1.1　GPS Satellite Navigation System …………………………………… 41
　2.1.2　GLONASS Satellite Navigation System …………………………… 45

2.1.3　GALILEO Satellite Navigation System ……………………………… 45
2.1.4　Beidou Satellite Navigation System ………………………………… 47
2.1.5　Other Satellite Navigation Systems ………………………………… 49
2.1.6　Development Trend of GNSS System ……………………………… 49
2.2　GNSS-R Basic Principle ……………………………………………………… 50
2.2.1　Electromagnetic Wave and Reflection ……………………………… 50
2.2.2　Various Geometric Relations in GNSS-R …………………………… 55
2.2.3　GNSS-R Signal Characteristics ……………………………………… 61
2.3　Development Status of GNSS-R Technology ……………………………… 70
2.3.1　Application Fields and Methods ……………………………………… 70
2.3.2　Reflection Signal Receiving and Processing Method and Receiver Design ……………………………………………………………………… 72
2.3.3　Development Status of GNSS-R Technology in China ……………… 74
2.4　Summary …………………………………………………………………………… 74

Chapter 3　GNSS-Reflectometry Sea Surface Wind Field Measurement and Reflected Signal Processing Method …………… 76

3.1　Characteristics and Basic Process of GNSS-R Sea Surface Wind Field Measurement …………………………………………………………………… 76
3.1.1　Measurement Characteristics of GNSS-R Sea Surface Wind Field … 76
3.1.2　Basic Process and Algorithm of GNSS-R Sea Surface Wind Field Measurement ……………………………………………………………… 76
3.2　Theoretical Model and Waveform Simulation ……………………………… 77
3.2.1　Sea Surface Wind Field and Sea Surface Friction Wind Speed ……… 77
3.2.2　Ocean Wave Spectrum and Model …………………………………… 78
3.2.3　Statistical Characteristic Parameters of Sea Surface ………………… 80
3.2.4　Electromagnetic Scattering Model …………………………………… 81
3.2.5　Autocorrelation Function and Correlation Power of Sea Surface Scattering Signal ………………………………………………………… 83
3.2.6　Waveform Simulation Process ………………………………………… 85
3.2.7　Numerical Simulation of Two Dimensional Correlation Power of Time Delay Doppler ……………………………………………………… 86
3.3　Signal Processing Method of GNSS-R Sea Surface Wind Field Measurement …………………………………………………………………… 88
3.3.1　Basic flow of Two Dimensional Correlation Processing ……………… 88

3.3.2 Design of Time Delay – Doppler Two – Dimensional Correlation Channel ········ 89
3.3.3 Generation Method of Local Signal in Two Dimensional Correlation Value ········ 91
3.3.4 Selection and Synchronization of Two – Dimensional Correlation Reference Points ········ 94
3.4 Receiving and Processing System, Experiment and Results of Reflected Signal for Wind Field Recovery ········ 95
3.4.1 Reflection Signal Receiving and Processing System for Wind Field Recovery ········ 95
3.4.2 Experimental Results of Sea Surface Wind Field Recovery in the Nanhai Sea ········ 96
3.5 Summary ········ 97

Chapter 4 GNSS – Reflectometry Sea Surface Altimetry and Reflection Signal Processing Method ········ 98

4.1 Geometric Model of Sea Surface Height Measurement ········ 98
  4.1.1 Horizontal Surface Model ········ 98
  4.1.2 Model of Earth Curvature Influence ········ 99
4.2 Height Measurement Error ········ 100
  4.2.1 Altitude Error and Path Delay Error ········ 100
  4.2.2 Path Delay and Time Delay ········ 101
  4.2.3 Phase Measurement Error ········ 102
  4.2.4 Ionospheric Error ········ 104
  4.2.5 Atmospheric Delay Model ········ 106
4.3 Sea Surface Height Measurement Based on Carrier Phase ········ 106
  4.3.1 Height and Carrier Phase ········ 106
  4.3.2 Carrier Phase Difference Extraction Method Based on Direct Closed Loop and Reflection Open Loop ········ 107
4.4 Sea Surface Height Measurement Based on Code Phase ········ 110
  4.4.1 Code Phase Difference Extraction Based on Local Copy Signal ········ 110
  4.4.2 Code Phase Difference Extraction Based on Unknown Waveform Signal ········ 113
4.5 Summary ········ 118

Chapter 5 Sea Surface Significant Wave Height Measurement and Signal Processing Method ... 119

5.1 Definition of Sea Surface Significant Wave Height ... 119
5.2 Common Measurement Methods of Significant Wave Height Based on GNSS – R Technology ... 120
  5.2.1 Measurement of Significant Wave Height By Function Width ... 120
  5.2.2 Measurement of Significant Wave Height Using Interference Complex Field ... 121
5.3 GNSS – R Significant Wave Height Measurement Method and Implementation Based on Interference Complex Field ... 122
  5.3.1 Definition and Expression of Interference Complex Field Function ... 122
  5.3.2 Correlation Time of Interference Complex Field Function ... 123
  5.3.3 Recovery Method of Significant Wave Height in Interference Complex Field ... 124
  5.3.4 Software Design of Significant Wave Height Recovery ... 124
5.4 Experimental Verification of Significant Wave Height Measurement ... 125
5.5 Summary ... 128

Chapter 6 Design of GNSS Reflection Signal Receiving and Processing Platform ... 129

6.1 Overall Framework Design of the Platform ... 129
6.2 Signal Receiving Antenna ... 130
6.3 Front end Design of Signal Acquisition ... 131
  6.3.1 Radio Frequency Front End ... 131
  6.3.2 Sampling and Quantization ... 132
6.4 Back End Design of Signal Real Time Processing ... 133
  6.4.1 Hardware Structure ... 133
  6.4.2 Architecture of Signal Processing ... 134
  6.4.3 Correlation Structure Based on Combination of Block Processing and Stream Processing ... 135
6.5 Design of Signal Post Processing Software ... 137
  6.5.1 Software Architecture and Reflected Signal Processing Flow ... 137
  6.5.2 Preliminary Realization of Signal Post – Processing Software ... 139
6.6 Summary ... 142

Chapter 7　Partial Interferometric Processing of Reflected GNSS Signals for Ocean Altimetry ……… 143

7.1　Research Overview ……… 143
7.2　Partial Interference Processing ……… 144
　7.2.1　Overview of Interference Waveform Models ……… 144
　7.2.2　Partial Interference Processing ……… 145
7.3　Analysis of Altimetry Performance ……… 147
　7.3.1　Altimetry Sensitivity ……… 147
　7.3.2　Pulse Limited Footprint Size ……… 148
　7.3.3　Signal to Noise Ratio ……… 149
　7.3.4　Evaluation of Overall Altimetry Accuracy ……… 149
　7.3.5　Extension to Other GNSS Systems and Signals ……… 150
7.4　Summary ……… 151

Chapter 8　Impact of Inter – Modulation Components on Interferometric GNSS – Reflectometry ……… 152

8.1　Research Overview ……… 152
8.2　Characteristics of Multiplexing Signals ……… 153
8.3　Influence of iGNSS – R Altimetry Performance ……… 156
　8.3.1　Waveform Model ……… 157
　8.3.2　Signal to Noise Ratio ……… 157
　8.3.3　Altimetry Sensitivity ……… 158
　8.3.4　Accuracy Analysis ……… 159
8.4　Summary ……… 160

Chapter 9　Spaceborne Phase Altimetry over Sea Ice using TechDemoSat – 1 GNSS – Reflectometry Signals ……… 162

9.1　Research Overview ……… 162
9.2　Data Acquisition and Processing ……… 163
　9.2.1　Data Acquisition ……… 163
　9.2.2　Data Processing ……… 164
9.3　Elevation Analysis ……… 165
　9.3.1　Phase Delay Model ……… 165
　9.3.2　Altimetry Recovery Results ……… 167

9.3.3 Application Potential of Sea Ice Thickness Measurement ········ 168
9.4 Summary ········ 169

Chapter 10 Revisiting the GNSS – Reflectometry Waveform Statistics and Its Impact on Altimetric Retrievals ········ 170

10.1 Research Overview ········ 170
10.2 Basic Definitions of GNSS – R Waveform Statistics ········ 172
10.3 Space – Based Dataset ········ 173
10.4 Delay Estimation With a Single Tracking Point ········ 174
   10.4.1 From Amplitude Uncertainty to Delay Uncertainty ········ 174
   10.4.2 Correlation between Continuous Waveforms ········ 176
10.5 Delay Estimation of Waveform Fitting ········ 178
   10.5.1 Maximum Likelihood Estimation using Waveform Fitting ········ 179
   10.5.2 Theoretical Prediction of the Altimetry Precision with Waveform Fitting ········ 181
10.6 Analytical Model of the Waveform Covariance ········ 182
   10.6.1 Statistics of Complex Waveforms ········ 182
   10.6.2 From Complex Waveform to Power Waveform ········ 183
   10.6.3 Model Validation Based on Real Data ········ 185
10.7 Application to Spaceborne GNSS – R ········ 187
   10.7.1 Case ········ 187
   10.7.2 Simplification of Altimetry Accuracy Model ········ 189
10.8 Summary ········ 193

Chapter 11 Lake Level and Surface Topography Measured with Spaceborne GNSS – Reflectometry from CYGNSS Mission ········ 197

11.1 Research Overview ········ 197
11.2 Data Set ········ 198
11.3 Altimetry Recovery ········ 200
   11.3.1 Bistatic Delay of Observation Data ········ 200
   11.3.2 Bistatic Delay Model ········ 201
11.4 Altimetry Results and Discussion ········ 201
   11.4.1 Lake Water Level Based on Group Delay Measurement ········ 202
   11.4.2 Surface Topography Based on Phase Measurement ········ 203
11.5 Summary ········ 205

Chapter 12　Improving the GNSS – R Specular Reflection Point Positioning Accuracy Using New the Gravity Field Normal Projection Reflection Reference Surface Combination Correction Method ········ 206

12.1　Research Overview ········ 206
12.2　Data and Methods ········ 208
　12.2.1　Data ········ 208
　12.2.2　Method ········ 209
12.3　Research Results ········ 212
　12.3.1　Gravity Field Reflection Reference Surface Correction Method ······ 212
　12.3.2　Normal Projection Reflection Reference Surface Correction Method ········ 217
12.4　Discuss ········ 217
12.5　Summary ········ 219

Chapter 13　Improving the Positioning Accuracy of Satellite – Borne GNSS – R Specular Reflection Point on Sea Surface Based on the New Ocean Tidal Correction Positioning Method ········ 220

13.1　Research Overview ········ 220
13.2　Data and Methodology ········ 223
　13.2.1　Data and Models ········ 223
　13.2.2　Method ········ 224
13.3　Research Results ········ 226
　13.3.1　Accuracy Comparison of Ocean Tidal Correction Positioning Method ········ 227
　13.3.2　Improvement of Positioning Accuracy by Ocean Tidal Correction Positioning Method ········ 228
13.4　Discuss ········ 230
　13.4.1　Division of Offshore Section and Deep Sea Section ········ 231
　13.4.2　Tidal High Gradient and Tidal Positioning Correction Gradient in Offshore and Deep Sea ········ 232
　13.4.3　Research Prospects ········ 234
13.5　Summary ········ 235

Chapter 14 Increasing the Number of Sea Surface Reflected Signals Received by GNSS – Reflectometry Altimetry Satellite using the Nadir Antenna Observation Capability Optimization Method ················ 236

14.1 Research Overview ················ 236
14.2 Data ················ 239
 14.2.1 TDS – 1 Satellite Data ················ 239
 14.2.2 GNSS Precise Ephemeris ················ 239
14.3 Spaceborne Nadir Antenna Observation Capability Optimization Method ················ 240
 14.3.1 Spaceborne GNSS – R Nadir Antenna Receiving Signal to Noise Ratio Model ················ 240
 14.3.2 Available Specular Point Selection Algorithm Based on Satellite Altitude Angle At Specular Point ················ 242
14.4 Results and Discussion ················ 244
 14.4.1 Signal to Noise Ratio of Received GNSS Reflected Signal ················ 244
 14.4.2 Minimum Satellite Altitude Angle Satisfying Signal to Noise Ratio ················ 246
 14.4.3 Number of Received Reflected Signals ················ 247
 14.4.4 Optimization of Antenna Parameters Combination ················ 248
14.5 Summary ················ 250

Chapter 15 Geodesic – Based Method for Improving Matching Efficiency of Underwater Terrain Matching Navigation ················ 251

15.1 Research Overview ················ 251
15.2 Underwater Terrain Matching Navigation System ················ 252
15.3 Calculation Principle of the Geodesic – Based Method ················ 253
15.4 Validation and Application of the Geodesic – Based Method ················ 256
15.5 Summary ················ 263

Chapter 16 Improving the Matching Efficiency of the Underwater Gravity Matching Navigation Based on the New Hierarchical Neighborhood Threshold Method ················ 264

16.1 Research Overview ················ 264
16.2 Underwater Gravity Matching Navigation System ················ 265

16.3 Calculation Principle and Algorithm Flow of the Hierarchical Neighborhood Threshold Method ········ 267

16.4 Validation and Application of the Hierarchical Neighborhood Threshold Method ········ 269

16.5 Summary ········ 278

Chapter 17 Optimizing Suitability Region of the Underwater Gravity Matching Navigation Based on the New Principal Component Weighted Average Normalization Method ········ 279

17.1 Research Overview ········ 279

17.2 Characteristic Parameters of Gravity Field ········ 280

17.3 Selection Criteria of Gravity Matching Region ········ 281

17.4 Numerical Simulation and Verification ········ 283

17.5 Summary ········ 293

Chapter 18 Improving the Reliability of Underwater Gravity Matching Navigation Based on the Priori Recursive Iterative Least Squares Mismatching Correction Method ········ 294

18.1 Research Overview ········ 294

18.2 Calculation Principle of the Priori Recursive Iterative Least Squares Mismatching Correction Method ········ 295

18.3 Construction of Dynamic Correction Model for Mismatch Discrimination ········ 297

18.4 Validation and Application of Dynamic Correction Model for Mismatch Discrimination ········ 302

18.5 Summary ········ 304

Reference ········ 305

第1章 绪　　论

本章紧跟国际卫星测高反演和水下组合导航的最新热点,以满足我国科学和国防迫切需求为导向,介绍了基于全球导航卫星系统反射技术(GNSS-R)卫星海面测高原理提高水下惯性/重力组合导航精度研究进展。首先,介绍了 GNSS-R 测高精度研究进展、GNSS-R 测高沿轨迹空间分辨率研究进展、GNSS-R 反射点轨迹间空间分辨率研究进展、基于卫星测高反演海洋重力场研究进展、水下重力匹配导航研究进展等。其次,在 GNSS-R 海面测高方面,提出了新型大地水准面静态高程镜面反射点修正定位法、海洋潮汐时变高程镜面反射点修正定位法、法向投影镜面反射点修正定位法、GNSS-R 星载下视天线接收信噪比模型构建法、GNSS-R 星载下视天线可用镜面反射点筛选算法等,旨在提高卫星测高精度和空间分辨率;在水下重力匹配导航方面,提出了新型主成分加权平均归一化法、测地线周期性航向控制法、分层邻域阈值搜索法、先验递推迭代最小二乘误匹配修正法等,旨在提高水下重力匹配导航精度、匹配效率及可靠性。再次,预期提出新型二阶不动点时延提取法,旨在提高 GNSS-R 卫星海面测高精度;新型反射信号分解法,旨在提高 GNSS-R 卫星海面测高沿轨迹空间分辨率;新型海面粗糙度误差校正法,旨在提高 GNSS-R 卫星海面测高轨迹间空间分辨率;新型正则化稳健算法,旨在提高海洋重力场反演精度和空间分辨率。同时,预期融合星载 GNSS-R 模拟测高数据、岸/空基 GNSS-R 验证测高数据等多源信息,结合几何配准收敛速度快和直接概率准则定位精度高的优点,构建新型几何配准-直接概率准则混合法,旨在提高水下惯性/重力组合导航精度和速度。

1.1 概　　述

潜器是实现我国未来海洋强国建设的重要支撑,由于其隐蔽性好、突击力强、作战半径大、对制空权和制海权依赖性低,在战略性打击中起决定性作用,因而是世界军事强国海上攻防的中坚力量。潜器导航系统主要由惯性导航系统(陀螺仪 0.001(°)/h 和加速度计)组成,可为潜器航行和潜射武器精准打击提供有利条件,但惯性导航系统存在误差随时间累积的缺点(航行偏差 1.85km/d),因此需进行外部校正。目前国际水下惯性/重力组合导航精度为百米级,我国仍以惯性导航(如静电陀螺仪)为主,正加紧开展水下惯性/重力组合导航理论方法研究和关键技术攻关。水下惯性/重力组合导航系统主要包括全球高精度和高空间分辨率重力场基准图[1-5]、高精度重力仪/重力梯度仪、重力匹配算法等。目前国际获取全球海洋重力场的常规手段是卫星高度计测高[6-8]，但其数据在全球尺度空间分辨率较低（约100km×100km）。满足水下高精度导航要求的100m级分辨率和厘米级精度的全球海面测高方法在国际上仍为空白。新一代卫星测高技术——全球导航卫星系统反射技术是基于GNSS信号经海面反射到接收机的路程相对于GNSS信号直射到接收机的路程差进行海面测高，其优点为可同时多发多收，信号发射源是未来在轨正常运行的100余颗GNSS卫星，信号接收源可以是多颗低轨GNSS-R测高卫星，观测对象是处于镜面反射点处的海表面。GNSS-R测高相比高度计测高具有信号源丰富和成本低等优势，可通过多颗GNSS-R测高星座实现高时空分辨率全球海面测高，其测高精度经岸基和空基验证与高度计相当（厘米级）。

1.2 GNSS-R测高研究进展

海洋测高是获取海洋动力学环境参数和海洋重力场信息的最直接手段之一[9-11]。与验潮站和卫星雷达测高相比，该方式具有信号源多、成本低和时空分辨率高等优势。如果GNSS-R技术能实现更高空间分辨率的海面高度测量，将为中小尺度海洋现象监测、高时空分辨率海洋重力场模型建立、全球或区域海潮模型以及海洋环流模型精化等地球科学研究提供重要数据信息资源。目前较多学者进行了大量站基和机载GNSS-R测高实验[12-15]，已充分验证了该技术的有效性。站基和机载技术的发展必将推动该技术在星载平台的应用研究。随着UK-DMC（UK disaster monitoring constellation）实验的成功，英国于2014年发射了TechDemoSat-1（TDS-1）卫星，该卫星数据在海面高度反演方面应用标志着星载GNSS-R技术具有海面测高能力[16]，是未来星载GNSS-R技术发展的重点内容之一。其他国家也进行了星载GNSS-R计划研究，如美国飓风全球导航卫星系统（cyclone global navigation satellite system，CYGNSS）、西班牙³Cat-2[17]、欧洲空间局（European Space Agency，ESA）被动反射和干涉测量系统在轨演示器（passive reflectometry and interferometry system-in-orbit demonstrator instrument，PARIS-IoD）[18]、国际空间站全球导航卫星系统反射计、无线电掩星和散射计（GNSS reflectometry, radio occultation, and scatterometry on-board the international space station，GEROS-ISS）[19]等。中国空间技术研究院已于2019年在"捕风一号-A/B"双星上搭载GNSS-R仪器进行星载探测。随着这些计划的执行，未来星载GNSS-R技术必将蓬勃发展。

与传统雷达测高相比，星载GNSS-R测高因其较低轨道高度和可同时接收多颗GNSS卫星信号的能力，使其具有相对较高空间分辨率[20]。然而，该项技术在高空间分辨率海面测高中仍有自身局限性，导致其尚不能得到充分应用，主要限制包括两个方面。

（1）单颗GNSS-R卫星空间分辨率限制于第一菲涅尔反射区的大小，这限制了高度测量的空间分辨率。如当轨道高度为 400～800km 时,该区域的大小为几十到上百千米,尚不能满足小尺度海面现象观测需要。若以第一等延迟区和第一等多普勒区的交叠区域[时延多普勒图(delay Doppler map,DDM)相关功率最大贡献区域]作为 GNSS-R 观测的利用区域,假设在 600km 轨道高度,利用 C/A 码进行测量,对信号采用 1ms 的相干积分,该区域所对应的地面空间范围为 20～30km。另外,为提高信噪比,常采用 1s 的非相干积分来处理信号,这 1s 的时间相当于该观测区域在地面以 2～5km/s 的速度移动,最终实际观测的单个海面高度值将是更大区域内的高度平均,降低了在卫星运动方向上观测的空间分辨率。

(2) 多颗低成本的低轨卫星组成星座能提高星载 GNSS-R 技术的空间分辨率。但是,现有 GNSS-R 低轨卫星星座的模拟均不是对应于提高海面高度测量空间分辨率进行,对于星载 GNSS-R 测高在空间分辨率方面所能实现的程度无法全面研究和把握,使得在预估星载 GNSS-R 测量海面高度在中小尺度海面观测、重力场和海潮模型反演应用能力方面无迹可寻,从而无法充分利用 GNSS-R 技术在未来海面测高中的优势。

目前国内外众多科研机构已围绕 GNSS-R 测高方式的理论方法、关键技术、软件算法、实验检验等开展了广泛研究和论证。结果表明,GNSS-R 测高精度与星载高度计测高精度相当,充分验证了基于 GNSS-R 原理可实现高精度测高。GNSS-R 观测原理作为一种新型卫星微波遥感技术,在海面风场监测、海冰测量、陆地水含量分布统计等领域已得到迅速发展和广泛应用。新一代 GNSS-R 观测技术的应用方向是瞄准海面测高、海中断崖、海面风场、海冰面积等实现实时监测和一体化观测,具有良好的科学价值和广泛的应用前景。

1.2.1　GNSS-R 测高精度研究进展

1. GNSS-R 测高方法研究进展

经过 20 多年发展,利用 GNSS 信号测量海面高度,依据其使用的观测量可分为 3 类。

(1) 码相位延迟测高。利用 C/A 码的测高精度在米级[21],利用 P 码进行测高可达厘米级,但 P 码一般用户难以得到,并且信号强度比 C/A 码弱[22-23]。

(2) 干涉波形技术测高。主要用于站基 GNSS-R 测高,原理是从直射信号与反射信号在接收机内部的干涉频率信息中反演天线到水面的高度。主要观测值包括连续和低仰角的信噪比(SNR)数据、干涉相位、干涉相干场等;然而,受到干涉频率精度限制,其测高精度一般在分米级[24-26]。

(3) 载波相位测高。2000 年,Martin-Neira 等开展了利用 GNSS 反射信号中的载波相位数据进行站基测高实验[27];2001 年,Treuhaft 等在平静湖面上利用 L1 载波相位观测值获得了 2cm 精度的站基 GNSS-R 测高结果[28];2002 年,Martin-Neira 等在水池上进行了站基 GNSS-R 测高实验,并基于载波相位的宽巷组合观测量获取的水面高精度可达1cm[29];2004年,Cardellach等利用星载GPS反射信号,基于厘米级误差的直射与反射信号的载波相位延迟信号,得到分米级的测高精度[30];2010年,Semmling等在飞艇上开展了利用GPS反射信号中的载波相位观测量进行测高实验[31];2011年和2014年,Löfgren提出GNSS-R验潮站概念,利用GPS数据中的L1和L2载波数据以及改进的GPS单/双差数据处理方法得到3.5cm精度的海面测高结果[32-33]。此外,还有很多学者描述了未来星载GNSS-R测高理论模型,2012年,欧洲空间局启动了被动反射和干涉在轨确定任务;2014年,Camps描述了这种方式期望可获得的测高精度,对于GPS L1载波可得到16cm的精度,GPS L5信号可得到30cm的测高精度,GALILEO E1和E5信号分别可获得13cm和8cm的测高精度[34]。

2. GNSS-R测高实验研究进展

1993年,Martin-Neira首次验证了GPS反射信号测高的可行性[35];1994年,Auber发现导航定位接收机检测到GNSS-R信号[36];1996年,美国国家航空航天局(National Aeronautics and Space Administration,NASA)首次研制了延迟映射接收机[37-39];1998年,美国喷气推进实验室(Jet Propulsion Laboratory,JPL)在加州海岸进行飞行,最优高度偏差为-35.7m,RMS为4.7m;2000年,Lowe基于Zavorotny-Voronvich(Z-V)模型拟合得到飞机平直飞行时在2.5min内平均精度为14cm[40];2000年,ESA在湖面实验时利用不同频率相位信号组合法加长载波波长[41];2000年,Zavorotny和Voronvich构建了海面反射信号理论模型,并由Elfouhaily等对模型进行了精化和改进[42];2001年,德国地学中心(Geo Forschungs Zentrum,GFZ)的Beyerle在执行CHAMP任务的低地球轨道(low earth orbit,LEO)卫星采集数据中发现了GPS反射信号[43];2003年,Martin-Neira等在Zeeland桥2试验时获得厘米级测高精度[44-49];2003年和2004年,Ruffini等飞越地中海进行空基测高实验,测高结果与Jason-1比较,平均误差为1.9cm,RMS为10.5cm[50-51];2003年和2014年,英国Surrey卫星科技公司在UK-DMC和TDS-1卫星上搭载了研制的GNSS-R SGR-ReSI(space GNSS receiver remote sensing instrament)设备,并在海面风场和海冰范围测量方面获得较好结果[52-54];2004年,我国首台GPS-R(global positioning system-reflectometry)延迟映射接收机由北京航空航天大学研制成功,并于2004年8月和2010年3月在中国南海开展了机载实验测试[55-63];2006年,总参谋部大气环境研究所和解放军理工大学首先围绕基于GNSS-R信号反演海面风场方法开展了详细研究和论证,其次基于2004年渤海飞行实验数据与美国国家海洋和大气管理局(National Oceanic and Atmospheric Administration,NOAA)飓风实验数据开展了风场和海面高度反演研究,最终通过模拟仿真探讨了LEO轨道参数对海洋反射信号分布和数量的影响[64-66];2006年,国家海洋局第三海洋所、武汉大学、中国科学院武汉物理与数学研究所、中国科学院大气物理研究所、中国科学院空间科学与应用研究中心等单位联合开展了GNSS-R模拟研究,并在厦门崇武建立实验基地开展岸基观测实验反演海态、潮位和海面波浪高度[67-70];中国气象局、中国科学院空间科学与应用研究中心、北京航空航天大学、北京大学等研究单位,2007 年在青岛奥帆赛域开展岸基 GNSS-R 探测海面状态实验,2009 年 1 月在广东阳江海陵岛开展岸基 GNSS-R 探测海面状态实验,2009 年 5 月在青岛海域开展机载 GNSS-R 探测海面状态实验,2010 年 1 月在广东电白博贺开展岸基 GNSS-R 探测海面状态实验,2011 年 1 月在广东汕尾开展岸基 GNSS-R 探测海面状态实验[71-76];我国海洋专项已将 GNSS-R 遥感器列入星载海洋环境监测遥感载荷,相关科学研究正陆续开展;2016 年,美国 NASA 发射了由 8 颗小卫星组成的 CYGNSS 星座,主要目标是观测飓风,目前已经开始业务化运行;2019 年,中国空间技术研究院发射了"捕风一号-A/B"双星,实现了我国卫星导航信号探测海面风场零的突破,为台风海洋监测预报业务提供重要数据支撑,对中国台风预警、防灾减灾等具有重要意义;2021—2030 年,ESA 计划执行 GEROS-ISS 项目,预期基于国际空间站开展 GNSS 反射信号、掩星和散射信号研究。

目前国内外研究机构在星载 GNSS-R 测高的理论方法、实验验证等方面研究仍处于探索阶段,而且 GNSS-R 测高实验仅基于岸基、船载和机载接收机开展。由于接收机平台的观测覆盖范围和信号在海面散射及大气传输的区别,已开展对全球高分辨率海面测高理论、方法和关键技术的研究,但国内外的相关成果借鉴价值非常有限。国外学者基于测量海面风场的 TDS-1 卫星数据进行了海面测高反演,但精度较低。低轨星载接收机的 GNSS-R 测高算法及一系列影响其测高精度的关键问题仍有待进一步研究,特别是基于低轨星座的 GNSS-R 测高理论与方法的研究在国际上相对较少。

3. GNSS-R 卫星测高镜面反射点定位研究进展

镜面点是导航卫星信号经反射面到达接收机的路程最短的点,是 GNSS-R 遥感和探测的基准点和参考中心,在 GNSS-R 技术中具有重要应用[77-80]。镜面点定位误差相当程度地决定了 GNSS-R 测高误差,镜面点的精确定位不仅是发挥 GNSS-R 技术的优势和实现其应用的关键[81],而且是高精度 GNSS-R 测高和高空间分辨率 GNSS-R 测高星座设计的重要基础和前提保证。

现有镜面点估算方法主要包括 S. C. Wu 方法、线段二分法、Wagner 方法和 Gleason 方法。1997 年,S. C. Wu 等提出了在标准球面上对镜面点进行初步定位,然后将镜面点迭代修正至地球椭球面的方法[82];线段二分法是指利用二分法迭代求解镜面点在标准球面上的位置[83];2003 年,Wagner 等提出将地球近似为标准球,通过极球面三角关系计算镜面点大地坐标方法[84];Gleason 方法是将地球近似标准球作为反射参考面,应用向量共线法对镜面点进行定位。

目前各种镜面点位置算法均基于地球标准圆模型对镜面点位置进行搜索估算,而没有将实际海表面作为反射面,没有考虑到实际海表面与参考椭球/球面的差别,没有将解算模型与重力场、海洋环流场、海浪场和潮汐场模型相结合,忽略了两者差异造成的几十米级高程误差。因此,现有解算方法中反射参考面误差制约了镜面点的定位精度,影响了 GNSS-R 测高精度的提高。

1.2.2　GNSS-R 测高空间分辨率研究进展

GNSS-R 测高以其固有优点,在目前科学研究中具有巨大应用需求。另外,GNSS-R 技术伴随着全球小卫星技术的飞速发展,其低成本的优势会显得更加凸出。在未来几年内,中国也势必将发展 GNSS-R 卫星,以提高自主获取观测数据能力。GNSS-R 测高空间分辨率研究是此项技术的组成部分,因此钱学森空间技术实验室天空海一体化导航与探测研究团队提出的研究目标若能实现,将对空间大地测量学、地球物理学、海洋科学等产生重要意义。目前国际相关科研机构已围绕 GNSS-R 探测技术的空间分辨率开展了理论和方法研究。2009 年,Clarizia 等首次探讨了利用多重信号分类算法可有效提高利用 GNSS-R 技术测得的 DDM 时延和多普勒分辨率[85];2014 年,Zavorotny 等详细说明了 GNSS-R 探测技术的 DDM 与空间分辨率的关系[86];2016 年,Clarizia 等在考虑了 GNSS-R 技术 1ms 相干积分和 1s 非相干积分的基础上定义了有效分辨率概念,并给出计算公式,分析了卫星高度角、接收机高度和 DDM 间隔对有效分辨率大小的影响[87]。

1. GNSS-R 测高沿轨迹空间分辨率研究进展

星载下视天线接收海面反射信号数量是影响 GNSS-R 海面测高空间分辨率的主要因素。GNSS 反射信号到达星载 GNSS-R 接收机的能量较弱,因此星载 GNSS-R 下视天线在具有一定半功率波束宽度的前提下还需要具有一定的增益。此外,天线指向也会影响天线的覆盖面积,而天线增益与半功率波束宽度又成反比关系,参数之间的最优化设计同样关键。因此,星载下视天线的参数设计直接决定了其对海面反射信号的捕获、跟踪和利用的能力,这决定了可用反射信号的数量及其利用率,并最终影响 GNSS-R 卫星获取海面测高数据的空间分辨率。目前,国内外针对星载 GNSS-R 下视天线观测能力的研究主要围绕天线增益展开。2018 年,Gao 等研究了未来 GNSS-R 低地球轨道(LEO)星座对地观测的时空分辨率,特别从可用 GNSS 卫星数量出发,针对性分析了只有 GPS 卫星可用以及全体 GNSS 卫星可用两种情况下时空分辨率的变化[88]。2018 年,Bussy-Virat 等基于 CYGNSS 观测数据,分析了 GNSS-R 观测数据的时间分辨率与空间分辨率之间的关系,并结合卫星轨道设计分析了时空分辨率对轨道关键参数的依赖性[89]。然而,由于国内外针对 GNSS-R 卫星下视天线观测能力的研究尚未成熟,Gao 等在获取镜面点信息时并未计算接收信号功率的相关信息,Bussy-Virat 等只根据已有天线增益参数对距离校正增益进行粗略估计,并不能较好地反映接收信号质量。目前,进行卫星天线业务化设计时一般采用链路分析[90],从相关材料可获取在轨运行的 GNSS-R 卫星下视天线设计参数。其中,轨道高度为 700km 的 UK-DMC 卫星上搭载了 GPS 反射信号设备 SGR-ReSI,通过接收数据验证了使用较低增益(11.8dBi)的天底方向左旋圆极化天线可以接收到海面的 GPS 反射信号。轨道高度为 635km 的 TDS-1 卫星的 GNSS-R 载荷使用峰值增益为 13.3dBi、3dBi 半功率波束宽度为 15°以及下视指向地心的定向天线,捕获 GPS L 波段海面反射信号[91]。2016 年 8 月,西班牙加泰罗尼亚大学研制的 GNSS-R 实验卫星³Cat-2 成功在 510km 高度的轨道运行,该卫星旨在对有效载荷参数与 GNSS-R 测量性能进行评估,下视天线使用具有双频带(L1、L2)和双极化(LHCP、RHCP)3×2 贴片天线阵列,L1 和 L2 波段左旋圆极化天线峰值增益分别为 12.9dBi 和 11.6dBi[92]。2016 年,美国发射了由 8 颗轨道高度为 520km 的小卫星组成的全球气旋监测系统 CYGNSS,该系统目的是加强对热带飓风的监测及预报能力,每颗卫星搭载了两根波束角为 28°的下视左旋圆极化天线,大大提高了接收反射信号的数量,空间分辨率达到 10~25km[93]。然而,考虑到 GNSS-R 海面测高环境的特殊性,在进行 GNSS-R 下视天线设计时采用常规的链路分析并不能较好地体现接收信号数量、质量与波束角、海况之间的相关性,同时以上 GNSS-R 卫星主要应用于海面测风,更关注观测的时间分辨率,而 GNSS-R 海面测高主要关注观测空间分辨率。综上所述,目前综合考虑天线增益、半功率波束宽度、波束角等重要影响因素对 GNSS-R 下视天线观测能力进行系统性分析较少,导致常规业务化天线设计方法在进行 GNSS-R 测高卫星下视天线设计时的适用性相对较差。

2. GNSS-R 反射点轨迹间空间分辨率研究进展

1) GNSS-R 测高卫星轨道设计研究进展

星载 GNSS-R 测高与传统卫星高度计测高一样,需要对地球表面进行周期性重复观测。因此,在轨道设计方面可借鉴传统测高卫星轨道设计经验。目前卫星测高主要包括雷达测高和激光测高。雷达测高卫星主要包括美国 Jason 系列和中国海洋二号(HY-2)系列,每次海面观测半径为 1.2~6km[94]。激光测高卫星主要包括美国的 ICESAT 系列,在地表冰面上产生光斑直径约为 70m[95]。由于已有测高卫星观测范围非常有限,因此为了保证卫星能对地面进行周期性观测进而满足时空分辨率要求,轨道设计尤为重要。2012 年,Klokočník 等指出 GNSS-R 卫星长半轴调整与反射点时空分辨率具有密切关系[96]。GNSS-R 测高卫星与传统测高卫星相比,虽然同时刻观测值较多,但每一观测值范围较小。另外,由于 GNSS-R 测高卫星反射点绝大多数情况下不是卫星的星下点,它们位置与多颗 GNSS 卫星相关,因此,给 GNSS-R 测高星座轨道优化设计提出了新的挑战。基于高阶重力场的测高卫星轨道设计主要采用两种方法:第一种方法于 1995 年由美国得克萨斯大学空间研究中心(Center for Space Research,CSR)的 Samsung 提出,在惯性坐标系下实现,且已应用于 ICESAT 系列轨道设计[97];第二种方法于 1998 年由 Martin[98]以及于 2008 年由 Martin 和 Ryan[99]提出,在地固坐标系下实现,且已应用于 TOPEX 系列卫星轨道设计。目前,上述两套轨道设计软件平台暂不对外公开使用。高凡等已对基于高阶地球重力场的测高卫星轨道设计理论进行了研究,并自主开发出测高卫星轨道设计与地面轨迹分析软件[100-101]。基于上述软件,利用 31×31 阶地球重力场模型对我国第一颗海洋动力环境卫星(HY-2A)的轨道设计进行了优化。因此,将在已有软件基础上首次给出 GNSS-R 低轨测高星座的详细轨道设计。

2）GNSS-R 测高星座设计研究进展

相比目前雷达测高，GNSS-R 测高技术优势在于能获取高时空分辨率的全球海面高信息，此优势来源于它是一个多发多收的遥感系统。信号发射源是未来在轨正常运行的 100 多颗 GNSS 卫星，信号接收源可以是多颗低轨 GNSS-R 小卫星，观测对象是处于镜面反射点处的海表面。除了观测精度和沿反射点轨迹方向上空间分辨率外，GNSS-R 观测中另一个非常重要的指标是反射点轨迹间的空间分辨率。反射点轨迹数目由 GNSS 卫星与 GNSS-R 低轨卫星共同决定，此特殊性导致 GNSS-R 观测的反射点轨迹间空间分辨率不能通过简单数学计算获得。国际上已有相关学者给出了反射点坐标计算方式，需要通过模拟仿真计算反射点位置与反射点轨迹条数，然后找到合适的统计学算法，进而准确确定反射点轨迹间距离以及地面反射点轨迹在地面形成的格网面积，从而获取反射点轨迹间的空间分辨率。低轨卫星的星座结构是影响反射点轨迹间空间分辨率的重要因素。星座结构的确定是在任务设计阶段的重要内容。GNSS-R 低轨卫星星座的设计与选择目的使得系统观测性能达到最佳。由于 GNSS-R 低轨卫星星座设计需要考虑到 GNSS 卫星星座以及反射点分布情况，所以较之前星座设计都要复杂。因此，需要提出新的理论和方法以满足 GNSS-R 轨道设计需求。因此，建立一套从星座结构到反射轨迹间空间分辨率的对应关系，对准确分析系统观测能力和明确任务科学目标均非常必要。

目前针对 GNSS-R 低轨卫星星座时空分辨率的研究主要围绕美国 CYGNSS 星座展开。2016 年底，美国 NASA 发射了第一个 GNSS-R 卫星星座 CYGNSS，该星座采用 8 颗在赤道地区倾斜 35°轨道面上的小卫星实现海面风场探测，时空分辨率是最重要指标之一。该星座主要任务是为实现热带飓风探测，要求观测点达到空间分辨率 25km[102]，对时间分辨率要求更高。为了研究星载 GNSS-R 的反射点时空分布特点，美国 CYGNSS 星座在发射前进行了热带地区反射点分布模拟。由于风场探测对重访时间要求较高，国内外学者多围绕改善时间分辨率开展研究。CYGNSS 任务中利用平均重访时间和重访时间中值来衡量时间分辨率。利用经验统计法分析结果表明重访时间中值为 2.8h，重访时间平均值是 7.2h。Zavorotny 等采取不同策略认为 CYGNSS 的平均重访时间约为 5h，并模拟了 24 个低轨卫星轨道面，认为其平均重访时间可以缩短至 2h。

1.3　全球海洋重力场模型的研究进展和未来展望

第一，简要介绍了海洋重力场模型演变及海洋重力场获取手段的发展进程，即由单一烦琐的手段向多样高效演变的过程。第二，回顾了海洋重力场反演的历程，通过比较 3 种主要的海洋重力场反演方法的优、缺点并进行区域实用性分析得出最优方法。第三，详细阐述了来自美国斯克里普斯海洋研究所发布的 SS 系列和丹麦科技大学发布的 KMS-DNSC-DTU 系列全球海洋重力场模型的发展历程。通过不同的模型参数对比分析表明,SS 系列早期模型空间分辨率较高,目前两系列模型空间分辨率都达到 1′×1′;KMS-DNSC-DTU 系列模型精度更新较快,DTU17 模型精度相比于 V24.1 模型精度更接近 1mGal。同时,概述了重力场模型在不同区域进行测试的结果,分析得出了影响模型精度的区域差异性因素。第四,讨论分析了基于卫星测高技术获取全球海洋重力场模型的前景与展望,并对未来构建更加优良的模型提出可行性建议。

1.3.1 海洋重力场研究概述

地球重力场不仅是一种物理场和地球固有物理特性之一[103-105],同时反映了地球物质空间分布、运动和变化并制约着地球及其邻近空间的基本物理事件。由于海洋面积约占地球表面积的 71%,因此海洋重力场也是构成地球重力场研究的重要组成部分,也为构建完善的地球重力场模型提供重要的研究价值,成为地球物理学研究中的重要课题。海洋重力场在海底深度预测、板块构造和岩石圈结构研究、海底火山研究、石油勘探、极地冰盖层监测、惯性导航、全球气候以及海平面变化动态监测等领域都具有相当重要的应用价值[106-109]。目前,国际上利用卫星测高技术已反演出空间分辨率为 1′×1′和精度接近 1mGal 的全球海洋重力场模型[110-113]。我国在海洋重力场研究方面起步相对较晚,目前尚未实现全球高精度和高空间分辨率海洋重力模型构建,但是利用测高资料进行海洋重力场研究已取得了一系列成果,特别是实现了南海区域空间分辨率和精度接近世界先进水平的局域海洋重力场模型[114-116]。目前,国外许多国家已开始将海洋重力场应用到国防领域,利用高精度和高分辨率重力资料同水下惯性导航相结合,借助重力匹配导航技术提升了水下复杂环境中潜艇导航精度。潜器由于隐蔽性好、突击力强、作战半径大、对制空权和制海权依赖性低,在战略打击中起决定性作用,是世界军事强国海上攻防的中坚力量,是实现我国未来海洋强国建设的重要支撑。潜器导航系统主要由惯性导航系统组成,可为潜器航行和潜射武器精准打击提供有利条件,但惯性导航系统误差随时间累积,需进行外部校正。目前国际水下惯性/重力组合导航精度为百米级,我国仍以惯性导航为主且正加紧开展惯性/重力组合导航理论方法研究和关键技术攻关。海洋重力匹配导航通过对水下潜器惯性导航漂移误差进行必要修正,进而成为提高隐蔽性和导航精度的最佳辅助导航手段。潜器惯性/重力组合导航系统主要包括全球高精度和高分辨率重力场基准图、高精度重力仪/重力梯度仪、重力匹配算法[117]。GNSS-R 测高技术能够提供更高质量的海面高信息,开始应用于高精度和高空间分辨率海洋重力场获取之中,对于解决海洋重力场模型分辨率问题提供了理论支撑,为未来高质量重力模型构建提供了新的可能性[118]。钱学森空间技术实验室天空海一体化导航与探测研究团队正在基于 GNSS-R 测高原理反演高精度和高分辨率海洋重力场,进而构建辅助潜器导航的海洋重力基准图,并已在理论和方法研究方面取得阶段性成果。

1.3.2　海洋重力场获取手段研究进展

传统海洋重力场的探测手段主要是船载重力测量和地面跟踪技术,这两种手段都是对选择区域剖面进行连续观测,再利用获得的重力数据反映局部海洋重力场[119]。船测重力测量将重力仪安装于舰船或潜艇内,可进行随时随地持续动态观测[120],所以目前在测量区域性海洋重力场中依然发挥着巨大作用。

由于空间技术的迅速发展,海洋重力场探测手段变得更加丰富,包括卫星跟踪卫星测量[121]、垂直方向上的重力梯度测量[122-123]、航空重力测量[124-127]、卫星高度计测高反演重力场等技术手段。目前,通过对4种海洋重力场探测手段对比分析,发现卫星测高技术反演海洋重力场在效率、费用等方面具有更大优势[128-130]。因为卫星测高技术不仅可提供超过60%的高分辨率和高覆盖率全球海面信息,并且能重复获取海域高度信息,有效解决了人力和财力耗费巨大、获得数据稀疏、重复周期性差、舰船无法直接到达偏远海洋区域等问题,所以是目前获取海洋重力场的广泛使用手段之一[131-132]。利用测高法获取海洋重力是指利用卫星测高数据先反演大地水准面起伏异常,然后结合相应反演算法得到海洋重力场,最后把所有区域性海洋重力场在同一基准下经过统一处理得出全球海洋重力场[133-135]。自20世纪80年代以来,卫星测高技术反演海洋重力场理论得到了较大发展,国内外学者依据多代卫星测高数据进行了大量研究和实验,构建了多个工程化应用的卫星测高反演海洋重力场模型[136-139]。

尽管卫星测高技术作为一种先进而有效的手段,然而在获取海洋重力场时通常结合传统的船测手段作为常规式辅助手段[140-141]。因为船载重力测量通过在舰船上安装重力仪来获取海洋重力场信息,具有不受海上各种气候条件影响、能获得高分辨率和高精度区域海洋重力场的优点,所以通常会将获得的重力场数据作为补充信息提高海洋重力场的整体精度[142]。随着卫星精密定轨技术的改进和海面测高精度的不断提升,基于测高原理反演高精度和高空间分辨率全球海洋重力场方法逐渐成为海洋重力场获取的首选手段[143-145]。

航空重力测量类似于传统船测重力测量,都是基于载体实现动态测量的技术手段。该方法能够快速获取基于船测重力测量手段难以实现的区域、利用测高技术获取精度较低的滩涂地带、浅水区域等重力场信息,通常和船测手段一样作为局部高精度和高空间分辨率海洋重力场获取的有效技术补充手段[146]。目前,由于卫星跟踪卫星测量和卫星重力梯度测量技术具有的局限性和难以解决其模型化或者动态分析技术难题,通常较少在实际中应用。

如图1.1所示,随着卫星测高技术蓬勃发展,测高卫星数量也逐年增加,特别是航天实力较强的欧美国家,测高卫星数量占到80%以上,目前已陆续发射测高卫星数量接近20颗。19世纪70年代,美国NASA首次提出利用测高卫星获取海洋大地水准面高的设想;20世纪70年代,卫星测高作为一种新型技术迅速发展,利用该技术获取大地水准面高变成一种既快速又精确的应用手段;1971 年,美国 NASA 发射了第一颗搭载高度计的实验卫星 Skalab,由此开启了在测高卫星上搭载高度计的时代;1975 年,美国发射第一颗专门用于测高的海面地形卫星 Geos - 3[147],有效解决了大面积错综复杂的海面地形问题。

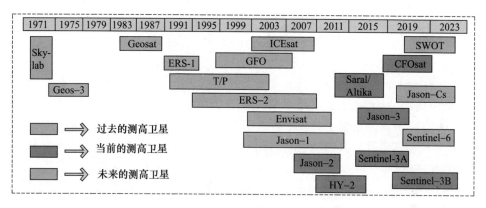

图 1.1　(见彩图)国内外测高卫星发展进程

1.3.3　海洋重力场反演理论和方法研究进展

20 世纪 80 年代早期,Lamont Doherty 地质学天文台 Weissed 和 Haxby[148]绘制了第一份全球海洋重力图,对面向全球化、高精度和高空间分辨率的海洋重力场模型具有重大研究意义;1995 年,Geosat GM(大地测量任务数据)和 ERS 数据公开后,为海洋重力场研究提供了较多可选择性资料数据,海洋重力场的研究逐渐引起许多国家的关注;1996 年,Andersen 等[149]首次利用 ERS - 1 GM 数据反演了精度优于 10mGal 和空间分辨率为 $3.75' \times 3.75'$ 的全球海洋重力场模型;1997 年,Sandwell 等首先利用 Geosat GM 数据和公开的 ERS - 1 数据,构建了空间分辨率为 $2' \times 2'$ 的具有深远借鉴意义的全球海洋重力场模型。自此以后,以 Sandwell 和 Andersen 为代表的两大研究机构持续进行着更高质量全球海洋重力场模型探索,反演出一代又一代高质量的全球海洋重力场模型,为海洋重力场研究领域做出了卓越贡献。

目前利用测高技术反演海洋重力场的理论和方法已基本趋于成熟,是获取全球或局部海域重力场最重要、高效和精准的手段[150-151]。利用测高技术获取海洋重力场的理论和方法包括逆 Stokes 公式法、最小二乘配置法、逆 Stonie 公式法、垂线偏差法、直接反演法等。其中逆 Stonie 公式法和直接反演法计算的结果是扰动重力,其他 3 种方法直接结果是重力异常。因此,本节主要介绍利用大地水准面直接获取海域重力异常的 3 种手段[152]。

1. 基于逆 Stokes 公式法反演海洋重力场

经典的 Stokes 公式由大地测量学的基本公式和 Bruns 公式推导获得,但是获取的结果是大地水准面,因此对于海域重力场转化来说,需要把该方法转换成大地水准面到海洋重力场的逆运算方法[153]。1962年，Molodenskii首先提出了利用大地水准面直接求重力异常公式。1974年，Gopalapillai讨论了求解Stokes积分方程数值方法，并验证了测高数据反演海洋重力异常的可能性[154]；该公式经过不断改进和简化，得到趋于成熟的逆Stokes公式[155-156]，即

$$\Delta g = -\left(\frac{\gamma}{R}N + \frac{\gamma}{16\pi R}\iint_\sigma \frac{N - N_p}{\sin^3\frac{\psi}{2}}\mathrm{d}\sigma\right) \quad (1.1)$$

式中：R为地球平均半径；N为计算点处大地水准面高；γ为地球平均重力；ψ为球面两点间距离；N_p为流动点处大地水准面高；σ为单位球面。

2001年，黄谟涛给出了Stokes数值反解、Stokes解析反解、逆Vening-Meinesz共3种计算模型的谱计算式，并利用多代卫星测高数据在海域中完成了各种算法的全面比较和评价，通过模拟仿真完成了各种方法的可靠性和稳定性检验。最后，通过3种反演技术获得我国南部海域$2'\times 2'$网格重力异常，并用船测重力测量数据进行检验，结果表明利用卫星测高数据反演得到的$15'\times 15'$重力异常平均值精度优于5mGal（$1\mathrm{Gal}=10^{-2}\mathrm{m/s}^2$），$30'\times 30'$重力异常平均值精度优于4mGal，$1°\times 1°$重力异常平均值精度优于3mGal[157-158]。通过对逆Stokes公式涉及的参数分析，发现只需将来自测高卫星的大地水准面高代入就可反演出区域海洋重力场。然而，计算时要先对经纬线方向的格网进行划分，使得上述公式能够转化为区域求和公式，再进行全球积分，这就导致计算量较大及获取结果过程较为烦琐，因此目前使用相对较少。

2. 基于最小二乘配置法求解海洋重力场

20世纪60年代，Krarup和Moritz创建了最小二乘配置法。1974年，Smith和Rapp提出将最小二乘配置法应用于卫星测高，通过将已知点的重力异常值代入该公式获取未知点处重力异常值。然后，经过Rapp、Basic、Hwang等不断改进，得到如下更加完善的理论算法公式，即

$$\Delta \tilde{g} = \boldsymbol{C}_{gk}(\boldsymbol{C}_{kk} + \boldsymbol{C}_{nn})^{-1}(k - k_\mathrm{M}) + \Delta g_\mathrm{M} \quad (1.2)$$

式中：k为大地水准面高观测值；$\Delta\tilde{g}$为所测重力异常值；$\boldsymbol{C}_{kk}$为海面高自协方差阵；$\boldsymbol{C}_{gk}$和$\boldsymbol{C}_{nn}$分别为重力异常互协方差向量与测高误差方差阵；k_M和Δg_M分别为海面高模型值与重力异常参考模型值。

$$M_g^2 = \boldsymbol{C}_{gg} - \boldsymbol{C}_{gk}(\boldsymbol{C}_{kk} + \boldsymbol{C}_{nn})^{-1}\boldsymbol{C}_{kg} \quad (1.3)$$

式中：$\boldsymbol{C}_{nn}$、M_g和$\boldsymbol{C}_{gg}$分别为测高误差方差阵、预估重力异常值和重力异常自协方差向量。

然而，最小二乘配置法具有较大局限性。据式（1.2）和式（1.3）分析发现，要首先确定协方差函数和协方差矩阵，而大面积海域协方差函数不容易确定，这就为大面积海域重力场获取带来较大难度，所以目前仅适用于反演局部海洋重力场[159]。美

国国家影像制图局、国家宇航局和俄亥俄州立大学合作,对 Geosat GM 数据进行处理后,求得 500 万个 5′×5′ 网格点海面高度值,并利用 T/P 和 ERS-1 卫星数据建立起来的海面地形模型[160],将 5′×5′ 海面高转化为相同密度的大地水准面高。最后,通过最小二乘配置法共求得 141133 个空间分辨率为 30′×30′ 的平均重力异常,将其中的 27610 个测高平均异常值同海面船测数据进行比较,两者的标准偏差为 2.3 mGal。1974 年,Smith[161] 和 Rapp[162-163] 提出了基于最小二乘配置推估卫星测高重力异常的理论和方法,Rapp 采用此方法开展了大规模卫星测高反演海洋重力异常的计算;1979 年,Rapp 首次利用 Geos-3 卫星数据导出了 12144 个 1°×1° 平均重力异常,估计精度为 ±7.8 mGal,并在此基础上构成了 377 个 5°×5° 平均重力异常,对应精度为 ±2.7 mGal[164];1983 年,Rapp 等[165] 利用最小二乘配置法反演出 1°×1° 太平洋局部区域重力异常值 31091 个,统一处理后精度为 ±6.5 mGal;1983 年,Rapp 利用新数据再次解算海洋重力异常,共求得 1°×1° 方块的平均重力异常 37905 块,估计精度为 ±5.1 mGal;5°×5° 方块的重力异常 1178 块,对应精度为 ±2.7 mGal[166];1985 年,Rapp 联合使用 Geos-3 和 Seasat 卫星数据进行了新一轮重力异常解算工作,共算得 0.125°×0.125° 网格点值 240 万个,由这些点得到 37419 个 1°×1° 平均重力异常,估计精度为 ±5 mGal,组成得到 148827 个 30′×30′ 平均异常值,估计精度为 ±8 mGal。最后,点异常与船载重力数据比较,符合度为 ±9~30 mGal,将 10139 个 1°×1° 平均异常与海面观测值进行比较,均方根差值为 ±7 mGal[167];1987 年,Balmino 等利用同样的测高卫星数据在相同测区和基于逆 Stokes 公式反演出相同空间分辨率的精度为 ±8 mGal 的太平洋区域重力场。通过将两区域重力场反演结果进行分析,发现运用最小二乘配置法在局部海洋区域获取海洋重力场要优于逆 Stokes 理论算法;1989 年,Hwang 在 Rapp 研究工作基础上,联合使用 Geos-3 和 Seasat 两颗卫星全部观测数据,再次对海洋重力异常和海面高度进行解算,得到均方根差值为 ±15.9 mGal[168]。2005 年和 2007 年,王虎彪等采用多种方法分别计算了中国近海的重力异常模型,结果表明最小二乘法计算精度较高;其次,基于沿轨迹加权最小二乘法确定了中国边缘海和全球海域格网化垂线偏差(IGG2006-DOV),中国海域整体精度高于 1.2″;并利用船测重力数据在南海海域检验了测高垂线偏差解算的重力异常数据效果,精度为 7.75 mGal[169-170]。

3. 基于垂线偏差法计算海洋重力场

20 世纪 80 年代,垂线偏差首先作为起算数据开始应用到海洋重力场获取之中,并逐渐演变为海洋重力场获取的有效手段。1983 年,Haxby 等[171] 首先提出利用垂线偏差思想计算重力异常,原因如下:①测高卫星已提供了海量覆盖数据;②美国海洋局已成功计算出新的深海数据集;③全世界很多国家都在进行地球物理测量,因此适于在大部分区域进行格网化;④出现更多适用于科学研究的地球及海洋信息数据。随后,经过 Olgiati 等[172] 和 Hwang[173] 不断改进和优化,得到既不需要对交叉点进行平差又能有效抑制类似于长波误差的径向轨道误差理论算法,相比于其他重力场反演理论算法,目前此算法已成为利用测高数据反演高精度和高空间分辨率海洋重力场的首选手段[174-175]。

1984年,Sandwell等对垂线偏差法进行改进,推导出优化的垂线偏差法[176];1990年,Bell等利用Geosat ERM数据获取精度为7.3mGal的区域海洋重力场[177];1992年,Sandwell等利用Geosat GM数据反演的区域海洋重力异常精度约为5.5mGal;1997年,Sandwell等利用垂线偏差法建立了空间分辨率为2′×2′和精度优于10mGal的全球海洋重力场模型;1998年,Hwang提出利用位置信息直接求得沿轨迹方向垂线偏差,通过最小二乘平差法计算离散格网点上的平均垂线偏差分量,该方法不需要时间信息,只需利用位置信息便可求得沿轨迹方向垂线偏差,但是它在平差时法方程中却容易出现病态[178];2014年,Sandwell等[179]利用垂线偏差法构建了空间分辨率为1′×1′和精度优于2mGal的全球海洋重力场模型。垂线偏差法主要取决于大地水准面对时间的导数和沿地面轨迹方向经纬度速率两个因素,建立相应联系后得到公式为

$$\begin{cases} \dot{N}_a = \frac{\partial N}{\partial t}\dot{\varphi}_a + \frac{\partial N}{\partial \lambda}\dot{\lambda}_a \\ \dot{N}_d = \frac{\partial N}{\partial t}\dot{\varphi}_d + \frac{\partial N}{\partial \lambda}\dot{\lambda}_d \end{cases} \quad (1.4)$$

式中:a和d分别为轨迹方向上的升弧和降弧;$\dot{N}_a$和$\dot{N}_d$分别为升弧和降弧方向上大地水准面对时间的导数;$\dot{\lambda}_a$和$\dot{\lambda}_d$分别为沿轨迹经度和纬度方向上的运动速率。

把垂线偏差进行分解获取子午圈方向分量ξ和卯酉圈方向分量η,然后利用拟合插值法得到包括网格点处经纬度方向上的梯度值$\frac{\partial N}{\partial \varphi}$和$\frac{\partial N}{\partial \lambda}$,相应推导关系为

$$\begin{cases} \xi = -\frac{1}{R}\frac{\partial N}{\partial \varphi} \\ \eta = -\frac{1}{R\cos\varphi}\frac{\partial N}{\partial \lambda} \end{cases} \quad (1.5)$$

式中:R为地球平均半径;N为大地水准面;φ和λ分别为地心方向的经度和纬度。

1995年,Olgiati等先确定卫星地面轨迹交叉点位置,然后进行差分获得沿迹方向的垂线偏差值公式,即

$$\varepsilon(\alpha) = -\frac{\partial N}{\partial s} \quad (1.6)$$

式中:s为沿地面轨迹的距离;α为地面轨迹方位角(见图1.2)。

利用式(1.6)分别求出交叉点处的升弧和降弧轨迹方向的垂线偏差,然后利用对应转换关系获取垂线偏差在子午圈和卯酉圈方向的分量,相应转换公式为

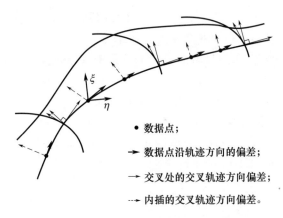

图 1.2 Olgiati 法获取 ξ 和 η 原理图

$$\begin{cases} \varepsilon_d = \eta\cos i - \xi\sin i \\ \varepsilon_a = \eta\cos i + \xi\sin i \end{cases} \tag{1.7}$$

式中：i 为卫星地面轨迹倾角；ε_a 为升弧轨迹方向上的垂线偏差；ε_d 为降弧轨迹方向上的垂线偏差。相比于 Sandwell 方法(1992 年)，式(1.7)能够获得更高精度的垂线偏差。但是，由于理论不够严密和内插放大误差等原因，导致处理数据时大量有效数据损失，严重影响了最终结果精度，因此存在较大局限性。

1998 年，Hwang 等在 Olgiati 公式基础上对垂线偏差进行改进，得到在理论上更加严密的垂线偏差公式，即

$$\varepsilon_i + V_i = \overline{\xi}\cos\alpha_i + \overline{\eta}\sin\alpha_i \tag{1.8}$$

式中：ε_i 为垂线偏差；V_i 为残差；α_i 为方位角。Hwang 首先利用 Olgiati 垂线偏差逆运算法获取沿轨迹方向的垂线偏差，然后得出沿轨迹方向的平均子午分量平均值 $\overline{\xi}$ 和平均卯酉分量平均值 $\overline{\eta}$（见图 1.3）。

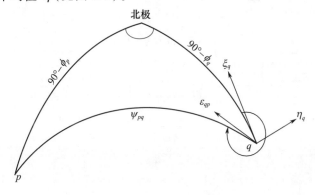

图 1.3 p 和 q 点方位角和垂线偏差关系

基于垂线偏差法[180-181]求解重力异常分为两部分,即求垂线偏差和重力异常。利用以上不同算法求得卫星测高数据的垂线偏差后,下一步是利用垂线偏差求重力异常(见图1.4),而求解重力异常的常用手段是逆 Vening – Meinesz 公式。1928年,Vening – Meinesz 公式首先被提出;1962年,Molodenski 等推出空间域的逆 Vening – Meinesz 公式,但当时对于求解垂线偏差较困难,所以该公式一直未被重视。直到卫星测高技术实现后,垂线偏差获取变得更容易,逆 Vening – Meinesz 公式才开始引起广泛关注;1998年,Hwang 等在 Haxby、Parsons、Sandwell、Smith 等基础上成功推导出比较实用的逆 Vening – Meinisz 公式,即

$$\Delta g(p) = \frac{\gamma_0}{4\pi} \iint_\sigma H'(\xi_q \cos\alpha_{qp} + \eta_q \sin\alpha_{qp}) d\sigma_{qp} \quad (1.9)$$

式中:γ_0 为平均重力;H 为核函数;p 和 q 分别为流动点和计算点;H' 为核函数的导数。相比 Molodenski 于1962年提出的核函数公式,Hwang 等于1998年提出了简洁、理论更加严密和容易计算的核函数,即

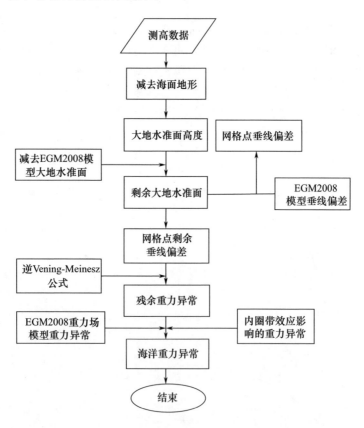

图1.4 基于测高数据求解重力异常和垂线偏差流程框图

$$H(\psi_{pq}) = \frac{1}{\sin\frac{\psi_{pq}}{2}} + \log\left[\frac{\sin^3\frac{\psi_{pq}}{2}}{1+\sin\frac{\psi_{pq}}{2}}\right] \qquad (1.10)$$

式中:ψ_{pq}为 p 和 q 两点间的球面角距。

1998 年,Hwang 等将 Seasat、Geosat/(ERM + GM 任务数据)、ERS - 1、T/P 等卫星数据进行融合,并对卫星轨道、潮汐、地形等误差进行处理,最后利用 Vening - Meinesz 公式和 FFT 算法得到海洋重力场精度为 9.9mGal,有效提高了基于测高技术反演海洋重力异常的精度和空间分辨率[182]。2001 年和 2003 年,李建成和王海瑛利用多代卫星测高数据按垂线偏差法计算了中国近海重力异常数值模型,与船测重力异常比较得到标准差为 9.3mGal[183-185]。2006 年,Hwang 等利用逆 Vening - Meinesz 公式和最小二乘配置法在台湾海峡区域进行测试,得出利用最小二乘配置法获取的重力场精度优于利用逆 Vening - Meinesz 公式获取的结果,但两者相差较小。2011 年,邓凯亮提出了垂线偏差的改进算法,联合 Geosat GM、ERS - 1、T/P、T/P 新轨道、ERS - 2、GFO(Geosat follow - on)等多代测高数据确定了中国近海 2′×2′格网分辨率垂线偏差模型,建立的垂线偏差模型精度接近 CLS_SHOW99 垂线偏差模型[186]。2016 年,吴怿昊和罗志才分别以大地水准面高差和沿轨迹垂线偏差卫星测高数据作为观测量进行测量,结果表明基于沿轨迹大地水准面高差求得的大地水准面模型精度更高,在海洋区域的精度提高了 2.3cm[187]。因为最小二乘配置法计算量较大,不容易确定相关参数矩阵和协方差函数,所以在精度相差不大的情况下,先借助垂线偏差法获取所需偏差分量,最后用逆 Vening - Meinesz 公式转换为重力场成为较优手段,这样不仅可省去大量烦琐的计算程序,而且在保证模型质量的同时也能为解决全球海洋重力场反演问题带来便利。

1.3.4 全球海洋重力场模型发展历程

目前国际上构建的全球海洋重力场模型主要包括:①美国斯克利普斯海洋研究所 David T. Sandwell 团队构建的 SS 系列;②丹麦科技大学 Ole. Baltazar. Andersen 团队构建的 KMS - DNSC - DTU 系列。由于利用卫星测高反演的海洋重力场模型质量主要依赖于精度和空间分辨率两部分,而决定精度和空间分辨率的关键主要包括 5 个方面:①卫星测高精度;②卫星轨迹覆盖密度;③各种轨道定轨技术;④相关滤波处理技术;⑤引入的潮汐模型精度。随着空间技术的快速发展,测高卫星数据持续增加、轨道精度逐步提升、数据处理技术日益改进、高阶次和高精度全球重力场及海面地形模型的引入等因素使得海洋重力场模型质量变得越来越优良,进而满足海洋学、地球物理学、大地测量学、地球动力学等各领域的科学应用研究。

1. SS 系列全球海洋重力场模型研究进展

自 20 世纪 70 年代卫星测高技术开始应用到海洋重力场以来,美国加州大学圣迭戈分校斯克利普斯海洋研究所 Sandwell 团队提出了利用测高卫星数据获取海洋重力场的理论和方法,相继发布了 SS 系列全球海洋重力场模型(见表1.1)。

表1.1　SS 系列全球海洋重力场模型发展进程统计表

模型	时间/年	参考重力场	数据种类	分辨率	覆盖范围
V7.2	1997	JGM-3	Geosat(ERM+GM)+ ERS-1(ERM+GM)	2′×2′	72°S~72°N
V8.1	1998	EGM96	Geosat+ERS-1 (低通滤波参数2~18km)	1′×1′	72°S~72°N
V9.1	1999	EGM96	Geosat+ERS-1	1′×1′	72°S~72°N
V10.1	2002	EGM96	Geosat+ERS-1	1′×1′	72°S~72°N
V11.1	2004	EGM96	重跟踪处理部分 ERS-1 数据+ 未处理 Geosat 数据	1′×1′	72°S~72°N
V15.1	2005	EGM96	重跟踪技术的(ERS-1+Geosat)数据	1′×1′	72°S~72°N
V16.1	2006	EGM96	(Geosat+ERS-1+TOPEX) 等所有数据	1′×1′	80.7°S~80.7°N
V17.1	2007	EGM2007b	所有(Geosat+ERS-1+TOPEX) 数据	1′×1′	80.7°S~80.7°N
V18.1	2009	EGM08+MDOT	所有(Geosat+ERS-1+TOPEX) 数据+双谐样条插值	1′×1′	80.7°S~80.7°N
V19.1	2012	EGM08+MDOT	补充16个月 CryoSat-2+12 个月 Envisat(ERM)	1′×1′	80.7°S~80.7°N
V20.1	2012	EGM08+MDOT	增补 Jason-1 数据	1′×1′	80.7°S~80.7°N
V21.1	2013	EGM08+MDOT	(CryoSat-2+ERS-1+Jason-1+ Envisat+Geosat)数据	1′×1′	80.7°S~80.7°N
V22.1	2013	EGM08+MDOT	(CryoSat-2+ERS-1+Jason-1+ Envisat+Geosat)数据	1′×1′	85°S~85°N
V23.1	2014	EGM08+MDOT	Jason-1+CryoSat-2	1′×1′	85°S~85°N

1997年,Sandwell 等利用 Geosat GM 和 ERS-1 GM 数据并引入 JGM-3 作为参考重力场,首次反演出空间分辨率为 2′×2′和精度优于 10mGal 的全球海洋重力场模型 V7.2;1998年,Sandwell 等[188]利用 Geosat 和 ERS-1 卫星数据并引入 EGM96 (Earth Gravitational Model,1996)作为参考重力场,反演出空间分辨率为 1′×1′的新一代全球海洋重力场。随着卫星测高数据积累、数据处理技术改进、相关波形重跟踪技术出现、新的海面地形模型构建和相应误差修正技术成熟等因素,陆续发布了 V10.1、V11.1、V15.1、V16.1、V17.1 等全球海洋重力场模型;2009年,Sandwell 等引入 EGM2008 全球海洋重力场模型和平均动态海面模型作为参考模型,并结合双调和

插值法反演出空间分辨率 $1'×1'$ 和精度优于 4mGal 的全球海洋重力场模型 V18.1;2010 年,Crysat-2 卫星为未测量过的南北极地区域提供了高精度海冰面高信息,同时为测高数据反演海洋重力场提供了更加密集的轨道数据[189-191]。Sandwell 等重新融入 CryoSat-2 卫星数据相继发布了 V19.1、V20.1、V21.1、V22.1、V23.1 等全球海洋重力场模型。2014 年发布的 V23.1 模型相比于上一代模型来说,整体精度从 3~5mGal 提高到 2~4mGal。

2. KMS-DNSC-DTU 系列模型

20 世纪 90 年代,丹麦科技大学 Andersen 团队开展了基于卫星测高技术构建全球海洋重力场模型的研究;1996 年,Anderson 等首先利用逆 Stokes 公式,并结合快速傅里叶变换技术将大地水准面转换为重力异常,首次反演出空间分辨率为 $3.75'×3.75'$ 和精度优于 10mGal 的全球海洋重力场模型 KMS96;1997 年,丹麦学者 Knudsen 和 Andersen 利用精密 T/P 测高数据联合密集的 Geosat 和 ERS-1 大地测量任务数据,反演了 $3'45''×3'45''$(对应于赤道上间距为 7km×7km)网格的较高精度平均海面高和重力异常[192];1998 年,Anderson 等将 KMS 系列模型重新修订,利用新的海洋重力观测值参数代替旧参数,获得更优的空间分辨率和精度的全球海洋重力场模型 KMS98;1999 年,Anderson 等引入 ERS-1 和 ERS-2 卫星的精密重复轨道数据发布了 KMS99 重力模型,较大程度提升了高纬度地区特别是极地地区的重力场空间分辨率[193];2002 年,Anderson 等发布了 KMS02 重力模型,优点是可获取湖泊重力场[194];2007 年,DNSC07 模型涵盖了从南极圈到北极圈的所有海域的重力场[195]。随后,Anderson 等陆续发布了 DTU10、DTU14、DTU15、DTU17 等[196-199] 全球海洋重力场模型,其中 DTU17 和 DTU18 模型新引入了 Saral/Altika 较高采样率卫星数据,为至目前为止精度最佳的全球海洋重力场模型(见表 1.2)。

表 1.2 KMS-DNSC-DTU 系列全球海洋重力场模型发展进程统计表

模型	时间/年	参考重力场	数据及处理技术	空间分辨率	范围
KMS96	1996	EGM96	ERS-1+Geosat	$3.75'×3.75'$	82°S~82°N
KMS98	1998	EGM96	(Geosat+ERS-1)GM	$2'×2'$	82°S~82°N
KMS99	1999	EGM96	(ERS1+2)/ERM+所有 Geosat 数据	$2'×2'$	82°S~82°N
KMS02	2002	EGM96	(ERS1+2)可用数据+所有 Geosat 数据	$2'×2'$	82°S~82°N
DNSC07	2007	PGM07B	(Geosat+ERS-1)/GM+重跟踪技术	$1'×1'$	90°S~90°N
DNSC08	2008	EGM08+DOT07A	ERS(1+2)+Geosat+T/P+GFO+Jason-1 数据+二次重跟踪技术	$1'×1'$	90°S~90°N
DTU10	2010	EGM08+MDOT	重跟踪处理 ERS(1+2)+Envisat 数据+可用测高卫星数据	$1'×1'$	90°S~90°N
DTU13	2013	EGM08+MDOT	CryoSat-2+可用卫星数据	$1'×1'$	90°S~90°N
DTU14	2014	EGM08+MDOT	ERS-1+Geosat+CryoSat+Jason-1	$1'×1'$	90°S~90°N

续表

模型	时间/年	参考重力场	数据及处理技术	空间分辨率	范围
DTU15	2015	EGM08 + MDOT	重跟踪技术处理(ERS-1 + Geosat + CryoSat-2 + Jason-1)的数据	1'×1'	90°S~90°N
DTU17	2017	EGM08 + MDOT	(7年CryoSat + Jason-1 + 1年Saral/Altika)数据	1'×1'	90°S~90°N
DTU18	2018	EGM08 + MDOT	重跟踪处理Saral/Altika数据 + 可用测高数据	1'×1'	90°S~90°N

3. 两系列模型空间分辨率变化讨论和分析

通过对表1.1和表1.2中两个系列重力场模型的统计结果对比分析,得到随着相关数据处理技术、高阶次地球重力场模型和平均海面动态地形模型等的引入给海洋重力场模型空间分辨率优化带来了显著影响。如图1.5所示两个系列模型的空间分辨率变化进程曲线,在20世纪末SS系列全球海洋重力场模型空间分辨率已提升到1'×1',在2003年后KMS-DNSC-DTU系列模型空间分辨率达到1'×1'。尽管模型空间分辨率已有较大程度提升,但受制于测高卫星难以同时满足轨道覆盖和时间采样的平衡,导致模型空间分辨率此后都没有实质性提高。另外,这些模型空间分辨率通常指的是重力异常值格网化处理后得到的结果,实际测高反演的重力模型远达不到空间分辨率1'×1'。但是为了预防插值过程中信息的丢失,通常会选择1'×1'的格网,这样有利于对重力、海洋测深、各种误差、平均海面、平均动态地形等方面信息统一使用。例如,SSV16.1模型空间分辨率为20km,DNSC08模型空间分辨率为17km,都与空间分辨率2km相差甚远,所以相应格网化技术研究对于模型整体空间分辨率改进具有较大影响。2010年,欧洲空间局CryoSat-2卫星发射使海洋重力场

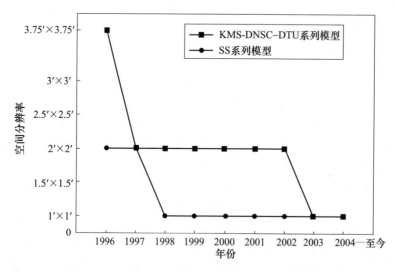

图1.5 KMS-DNSC-DTU系列和SS系列模型空间分辨率变化对比曲线

反演能力发生了巨大变化,尤其在特定冰雪覆盖区域,其携带的 SIEAL-2 以新型合成孔径雷达模式,为提高海洋重力场空间分辨率提供了有效途径。

4. 两个系列模型区域适用性讨论分析

自 20 世纪末开始的几十年间,国内外已经积累了很多代重力场模型,把两个系列模型在相同海域内同时进行测试,进而验证是否存在模型区域实用性差异。表 1.3 所列为 1996—2002 年地中海东部区域重力场模型测试统计表。

表 1.3 1996—2002 年地中海东部区域重力场模型测试统计表

模型	平均值/mGal	标准差/mGal	最大值/mGal
KMS02	−0.074	5.781	196.980
KMS99	−0.074	6.108	211.787
GSFC	−0.302	6.050	140.350
SSV8.1	−0.600	7.340	139.108
KMS96	−1.120	9.710	—
KMS98	−1.030	8.970	—
SSV7.2	−6.610	18.960	

如表 1.3 所列,在地中海东部区域内,SSV7.2 的标准差和平均值要比 KMS96 大很多且与模型整体精度不一致,表明第一代模型 SSV7.2 在重力场信号变化较大海域内存在较大误差。Andersen 等根据局部均方根变化,通过使用更好的空间变化滤波器对大地水准面异常进行插值、在大地水准面转化为重力场时增强滤波等调整,获取了高空间分辨率的格网重力场模型 KMS98。该模型标准差相比于 KMS96 模型已从 9.71mGal 递减到 8.97mGal。KMS02 模型将海岸附近处重力场信号以及极地覆盖率问题考虑在内,通过类似的滤波处理技术使重力场精度整体得到较大幅度提升。

Andersen 等为全面评估模型精度,选择特殊区域进行测试来验证模型质量优良程度,将近年来构建的全球海洋重力场模型在具有代表性区域进行测试。其中,①选择海底陡峭山脊区域;②选择海底群山区域,两者都取自重力梯度变化较大区域;③选择地中海东部区域,这个区域重力异常变化范围较大。在这 3 个特殊区域验证精度变化范围的测试结果如表 1.4 所列。

表 1.4 3 个特殊测量区域内不同重力场模型精度对比统计表

特殊区域	KMS96(3.75′) 标准差/mGal	Sandwell7.2(2′) 标准差/mGal	KMS98(2′) 标准差/mGal
陡峭山脊区域 (较大重力梯度)	6.89	5.65	5.31
海底峰谷区域 (较大重力梯度)	6.60	5.87	5.46
地中海东部区域 (重力场信号变化较大)	9.71	18.96	8.97

表1.4中3个区域的标准偏差值统计分析表明,不同地区海洋重力异常精度差别较大,表明区域性差异因素也是影响海洋重力场的主要因素。2008年,Hwang等[200]在浅水、海岸附近、岛屿附近等区域对KMS02和SSV10.1模型进行测试,并把反演得到的海洋重力场值与高精度的船测数据进行对比,发现基于重力跟踪法处理后得到的重力异常精度提升11%,表明海岸附近、岛屿附近、浅水等区域将对重力场模型精度产生显著影响[201-202]。如表1.5所列,详细对比了丹麦科技大学(DTU)构建的全球海洋重力场模型在海岸或者岛屿附近的精度状况。

表1.5 在岛屿或海岸附近的不同海洋重力场模型精度统计

大于10000观测值距岸距离/m	KMS02 标准差/mGal	DTU10 标准差/mGal	DTU13 标准差/mGal	SSV18.1 标准差/mGal	SSV21.1 标准差/mGal
0~20	6.54	3.46	2.97	3.26	3.81
20~50	4.16	3.14	2.79	2.88	3.34
50~100	4.06	3.83	3.16	3.26	3.61
100~500	5.74	4.89	3.61	4.98	4.69
500~1000	5.36	4.38	4.17	4.05	4.05
1000~5000	5.60	4.89	4.23	4.40	4.16

在海岸附近处KMS02重力模型标准差均大于其他重力模型。由于其他重力模型都引入波形重跟踪处理技术来处理波形数据,经过处理后得到的重力模型精度明显高于未处理过的重力模型,同时说明了利用卫星测高技术在海岸附近反演海洋重力场所产生的局限性以及引入波形处理技术的必要性。此外,冰层覆盖区、水下山谷结构、海水深度等特殊区域也会产生较大误差,都是影响构建高质量海洋重力场模型的重要因素。如表1.6所列,Andersen等选取区域重力场信号较小的海域进行检验,得出区域内两个系列海洋重力场模型的精度差异。

表1.6 纬度20°~40°及经度30°~40°区域内海洋重力场模型精度统计

模型	平均值/mGal	标准差/mGal	最小值/mGal	最大值/mGal
SSV7.2	1.16	5.65	-54.98	20.16
KMS96	-0.63	6.89	-68.61	24.28
KMS98	-0.66	5.31	-53.81	19.18

经在区域内将KMS96和SSV7.2对比,初始SS系列模型精度优于KMS-DNSC-DTU系列模型,而改进的KMS98结果与SSV7.2较接近,说明SSV7.2比KMS96的测量值更接近实际值,因此反演结果也更接近实际海域重力场值。因此,基于两种获取海域重力场的手段存在差异性,表明用于获取SS系列模型的垂线偏差法比获取KMS系列的逆Stokes算法更具有适用性,对于未来基于垂线偏差法获取海洋重力场手段的快速发展提供了实测性验证。

5. 两个系列模型精度变化讨论和分析

全球海洋重力场模型精度是评价模型质量的重要指标之一,受高度计测高精度、卫星轨道密度、数据质量和数量、相关数据处理算法、反演手段等因素影响。如表 1.7 所列,Andersen 和澳大利亚地理信息局等在纬度 280°~320°和经度 25°~45°范围内的大西洋西北部区域对近些年来的重力场模型进行了测试。其中,DTU13、DTU15、DTU17、SSV23.1 和 SSV24.1 测试数据来自澳大利亚地理信息局,观测值量为 54000 个。

表 1.7 2002—2018 年全球海洋重力场区域测试统计表

模型(321400 个观测值)	平均值/mGal	标准差/mGal	最大值/mGal
KMS02	0.44	5.15	49.38
DNSC02	0.44	4.79	46.88
DNSC08	0.39	3.91	36.91
DTU10	0.39	3.82	36.89
SSV12.1	0.62	5.79	82.20
GSFC 00.1	0.68	6.14	89.91
NTU 01	0.79	6.10	92.10
SSV16.1	0.59	4.88	45.29
SSV18.1	0.41	3.96	36.99
SSV19.1	0.43	3.93	36.81
模型(54000 个观测值)	平均值/mGal	标准差/mGal	最大值/mGal
DTU13	0.50	2.00	33.90
DTU15	0.50	1.81	33.90
DTU17	0.50	1.77	32.20
SSV23.1	0.70	1.98	43.40
SSV24.1	0.70	1.90	41.90

如表 1.7 所列,所有模型都统一在大西洋西北部区域进行测试,通过模型外部测试结果可以发现,无论从 SSV12.1 到 SSV19.1 还是从 KMS02 到 DTU17,模型精度都有较大程度提升。通过 SS 系列和 KMS-DNSC-DTU 系列最新全球海洋重力场模型 SSV24.1 和 DTU17 精度对比,发现 DTU17 在测试区域达到 1.77mGal,是目前精度最高的全球海洋重力场模型。DTU17 相比于 SSV24.1 模型来说,除了改进相应滤波处理技术外,还引入 7 年的 CryoSat-2 数据,补充 Jason-1 大地测量任务数据以及 1 年的 Saral/Altika 大地测量任务数据,这些综合影响因素使得新型 DTU 系列全球海洋重力场模型质量较好。除了更多卫星大地测量任务数据积累外,重跟踪 Saral/Altika 任务数据,海平面斜率误差修正方法的改进,都是下一代 DTU 系列模型改进的首要考虑因素。

如图1.6所示,把选取的相关重力场模型在大西洋西北部海域进行测试,并把测试结果进行曲线拟合,分别得到SS系列和KMS-DNSC-DTU系列海洋重力场模型精度变化曲线。图1.6中精度变化曲线反映两部分信息。第一,反映了近几十年Sandwell团队和Andersen团队利用测高技术反演全球海洋重力场模型精度正在稳步提升,目前两个系列最新模型整体精度都已优于2mGal,但模型精度提升幅度逐渐变小,表明模型精度改善变得越来越困难。第二,图1.6(a)和图1.6(b)中精度曲线变化过程中都有最大斜率值,其中,图1.6(a)中SSV21.1模型过渡到SSV23.1模型的原因是补充了Jason-1所有大地测量数据,持续更新的CryoSat-2数据以及根据海水深度设计滤波半径进行处理;图1.6(b)中DTU10模型通过引入大量CryoSat-2

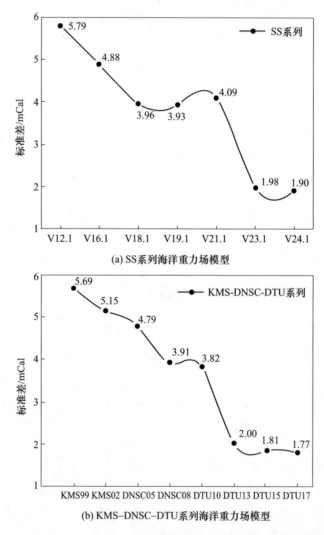

(a) SS系列海洋重力场模型

(b) KMS-DNSC-DTU系列海洋重力场模型

图1.6 SS系列和KMS-DNSC-DTU系列海洋重力场模型精度变化曲线

和 Jason-1 大地任务数据并减小滤波半径处理波形信息才获取 DTU13 模型。通过对 20 多年来反演的海洋重力场模型进行综合分析,得到影响海洋重力场模型质量因素,包括反演理论和方法、测高数据的种类和数量[203]、相关滤波处理技术、数据重跟踪处理技术[204]、垂线偏差转换重力异常有关算法、所选取的参照重力场模型、海面地形和潮汐模型等。

1.3.5 海洋重力场模型未来展望

随着空间技术水平的提高,全球海洋重力场模型在精度和分辨率方面发生了较大改进和提升。相对于地球重力场模型而言,海洋重力场模型的获取涉及更多和更复杂的因素,不仅需要把地球重力场模型作为参照,还需要利用相应技术手段对不同海域重力信号进行综合处理。依据目前发展趋势,要获取高精度和高空间分辨率海洋重力场,未来可以在以下几个方面综合考量。

1. 反演方法优化改进

海洋重力场获取主要利用逆 Stokes 公式法、最小二乘配置法、垂线偏差法等反演算法。逆 Stokes 公式法要进行格网划分和复杂的全球积分,最小二乘配置法要在预先确定的协方差函数和协方差矩阵基础上才能获取更优重力异常值。在选择区域内,利用最小二乘配置法得到的重力值精度比用逆 Stokes 公式得到的重力场精度要高,因此最小二乘配置法要优于逆 Stokes 公式法;但对于大面积区域来说,最小二乘配置法的相关协方差函数和矩阵不太容易确定。目前对 3 种算法进行综合对比分析,发现经过 Sandwell、Olgiati、Hwang 等改进的垂线偏差法是目前较优的海洋重力场反演方法。但是,因为垂线偏差向重力异常值转换时,Hwang 等提出的基于逆 Vening-Meinesz 公式法获取的重力场精度仍然没有基于最小二乘法获取的精度高,所以,利用最小二乘配置法协同处理局域数据资料,未来仍然有较大使用价值。另外,利用有关重力异常值的转化技术也只是一种近似替代方法,但是对于转换过程中涉及的有关参数近似取舍也会产生一定误差,这对于最终结果也会产生较大误差积累。因此,未来转换算法的改进和优化对于高效、精准、连续的全球重力场模型依然尤为重要。

2. 引入重力场参考模型及相关误差修正模型

通过阐述海洋重力场模型发展进程,可以发现从第一代模型只引入 70 阶次的 JGM-3 参考模型到引入 360 阶次的 EGM96,再到 2160 阶次的 EGM2008 参照模型得到的海洋重力场模型精度也大幅提升。同时,对于较多误差进行修正,引入更加精确的误差模型(潮汐模型、平均海面动态模型等)都会有针对性地减弱反演过程相关误差,对于精度提高将产生实质性贡献。

3. 海空技术手段和测高技术手段交叉使用

基于海空重力测量技术能实时获取更高精度和空间分辨率的数据,在未来一段时间内其获取局域海洋重力场的主导地位将不会变化。另外,随着国际空间技术水平的迅速提高，海空技术手段作业流程和理论方法体系将更加完备，具有的更大应用场景能有效弥补基于传统测高技术获取海洋重力场数据库的缺陷，进而为高空间分辨率和高精度海洋重力场模型的不断完善和优化提供了可行性。

4. 加大数据融合及波形重跟踪处理技术研究

自第一颗提供比较单一海洋地形信息的 Geos – 3 卫星开始，目前已成功发射的测高卫星接近 20 颗，这些测高卫星为海洋领域研究提供了巨大的数据资料。如何高效地将不同卫星提供的海量海面信息数据在统一基准下融合，进而反演海洋重力场始终是技术难题之一。另外，对于浅水区域、岛屿附近、海岸、极地冰川覆盖层等区域进行更加准确的多次波形重跟踪技术研究，同样是提升整体精度的关键因素，毕竟波形重跟踪技术仅仅适用于可回溯波形，这将导致很多无法接收的波不能有效跟踪处理。对于海洋重力场模型来说，同步引入新发射卫星数据、随时补充运行卫星积累数据也能在一定程度上提升模型空间分辨率和精度。例如，DTU15 模型引入了 2010 年发射的 CryoSat – 2 卫星提供的极地区域大地测量任务数据，有效解决了重力场模型极地区域覆盖缺陷问题。Saral/Altika 通过增加工作频率和脉冲重复频率带宽，以及减小天线辐射宽度来获得更高测距精度和空间分辨率，不仅解决了模型覆盖率问题，而且对于精度也有较大提升。例如，融合该卫星数据构建的 DTU17 模型精度要明显优于上一代海洋重力场模型。对下一代全球重力场模型来说，可以对 Saral/Altika 数据进行重跟踪、使用新发射的卫星 Sentinel – 3 SAR 测高数据。由于 SWOT 卫星预计于 2023 年后发射，也将会提供更多的大地测量任务数据，对于解决测高卫星大地测量数据不足的问题具有较大帮助，为下一代高精度全球海洋重力场模型构建提供可行性研究方向，是未来提升海洋重力场模型质量的主要途径之一。

5. 实行联合多颗测高卫星伴飞测量模式

针对单颗测高卫星始终无法解决时间和空间分辨率同时最优的难题，采用联合多颗测高卫星伴飞测量模式不仅能较大程度缩小轨道间距，而且能适当降低轨道与地面间隔以提高时空分辨率。2014 年，鲍李峰等[205]提出双星伴飞卫星测高模式，成功获取了空间分辨率为 1′×1′ 的局部海洋重力场模型，这为多星伴飞模式实施提供了可行性及理论支撑。

6. 利用新一代卫星测高技术——GNSS – R 模式

目前获取全球海洋重力场的常规手段是卫星高度计测高，但其数据在全球尺度的空间分辨率无法满足水下潜器高精度导航要求，百米级分辨率和厘米级精度的全球海面测高方法在国际上仍为空白。新一代卫星测高技术——GNSS – R 的原理是利用导航卫星海面反射信号与直射信号到达接收机的路径差实现测高。GNSS – R 卫星测高相比卫星高度计测高具有信号源丰富和成本低等优势，可通过多颗 GNSS – R 卫星组网实现高空间分辨率全球海面测高，其测高精度经岸基和空基实验验证与高度计相当（厘米级）。钱学森空间技术实验室天空海一体化导航与探测研究团队基于天空海一体化融合手段,开展全球高精度和高空间分辨率的 GNSS – R 星座海面测高和海洋重力场反演研究,以及高精度水下重力匹配导航优化算法研究,为构建全球、高精度和高空间分辨率的海洋重力基准图,进而为实现自主、隐蔽、长航时和高精度的全球水下导航提供理论、方法和关键技术支撑。

1.4 水下重力匹配导航研究进展

目前减小惯性导航系统误差累积,确保安全航行和武器精准打击,主要包括两个途径:一是尽可能提高惯性导航系统中陀螺仪和加速度计的测量精度;二是采用匹配导航技术,利用外界信息手段进行周期性重调与校正。迄今为止,各种各样的导航技术随着科技的进步而涌现,已被广泛应用于军事、经济、社会等方面[206-208]。

1.4.1 惯性器件发展概况[209]

第一代:1687 年,英国物理学家牛顿提出了著名的三大运动定律,首次为惯性导航系统研究提供了理论基础;1852 年,法国物理学家 Leon Foucault 提出了陀螺的指向理论、方法和应用,并搭建了陀螺罗经的雏形;20 世纪初,德国发明家 Hermann Anschütz – Kaempfe 研制出能用于舰船导航的陀螺罗经。

第二代:20 世纪 40 年代初期,德国人研制了 V – Ⅱ 火箭的惯性制导系统;20 世纪 50 年代中后期,单自由度液浮陀螺平台惯性导航系统成功应用于 B29 飞机;1960 年,环形激光陀螺(RLG)和捷联惯性导航(SINS)开始研发;1968 年,G6B4 型动压陀螺(稳定度 $0.005(°)/h$)和加速度计(精度 $10^{-4} \sim 10^{-6} g$)研制成功。

第三代:20 世纪 70 年代,为进一步提高惯性导航性能,新型陀螺仪(精度 $0.001(°)/h$)和加速度计(精度 $10^{-6} \sim 10^{-7} g$)开始推广和应用。新型陀螺仪主要包括静电陀螺、动力调谐陀螺、超导体陀螺、粒子陀螺、音叉振动陀螺、流体转子陀螺、固态陀螺等。20 世纪 80 年代,采用微机械结构和控制电路工艺制造的微机电系统(MEMS)出现并发展。

第四代:20 世纪 80 年代,随着环形激光陀螺(RLG)、干涉式光纤陀螺(IFOG)等新型固态陀螺仪(精度 $10^{-6}(°)/h$)的逐渐发展,捷联惯性导航系统逐步取代平台式惯性导航系统。

第五代:原子陀螺仪包括自旋式和干涉式自旋,在高精度惯性测量及航天/航海领域具有巨大潜力。

(1) 自旋式原子陀螺仪。主要包括无自旋交换弛豫陀螺仪、核磁共振陀螺仪、金刚石结构 NV 色心陀螺仪等。核磁共振陀螺仪通过原子核自旋磁矩在静磁场中的 Larmor 频率进动来测量物体转动角速率。无自旋交换弛豫陀螺仪利用碱金属原子的电子自旋感知物体转动角度。金刚石结构 NV 色心陀螺仪利用 14N 空穴自旋来感知物体转动信息,理论上可实现角速率三轴同步测量。

(2) 干涉式自旋原子陀螺仪。从历史发展来看,在很早以前就已经提出了物质波干涉仪的概念,随后成功研制出了电子干涉仪和中子干涉仪,但两者分别受限于低计算率和低质量而没有在惯性测量中得到广泛应用。原子干涉仪概念的提出也很早,但由于原子波不易发生干涉而使该研究一度停滞不前。

自 20 世纪 90 年代开始,随着激光冷却原子技术的快速进步,原子干涉技术和以之为基础的原子惯性技术研究取得了突破性进展。2003 年,在美国国防部高级研究计划局(DARPA)启动的"精确惯性导航系统"等计划支持下,美国斯坦福大学 Kasevich 研究团队与 AOsense 公司联合研制了体积小于 $1m^3$,角随机游走小于 $10^{-4}(°)/Hz^{1/2}$ 的干涉型原子陀螺仪[210]。另外,美国又制订了"高动态范围原子传感器(Hi-DRA)"计划,旨在提高冷原子惯性测量单元的动态捕获范围,并应用于军事装备平台。2003 年,欧洲空间局启动了"空间中的高精度原子干涉测量技术" (HYPER)研究计划,支持利用冷原子干涉陀螺仪进行结构拖曳效应和精细结构常数的测量以验证爱因斯坦的广义相对论,同时也通过量子陀螺仪进行空间飞行器导航。在 HYPER 计划先期研究中,法国巴黎天文台研制了灵敏度为 $2.4 \times 10^{-7}(rad/s)Hz^{1/2}$ 的原子干涉陀螺仪[211],已达到实验室样机阶段。德国汉诺威大学得到灵敏度为 $6.1 \times 10^{-7}(rad/s)Hz^{1/2}$ 的原子干涉陀螺仪[212]。

我国一直在原子光学基础研究方面紧跟国际步伐,对量子惯性器件等量子光学系统的研制具备相应的技术能力和储备。近年来也在量子器件研制上投入了一定研究力量,且各单位均已独立开展了量子惯性技术研究。中国航天科技集团公司第九研究院十三所基于芯片冷原子方案开展了角速度测量研究;清华大学提出自主冷原子束方案,并在国际上率先实现了基于连续冷原子束的干涉信号;上海光学精密机械研究所实现了芯片上冷原子捕获;华中科技大学引力实验中心研制了高精度冷原子干涉重力精密测量系统,实现 100s 内 $0.5\mu Gal$ 的重力测量分辨率;中国科学院武汉数学物理所实现了可搬运高精度铷-85 冷原子绝对重力仪,由国际计量局确认的最终报告显示重力测量绝对值偏差约为 $3\mu Gal$,灵敏度可达 $30\mu Gal/Hz^{1/2}$;浙江大学已在原子干涉仪方面取得了重要突破,重力加速度 g 测量精度为 $10^{-8}m/s^2$,在"十二五"期间针对原子干涉重力梯度仪也取得了突破,掌握和拥有了多项原子干涉的自主关键技术,已具备开展冷原子重力梯度仪的实验室样机研究条件,为开展冷原子重力梯度仪的实验室样机研究奠定了基础。另外,华东师范大学、吉林大学、山西大学等在冷原子量子调控基础研究方面也取得了阶段性成果。

1.4.2 水下匹配导航技术概述

由于目前使用的惯性导航系统大多数属于第二代和第三代产品。在 100 余年的发展历程中,从机械陀螺、光学陀螺到 MEMS 陀螺,虽然较大程度提高了测量性能,但仍无法满足惯性导航的高精度需求。然而,原子陀螺仪为惯性器件的发展指出了方向。冷原子干涉陀螺仪使得单一小型系统实现三轴线加速度、角速度以及重力场补偿成为可能,是单机实现超高精度六轴惯性系统的有效手段。原子惯性器件一旦研制成功,未来将不需依赖任何外部测量设备,仅依靠原子惯性器件即可实现水下高达米级的定位精度,完全满足水下航行器导航设备的高精度、隐蔽性、自主性等需求。但是,据国内外发展现状可看出,目前冷原子干涉陀螺仪的技术发展水平距离工程化实际应用还需要若干年的研制时间。因此,目前解决惯性导航积累误差问题的最优技术路径是采用匹配导航手段进行校正。

1. 重力匹配导航

载体在航行过程中经过特征较明显区域时利用重力仪实时采集周围重力场信息,通过和预先测量得到的基准重力数据库匹配,构建水下重力匹配导航系统,实现惯性导航系统重调。水下重力匹配导航系统主要包括重力/重力梯度仪、重力/重力梯度基准图和重力/重力梯度匹配定位算法。重力仪的测量精度现已达到亚 mGal 量级,全球重力基准图的分辨率可达到 $2' \times 2'$,导航匹配算法研究也取得了一定突破。重力匹配导航系统的突出特点是获取重力信息时重力测量仪器对外无须发射或接收外部信号,可以隐蔽地为水下航行器提供精确的全球位置信息,是名副其实的无源导航系统[213]。

2. 地形匹配导航

通过深度传感器(测深/潜仪)获得所在区域的水深信息,将实测水深信息和海底地形图上提取的水深信息归算到同一计算面上,然后按照一定算法进行高精度匹配,从而获得载体的最佳位置信息。它是一种隐蔽、全天候、自主、导航定位精度与航程无关的导航技术,具有精度高、隐蔽性强等特点。但是水下地形导航需要预先测量海底地形数据,获取全球海底地形数据目前存在一定困难,同时声呐波束在深海海域实时测量海底地形时误差较大,因而地形匹配导航技术只适用于浅海[214]。

3. 地磁匹配导航

在 20 世纪 60 年代中期,美国 E–systems 公司提出了地磁异常场等值线匹配(MAGCOM)系统,并于 20 世纪 70 年代进行了实验。20 世纪 80 年代初,瑞典 Lund 学院开展了舰船地磁导航实验验证,确定了舰船的位置和速度。2009 年,美国已研制出地面和空中定位精度优于 30m 和水下定位精度优于 500m 的地磁导航系统[215],具有不向外发射信号、隐蔽性强、操作简单、全天候、全时间、全地域地连续工作等优点;同时,存在磁力仪干扰源较多、精度较低、易受外部环境和磁场影响等诸多缺点。

4. 水声导航

声学信号在海水中的传播衰减较小,借助声波可在水下远距离传输的独特优点,声学系统已成为水下常用的导航信息源。传统声学定位导航有长基线定位、短基线定位和超短基线定位 3 种方式。这 3 种方式可在水下获得良好定位精度,定位需要一个或多个事先在水下布放且位置精确已知的固定阵元信标,故只能在某些特定海域内使用。缺点是战时易被敌方破坏和利用,易受人为或自然干扰[216]。

(1) 长基线(long base-line,LBL)定位系统。能在宽阔区域内提供精确位置,需要在定位载体上安装一个换能器,同时在基线长度为几千米的已知位置的海底布设3个应答器。各应答器接收到被定位载体的询问信号后,以不同频率发射应答信号。通过测量海底各应答器与换能器之间的斜距,从而通过测量中的前方或后方交会对目标精确定位。LBL定位系统的优点是可进行大面积和深海定位工作,受水深影响小、精度高、可靠性好、换能器体积小以及易于安装;缺点是数量巨大的应答器基阵造价昂贵,系统较复杂,基阵布放及回收烦琐,海底基阵校准技术要求高、风险大等。

(2) 短基线(short base-line,SBL)定位系统。由1个海底应答器和3个以上安装于水面舰船或水下航行器上的换能器组成声基阵。各换能器与海底安装的应答器互相问答,通过距离交会或相位差解算出目标位置实现定位。SBL定位不需要布放多个海底应答器,具有结构简单、操作简便的特点,但精度受水深影响大,而且基线长度正比于定位精度,因此短基线基阵的尺寸不应太小。

(3) 超短基线(ultra-short base-line,USBL)定位系统。基线极短(小到几厘米),所有声单元(3个以上)集成于换能器中组成声基阵。通过测定声单元的相位差确定换能器与目标方位(水平和垂直角度),通过测定声波传播时间确定换能器到目标的距离。优点是尺寸较小、相对定位精度较高、安装较方便;但系统安装后需要较高校准精度。

(4) 移动长基线导航系统。这是近几年出现的一种新型导航方式,其定位原理、精度与传统声学定位相同,区别在于阵元信标并非固定在某处,而是将一个或多个已精确定位的移动载体(水面舰船、水下潜器等)作为阵元信标,且不受阵元信标载体运动影响,可在随之前进的同时实现声学定位。因此,移动长基线导航系统极大地扩大了声学定位系统在水下导航的可用范围。

5. 无线电导航

无线电导航优点为精度高、全天候、作用距离远、不受时间和天气限制、定位时间短、无误差积累、设备简单可靠等。但是,它对发射台的依赖性较强,容易受到外部信号干扰,保密性不好,而且无线电波在海水高导电介质中传播衰减较快,需要水下航行器上浮接收信号,不利于水下航行器隐蔽。

6. 卫星导航

采用卫星导航系统(美国GPS、欧洲GALILEO、俄罗斯GLONASS、中国北斗系统、印度IRNSS系统等)对陆地、海面、航空、航天的用户进行精确导航定位。但是卫星信号易受干扰和诱导,战时导航信息不可靠,而且需上浮或接近水面获得导航信息,自主性和隐蔽性均较差[217]。

7. 天文导航

以恒星、行星、卫星等自然天体作为导航信标,以其运行规律作为观测量,进而对陆地和海面测量点地理位置进行定位。1837 年,美国船长 T. H. Sumner 发现了天文船位线,可在海上同时测量经纬度,为近代天文定位奠定了基础[218],目前天文导航也是洲际导弹和火箭制导的重要方式之一[219]。天文导航具有保密性强、隐蔽性好、定位精度高等优点;但主要用于水面导航,若用于水下导航,则需要水下航行器定时浮出水面观测,降低了载体隐蔽性,不适合长时间水下隐蔽航行导航。

8. 地文导航

利用投影几何学原理,运用图像跟踪技术及三角解算技术获取空间位置,基本思路是通过载体上图像传感器获取环境图像,提取图像上的特征量后与已知参考位置的特征量进行匹配,来确定载体空间的相对位置,或者根据图像上地物目标的相关位置信息,利用几何关系,推算载体的空间位置[220]。

9. 推算船位法

将位置已知的船位作为推算起点,依靠罗经,计程仪,测量海风的风向、风速以及流向、流速的仪器等推算实时船位的海上定位法。因为仪器测量精度较低、海风和海流影响不易精确修正、随航行时间增加而误差积累等缺点,所以测定船位仅为辅助方法。

10. 电磁导航

在路径上连续埋设多条引导电缆,并在电缆线上加载不同频率电流,通过感应线圈对电流的检测识别来感知路径信息。优点为引线隐蔽,简单实用;缺点为成本高,对复杂路径局限性大,且不适用于长距离导航。

如表 1.8 所列,通过前面各种导航技术的综合分析,将地球物理场与惯性导航系统联合构成的无源辅助导航系统始终是有效抑制惯性导航系统误差积累问题的国际研究热点。目前可用于水下长时间隐蔽导航的技术有地磁匹配、地形匹配、重力匹配等导航技术。地磁场本身存在长期和短期变化,使地磁图精度达不到较高的要求,且测磁手段存在磁干扰等局限性[221]。重力场和海底地形都是匹配导航的主要技术手段,地形场的研究开展相对较早。水下地形匹配导航起步较晚,"2000—2035 年美国海军技术"发展战略研究中提出了主要采用地形匹配提高水下航行器导航精度的目标[222-223],但由于需要向外发射声波,而且声呐测量在海况复杂条件下无法精确探测到深海地形。因此,目前水下地形匹配导航技术仅适用于浅海地区[224]。然而,水下重力匹配导航是根据地球不同位置重力差异实现导航定位,重力场数据主要包括海洋重力基准图和重力测量传感器实时测得的数据。海洋重力基准图通过卫星测高、航空测量、海洋测量等数据构建,具有精度高、可靠性强等优点;利用重力测量传感器获取实测数据时,水下航行器测量时不需向外辐射能量,不需浮出水面,且地球重力场在长时间内保持稳定,因此有望实现水下潜器精确、自主和连续长航时的定位。

表 1.8　水下导航系统优缺点对比

导航方式	主要设备	优点	缺点
惯性导航	陀螺仪、加速度计等	①提供精确的速度、姿态、位置等信息；②不向外部辐射能量，不受地点、气候等外界条件限制，不依赖外部信息	导航系统存在误差随时间积累的问题，时间越长误差累积越大
重力匹配导航	重力仪/重力梯度仪、惯性导航系统、重力异常图和导航解算计算机等	不依赖外部信息，不向外部辐射能量，不受地点和气候等外界条件限制，提供水下位置校正	①重力测量设备性能精度要求高，且不能进行面扫描测量；②只能在具备重力数据库、重力变化明显的海域使用
地形匹配导航	测深/测潜仪、惯性导航系统、海底数字地形图和导航解算计算机等	能够有效补偿中低精度惯性导航累积误差	①定位精度受到数字地图分辨率、地形特性、匹配算法等多种因素影响；②需发出声波信号，容易暴露
地磁匹配导航	测磁仪、惯性导航系统、地磁图和导航解算计算机等	不依赖外部信息，不向外辐射能量，不受地点和气候等外界条件限制，可以全天候进行导航	①地磁场本身存在长期和短期变化，不稳定，使地磁图精度达不到较高要求；②对测磁设备抗干扰性等有较高要求，现有测磁设备无法满足要求
水声导航	水听器、换能器、海底声学应答器基阵等	①声波在海水中信号衰减较小；②在较深的海域，定位精度较高，提供水下位置校正	①需要水下水声阵列和支撑船，定期维护价格昂贵，只能在事先布放水下固定阵元信标的特定海域使用；②需发射声波信号，隐蔽性较差
无线电导航	罗兰 C、OMEGA、伏尔等系统	定位精度较高，功能多，不受天气、时间限制，定位时间短，作用距离远	①对发射台的依赖性强，容易受到外部信号的干扰，保密性不好；②在海水中无线电波衰减较快，需上浮接收信号，隐蔽性较差
卫星导航	北斗系统、GPS、GLONASS、GALILEO 等	①实时精确地确定速度和位置信息，精度较高；②应用领域十分广泛	①需上浮或接近水面获得导航信息，隐蔽性较差；②卫星信号易受干扰和哄骗，战时导航信息不可靠
天文导航	天体观测仪、天文钟、天文导航计算机等	不易受电磁波干扰	①测量效果受气候、环境和能见度等条件的影响，而且观测时间较长，操作计算比较复杂；②需浮出水面观测，降低了水下航行器的隐蔽性

续表

导航方式	主要设备	优点	缺点
地文导航	雷达、六分仪、电罗经、地文导航计算机等	沿岸航行时,航行较安全,导航精度高	①需浮出水面,隐蔽性较差;②必须沿岸航行,限制了其航行范围;③战时容易受到敌方的攻击
推算船位导航	电罗经、多普勒计程仪等	①定位信息不易受到外部干扰;②能给出未来某时刻的船位估计	①由于计程仪和罗经测量误差以及风流等影响,使其误差随时间积累;②多普勒计程仪需向外发出声波信号,隐蔽性较差
电磁导航	引导电缆等	技术简单实用,引线隐蔽,对声光无干扰,不易污染和破损	改变路径较复杂,成本较高,导引线铺设较困难,对复杂路径局限性较大,且不适用于长距离导航

如图1.7所示,天海一体化水下惯性/重力组合导航系统,可基于重力/测高卫星和海洋观测多源数据,并根据实时精确测量的重力信息进行高精度匹配导航,使水下航行器的水下自主导航能力大幅提高,延长其上浮校正周期[225-228]。该技术的优点为导航精度较高、计算速度较快、应用前景良好等。目前国际全球水下导航精度约为百米级,国际水下导航精度高于我国精度至少10倍。开展此项研究,不仅具有重要的科学意义和良好的社会效益,而且有利于保障国家安全和领海主权完整。

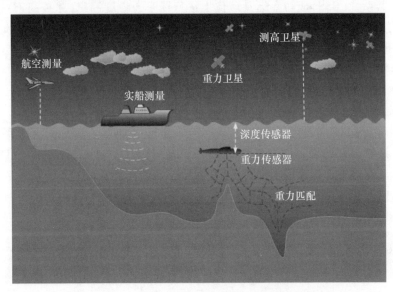

图1.7 天海一体化水下重力匹配导航原理

1.4.3 水下重力匹配导航系统研究现状及趋势

1. 国外发展现状

据目前公开文献可知,20 世纪中期,美国对重力匹配导航系统开始研究,目的是提高三叉戟弹道导弹潜艇导航性能[229]。美国研制成功了 3 种新型重力梯度仪,即贝尔航空航天公司的旋转加速度计重力梯度仪、查尔斯·斯塔克·德拉普尔(Charles Stark Draper)实验室的球形悬浮重力梯度仪和休斯飞机公司的旋转重力梯度仪,用于消除重力模型不准确引入的惯性导航系统误差。20 世纪 70 年代,卡尔曼滤波技术结合重力扰动统计模型法开始研究。例如,G. H. Warren 和 E. M. Wells 分别提出重力梯度仪辅助导航(gradiometer as an external navigation aid,GAEA)方案[230]和参考椭球辅助导航(reference ellipsoid formula as an extemal navigation aid,REFAEA)方案[231]。重力梯度仪辅助导航方案核心思想是将载体速度与扰动梯度输入根据重力扰动统计模型搭建的卡尔曼滤波系统,估计由垂线偏差引起的惯性导航位置及速度误差,此研究主要以理论分析和仿真实验为主。参考椭球辅助导航方案是将梯度仪信号进行积分处理后得到重力向量,然后引入惯性导航系统。基于结构简易性和系统容错性,重力梯度仪辅助导航方案略优于参考椭球辅助导航方案,但均可有效消除重力引入的导航误差。

上述重力偏差补偿法可消除由参考重力场模型不准确导致的惯性导航误差,但无法消除由惯性导航器件(陀螺漂移等)固有缺陷引起的导航误差,补偿后的惯性导航系统误差仍随时间累积。因此,20 世纪 90 年代初,随着贝尔航空航天公司研制的重力传感器系统(GSS)成功在运动载体上进行了重力梯度测量,并装配于三叉戟Ⅱ型潜艇,实时估计了重力异常和垂线偏差。此外,随着 Geosat 测高卫星的发射和船载、机载重力仪/重力梯度仪的发展及改进,获得了大量海洋重力数据,重力匹配导航系统逐渐由无图向有图匹配导航发展,提出了两种新的导航方案,即重力梯度导航系统(gravity gadiometer navigation system,GGNS)和重力辅助惯性导航系统(gravity aided inertial navigation system,GAINS)。

1990 年,贝尔航空航天公司的 Clive 和 Jircitano 提出了 GGNS,该导航系统充分利用了桑迪亚惯性地形辅助导航(sandia inertial terrain - aided navigation,SITAN)算法原理将动基座重力梯度仪不断完善,它是基于惯性导航系统、重力梯度仪、重力梯度基准图的匹配定位系统,是实质意义的无源导航方式。该系统以重力梯度基准图上惯性导航系统指示位置处的梯度数据与重力梯度仪输出数据之差作为滤波器的观测量,对惯性导航系统误差进行最优估计[232-234]。

1991 年,贝尔航空航天公司的 Jircitano 提出了 GAINS[235],并于 1994 年获得美国专利授权,该系统由惯性导航系统、重力仪/重力梯度仪、重力场基准图、深度传感器和最优滤波器组成。将重力梯度仪实时测得的梯度误差、重力基准图中提取的重力信息、深度传感器与惯性导航系统给定的深度之差等数据作为最优滤波器的输入量,最终得到所需的导航参数信息[236-238]。

20世纪90年代后期,美国对水下导航系统进行了模块化改进,从而降低成本、方便维护。Lockheed Martin 公司在 GAINS 基础上研制出更为经济的通用重力模块(UGM)[239],并于2000年获得了 UGM 的专利授权。该模块包括1个重力仪和3个重力梯度仪,用于测量实际重力与正常重力偏离的大小以及重力在三维空间的变化速率,经美国 1998—1999 年在水面先锋号舰和核潜艇上的测试结果可知,UGM 可使导航系统经纬度误差约降至标称误差的 10%[240]。

1997年,Lowrey Ⅲ 和 Shellenbarger 提出了重力异常匹配法,采用潜艇导航系统上装备的电磁加速度计(EMA)作为重力仪,配合惯性导航系统和深度计将测量的重力异常与重力异常图对比,用图匹配技术在无源导航滤波器中计算导航校正[241]。

1999年,Behzad 和 Behrooz 提出了适用于重力异常匹配导航的等值线迭代最近点算法(iterative contour closed point,ICCP)[242]。该算法将重力仪数据与重力异常数据库等值线进行匹配,寻找测量航迹与已有重力图之间的最优匹配变换,进而实现对测量航迹的校正。

2. 国内发展现状

相对于国外已较为成熟的重力匹配导航系统,国内仍处于理论研究与仿真模拟阶段,虽然在信息处理算法上有一定发展创新,但在工程应用上仍存在较大差距。现阶段我国应深入开展重力匹配导航技术研究,为将来水下航行器精确导航提供支撑。1999年,刘光军等采用多模估计技术,并在匹配算法中融合多模型自适应估计技术,利用一组并行卡尔曼滤波器搜索最佳匹配位置[243];2005年,许大欣采用增益系数和信息更新序列的新方法对某区域进行卡尔曼滤波的模拟计算,较大程度提高了匹配精度[244];2006年,孙岚将采样卡尔曼滤波算法应用于重力匹配算法,滤波通过设计小量的 σ 点,从而获得滤波值基于非线性状态的更新方程,与广义卡尔曼滤波相比,其计算精度高、便于计算[245];2007年,吴太旗等考虑到潜艇水下航行轨迹在短时间内为一条直线的特点,提出了基于直线段方式进行重力图形匹配的新方法,该方法可以在一定程度上克服由重力测量精度不够带来的匹配失效问题[246];2007年,吴太旗等通过对当前用于海洋重力场格网插值的4种常用算法(包括距离倒数加权法、Kriging 法、径向基函数法和改进的二次曲面 Shepard 方法)进行分析比较,提出了基于改进的 Shepard 插值算法,该算法相对于其他3种算法具有速度快、精度高的优点,可有效生成高精度重力图[247];2009年,闫利等将地形等高线匹配(terrain contour matching,TERCOM)算法用于重力匹配仿真模拟,并证明了地形粗糙度和坡度方差与 TERCOM 算法的定位精度具有强相关性,可将两者作为匹配区选取指标[248];2010年,张红梅等对 ICCP 算法进行了预平移简化,有效消除了误匹配问题,提高了该算法的匹配精度和可靠性[249];2010年,夏冰和蔡体菁提出了基于 SPSS 回归分析的重力匹配区域选择法,通过在重力有效数据和重力场特征参数之间建立定量关系,以此作为重力匹配判断准则进而对重力匹配区域进行选择[250];2010年,熊凌等提出将粒子滤波(particle filter,PF)算法引入重力梯度匹配定位中,算法不仅可加快粒子滤波的收敛速度,同时有利于提高粒子滤波算法估计精度[251];2010年,李珊珊等结合地球物理场连续的特性把孔斯曲面引入重力基准图加密重构中,有利于精化重力基准图从而提高匹配精度[252];2011年,童余德等基于ICCP算法实时性不强等缺点,采用固定初始序列长度的方式对算法采样结构进行改善并推导出单点迭代公式,同时采用滑动窗搜索方式缩小搜索范围并提高算法速度,设计了实时ICCP算法[253];2011年,王虎彪等采用多模型自适应卡尔曼滤波并行算法对重力异常和重力梯度联合匹配导航,加权处理得到潜艇位置的最优实时估计[254];2011年,许大欣等在重力辅助惯性导航的仿真计算中,利用重力异常数据和重力垂直梯度数据,并对SITAN算法的初始定位结果和匹配辅助导航结果进行了统计分析。结果表明,重力垂直梯度数据结果要好于重力异常数据结果[255];2012年,蒋东方等提出了在具有统一解析式连续背景场基础上实现迭代最近等值线的匹配算法,建立了局部连续背景场的最近点搜索模型,较大程度提高匹配精度[256];2012年,Zheng等提出一种重力和地磁组合匹配导航(GGCAN)方法,由于在一些重力或地磁变化较小的地区,单靠重力或地磁变化较难得到可靠结果。因此,利用重力异常网格和地磁异常网格作为背景数据库,将最优权值分配原理与加权平均法相结合,引入算法中进行匹配。结果表明,与单一重力或地磁算法相比,GGCAN提高了匹配成功率[257];2012年,庞永杰等对贝叶斯估计算法进行了改进,通过引入费希尔判据有效减少了算法伪点个数,从而提高了该算法稳定性[258];2013年,刘洪等对质点滤波算法进行改进,避免了离散模型出现概率密度函数发生除零现象,从而提高了该算法适应性[259];2013年,蔡挺等提出基于中心微分卡尔曼滤波的重力/惯性组合导航法,避免了强迫线性化带来的结果不稳定性,并降低了计算量和分析量的难度[260];2013年,蔡体菁和陈鑫巍运用层次分析法,基于反演重力图的多项统计特征及匹配仿真结果,给出新型重力匹配区域选择准则[261];2015年,刘繁明将差分进化加入到粒子滤波的重采样过程中,基于群体差异的全局搜索优化了粒子分布,提高了系统状态变量后验概率的逼近程度,从而使定位精度得到较大提高[262];2015年,刘繁明等通过研究多种重力场插值算法,利用小波分析可感知重力场空间频率信息的特点,提出以一定分辨率重力基准图的小波细节信息为转移概率,由随机采样方案在重力场高频区域增加测点,从而提高插值精度的策略,有效改善了插值效果[263];2017年,魏二虎等提出了带有旋转和尺度变换功能的改进TERCOM算法,较大程度提高了定位精度[264];2017年,Han等提出了一种基于图像配准的有限空间顺序约束(RSOC)算法的误匹配诊断方法,它基于空间顺序约束和决策条件筛选匹配序列的异常值,结果表明该方法能够准确选择误匹配点,提高了算法可靠性[265];2017年,刘念等采用TERCOM算法在适配区里进行匹配,无迹卡尔曼滤波(UKF)算法在非匹配区里跟踪定位,最后联合两种算法进行仿真比较,结果表明该方法较大程度提高了重力梯度匹配导航的定位精度[266];2018年,Xu等提出一种非均匀性变化的傅里叶方法,验证了该方法相比于传统克里金和最小曲率半径法的结果具有更佳的逼近效果,有利于提高重力基准图的重构精度[267]。

1.5 天空海一体化导航与探测团队研究进展

钱学森空间技术实验室天空海一体化导航与探测研究团队将水下高精度导航迫切需求与天基组网观测优势精准对接,旨在基于新一代 GNSS-R 星座测高原理(见图1.8),提出和突破全球卫星海面测高精度和空间分辨率、全球海洋重力场基准图精度和空间分辨率以及水下重力匹配导航精度的理论、方法和关键技术。研究团队提出的高精度和高空间分辨率海面测高理论、方法和关键技术还将对水下潜器安全(海中密度断崖监测)、海洋灾害监测(台风、海啸等)、海底油气勘探等军事和科学应用提供支持,不仅具有重要的科学价值和良好的经济效益,而且有利于为国家和国防安全以及领海主权完整提供有力支撑和坚强保障[268-270]。

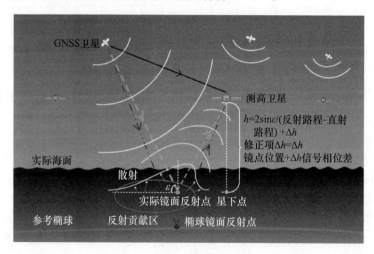

图1.8 基于新一代 GNSS-R 测高星座的高精度和高空间分辨率海面测高原理

1.5.1 已取得阶段性研究成果

1. GNSS-R 测高精度及空间分辨率方面

针对 GNSS-R 测高的基准点和主要误差来源——镜面反射点的定位和 GNSS-R 测高卫星下视天线优化设计,提出了以下新方法。

(1) 提出大地水准面静态高程修正定位法,将反射参考面由 WGS-84 椭球面修正到大地水准面,减小其与实际海面的静态高程差异引起的定位误差;提出法向投影反射参考面修正法,将镜面反射点由径向反射参考面修正至法向,并且在解算反射路径的空间几何关系过程中,通过直接解算法向投影减小了近似代换误差;联合建立大地水准面静态高程-法向投影组合修正定位法,将定位精度提高了 28.66m[271]。

(2) 提出海洋潮汐时变高程修正定位法,将镜面反射点由大地水准面修正至海洋潮汐面,减小了反射参考面的时变高程差异导致的定位误差,在静态高程修正定位基础上进一步将定位精度提高了 $0.31\mathrm{m}$[272]。

方法(1)和(2)为厘米级精度 GNSS-R 海面测高提供了理论和方法基础。

(3) 基于 GNSS-R 信号反射和接收处理原理,根据天线相关参数设计以及电磁波散射和理论,建立了新型星载 GNSS-R 下视天线接收信噪比模型;提出可用镜面反射点筛选算法;基于新型模型和算法的组合应用,最优参数组合下视天线观测能力相比 TDS-1 卫星提升了 5.38 倍,为高空间分辨率 GNSS-R 全球海面测高提供了理论和方法基础[273]。

2. 水下组合导航方面

针对水下组合导航精度、匹配效率及可靠性的改善研究,提出了以下新方法。

(1) 综合统计分析重力异常标准差、坡度标准差、粗糙度、重力异常差异熵、分形维数等重力场主要特征参数,联合主成分分析准则和加权平均原理,提出主成分加权平均归一化法,得出重力异常基准图各区域的总体特征参数指标,旨在优选适配性良好的区域进行重力匹配导航。结果表明,优良适配区的重力匹配效果显著,匹配概率约为 98%,匹配稳定性高,位置误差小于 1 个重力异常基准图格网[274]。

(2) 联合几何学中的球面最短距离法和航天/航海学中的姿态控制原理,提出了可一定程度减小匹配区的搜索范围半径的测地线周期性航向控制法,在保证水下导航精度的前提下,水下地形匹配导航的搜索匹配时间从 9.84s 减少到 1.29s[275]。

(3) 联合分层邻域的快速搜索算法和最优化阈值选取思路,构建新型分层邻域阈值搜索准则,通过提高初始匹配点的选取标准,在保证水下导航精度的前提下,水下重力匹配导航的匹配效率提高约 14.14 倍[276]。

(4) 以误匹配后处理为研究切入点,以先验递推多次匹配和迭代最小二乘为思路,基于统计和拟合原理提出了新型先验递推迭代最小二乘误匹配修正法,通过剔除先验误匹配点,构建误匹配点判别修正模型,旨在提高水下重力匹配导航可靠性和精度。结果表明,在优良适配区内,经判别修正后匹配概率由约 96% 提高到 100%,基本可以剔除全部误匹配点;在一般适配区内,匹配概率由约 64% 提高到 92%,大幅度降低误匹配点的出现概率,提高了匹配导航可靠性和精度[277]。

综上所述,基于提出和构建的一系列新型方法和模型,为全球高精度和高空间分辨率 GNSS-R 卫星海面测高及高精度水下组合导航提供了理论和方法基础。

1.5.2 预期研究工作

1. GNSS-R 卫星测高精度

国际上星载 GNSS-R 载波相位测高仅能应用于极地冰盖测高,尚不能应用于粗糙海面测高,预期提出二阶不动点时延提取法,从 GNSS 反射信号中提取高精度载波相位观测值,成功应用于海洋测高。

2. GNSS-R 卫星测高沿轨迹空间分辨率

预期提出新型反射信号分解法,并对海面反射信号进行分解,旨在消除第一等延迟区大小对 GNSS-R 测高单次观测空间分辨率的限制,可有效提高 GNSS-R 卫星海面测高沿轨迹空间分辨率。

3. GNSS-R 反射点轨迹间空间分辨率

预期提出新型海面粗糙度误差校正法,从沿轨迹与轨迹间两个方向分别对提高 GNSS-R 空间分辨率进行研究。沿轨迹方向主要是通过上述信号处理方式提高空间分辨率;而轨迹间分辨率则需要通过 GNSS-R 星座模拟镜面反射点轨迹并分析获得。由于 GNSS-R 测高技术属于双基雷达,因此观测点轨迹不再是与雷达测高相同的星下点轨迹,而是 GNSS 卫星、GNSS-R 低轨测高卫星与地球表面形成的镜面反射点轨迹。为了使沿轨迹与轨迹间空间分辨率达到一致,需要设计合理的 GNSS-R 低轨测高星座,进而提高 GNSS-R 卫星测高轨迹间空间分辨率。

4. 基于卫星测高反演海洋重力场

预期联合 Tikhonov 正则化准则和最小二乘技术,提出新型正则化稳健算法,不仅可抑制垂线偏差求解时的不适定性,而且可充分利用沿轨迹测高差分信息抑制最小二乘求解时的不适定性以获取稳定、可靠的垂线偏差,有利于提高海洋重力场反演精度和空间分辨率。

5. 水下重力匹配导航研究进展

预期结合构建的高精度和高空间分辨率海洋重力场基准图,提出兼顾几何配准收敛速度快和直接概率准则定位精度高等优点的新型几何配准-直接概率准则混合法,从而进一步提高水下重力匹配导航精度和效率。

1.6 小　　结

围绕当前 GNSS-R 星座测高反演和水下重力匹配导航领域亟待解决的前沿性科学问题——如何通过天基信息提高水下惯性/重力组合导航精度?钱学森空间技术实验室天空海一体化导航与探测研究团队正在开展"基于新一代 GNSS-R 卫星测高原理提高水下惯性/重力组合导航精度的理论方法和关键技术"研究。研究团队瞄准国际 GNSS-R 卫星测高反演与水下重力匹配导航发展方向,坚持理论创新与方法应用相结合,与国际权威研究机构的同类研究紧密接轨,结合 GNSS-R 星座测高、海洋重力场反演、水下组合导航等多学科交叉优势,建立一套研究水平先进、应用特色鲜明、较为独立完善的提高水下潜器惯性/重力组合导航精度的理论、方法和关键技术,力争为水下重力匹配导航精度的进一步提高提供可行性的理论基础和技术支撑。

第 2 章　GNSS - R 卫星海面测高基本原理

卫星导航技术是现代空间技术和无线电导航技术相结合的产物,具有覆盖范围广、不受气候条件影响、精度与自动化程度高等优点,在导航技术发展中具有划时代意义。GNSS 发射的高度稳定和可长期使用的 L 波段微波免费信号资源不仅为空间信息用户提供了导航定位和精确授时信息,还为对地观测与遥感提供了新的信号源。基于全球卫星定位系统的 GNSS - R 微波遥感技术以其全天候、全天时、多信号源、宽覆盖、高时空分辨率等应用优势,在海面测高、海面风场、陆地湿度、大陆盐度、森林覆盖率、空间飞行器以及海面或陆地移动目标探测等方面展现出广阔的应用前景。

1993 年,ESA 科学家 Martin - Neira 首次提出对 GNSS 反射信号进行利用的概念——被动反射计和干涉测量系统(passive reflectometry and interferometry system, PARIS);1994 年,法国科学家 Auber 在进行机载飞行实验时意外发现反射信号,证明反射信号可以被接收并检测。自此,欧洲、美国等都围绕 GNSS - R 技术率先开展研究。该技术具有无需发射机、大量信号源、扩频通信技术、应用面宽等特点,逐渐成为国内外遥感探测和导航技术领域的研究热点。综合国内外技术发展状态和趋势,本章给出以下定义:基于全球导航卫星系统的 GNSS - R 遥感技术是利用导航卫星 L 波段信号为发射源,以岸载、船载、机载、星载或其他接收平台,通过接收并处理海洋、陆地或移动目标的反射信号,实现被测介质的特征要素提取或移动目标探测[278]。GNSS - R 技术基本原理如图 2.1 所示,GNSS 接收机在接收导航卫星直射信号的同时,也将接收反射面的反射信号,该信号对于定位求解而言作为多径干扰通常认为是有害的,在接收机中采用各种方法进行估计并加以抑制或消除,也可以直接利用抑制多径的信号处理方法进行抑制或消除,而不需要精确估计多径信号。但是,从电磁波传播基本理论角度看,该反射信号中携带着反射面的特性信息,反射信号波形的变化、极化特征的变化、幅值、相位和频率等参量的变化都直接反映了反射面的物理特性,或者说直接与反射面相关。对反射信号的精确估计和接收处理,可以实现对反射面物理特性的估计与反演。因此,GNSS - R 是典型的反问题,是利用导航卫星 L 波段信号为发射源,在陆地、航空飞行器、卫星或其他平台上安装反射信号接收装置,通过接收并处理海洋、陆地或移动目标的反射信号,实现被测介质的特征要素提取或移动目标探测的技术。

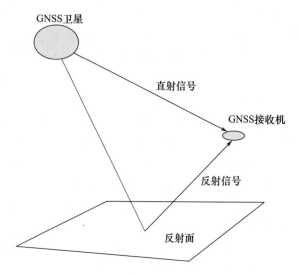

图 2.1　GNSS-R 技术测量原理

2.1　GNSS 系统的发展、现状与趋势

2.1.1　GPS 卫星导航系统

1958 年,美国约翰斯·霍普金斯大学(Johns Hopkins University)大学应用物理实验室开始研究利用卫星遥测信号的多普勒效应可对卫星精确定轨,该实验室的克什纳博士和麦克卢尔博士则认为已知卫星轨道,利用卫星信号的多普勒效应可确定观测点位置[279],这为卫星导航系统产生提供了基本理论基础。基于此原理,美国建立了第一代卫星导航系统——子午卫星导航系统。该系统于 1958 年 12 月开始建设,1964 年 1 月正式建成并投入军方使用,1967 年 7 月美国政府宣布解密子午卫星的部分导航电文,并供民间应用。该系统由 6 颗独立轨道的极轨卫星组成,地面设有 4 个卫星跟踪站、1 个计算中心、1 个控制中心、2 个注入站和 1 个天文台,实现了基于卫星平台的无线电导航,这使得研发部门对卫星定位取得了初步经验,并验证了由卫星系统进行定位的可行性,为 GPS 系统研制提供了支撑。

由于卫星定位在导航方面的巨大优越性及子午仪系统存在对潜艇和舰船导航方面的巨大缺陷,美国海陆空三军及民用部门都感到迫切需要新的卫星导航系统。1973 年 12 月,美国国防部专门成立了联合办公室(Joint Program Office,JPO),在综合分析当时卫星导航技术和概念的基础上,批准陆海空三军联合研制第二代卫星导航系统——授时与测距导航系统/全球定位系统(navigation system timing and ranging/global positioning system,NAVSTAR/GPS),即 GPS 全球定位系统。系统建设经历了方案论证(1974—1978 年)、系统论证(1979—1987 年)和试验生产(1988—1993 年)

3个阶段,总投资300亿美元,于1994年底正式投入运行,是人类继登月、航天飞机之后的第三大空间工程。该系统具有全能性(陆地、海洋、航空、航天)、全球性、全天候、连续性、实时性的导航、定位、授时等多种功能,能为各类静止或高速运动的用户迅速提供精密的瞬时三维空间坐标、速度矢量、精确授时等多种服务,是目前国际上技术最成熟且已广泛应用的卫星导航定位系统。

GPS系统由空间段(GPS space segment)、地面控制段(GPS ground control segment)和用户段(GPS user segment)三部分组成。空间段由分布在6个独立轨道的所有在轨卫星组成,各轨道升交点赤经相差60°,卫星轨道倾角 $i=55°$,卫星运行周期 $T=11h58min$(恒星时12h),卫星轨道高度为20200km,卫星通过天顶附近时可观测时间为5h,在地球表面任何地方和任何时刻高度角15°以上的可观测卫星至少有4颗,平均有6颗,最多达11颗[280]。

GPS系统的地面控制段包括1个主控站(MCS)、5个卫星监测跟踪站(MS)和3个信息注入站(GA)。主控站位于Colorado的Schriever空军基地,主要作用包括:①协调和管理地面监控系统各部分的工作;②根据监测数据编算每颗卫星的状态数据及大气传播改正,据此编制成导航电文传送到注入站;③提供全球定位系统的时间基准;④卫星维护与异常情况处理。监测站分别位于Hawaii、Colorado、Ascension Island、Diego Garcia和Kwajalein,主要负责监测卫星的轨道数据、大气数据及卫星工作状态。注入站分别位于Ascension Islands、Diego Garcia和Kwajalein。注入站主要任务是:通过S波段数据通信上行链路将卫星星历、导航电文和控制指令注入相应的卫星存储系统,并监测注入信息的正确性[281-282]。

GPS系统的用户段包括GPS用户群体和GPS接收机。GPS接收机通过接收GPS卫星信号估计用户的位置、速度、时间等信息,此过程需要同时完成对4颗GPS卫星的接收和处理,并完成用户三维位置(X,Y,Z)和时间的计算。

GPS用户设备通过接收和处理GPS卫星发射的导航信号实现导航、定位等功能。GPS系统进入FOC阶段时,GPS卫星发射L1和L2两种波段的载波,即

$$\begin{cases} f_{L1}=154f_0=1573.42 \text{MHz}, \lambda_{L1}=19.03 \text{cm} \\ f_{L2}=120f_0=1227.60 \text{MHz}, \lambda_{L2}=24.42 \text{cm} \end{cases} \quad (2.1)$$

式中:$f_0=10.23$MHz为GPS卫星的基准频率,由卫星上的原子钟直接产生,卫星信号的所有成分均由该基准频率倍频或分频产生。GPS系统采用CDMA(码分多址)技术来区分各颗卫星,每颗卫星都有自己特定的伪随机噪声码(pseudo random noise, PRN)结构。L1上调制有P码、C/A码及导航电文数据,L2上仅调制了P码和导航电文数据。C/A码时钟速率1.023MHz、码长1023 chips、周期1ms。P码是一种截短的码,时钟速率为10.23MHz,周期为7天,只限于美国及其盟国的军事部门和授权使用的民用部门使用。导航电文数据速率为50 b/s,包含描述GPS卫星轨道、时钟修正、卫星健康状况等信息的系统参数。

随着技术的不断进步,美国通过GPS在全球规模、全天候和连续运行10余年的

实践基础上,对该系统提出了新的要求。与此同时,其他国家研发与 GPS 系统平行的系统,特别是 20 世纪 90 年代后期以国际民航组织为首的民用用户所倡导的 GNSS 使美国倍感压力。为了进一步提高 GPS 系统导航定位精度,增强系统的连续性、完好性、可用性、抗干扰性和自主生存能力,保持其军事和民用领域的优势,美国政府自 2000 年开始积极推进 GPS 系统的现代化,系统性能具有较大提高。当前,GPS 的现代化主要体现在以下几个方面[283]。

1. 在轨卫星的升级和星座完善

在 GPS 现代化的过程中,新型 GPS Block ⅡR 卫星、ⅡR-M(Replenishment-Modernized)卫星和ⅡF(Follow-on)卫星逐渐替代了早期卫星。Block ⅡR 卫星为 Block Ⅱ/ⅡA 的替补卫星系列,由洛克希德·马丁公司负责研制,它对有效载荷进行了较大技术改进:①具有星间测距与通信功能;②具有自主导航功能和在轨可编程能力;③具有时间保持系统,可实现星上时间系统保持和无缝切换。Block ⅡR-M 卫星在 L1 和 L2 波段上播发新的军码信号,并在 L2 波段上播发新的民码信号[284-285]。Block ⅡF 卫星为 Block ⅡA/ⅡR 的后续卫星系列,由波音(Boeing)公司负责研制,该卫星增加民用波段 L5,增强星间链路数据处理、网络通信以及高速上下行链路数据传输能力[286]。

2. 播发新的民用和军用导航信号

伴随着新型 GPS 卫星发射的是 GPS 民用和军用导航信号的播发。GPS 系统新型体制信号的提出一直伴随着 GPS 系统发展的整个过程,图 2.2 给出了 GPS 现代化

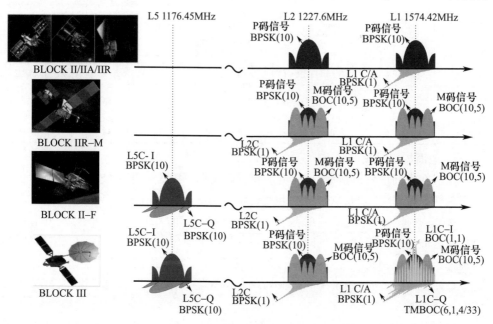

图 2.2 GPS 系统导航信号演进

前 Block Ⅱ/ⅡA/ⅡR 卫星、现代化过程中 Block ⅡR-M 和 Block ⅡF 卫星及未来 GPS Ⅲ卫星发射的信号频谱图。据图 2.2 可知,Block Ⅱ/ⅡA/ⅡR 卫星只播发原始的 L1C/A、L1P(Y)和 L2P(Y)信号;现代化之后 Block ⅡR-M 卫星在 L1 波段和 L2 波段上分别增加了新的军用信号 L1M 和 L2M,并在 L2 波段上增发新的民用信号 L2C;Block ⅡF 卫星在 L5 频点增发了用于生命安全保障的 L5C 信号[287];未来 Block Ⅲ卫星将在 L1 频点增发第二个民用信号 L1C。未来 GPS 导航信号及其参数如表 2.1 所列。

表 2.1　GPS 导航信号参数[288]

频点/MHz	信号	服务类型	信号组成	调制方式	码速率/Mcps	主码长度	主码类型	二级码长	数据速率	FEC
L1 1575.42	L1 C/A	民用	Data	BPSK(1)	1.023	1023	GOLD	—	50bps/50sps	
	L1 P(Y)	军用	Data	BPSK(10)	10.23	6.19E12	复合码	—	50bps/50sps	
	L1M	军用	N.A.	BOC(10,5)	5.115	N.A.	N.A.	N.A.	N.A	N.A.
	L1C	民用	Data	BOC(1,1)	1.023	10230	WEIL	—	50bps/100sps	LDPC-
			Pilot	MBOC(6,1)				1800	—	
L2 1227.6	L2 P(Y)	军用		BPSK(10)	10.23	6.19E12	复合码	—	50bps/50sps	
	L2C	民用	Data CM/CL	BPSK(1) TDM	0.5115	10230	截断 M	—	20bps/50sps	卷积码
			Pilot		0.5115	767250	截断 M		—	
	L2M	军用	N.A.	BOC(10,5)	5.115	N.A.	N.A.	N.A.	N.A.	N.A.
L5 1176.45	L5C	民用	Data	BPSK(10)	10.23	10230	截断 M	10	50bps/100sps	卷积码
			Pilot	BPSK(10)	10.23	10230	截断 M	20	—	

3. 地面控制系统的技术改造

除了在空间段发射新型卫星、增加新型民用和军用信号外,GPS 地面控制站也进行了现代化改造[289]。从软件算法和硬件设备两方面对原有地面控制系统进行了技术升级,并在原有 5 个监测站的基础上,将卡拉维尔角(Cape Canaveral)预发射协调站扩建为监测和注入站,将美国国家地理空间情报局(NGA)的 11 个 GPS 跟踪站,纳入地面控制系统网络[290]。提高了卫星轨道及时钟参数预报精度,增强卫星信号完好性监测能力,提高控制系统的数据处理与传输能力,减小用户测距误差,持续改进 GPS 系统性能。

除了从空间段和地面控制段两方面对当前的 GPS 系统进行升级和改造外,GPS 执行理事会(IGEB)接受美国国防部的建议研制新一代 GPS 卫星(GPS Block Ⅲ)和相应的地面控制网络,该计划称为 GPS Ⅲ。与 GPS Ⅱ相比,GPS Ⅲ在定位精度、授时精度等性能上具有较大提高。GPS Ⅲ将采用全新设计方案,融合配置各种技术资源,克服 GPS Ⅱ系统缺陷,并具有向后技术兼容能力,以满足未来 30 年系统技术扩展和用户需求[291-293]。

2.1.2 GLONASS 卫星导航系统

1965 年,苏联开始建立卫星导航系统(CICADA),它的基本原理和美国子午仪导航系统类似,也是基于测量多普勒频移原理的第一代卫星导航系统。该系统由 12 颗卫星组成卫星星座,轨道高度为 1000km,运行周期为 105min,每颗卫星发送频率为 150MHz 和 400MHz 的导航信号。20 世纪 80 年代,苏联开始建设第二代卫星导航系统——GLONASS,该系统的整体结构、定位原理和系统功能与 GPS 系统相似,可用于海上、空中、陆地等各类用户的定位、测速及精密授时,提供军用和民用两种服务。GLONASS 星座系统由 24 颗卫星组成,均匀分布在 3 个近圆形轨道平面上,每个轨道面 8 颗卫星,轨道高度 19100km,运行周期 11h15min,轨道倾角 64.8°。GLONASS 使用频分多址(FDMA)模式,每颗 GLONASS 卫星发播两种载波频率,即

$$\begin{cases} f_{L1\_GLONASS}(k) = (1602 + 0.5625k)\text{MHz} \\ f_{L2\_GLONASS}(k) = (1246 + 0.4375k)\text{MHz} \end{cases} \tag{2.2}$$

式中:k 为每颗卫星的频率编号,$k = 1 \sim 24$。GLONASS 卫星的载波上也调制了两种伪随机噪声码,即 S 码和 P 码。

但是,由于最初的 GLONASS 卫星在轨作业寿命过短,加上苏联解体等原因,GLONASS 可供服务的卫星星座维护不佳。在 GPS 现代化的激发下,GLONASS 系统也将实现现代化。主要内容如下[294-295]。

(1) 2005 年 12 月 25 日,发射了两颗工作寿命为 7 年的 GLONASS - M 卫星,标志着 GLONASS 现代化开始。此后陆续发射 GLONASS - M 卫星,并在其上增设第 2 个民用导航定位信号。

(2) 发射 GLONASS - K 卫星,在其上增设第 3 个导航定位信号,并将其设计工作寿命增长为 10 ~ 12 年。

(3) 21 世纪 20 年代,拟发射新型的 GLONASS - KM 卫星,以增强系统的整体功能,达到与 GPS 系统抗衡的目的。

2.1.3 GALILEO 卫星导航系统

欧洲为了减少对美国 GPS 系统的依赖,同时也为了在未来卫星导航定位市场占有一席之地,决定发展自己的全球卫星定位系统。2002 年 3 月 26 日,欧洲

联盟(简称欧盟)首脑会议冲破美国政府的阻挠,启动欧洲民用导航卫星计划——GALILEO 卫星导航系统。该系统卫星星座由均匀分布在 3 个中等高度轨道上的 30 颗卫星构成,每个轨道面上有 1 颗备用卫星,轨道面高度为 23616km,倾角 56°,创新轨道设计方案被认为是能够实现最少投入而达到应用目的的最佳方案[296]。GALILEO 系统提供 5 种不同服务,包括免费公开服务(open service, OS)、增值商用服务(commercial service, CS)、生命安全服务(safety - of - life service, SoL)、搜救服务(search - and - rescue service, SAR)以及用于公共安全机构和军事武装的公共特许服务(public regulated service, PRS),每种服务采用不同信号[297]。

目前,GALILEO 系统定义阶段已经结束,2005 年和 2008 年先后发射了 2 颗实验卫星 GIOVE - A 和 GIOVE - B。由于资金问题,欧盟不断推迟系统建设进度,2012 年末开始全面运营阶段(full operational capability, FOC)的卫星部署,在 2014 年前该系统对 4 颗 IOV 卫星和 14 颗 FOC 卫星进行在轨运行[298]。GALILEO 系统定义及建设阶段对星座设计、系统兼容与互用性设计、先进信号体制设计等方面的先进思想值得借鉴。

GALILEO 计划是为了建设一个开放的全球导航系统,系统设计过程中兼顾了系统独立运行能力和与 GPS 兼容互用性。在信号体制设计方面,2007 年 GALILEO 和 GPS 的兼容与互用工作组就 E1/L1 频点达成一致,共同采用 MBOC 调制方式,GALILEO 信号设计基本确定。GALILEO 系统将在 E2 - L1 - E1、E6、E5 共 3 个波段上以右圆极化提供 10 种导航信号,频谱结构如图 2.3 所示,各信号参数如表 2.2 所列。

下面对 GALILEO 系统各信号进行简要介绍。

1. E2 - L1 - E1 信号

在 GALILEO 系统信号的频率规划中,此波段信号与 GPS 系统 L1 频点信号处于同一波段且具有相同的中心频率,使其在该波段内与 GPS L1 信号具有良好互用性,简化了 GPS/GALILEO 双模接收机设计。该波段内信号包括 PRS 信号 E1a 和 OS/CS/SoL 信号 E1b - c。E1a 信号专门用于提供公共管理服务,E1b - c 信号为 E1 频点的民用信号,在设计过程中与 GPS 系统进行了多次协调,以实现系统内和系统间的兼容和互用。在信号结构方面,该信号包含功率比为 1∶1 的数据(E1b)和导频(E1b)两个通道,两路信号采用载波相位正交的复用方式。

2. E6 信号

GALILEO 系统 E6 信号和 GPS 系统的 L2 信号处于相同的波段内,包含 PRS 和 CS 两种服务。E6 CS 信号包含数据(E6b)和载频(E6c)两个通道。其中,E6b 通道携带数据率为 1000sps/500bps、采用卷积编码的导航数据,E6c 通道被码长为 100 的二级码调制。E6 PRS 信号采用 BOCc(10.5)的副载波调制方式实现了信号间的频谱分离。

3. E5a 和 E5b 信号

GALILEO 系统在 E5 频点上包含 E5a 和 E5b 两个信号分量，通过 AltBOC 共同调制在 E5 载频上。E5a 信号包含 OS 和 CS 两种服务，其中不加密的扩频码和导航数据可以为用户提供开放服务，加密的商业数据和不加密的完好性信息，可以用于提供商业服务和生命安全服务。

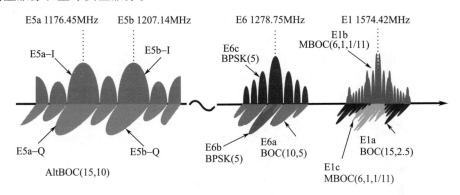

图 2.3　GALILEO 系统导航信号

表 2.2　GALILEO 系统导航信号参数

频点/MHz	信号		服务类型	信号组成	调制方式	码速/Mcps	主码长度	主码类型	二级码长	数据速率	FEC
E1 1575.42	E1 PRS		PRS	Data	BOCc(15,2.5)	N.A.	N.A	N.A	N.A	N.A	N.A
	E1 OS		OS	Data	MBOC(6,1)	4.096	4096	存储的随机码	—	250sps	卷积码
	E1 OS		OS	Pilot	MBOC(6,1)				25	—	
E6 1278.75	E6a		PRS	Data	BOC(10,5)	N.A	N.A	N.A	N.A	N.A	N.A
	E6-CS	E6b	CS	Data	BPSK(5)	5.115	5115	存储码	—	1000sps	卷积码
		E6c	CS	Pilot	BPSK(5)	5.115	5115	存储码	100		
E5 1191.79	E5a 1176.45		OS CS	Data	AltBOC (15,10)	10.23	10230	复合码	20	50sps	卷积码
				Pilot					100	—	
	E5b 1207.14		OS LoS CS	Data		10.23	10230	复合码	4	250sps	卷积码
				Pilot					100	—	

2.1.4　北斗卫星导航系统

北斗卫星导航系统（BDS）是我国独立自主研发并运行的卫星导航系统，是我国现代化科研水平的主要标志，对于我国的国防安全以及社会经济发展具有重要意义。北斗卫星导航系统能够为全球范围内的用户提供高精度、稳定、可靠的定位和导航服务，同时具备其他 GNSS 系统无法实现的短报文通信功能。在 20 世纪 80 年代，中国已经开始针对全球卫星导航系统的自主建设进行探索，并根据国情提出了"三步走"的发展战略;2000年,建成能够为我国提供服务的北斗一号系统;2012年,建成能够为亚太地区服务的北斗二号系统;2020年,建成能够为全球服务的北斗三号系统。

1. 北斗一号系统

中国在2000年、2003年和2007年先后发射了2颗BD-1卫星、1颗备份卫星和1颗试验卫星,建立了北斗一号系统。北斗一号系统由星座、中心控制系统、标校站和用户接收机等部分组成,实现了区域性覆盖。该系统具有以下优点。

(1) 和美国GPS、俄罗斯GLONASS相比,增加了通信功能。

(2) 全天候快速定位,与GPS精度相当。

(3) 安全可靠,保密性强。

2. 北斗二号系统

由于北斗一号系统属于有源定位系统,系统容量有限,定位终端比较复杂,且该系统属于区域定位系统,目前只能为中国以及周边地区提供定位服务。为了弥补上述不足,2004年我国开始建设北斗二号系统,目标是能够独立或与其他卫星导航系统共同向亚太地区的陆地、海洋和天空用户提供连续、稳定和高精度定位、导航和授时(PNT)服务。2012年,中国顺利完成了北斗二号系统中所有14颗卫星的发射任务,创造性地实现了3种类型轨道卫星(4颗中圆地球轨道卫星、5颗倾斜地球同步轨道卫星、5颗地球静止轨道卫星)协同服务模式,能够为亚太地区用户提供更高精度的定位、导航、授时和短报文通信服务[299]。

3. 北斗三号系统

为了能够实现全球范围内的精准定位以及遇险报警服务,中国于2009年启动北斗三号系统建设,于2020年完成全部30颗卫星(24颗地球中圆轨道卫星、3颗倾斜地球同步轨道卫星和3颗地球静止轨道卫星)的发射组网。截至2020年6月23日,中国已经完成所有地球轨道卫星(30颗)的发射[300],这标志着北斗全球系统星座部署完成,全球范围内的用户体验以及系统性能得到了全面提升。北斗三号系统预期定位精度为10m、测速精度为0.5m/s、授时精度为20ns、服务可用性优于95%,其中亚太地区定位精度为5m。与其他卫星导航系统相比,北斗三号系统具有以下优势。

(1) 使用混合星座(区域星座和全球星座),亚太地区定位精度更高。

(2) 高轨卫星多,抗遮挡能力更强,在低纬度地区系统性能更优。

(3) 采用多频点导航信号,能够有效提高服务精度。

(4) 融合导航和通信功能,能够在全球提供短报文服务,同时具备地基增强、星基增强、国际搜救等多种服务能力。

北斗三号系统导航卫星能够发射B1、B2和B3这3个频点的10种导航信号。2016年11月,中国卫星导航系统管理办公室公开发布《北斗系统空间信号接口控制文件(2.1版)》,详细说明了北斗三号系统导航信号体制的最新状态,信号相关参数如表2.3所列[301]。可以看出,在北斗三号系统信号设计过程中,充分吸取了现代化的 GPS 系统和 GALILEO 系统的经验,相关文献分析表明,当前北斗三号系统信号具有较好的跟踪精度、抗多径能力和兼容互用性能[302-303]。

表 2.3 北斗三号系统导航信号参数

频点	卫星信号	信号组成	中心频率/MHz	调制方式	伪码长度	伪码速率/Mcps
B1	B1I	Data	1561.098	QPSK	2046	2.046
		Pilot				
	B1C	Data	1575.42	BOC(1,1)	10230	1.023
		Pilot		QMBOC(6,1,4/33)		
B2	B2a	Data	1176.45	BPSK(10)	10230	10.23
		Pilot				
	B2b	Data	1207.14	BPSK	10230/5115	10.23
		Pilot				
B3	B3I	Data	1278.75/1268.52	BPSK	10230	10.23
		Pilot				

2.1.5 其他卫星导航系统

1. 准天顶卫星系统

2006 年,日本政府提出建立区域卫星导航系统——准天顶卫星系统(QZSS)。QZSS 星座由 7 颗卫星组成,包括 3 颗倾斜地球同步椭圆轨道(IGSEO)卫星、1 颗地球同步轨道(GEO)卫星和 3 颗高轨道(HEO)卫星,QZSS 卫星导航信号与 GPS 和 GALILEO 卫星兼容,包括 L1C、L1-C/A、L2C、L5、L1-SAIF 等信号[304]。QZSS 地面控制系统包括 10 个监测站和 1 个主控站,时间尺度与国际原子时(TAI)相差 19s,坐标系统与 GPS 系统偏差小于 0.02m。随着 2010 年 9 月 11 日第一颗 QZSS 系统卫星的发射[305],QZSS 系统进入了卫星部署阶段。

2. 区域卫星导航系统

印度政府于 2006 年宣布将建立区域卫星导航系统(IRNSS),该系统共有 7 颗卫星,星座将采用 3 颗 GEO 卫星和 4 颗倾斜圆轨道地球同步(IGSO)卫星,卫星将在 L1 和 L5 波段上调制导航信号。

2.1.6 GNSS 系统发展趋势

由国内外卫星导航系统发展状况和技术特点可以看出,现代卫星导航系统正在朝着高精度、高可靠性、强抗干扰能力、综合型、多元化的方向发展。

1. 更高精度和可用度

目前卫星导航系统的定位精度已达到 10m 量级,但仍不能满足海上资源勘察(1~5m)、飞机精密进近(1~5m)、公路汽车免撞(10cm)、武器精度实验、精密武器制导（1~5m）等特殊应用要求。此外，航空、航海、道路交通管理等一些与人身安全密切相关的应用，对可用度与完好性提出了较高要求（99.9%以上），现有卫星导航系统尚无此能力。因此，各国都在努力提高卫星导航系统的精度与可用度，以扩大应用范围和提高效能。

2. 加强调抗干扰性和反利用能力

卫星导航系统将成为重要空间基准系统，它关系到人身乃至国家安全，需要极高的可靠性、强大的抗干扰甚至抗攻击性能，作为武器精确打击的关键支撑，必须具有限制敌对国家使用的反利用措施。GPS现代化计划提出的增加民用频率（军、民用频率分开）、增加发射功率、使用保密性和抗干扰能力更强的军用信号、采用自适应调零天线、区域增强波束等措施，都是为了此目的。

3. 向综合型方向发展

导航定位概念正在从为用户提供单一的定位、测速、授时服务，朝着可提供定位、测速、定时、实时位置报告与短信息等的综合型导航定位信息系统方向发展。凭借导航系统就可完成交通管制、军事指挥等复杂任务，具有高度集成性。我国 BDS-3 系统和欧盟 GALILEO 系统都充分考虑了这种集成。

4. 向多系统兼容发展

全球卫星导航系统是一种可以全球共享的资源，但在目前国际形势下，大多数国家都不会将如此重要的空间基础设施依赖于由其他国家军方控制的系统（GPS和 GLONASS），因此，中国、欧盟、日本等正在纷纷发展自主卫星导航系统。由于多星座的存在，使得用户可见的卫星数量大大增加，当各星座体制兼容时，就可起到互为增强的作用，因此，新系统在设计部署阶段都充分考虑了兼容性和互用性问题。

总之，为了提高系统的精度和可用性、加强系统的抗干扰能力、实现多系统的兼容和互操作，需要从系统空间段、地面控制段、空间环境段、用户段等几方面进行优化设计和技术升级。

2.2 GNSS-R 基本原理

2.2.1 电磁波及反射

电磁波自发现以来已深刻影响了人们的生活，并在通信、遥感、电磁兼容、微波加热、微波检测、生物医疗等领域发挥了重要作用[306]。GNSS信号自导航卫星发射后成为在空间传输的电磁波，为了进一步分析 GNSS-R 的基本原理，本章首先对电磁波及其反射相关的基本概念和基本原理进行介绍。

1. 电磁波及类型

在时变电磁场中，场矢量和场源既是空间位置的函数又是时间的函数。在实际工程中,应用最广泛的是时谐场,即在稳定状态下,空间任意点处场矢量的每个坐标分量都随时间以相同的频率做正弦或余弦规律变化,因此时谐场也称为正弦电磁场。由于工程实际中的大多激励源是正弦激励源,而麦克斯韦方程组是线性方程组,所以在正弦稳态条件下,由场源所激励的场矢量的各个分量仍是同频率的正弦时间函数[307]。根据傅里叶变换和傅里叶级数理论,任何周期性的或非周期的时变电磁场都可以展开为连续频谱或离散频谱的简谐分量,从而将时变电磁场分解成许多不同频率的时谐电磁场的叠加或积分。

时变电磁场中的任一坐标分量随时间做正弦规律变化时,其振幅和初始相位也都是空间坐标的函数。以电场强度 E 为例,以一定的频率 ω 随时间 t 和空间 r 按正弦规律变化可表示为

$$\begin{cases} E(t,r) = \sqrt{2}e(t)c(t) \\ e(t) = E_0(t,r) \\ c(t) = \cos[\omega t - \varphi_r(r)] \end{cases} \quad (2.3)$$

在同一时刻,由空间振动幅度相同的点所组成的面称为等幅面;由空间振动相位相同的点所组成的面称为等相面,又称波阵面。电磁波根据等相面的形状可分为平面波、圆柱面波和球面波3种基本类型。

平面波在实际中并不存在,其等相面是与电磁波传播方向相垂直的无限大平面,波源无限大才能激发产生。在实际应用中,常采用近似的手段,将离源足够远情况下的空间曲面等效为平面,将非平面波近似为平面波进行分析处理。更进一步,如果平面波的电场和磁场只沿着波的传播方向变化,在等相面内电场和磁场的方向、振幅及相位并不发生改变,则称之为均匀平面波。实际存在的电磁波和圆柱面电磁波都可以分解成若干均匀平面波。

2. 电磁波的极化

如前所述,均匀平面波在等相面内电场和磁场方向不发生变化,但是实际工程中的场强方向可以随时间按一定规律变化,描述此变化的概念即极化。由于电场强度 E、磁场强度 H 和传播方向 K 三者之间的关系是确定的,所以一般用电场强度 E 的矢量端点在空间任意固定点上随时间变化所描述的轨迹来表示电磁波的极化[308]。

假设均匀平面波沿着 z 轴方向传播,电场强度和磁场强度均在垂直于 z 轴的平面内,令电场强度 E 分解为两个相互正交的分量 E_x 和 E_y,其频率和传播方向均相同,即

$$\begin{cases} E_x = E_{x_0}\cos(\omega t + \varphi_x) \\ E_y = E_{y_0}\cos(\omega t + \varphi_y) \end{cases} \quad (2.4)$$

E 矢量端点的轨迹方程可以经由三角运算获得,即

$$\left(\frac{x}{E_{x_o}}\right)^2 + \left(\frac{y}{E_{y_o}}\right)^2 - 2\frac{x}{E_{x_o}}\frac{y}{E_{y_o}}\cos(\varphi_y - \varphi_x) = \sin^2(\varphi_y - \varphi_x) \tag{2.5}$$

则根据 E_x 和 E_y 的振幅和相位关系,将波的极化分为 3 种类型。

1) 线极化

电场 **E** 仅在一个方向振动,即矢量 **E** 端点的轨迹是一条直线。

如果两个分量的相位相同,即 $\varphi_y - \varphi_x = 0$,且 E_{x_o} 和 E_{y_o} 不为零,则有

$$y = \frac{E_{y_o}}{E_{x_o}}x \tag{2.6}$$

即轨迹为过 O 点且在第一、三象限的直线。

如果两个分量相位差 π,即 $\varphi_y - \varphi_x = 0$,且 E_{x_o} 和 E_{y_o} 不为零,则有

$$y = -\frac{E_{y_o}}{E_{x_o}}x \tag{2.7}$$

即轨迹为过 O 点且在第二、四象限的直线。

如果 $E_{x_o} = 0$,则有

$$x = 0, y = E_{y_o}\cos(\omega t + \varphi_y) \tag{2.8}$$

即轨迹为沿 y 轴变化的直线。

如果 $E_{y_o} = 0$,则有

$$y = 0, x = E_{x_o}\cos(\omega t + \varphi_x) \tag{2.9}$$

2) 圆极化

当 $E_{x_o} = E_{y_o} = E_0, \varphi_y - \varphi_x = \pm\pi/2$ 时,矢量 **E** 端点轨迹方程为

$$x^2 + y^2 = E_0^2 \tag{2.10}$$

这是半径为 E_0 的圆方程,故而称为圆极化。

如果 E_y 相位滞后 $\pi/2$ 时,电场矢量的旋向和波的传播方向满足右手螺旋关系,称为右旋圆极化;反之则称为左旋圆极化。

值得一提的是,当前 GNSS 系统卫星发射的导航信号均以右旋圆极化方式发送。

3) 椭圆极化

通常情况下,电场的两个分量振幅和相位均不相等,也不满足相位差为 $\pi/2$ 或 $\pi/2$ 的整数倍的条件,则电场矢量端点的轨迹为椭圆,故而称为椭圆极化。

线极化和圆极化均为椭圆极化的特例,3 种极化形式的波均可分解为空间相互正交的线极化波的叠加。任一线极化波也可分解为两个振幅相等、旋向相反的圆极化波的叠加;同样地,任一椭圆极化波也可分解为两个圆极化波的叠加。

3. 电磁波的反射

1) 反射现象

在理想的镜面条件下,电磁波将发生镜面反射,反射波的辐射方向性图是 δ 函

数,镜像就是其中心线,此时可以通过菲涅尔反射定律来描述。在粗糙表面情况下,在辐射方向性图中,既包含了反射分量也包含了散射分量,在镜像上仍存在反射分量,但其功率值比光滑表面情况下要小。镜像分量有时也称为相干散射分量,而散射分量则称为非相干分量,包含了所有散射方向的散射功率,但其值比相干分量要小。当表面越来越粗糙时,相干分量逐渐变小直至可以忽略;最后,当表面极其粗糙时,其辐射方向性图将趋于仅包含散射的情况,而且其中一部分散射波的极化方式与入射波相同,另一部分则变为正交极化状态。

2) 反射面的粗糙度

反射面的粗糙程度决定了反射信号能量大小及其包含的信息。因此,为了定量地描述反射面粗糙度,引入粗糙度的判据。常用的反射面粗糙度判据有 Rayleigh 判据,满足条件

$$h_r \cos\theta < \frac{\lambda}{8} \tag{2.11}$$

的反射面为光滑反射面;否则为粗糙反射面。其中,h_r 为反射面起伏的垂直高度;λ 为电磁波的波长;θ 为入射角。

也有采用三分法的情形,即当满足条件

$$h_r < \lambda \cos\frac{\theta}{25} \tag{2.12}$$

的反射面为平滑反射面;当满足条件

$$h_r > \lambda \cos\frac{\theta}{25} \tag{2.13}$$

的反射面为粗糙反射面;当介于两者之间为中等粗糙反射面。

对于 GPS L1 波段的电磁波(波长约为 19cm)以 30°入射角入射反射面,根据 Rayleigh 判据作为划分标准时,$h_r > 2.7$cm 的反射面视为粗糙反射面;以三分法判据作为划分标准时,$h_r > 4.1$cm 的反射面视为粗糙反射面,0.7cm $< h_r < 4.1$cm 的反射面视为中等粗糙反射面。对于通常的 GNSS – R 遥感应用来说,反射面一般被认定为粗糙反射面。

3) 平滑表面的反射变量

通过研究平滑的介质表面对平面波的反射,就能了解地面等一些介质表面反射的基本现象。平滑地面的反射情况,即反射信号的大小和相位,取决于频率、极化、波的入射角以及地面的电性质(介电常数和电导率)。假定入射在介质表面上的电磁波在自由空间传播,而介质表面又是非磁性的,则有以下菲涅尔方程[309],即

$$\begin{cases} \gamma_H = \dfrac{\sin\alpha - \sqrt{\varepsilon - \cos^2\alpha}}{\sin\alpha + \sqrt{\varepsilon - \cos^2\alpha}} = \rho_H \cdot e^{-j\varphi_H} \\ \gamma_V = \dfrac{\varepsilon\sin\alpha - \sqrt{\varepsilon - \cos^2\alpha}}{\varepsilon\sin\alpha + \sqrt{\varepsilon - \cos^2\alpha}} = \rho_V \cdot e^{-j\varphi_V} \end{cases} \tag{2.14}$$

式中:γ_H 和 γ_V 分别为水平极化和垂直极化的反射系数;α 为电波传播方向与垂直于表面法线 n 的平面所成的角度;ε 为表面的复介电常数,可用介电常数 k 和电导率 σ 给出,即

$$\varepsilon = \frac{k}{\varepsilon_0} - \frac{j}{\omega\varepsilon_0} = \varepsilon' - j\varepsilon'' \tag{2.15}$$

式中:ε_0 为自由空间的介电常数;$\omega = 2\pi f$,f 为电磁波频率。2001 年,Maurice 给出了典型反射介质的各项值,如表 2.4 所列。

表 2.4 土壤和水近似电磁特性

介质	波长 λ	电导率 $\sigma/(\Omega/m)^2$	实部 ε'	虚部 ε''
海水	3m ~ 20cm	4.3	80	774 ~ 52
20 ~ 25℃	10cm	6.5	69	39
28℃	3.2cm	16	65	30.7
干燥的沙壤土	9cm	0.03	2	1.62
潮湿的沙壤土	9cm	0.6	24	32.4
干燥的地面	1m	10^{-4}	4	0.006
潮湿的地面	1m	10^{-2}	30	0.6

4. 菲涅尔反射系数

反射信号可表示为极化系数矩阵 $\mathfrak{R}$ 与入射信号的乘积,对于 GNSS 卫星信号,经过反射面发生反射,在空气 – 反射面处,电磁波的反射与入射的能量关系由菲涅尔反射系数确定。菲涅尔反射系数表达式为

$$\begin{cases} \mathfrak{R}_{VV} = \dfrac{\varepsilon\sin\theta - \sqrt{\varepsilon - \cos^2\theta}}{\varepsilon\sin\theta + \sqrt{\varepsilon - \cos^2\theta}} \\[2mm] \mathfrak{R}_{HH} = \dfrac{\sin\theta - \sqrt{\varepsilon - \cos^2\theta}}{\sin\theta + \sqrt{\varepsilon - \cos^2\theta}} \\[2mm] \mathfrak{R}_{RR} = \mathfrak{R}_{LL} = \dfrac{1}{2}(\mathfrak{R}_{VV} + \mathfrak{R}_{HH}) \\[2mm] \mathfrak{R}_{LR} = \mathfrak{R}_{RL} = \dfrac{1}{2}(\mathfrak{R}_{VV} - \mathfrak{R}_{HH}) \end{cases} \tag{2.16}$$

式中:R、L、V 和 H 分别为右旋圆极化、左旋圆极化、垂直和水平线极化;ε 为反射介质的复介电常数;θ 为电磁波发射源的高度角(仰角)。反射信号左旋极化分量 $\mathfrak{R}_{RL}$ 随 GPS 卫星高度角的增大而增大,反射信号右旋极化分量 $\mathfrak{R}_{RR}$ 随 GPS 卫星高度角的增大而减小。反射信号极化特性水平分量 $\mathfrak{R}_{HH}$ 随 GPS 卫星高度角的增加而减小,垂直分量 $\mathfrak{R}_{VV}$ 随 GPS 卫星高度角的增大而增大。当高度角大于一定值(约 6.8°)才呈现上述趋势。这说明入射的右旋极化 GPS 卫星信号经过海面的散射后,极性会发生转

换,右旋极化波转换为左旋极化波,而且转换的能量比例较大。

2.2.2 GNSS-R中的各种几何关系

1. GNSS-R的宏观几何关系

为了进一步分析GNSS-R技术的基本原理,首先分析GNSS-R的基本几何关系。在讨论直射与反射信号的几何关系中,首先引入镜面反射点概念,即从反射区域的反射信号中直射与反射路径延迟最短的理论反射点。如图2.4所示,以镜面反射点为坐标原点,以地球切面的法线方向为z轴,以经过z轴和发射机的平面与地球切面的交线为y轴,x、y和z轴构成右手定则关系。图2.4表示GNSS-R宏观几何关系。其中,h_r和h_t分别为接收机、发射机到参考椭球面的距离;R_e为地球半径;G和L分别为GNSS卫星(发射机T)和接收平台(接收机R)的半径,即其到地心的距离;α为GNSS卫星、镜面反射点与地心连线之间的夹角;Θ为GNSS卫星、接收平台与地心连线之间的夹角;φ为接收机视角(接收机镜面点连线与接收平台天底方向的夹角);θ为反射信号相对于本地切面的仰角,也就是卫星高度角;d和D分别为接收机和发射机到镜面反射点的距离;**T**、**R**和**O**分别为发射机、接收机和镜面反射点的位置矢量。

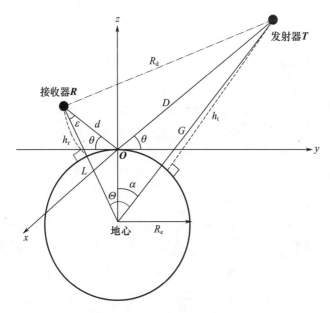

图2.4 GNSS-R宏观几何关系

在给定发射机和接收机高度h_r、h_t以及卫星高度角θ时,可按照以下顺序得到D、α、d和φ,即

$$\begin{cases} L = R_e + h_r \\ G = R_e + h_t \end{cases} \quad (2.17)$$

$$D^2 + R_e^2 + 2DR_e\sin\theta = G^2 \Rightarrow D = -R_e\sin\theta + \sqrt{G^2 - R_e^2\cos^2\theta} \quad (2.18)$$

$$R_e^2 + G^2 - 2R_e G\cos\alpha = D^2 \Rightarrow \alpha = a\cos\left(\frac{D^2 - G^2 - R_e^2}{-2R_e G}\right) \quad (2.19)$$

$$d^2 + R_e^2 + 2dR_e\sin\theta = L^2 \Rightarrow d = -R_e\sin\theta + \sqrt{L^2 - R_e^2\cos^2\theta} \quad (2.20)$$

$$d^2 + L^2 - 2dL\cos\varphi = R_e^2 \Rightarrow \varphi = a\cos\left(\frac{R_e^2 - d^2 - L^2}{-2dL}\right) \quad (2.21)$$

R 和 **T** 在本地坐标系的位置分别为 $(0, -d\cos\theta, d\sin\theta)$ 和 $(0, D\cos\theta, D\sin\theta)$，有

$$R_d = |\mathbf{R}_d| = |\mathbf{R} - \mathbf{T}| = \sqrt{(D\cos\theta + d\cos\theta)^2 + (D\sin\theta - d\sin\theta)^2} \quad (2.22)$$

2. GNSS-R 微观几何关系

GNSS-R 微观几何关系[310]表示了散射信号各参量之间的几何关系。由于 GNSS 散射信号为不同反射面散射区域共同作用的结果，且散射区域面积较小，忽略地球曲率的影响，可以得到散射信号各参量之间的几何关系，如图 2.5 所示。

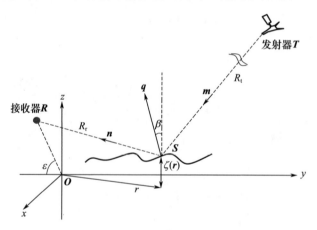

图 2.5 GNSS-R 微观几何关系

S 为反射点，设反射点 **S** 的坐标为 (x, y, ζ)，$\zeta = \zeta(x, y)$ 为海面高度随机变量，对应的水平位置矢量 $\mathbf{r} = (x, y)$。**m** 和 **n** 分别为发射机到反射点和反射点到接收机的单位矢量，有

$$\begin{cases} \mathbf{m} = \dfrac{\mathbf{R}_t}{|\mathbf{R}_t|} = \dfrac{\mathbf{S} - \mathbf{T}}{|\mathbf{S} - \mathbf{T}|} \\ \mathbf{n} = \dfrac{\mathbf{R}_r}{|\mathbf{R}_r|} = \dfrac{\mathbf{R} - \mathbf{S}}{|\mathbf{R} - \mathbf{S}|} \end{cases} \quad (2.23)$$

式中：$|\mathbf{R}_r(t)| = |\mathbf{R} - \mathbf{S}|$、$|\mathbf{R}_t(t)| = |\mathbf{T} - \mathbf{S}|$ 分别为接收机、发射机到反射点的距离。**q** 为反射向量，即

$$q = k(n-m) = (q_x, q_y, q_z) = (q_\perp, q_z) \qquad (2.24)$$

式中:$k = 2\pi/\lambda$,λ 为 GNSS 信号波长;q_x、q_y、q_z 分别为反射向量 x、y、z 的分量;$q_\perp = (q_x, q_y)$ 为反射向量的水平分量。

3. 反射面区域的定义

1) 闪耀区

GNSS‐R 的适用散射模型是基于基尔霍夫近似的几何光学模型。当反射面绝对光滑时,只有在镜面反射的方向才能接收到信号。随着反射面粗糙度的增加,在偏离镜面反射方向且角度不是很大的情况下,也能接收到镜面反射信号,这是由于反射面粗糙度的增加改变了反射面某些小面元的方向,使得该面元的镜面反射方向发生了改变。反射面粗糙度越大,可观测到镜面反射面元的数目越多,范围也越大。定义具有明显微波反射作用的区域为闪耀区。

在 GNSS‐R 技术中,定义镜面点周围满足

$$\beta < \beta_0 \qquad (2.25)$$

的区域为闪耀区(闪烁区)。式中:β 为图 2.5 中散射矢量 q 与 z 轴的交角。β_0 的定义式为

$$\beta_0 = \arctan\left(\frac{2\sigma}{L}\right) \qquad (2.26)$$

式中:σ 为反射面高度标准偏差;L 为表面相关长度。

2) 等延迟区

入射到反射面的信号经过反射面散射后进入接收传感器,由发射机‐散射点‐接收机间的几何关系可知,经由不同反射点的反射路径长短不同,这就造成了在反射过程中反射面上不同的散射点所散射的信号分量的时间延迟有所不同。由几何关系可知,经反射面上点 r 反射的信号的总传输时间为

$$\tau(r) = \frac{R_t(r) + R_r(r)}{c} \qquad (2.27)$$

式中:c 为空气中的光速。以时间

$$\tau_0 = \tau(0) = \frac{R_t(0) + R_r(0)}{c} \qquad (2.28)$$

为参考,定义其他电磁波信号传播的时间与该时间的差值为时间延迟,即

$$\Delta\tau(r) = \tau(r) - \tau_0 \qquad (2.29)$$

反射面上满足式(2.30)的点所组成的线为等延迟线,即

$$\{r : \Delta\tau(r) = \tau_\alpha\} \qquad (2.30)$$

满足式(2.31)中的点所组成的区域为等延迟区

$$\{r : -\tau_\beta \leq \Delta\tau(r) - h \cdot \tau_\beta \leq \tau_\beta\} \qquad (2.31)$$

一般情况下，等延迟区的形状为椭环。这些椭环的长短轴半径大小可以通过相关公式计算得到，也可以通过数值方法搜索得到。其形状是焦点位于接收机和 GPS 卫星的椭球与 xy 平面的椭圆形交线。最小的 τ 出现在镜面反射点处，随着 τ 的增加，等延时区域逐渐外扩。等延时区域只取决于 GNSS 卫星和接收机的位置关系，其形状和大小与接收机的高度、GNSS 卫星的高度角和方位角等因素有关。

3）等多普勒区

组成 GNSS - R 系统的反射信号接收机、信号发射卫星和散射面元都是在不停地发生运动。这造成到达接收天线处的来自不同散射点的 GNSS - R 信号具有不同的多普勒频移。散射点 $S(r)$ 在 t_0 时刻反射的 GNSS 信号到达接收机天线处的多普勒频率可以表示为

$$\begin{cases} f_D(r,t_0) = f_{D0}(r,t_0) + f_s(r,t_0) \\ f_{D0}(r,t_0) = \dfrac{[v_t \cdot m(r,t_0) - v_r \cdot n(r,t_0)]}{\lambda} \\ f_s(r,t_0) = \dfrac{[m(r,t_0) - n(r,t_0)] \cdot v_s}{\lambda} = \dfrac{q(r,t_0) \cdot v_s}{\lambda} \end{cases} \quad (2.32)$$

式中：q、m 和 n 分别为式（2.23）和式（2.24）表示的矢量。通常情况下，反射表面的 $q(r,t_0) \cdot v_s$ 很小，所以 $f_s(r,t_0)$ 相比较于 $f_{D0}(r,t_0)$ 可以忽略。以镜面点 O 的多普勒频率 $f_0 = f_D(0)$ 为参考值，定义散射点 $S(r)$ 处相对于镜面反射点处的多普勒频移差为

$$\Delta f(r) = f_D(r) - f_0 \quad (2.33)$$

定义 $\Delta f(r)$ 等于常数的散射点组成的曲线为等多普勒线，即

$$\{r : \Delta f(r) = f_\alpha\} \quad (2.34)$$

定义 $\Delta f(r)$ 满足式（2.35）的散射点组成的曲线为等多普勒区，即

$$\{r : -f_\beta \leq \Delta f(r) - h \cdot f_\beta \leq f_\beta\} \quad (2.35)$$

等多普勒区的形状为条带状，其主要与发射卫星及接收机高度、速度大小和方向有关。

4）天线覆盖区

GNSS 反射信号接收机需要使用不同增益的天线接收遥感反射信号，不同增益天线具有不同半功率波束宽度（-3dB 功率电平点的波束宽度），它能覆盖的范围（足印）也有所差异。同时，天线覆盖的范围也与天线的高度和天线视场角有关，其覆盖如图 2.6 所示。

一般来讲，低增益天线体积小、重量轻、增益小，但覆盖范围宽。高增益天线体积较大、重量较大，但增益高、覆盖范围小。天线视场角不同时，天线足印大小和形状也不同。不同遥感平台对天线配置和视场角设定方式不同。

对低增益天线而言,可假定天线各个方向相同为单位增益,但对于高增益天线而言,这种假定会带来一定误差,故在 GNSS-R 系统中需对天线精确建模。对于实际天线,一般用天线的定向性 D 和增益 G 来表示,两者之间关系为

$$G = kD \tag{2.36}$$

式中:$k(0 \leqslant k \leqslant 1)$ 为无量纲的效率因子,对于设计良好的天线,k 值可以接近于 1,有 $G \approx D$。

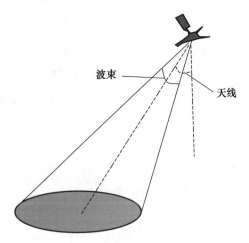

图 2.6 天线覆盖区示意图

天线的定向性是在远场区的某一球面上的最大辐射功率密度与其平均值之比,即

$$D = \frac{P(\theta,\phi)_{\max}}{P(\theta,\phi)_{\mathrm{av}}} \tag{2.37}$$

式中:$P(\theta,\phi)$ 为天线在三维球坐标系下功率方向性波瓣图;$P(\theta,\phi)_{\max}$ 为球面上最大辐射功率密度;$P(\theta,\phi)_{\mathrm{av}}$ 为球面上的平均功率密度,即

$$\begin{aligned} P(\theta,\phi)_{\mathrm{av}} &= \frac{1}{4\pi} \int_{\phi=0}^{\phi=2\pi} \int_{\theta=0}^{\theta=2\pi} P(\theta,\phi) \sin\theta \, \mathrm{d}\theta \, \mathrm{d}\phi \\ &= \frac{1}{4\pi} \iint_{4\pi} P(\theta,\phi) \, \mathrm{d}\Omega \end{aligned} \tag{2.38}$$

因此,定向性又可写成

$$\begin{aligned} D &= \frac{P(\theta,\phi)_{\max}}{\frac{1}{4\pi} \iint_{4\pi} P(\theta,\phi) \, \mathrm{d}\Omega} = \frac{1}{\frac{1}{4\pi} \iint_{4\pi} \left[\frac{P(\theta,\phi)}{P(\theta,\phi)_{\max}} \right] \mathrm{d}\Omega} \\ &= \frac{4\pi}{\iint_{4\pi} P_n(\theta,\phi) \, \mathrm{d}\Omega} = \frac{4\pi}{\Omega_{\mathrm{A}}} \end{aligned} \tag{2.39}$$

式中:Ω_A 为波束立体角范围,$d\Omega = \sin\theta d\theta d\phi$ 为立体角;$P_n(\theta,\phi)$ 为归一化功率波瓣图,有

$$P_n(\theta,\phi) = \frac{P(\theta,\phi)}{P(\theta,\phi)_{\max}} \tag{2.40}$$

天线的波束范围通常可近似表示成天线两个主平面内主瓣半功率波束宽度 θ_{HP} 和 ϕ_{HP} 之积,即

$$\Omega_A \approx \theta_{HP}\phi_{HP} \tag{2.41}$$

半功率波束宽度(half-power beam width,HPBW)表示按照半功率电平点定义的波束宽度(-3dB 波束宽度)。若已知某天线的半功率宽度,则其定向性还可表示为

$$D = \frac{40000}{\theta_{HP}\phi_{HP}} \tag{2.42}$$

式中:θ_{HP} 和 ϕ_{HP} 分别为两个主平面内的半功率波束宽度。

星载 GNSS-R 接收机天线通常是通过数字聚束天线实现,它具有波束扫描的能力,天线覆盖范围由天线的扫描范围决定。

卫星在轨运行示意图如图 2.7 所示。由几何关系计算,有

$$\begin{cases} \alpha = \arcsin\left(\dfrac{H+R}{R}\sin\varphi\right) \\ \eta = 2\alpha - \varphi \end{cases} \tag{2.43}$$

式中:H 为卫星轨道高度;R 为地球半径;α 为导航卫星信号入射角;φ 为扫描接收信号角度(即扫描角度);η 为入射信号与卫星-z 轴的夹角。

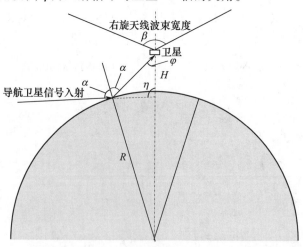

图 2.7 星载反射信号接收天线覆盖区域

根据系统探测原理,接收机必须同时收到同一颗导航卫星的直接发射信号和海表镜面反射信号,若满足此条件,须保证 $\eta \leqslant \beta/2$(β 为右旋天线波束宽度);否则,即使左旋天线能收到导航卫星被海表镜面反射的信号,右旋天线也无法捕获该卫星。

2.2.3 GNSS-R 信号特性

1. GNSS 卫星发射信号特性

1) 信号结构

目前大多数 GNSS 中的导航卫星所发射的信号都使用直接序列扩频(direct sequence spread spectrum,DSSS)的通信体制,并都采用相位调制的载波调制方式,对于单路的导航信号分量可以按照以下方式表示,即

$$s(t) = A \cdot D(t) \cdot \mathrm{SC}(t) \cdot \cos(\omega t + \theta) \tag{2.44}$$

式中:A 为信号幅度;$D(t)$ 为信号所携带的导航电文数据(在某些导频信号通道中不含导航点位数据,可认为 $D(t) \equiv 1$);$\mathrm{SC}(t)$ 为扩频序列,它可通过扩频码符号 $c(t)$ 和码片内波形 $p(t)$ 确定,即

$$\mathrm{SC}(t) = \sum_{k} c_k(t) \cdot p_k(t - kT_c) \tag{2.45}$$

式中:在当前 GNSS 导航信号中扩频码符号 $c(t)$ 均采用二进制非归零(not return to zero,NRZ)的编码方式,$p(t)$ 为在一个扩频符号间隔 $[0, T_c)$ 内的波形函数。在现代 GNSS 系统中,每颗导航卫星在一个频点上所发射的导航信号都包含几种不同的导航信号分量。

下面以 GPS 为例说明 GNSS 卫星发射信号的特点,GPS 中的 Block ⅡA/ⅡR 卫星所发射的 L1 频点信号包括 L1C/A 和 L1P(Y)两个信号分量,分别提供两种不同服务;Block ⅡR-M/ⅡF 卫星所发射的 L1 频点信号包括 L1C/A、L1P(Y)和 L1M 这 3 个信号分量,提供 3 种不同服务;未来 Block Ⅲ 卫星将包含 L1C/A、L1P(Y)、L1M、L1CP 和 L1CD 这 5 个信号分量,提供 4 种不同服务。图 2.8 为 GPS Block ⅡA/ⅡR 卫星发射的导航信号生成方式。

从图 2.8 中可以看出卫星号为 i 的 GPS Block ⅡA/ⅡR 卫星在 L1 频点所发射的导航信号可表示为

$$s_{\mathrm{T}}^{i}(t) = \sqrt{2P_{\mathrm{C/A}}} D_i(t) C_{\mathrm{C/A}}^{i}(t) \cos(2\pi f_{\mathrm{L1}} t + \theta_{\mathrm{L1}}^{i}) +$$
$$\sqrt{2P_{\mathrm{P(Y)}}} D_i(t) C_{\mathrm{P(Y)}}^{i}(t) \sin(2\pi f_{\mathrm{L1}} t + \theta_{\mathrm{L1}}^{i}) \tag{2.46}$$

式中:等号右侧第一项表示为民事用户提供的标准定位服务(standard positioning service,SPS);第二项表示为 DoD 授权用户提供的精密定位服务(precise positioning

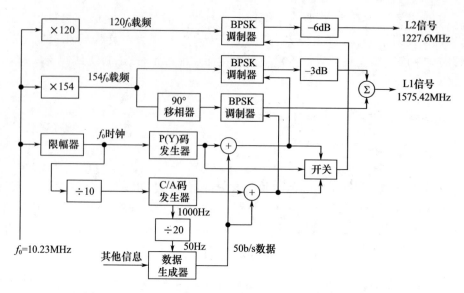

图 2.8 GPS Block ⅡA/ⅡR 卫星发射的导航信号生成方式

service,PPS);P_X 为信号功率;$D(t)$ 为导航电文;$C_{C/A}^i(t)$ 和 $C_{P(Y)}^i(t)$ 分别为第 i 颗卫星所采用的 C/A 码和 Y 码加密后的 P 码;f_{L1} 为 L1 频点的载波频率。

随着 GNSS 的应用需求不断扩大,需要在有限的导航频段内提供更多的下行导航信号,在不额外增加卫星有效载荷信号发射通道的条件下实现同一载波上多个信号分量的传输。这使得各频点的导航信号分量也逐渐增加,各信号分量间的组合方式成为问题。在 GPS 和 GALILEO 系统中广泛采用了相干自适应副载波调制(coherent adaptive subcarrier modulation,CASM)和 Interplex 等互复用技术来解决此问题。

2) 扩频码及其自相关函数

GNSS 卫星发射的导航信号特性由导航电文、载波和扩频码共同决定,但由于其直序扩频的信号体制,扩频码决定了导航信号的捕获、跟踪等信号处理相关性能,对信号特性具有至关重要的影响。

GNSS 卫星发射的扩频码为伪随机噪声(PRN)码,它是具有类似噪声特性的确定序列,可以通过线性反馈移位寄存器产生,也可通过直接存储产生。其中,GPS 系统中的伪随机噪声码包括 C/A 码、P 码和 M 码,下面以 C/A 码为例说明其产生机理和相关特性。

C/A 码是由 m 序列优选对组合码形成的 Gold 码。Gold 码是由两个长度相等且互相关极大值最小的 m 序列码逐位进行模 2 相加构成。改变产生它的两个 m 序列的相对相位,就可以得到不同的码。对于长度为 $N=2^m-1$ 的 m 序列,每两个码可以用这种方法产生 N 个 Gold 码。在这 N 个码中,任何两个码的互相关最大值等于构成它们的两个 m 序列的互相关最大值。互相关函数的旁瓣有起伏,但它的峰值不超过自相关的最大值,这是 Gold 码广泛用于多址通信的原因,也是 GPS 采用 Gold 码作为 C/A 码的主要考虑因素。

C/A 码是由两个 10 级反馈移位寄存器产生。两个移位寄存器于每星期日子夜零时,在置 +1 脉冲作用下全处于 1 状态,同时在码率 1.023MHz 驱动下,两个移位寄存器分别产生码长为 $N = 2^{10} - 1 = 1023$,周期为 1ms 的两个 m 序列 $G_1(t)$ 和 $G_2(t)$,其中 $G_2(t)$ 序列经过相位选择器,输入一个与 $G_2(t)$ 平移等价的 m 序列,然后与 $G_1(t)$ 模 2 相加,便得到 C/A 码,如图 2.9 所示。

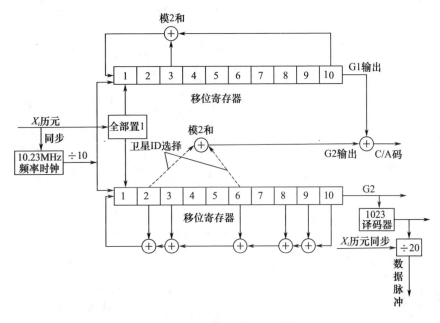

图 2.9 GPS C/A 的产生原理

在实际生成 C/A 码时,采用 G2 的输出不是直接由移位寄存器的末级输出,而是根据平移可加性,选择其中两级作模 2 和运算后输出。这样做的效果是产生一个与原 G2 序列平移等价的序列,其平移量取决于选用哪两级作模 2 和运算。该 C/A 码发生器可得到 $C_{10}^2 + 10 = 55$ 种不同的 C/A 码。从这些码中选择 32 个码以 PRN-01、⋯、PRN-32 命名用于各 GPS 卫星。

C/A 码最重要的特性之一是相关特性。高的自相关峰值和低的互相关峰值可为信号捕获提供很宽的动态范围。为了在强噪声背景下探测到弱信号,弱信号的自相关峰值必须强于强信号的互相关峰值。如果码是正交的,互相关结果理论值应为 0。然而,Gold 码不是完全正交,只是准正交,这意味着互相关结果并非为 0,而是一个较小的数值。Gold 码的互相关函数如表 2.5 所列。对于 C/A 码,其移位寄存器阶数为 10,码长为 1023。使用表 2.5 中的关系式,可得出互相关数值为 -65/1023(概率为 12.5%)、-1/1023(概率为 75%)和 63/1023(概率为 12.5%)。

表 2.5 Gold 码的互相关值

码周期	移位寄存器阶数	互相关值	发生概率
$P=2^n-1$	n 为奇数	$-\dfrac{2^{(n+1)/2}+1}{P}$	0.25
		$-\dfrac{1}{P}$	0.5
		$\dfrac{2^{(n+1)/2}+1}{P}$	0.25
	n 为偶数,且不为 4 的倍数	$-\dfrac{2^{(n+2)/2}+1}{P}$	0.125
		$-\dfrac{1}{P}$	0.75
		$\dfrac{2^{(n+2)/2}+1}{P}$	0.125

对于卫星 i,其 C/A 码序列设 $C_{C/A}^i(t)$ 为由 $\{+1,-1\}$ 组成的时间函数的码序列,长度为 1023,则其自相关函数表达为

$$R_i(\Delta\tau)=\frac{1}{T_i}\int_0^{T_i}C_{C/A}^i(t)C_{C/A}^i(t+\delta\tau)\mathrm{d}t \tag{2.47}$$

图 2.10 给出了 GPS 系统 1 号卫星和 18 号卫星的 C/A 码自相关函数曲线,为了清晰表达自相关函数旁瓣,图中将自相关函数进行归一化处理并仅画出了 ±10 码片内的旁瓣。

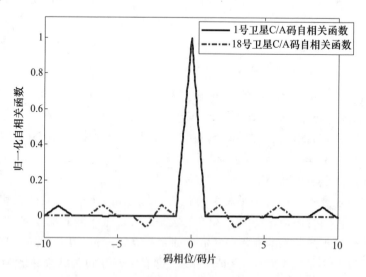

图 2.10　1 号卫星及 18 号卫星 C/A 码的自相关函数

当 $\Delta\tau/\tau_c$ 为整数 $j=[0,1,\cdots,1022]$ 时,相关函数值表示为 $R_i(j)$,C/A 码归一化自相关函数的值从 $\{1,-1/1023,63/1023_i,-65/1023\}$ 中选取。而任意时刻的自相

关函数值则应表示为

$$\Lambda_i(\Delta\tau) = [R_i(j) - R_i(j+1)](1 - \Delta t) + R_i(j+1) \tag{2.48}$$

式中:$j = \text{INT}(|\Delta\tau/\tau_c|)$,$\text{INT}(\cdot)$为取整函数;$\Delta t = |\Delta\tau/\tau_c| - j$。

通常,简化的自相关函数假定为

$$R(i) = \begin{cases} 1 & i = 0 \\ \dfrac{-\tau_c}{T_i} & i \neq 0 \end{cases} \tag{2.49}$$

此时,式(2.47)表示为

$$\Lambda_i(\Delta\tau) = \begin{cases} 1 - \dfrac{|\Delta\tau|}{\tau_c} - \dfrac{|\Delta\tau|}{T_i} & \dfrac{|\Delta\tau|}{\tau_c} \leq 1 \\ \dfrac{-\tau_c}{T_i} & \dfrac{|\Delta\tau|}{\tau_c} > 1 \end{cases} \tag{2.50}$$

由于$\tau_c \ll T_i$,一般认为$-\tau_c/T_i \approx 0$,进一步简化为

$$\Lambda_i(\Delta\tau) = \begin{cases} 1 - \dfrac{|\Delta\tau|}{\tau_c} & \dfrac{|\Delta\tau|}{\tau_c} \leq 1 \\ 0 & \dfrac{|\Delta\tau|}{\tau_c} > 1 \end{cases} \tag{2.51}$$

式(2.51)为一个理想的三角形,宽度为两个码片宽度。在普通的 GPS 接收机中,此简化的自相关函数表达式常用于信号捕获与跟踪。而在处理及应用反射信号时,考虑到自相关函数旁瓣的影响,可使用式(2.50)给出的自相关函数表达值。

2. GNSS 直射信号特性

GNSS 卫星天线发射的导航信号经空间传播后会受到路径损耗、大气损耗及卫星和接收点的相对运动影响,使其被接收天线接收后,信号功率、载波频率、载波和码相位等相关特征较之发射时产生一定变化。

这里将 GNSS 信号看作准单色、相位调制球面波信号,则在接收点 R 处的直射信号可以表示为

$$E_d(\boldsymbol{R},t) = A_{RF}(R_d) a(t - \tau_d) \exp[\mathrm{i}kR_d - 2\pi\mathrm{i}(f_L + f_D)t] \tag{2.52}$$

式中:$A_{RF}(R_d)$为接收到的该卫星射频信号的幅度电平;R_d为发射点 T 到接收点 R 的距离,是随时间变化的函数;$a(t)$为 GNSS 调制信号;τ_d为 GNSS 调制信号的时间延迟;f_D为载波多普勒;$k = 2\pi f_L/c$,f_L为 GNSS L 波段载波频率。

除了信号分量外,天线还会接收到各种噪声分量,因此,进入前端处理的 GNSS 信号可表示为

$$u_d(\boldsymbol{R},t) = A_{RF}(R_d)a(t-\tau_d)\exp[ikR_d - 2\pi i(f_L+f_D)t] + n_d(t) \quad (2.53)$$

1)幅度及功率[311]

直射信号的幅度由接收天线接收到的信号功率决定,信号幅度可表示为 $A_{RF}(R_d) = \sqrt{P(R_d)}$,$P(R_d)$ 为距离卫星 R_d 处的信号功率,它由自由空间衰减和大气衰减等其他损耗共同决定,即

$$P(R_d) = \frac{P_tG_t}{L_fR_d^2}\frac{\lambda^2}{(4\pi)^2}G_r \quad (2.54)$$

式中:P_tG_t 为卫星发射功率 EIRP;G_r 为接收天线增益;L_f 为大气损失;λ 为载波波长。

则式(2.52)可重新表示为

$$E_d(\boldsymbol{R},t) = A\frac{1}{R_d}a(t-\tau_d)\exp[ikR_d - 2\pi i(f_L+f_D)t] \quad (2.55)$$

式中:A 为幅度因子,有

$$A = \sqrt{\frac{P_tG_tG_r\lambda^2}{L_f(4\pi)^2}} \quad (2.56)$$

各 GNSS 系统都规定了 GNSS 信号到达地面信号的标准功率范围。ICD-GPS-200C 规定了卫星在寿命终止之前应提供的最小信号电平(由传播链路预算可以推知所需的卫星信号最小发射功率):对位于开阔地面、指向最坏方位的 3dBi 线极化接收天线,仰角不小于5°的卫星信号到达地面时的 GPS L1 RF 信号的接收功率限为 $P_R \geq -160\text{dBW}(-130\text{dBm})$。迄今为止,尚未见到低于此最小功率限的监测报道。伴随着 GPS 系统的现代化,新发布的 GPS 接口控制文件 116 给出的新的电平范围如表 2.6 所列。近地用户接收到的 L1 和 L2 信号功率随卫星仰角(决定了卫星发射天线阵的赋形波束场及自由空间损耗)的变化一般不超过 3dB。由卫星高度误差,天线机械校准误差,温度、电压和功放变化造成的卫星发射功率输出的变化,大气传播损耗(衰落)的变化等各因素引起的接收功率变化,一般情况下不超过 8dB。另外,Block ⅡR-M/ⅡF 卫星具有可编程功率输出能力,个别信号分量可能会超过表 2.6 中的上限,但不会超过 -150dBW。

表 2.6 GPS 接收信号功率

卫星批号	通道	接收到的 RF 信号电平/dBW	
		L1 C/A 或 L2C	P(Y)
Ⅱ/ⅡA//ⅡR	L1	-158.5 ~ -153	-161.5 ~ -155.5
	L2	-164.5 ~ -158	
ⅡR-M/ⅡF	L1	-158.5 ~ -153	-161.5 ~ -155.5
	L2	-160 ~ -153	-161.5 ~ -155.5

2）时间延迟与多普勒频移

LOS 信号空间传播群延迟 $\tau_d(t)$ 由真空传播延迟 $\tau_{vacc}(t)$ 和大气层附加的群延迟（主要是电离层附加群延迟 $\tau_{iono}(t)$ 和对流层附加群延迟 $\tau_{trop}(t)$）组成，即

$$\tau_d(t) = \tau_{vacc}(t) + \tau_{iono}(t) + \tau_{trop}(t) \tag{2.57}$$

设发射时刻卫星天线相位中心的真实坐标矢量为 $\mathbf{T} = [x_T, y_T, z_T]$，接收天线相位中心的真实坐标矢量为 $\mathbf{R} = [x_R, y_R, z_R]$，则两个相位中心的几何距离 R_d 可表示为

$$\begin{aligned} R_d &= -c \cdot \tau_{vacc}(t) = |\mathbf{R} - \mathbf{T}| \\ &= \nabla \mathbf{R}_d [\mathbf{R} - \mathbf{T}] \end{aligned} \tag{2.58}$$

式中：$\nabla \mathbf{R}_d$ 为从发射机到接收机的单位矢量。

接收信号的多普勒频移可表示为

$$f_d = (\mathbf{v}_r - \mathbf{v}_t) \frac{\nabla \mathbf{R}_d}{\lambda} \tag{2.59}$$

式中：$\mathbf{v}_t$ 和 $\mathbf{v}_r$ 分别为发射机和接收机的运动速度矢量。

3）噪声功率及载噪比

系统噪声功率由系统噪声温度决定。噪声温度即系统温度是取决于天空的噪声温度、地面和天线的环境、天线波瓣图、接收机的噪声温度、介于天线与接收机之间传输线的插入损耗等。天线的馈端系统温度可写成

$$T_{sys} = T_A + T_R \tag{2.60}$$

式中：T_A 为天线等效噪声温度；T_R 为接收机内部噪声等效到天线馈端的噪声温度。天线噪声温度 T_A 为总的天线温度(K)，由积分形式表示为

$$T_A = \frac{1}{\Omega_A} \int_0^\pi \int_0^{2\pi} T_s(\theta,\phi) P_n(\theta,\phi) d\Omega \tag{2.61}$$

式中：$T_s(\theta,\phi)$ 为天线覆盖范围源的亮温；$P_n(\theta,\phi)$ 为归一化的天线波瓣图；Ω_A 为天线波束立体角；$d\Omega$ 为立体角的微分单元，$d\Omega = \sin\theta d\theta d\phi$。$T_A$ 与天线场景亮温和天线方向性图有关，直射信号天线范围为 75~100K。

接收机噪声温度 $T_R = T_0(F-1)$，T_0 为接收机外围温度，一般取常温 $T_0 = 290$K，F 为等效到天线馈端的接收机噪声系数。

$$F = L + L(F_1 - 1) + \frac{L}{G_1}(F_2 - 1) + \frac{L}{G_1 G_2}(F_3 - 1) + \cdots \tag{2.62}$$

式中：L 为馈线插入损耗；$G_1, G_2, G_3 \cdots$ 为接收机第 $1,2,3,\cdots$ 级的功率增益；$F_1, F_2, F_3, \cdots$ 为接收机第 $1,2,3,\cdots$ 级的噪声系数。在 G_1 足够大时，近似有 $F \approx LF_1$。

接收机等效输入噪声的单边功率谱密度 $N_0 = KT_{sys}$，其中 $K \approx 1.38 \times 10^{-23}$ W/(K·Hz)（即 $K \approx -228.6$ dBW/(K·Hz)）为玻尔兹曼常数；如果取 $L = 0.5$dB，$F_1 = 1.5$dB，$T_A = 90$K，$F = L + F_1 = 2.0$dB，则 $T_R = 290$K · $(10^{F/10} - 1) = 169.6$K，$T_{sys} = 90 + 169.6 =$

259.6K，可以得到接收机等效输入噪声的单边功率谱密度为 $N_0 = -204.5\text{dBW/Hz}$。接收机 RF 输入的载噪比公式为

$$\text{CNR}_{RF} = 10\log\frac{P_r}{N_0} \tag{2.63}$$

取 P_r 为典型值 -160dBW/Hz，则此时可以得到直射信号载噪比的典型值为 $\text{CNR}_{RF} = (-160\text{dBW/Hz}) - (-204.5\text{dBW/Hz}) = 44.5\text{dB/Hz}$。

可以得到 GNSS 信号的信噪比为

$$\text{SNR}_{RF} = \text{CNR}_{RF} - 10\log(\text{BW}) \tag{2.64}$$

式中：BW 为信号带宽。典型情况下 GPS C/A 码信号信噪比为 -18.5dB，P 码信噪比为 -31.5dB，M 码信噪比为 -28.5dB。

一般情况下，GNSS 信号淹没在噪声之下，为了提高接收信号的信噪比，在 GNSS 接收机中需要对接收信号与本地信号进行相关运算。

3. GNSS 反射信号特性

GNSS 反射信号是由反射面上不同反射点反射的 GNSS 信号分量共同作用形成。根据式(2.55)可知，在图 2.5 中反射点 S 处的入射信号可表示为

$$E(\mathbf{S},t) = A\frac{1}{R_t}a(t-\tau_t)\exp[ikR_t - 2\pi i(f_L + f_{D,t})t] \tag{2.65}$$

根据克希柯夫近似模型，在接收机 R 处的反射场可表示为

$$\begin{aligned}
E_s(\mathbf{R},t) &= \frac{1}{4\pi}\iint D(\mathbf{r},t)\mathfrak{R}\frac{\partial}{\partial N}\left[E(\mathbf{S})\frac{\exp(ikR_r)}{R_r}\right]\mathrm{d}^2r \\
&= \iint D(\mathbf{r},t)\left[\frac{\partial E(\mathbf{S})}{\partial N} + E(\mathbf{S})\frac{\partial R_r}{\partial N}\left(ik+\frac{1}{R_r}\right)\right]\frac{\mathfrak{R}}{4\pi}\frac{\exp(ikR_r)}{R_r}\mathrm{d}^2r
\end{aligned} \tag{2.66}$$

式中：$D(\mathbf{r},t)$ 为接收天线方向性图函数；$\mathfrak{R}$ 为不同极化反射系数；$\frac{\partial}{\partial N}$ 为法向求导。将式(2.65)代入式(2.66)可以得到

$$\begin{aligned}
E(\mathbf{R},t) = A\iint D(\mathbf{r},t)a\left(t-\frac{R_t+R_r}{c}\right)&\left[\left(k+\frac{i}{R_t}\right)\frac{\partial R_t}{\partial N} + \left(k+\frac{i}{R_r}\right)\frac{\partial R_r}{\partial N}\right]\times \\
&\left(-\frac{\mathfrak{R}}{4\pi i}\frac{\exp[ik(R_r+R_t)]}{R_rR_t}\exp(-2\pi i f_L t)\right)\mathrm{d}^2r
\end{aligned} \tag{2.67}$$

由于

$$\begin{cases} \dfrac{\partial R_t}{\partial N} = -\nabla R_t \cdot \mathbf{N} = -\dfrac{\mathbf{R}_t}{R_t} \cdot \mathbf{N} = -\mathbf{m}\cdot\mathbf{N} \\ \dfrac{\partial R_r}{\partial N} = \nabla R_r \cdot \mathbf{N} = \dfrac{\mathbf{R}_r}{R_r} \cdot \mathbf{N} = \mathbf{n}\cdot\mathbf{N} \end{cases} \tag{2.68}$$

由于入射波指向反射面内,所以有负号,N 为法向单位矢量,式中 [·] 部分可表示为

$$\left(k+\frac{\mathrm{i}}{R_\mathrm{t}}\right)(-\boldsymbol{m}\cdot\boldsymbol{N})+\left(k+\frac{\mathrm{i}}{R_\mathrm{r}}\right)(\boldsymbol{n}\cdot\boldsymbol{N})\approx \boldsymbol{q}\cdot\boldsymbol{N} \qquad (2.69)$$

对于粗糙反射面,有

$$\boldsymbol{q}\cdot\boldsymbol{N}\approx \frac{q^2}{q_z} \qquad (2.70)$$

式(2.67)可进一步表示为

$$E(\boldsymbol{R},t)=A\cdot\exp(-2\pi\mathrm{i}f_\mathrm{L}t)\cdot\iint D(\boldsymbol{r},t)a\left[\frac{t-(R_\mathrm{t}+R_\mathrm{r})}{c}\right]g(\boldsymbol{r},t)\mathrm{d}^2\boldsymbol{r} \qquad (2.71)$$

其中:

$$g(\boldsymbol{r},t)=-\frac{\mathscr{R}}{4\pi\mathrm{i}R_\mathrm{t}R_\mathrm{r}}\exp[\mathrm{i}k(R_\mathrm{t}+R_\mathrm{r})]\frac{q^2}{q_z} \qquad (2.72)$$

接收机、发射机以及海面反射元都在运动,从而 R_t 和 R_r 都是关于时间的函数,将 $R_\mathrm{t}(t_0+\Delta t)$ 和 $R_\mathrm{r}(t_0+\Delta t)$ 在 t_0 处进行一阶泰勒级数展开,可得

$$\begin{cases} R_\mathrm{t}(t_0+\Delta t)\approx R_\mathrm{t}(t_0)+\Delta t[\boldsymbol{v}_\mathrm{s}-\boldsymbol{v}_\mathrm{t}]\cdot \boldsymbol{m} \\ R_\mathrm{r}(t_0+\Delta t)\approx R_\mathrm{r}(t_0)+\Delta t[\boldsymbol{v}_\mathrm{r}-\boldsymbol{v}_\mathrm{s}]\cdot \boldsymbol{n} \end{cases} \qquad (2.73)$$

式中:$\boldsymbol{v}_\mathrm{t}$、$\boldsymbol{v}_\mathrm{r}$、$\boldsymbol{v}_\mathrm{s}$ 分别为发射机、接收机和反射面中反射元的运动速度。将式(2.73)代入式(2.72),且只考虑指数项的变化,可得

$$g(\boldsymbol{r},t_0+\Delta t)=g(\boldsymbol{r},t_0)\exp\{-2\pi\mathrm{i}f_\mathrm{D}(\boldsymbol{r},t_0)\Delta t\} \qquad (2.74)$$

式中:$f_\mathrm{D}(\boldsymbol{r},t_0)$ 为总的多普勒频移,分别为由发射机和接收机相对运动以及由反射元相对运动引起的多普勒频移,即

$$\begin{cases} f_\mathrm{D}(\boldsymbol{r},t_0)=f_\mathrm{D0}(\boldsymbol{r},t_0)+f_\mathrm{s}(\boldsymbol{r},t_0) \\ f_\mathrm{D0}(\boldsymbol{r},t_0)=\dfrac{[\boldsymbol{v}_\mathrm{t}\cdot \boldsymbol{m}(\boldsymbol{r},t_0)-\boldsymbol{v}_\mathrm{r}\cdot \boldsymbol{n}(\boldsymbol{r},t_0)]}{\lambda} \\ f_\mathrm{s}(\boldsymbol{r},t_0)=\dfrac{[\boldsymbol{m}(\boldsymbol{r},t_0)-\boldsymbol{n}(\boldsymbol{r},t_0)]\cdot \boldsymbol{v}_\mathrm{s}}{\lambda}=\dfrac{\boldsymbol{q}(\boldsymbol{r},t_0)\cdot \boldsymbol{v}_\mathrm{s}}{2\pi} \end{cases} \qquad (2.75)$$

由于 $\boldsymbol{v}_\mathrm{s}$ 很小,所以在多普勒频移中可忽略 f_s 的影响。

天线接收的反射信号中同样包含噪声分量,将式(2.71)进行简化,并加入噪声分量可得到输入到射频前端的 GNSS 反射信号为

$$u_\mathrm{r}(\boldsymbol{R},t)=\iint W(\boldsymbol{r},t)a[t-\tau_\mathrm{r}(\boldsymbol{r},t)]\mathrm{e}^{\mathrm{j}2\pi f_\mathrm{L}[t-\tau_\mathrm{r}(\boldsymbol{r},t)]}\mathrm{d}\boldsymbol{r}+n_\mathrm{r} \qquad (2.76)$$

式中:$W(\boldsymbol{r},t)$ 为针对每路入射信号的权重系数,它同时反映了接收天线增益、入射点反射系数、入射点多普勒频移等信息。GNSS 反射信号是由具有不同幅度、时间延迟

和多普勒频移的多路信号之和。

2.3　GNSS-R 技术发展现状

针对利用导航卫星反射信号来实现目标遥感和探测的应用,国内外开展的研究领域很多,并且各个研究机构也在不停地扩大这项技术所能应用的领域。目前,该项技术的研究热点从应用角度主要集中在海面风场、海面测高、海冰探测、海洋盐度、陆地湿度、移动目标探测等方面。

2.3.1　应用领域及应用方法

1. 海面测风

利用 GPS 反射信号进行反射面的物理特性反演最早起源于 1993 年,早期工作主要如下:1993 年,Martin-Neira 首先提出利用散射 GPS 信号测量海面高度的设想;1994 年,Auber 等首次在机载实验中探测到了海面散射的 GPS 信号;1995 年,Anderson 提出利用 GPS 直射与反射信号形成的干涉波形探测沿海地区的潮位[312];1996 年,Katzberg 等提出利用低轨卫星接收的海面散射 GPS 信号探测电离层延时的设想。这些早期工作逐渐激发了研究 GPS 反射信号的兴趣,目前国外研究 GPS 遥感的国家主要包括美国、英国、意大利、西班牙等欧洲国家以及澳大利亚、日本等亚太地区国家。

为了由接收到的 GPS 反射信号反演海面风场,需要建立描述海面双基地散射截面与反射信号关系的理论模型[313-315]。与常规探测后向散射系统相比,该系统探测的是前向散射,两者可以提供互补的海面信息。Zavorotny 等采用基于 Kirchhoff 近似的几何光学方法,建立了双尺度表面模型(Z-V 模型),模型的输入是由风场大小与方向等信息决定的海面坡度分布的方差,模型输出是海面反射 GPS 信号与 DMR 产生的模板信号的相关功率。Z-V 模型只考虑了镜面反射点周围闪烁区域内由海水表面大尺度坡度造成的镜面反射信号,没有考虑闪烁区域之外的由海水表面小尺度坡度造成的布拉格散射产生的反射信号。1999 年,Voronovich 和 Zavorotny 考虑了以上两种反射机制,得到了小坡度近似模型(small-slope approximation,SSA)。2000 年,Zavorotny 等总结了以上研究工作,从反射信号的时延扩展角度分析并提出了两种反演海面风场方法:①主要利用 DMR 输出波形后沿的斜率;②主要利用 DMR 输出波形的展开和最小二乘估计方法。Elfouhaily 等在分析时延扩展的同时考虑了反射信号的多普勒扩展[316]。但是,以上模型只利用了海面坡度分布方差,而 Zuffada 等直接从海浪谱出发用积分方程方法(integral equation method,IEM)建立了反射信号模型,并分析了极化特性与风速和风向的关系,以及利用极化特性反演风场的可行性[317-319]。除了通过理论分析建立模型外,Garrison 等通过直接拟合已有数据方法建立了经验模型,Thompson 等以 Z-V 模型为基础,提出了改进的几何光学模型[320]。

以上这些工作侧重于反演海面风速大小。2003年,Garrison提出利用风向不同导致海面谱各向异性的特点反演风向方法[321];2000年,Armatys等提出了同时利用两颗GPS卫星的信号估计风速和风向方法[322];2003年,Zuffada提出通过适当选择积分时间可以加强输出波形与风向的依赖关系[323]。

1990—2006年,Zuffada和Zavorotny、You、Rapley等推导了复电压相关波形的时域和频域模型,该电压模型可用于决定积分时间的上界,其结果中的时间-空间相关函数具有二维傅里叶变换形式,因此可以由快速傅里叶变换有效计算。利用模型给出的结果与1999年采集的机载数据进行了比较,两者结果一致性较好,均显示镜面反射点附近反射信号的相关时间为4~6ms,即4~6个GPS C/A码周期。

2. 海面测高

为了简化卫星星座,Martin-Neira提出称为"PARIS"的利用海面反射GPS信号测高的概念,由于多个反射点可以同时测量,少数几颗卫星就可以达到较高的时空分辨率。1992年,Alenia[324]研究了PARIS涉及的基本概念(包括反射点位置计算、等延时和等多普勒区域、信噪比和系统性能)和实现低地球轨道卫星测量需要的系统配置,经过理论分析得出结论:利用GPS P码信号可以达到0.7m的测高精度和优于30km的空间分辨率,但是由于反射信号较弱,需要至少$10m^2$的接收天线。在以上工作基础上,建立了海面散射双基地模型,该模型推广了传统星载测高雷达使用的Brown模型,通过将测量波形与理论模型比较,不仅可以得到海面高度,还可以得到海浪及风场信息,推导的Cramér-Rao边界和Picardi等(1998)的分析一致。1996—2005年,Anderson、Martín-Neira等、Hajj和Zuffda、Wagner和Klokocnik、Kostelecky等分析了利用GPS反射信号测量海面高度时的覆盖范围,并从几何角度分析了测量海面高度误差与各观测量误差间的关系。2003年,Wagner和Klokocnik从理论上分析了星载高度的接收机利用GPS反射信号测量海面高度时遇到的问题,包括覆盖范围、反射区域形状、反射信号相关时间、反射信号与海面粗糙度关系、测量精度和接收机信号处理等。

在实验验证方面,可以将已经进行过的测高实验按照接收机安放的不同位置进行以下分类:①在海岸边上进行测高实验[325-327],2000年,Martin-Neira等利用反射信号载波相位信息,精度达到厘米级;2001年,Martin-Neira等利用反射信号码相位信息,测高精度达到了米级。②相关机载测高实验[328]也证明了反射信号高度测量的可行性,2002年,Lowe等利用反射信号载波相位信息,测高精度达到厘米级;2002年,Lowe等最初报告了基于星载高度接收机探测到GPS反射信号,采用SIR-C(Spaceborn Imaging Radar version C)采集的数据,充分说明了星载GNSS-R海面高度测量的可行性[329]。

3. 海冰探测

1999年4月,美国NASA研究人员在机载实验中采集到由海冰反射的GPS信号,实验结果显示,由位于中等高度的接收机采集的 GPS 反射信号功率能够明显区分海水和冰的反射系数[330-332]。因此,由海冰表面反射的 GPS 信号可以用于探测海面上冰的存在以及冰面厚度等信息。

2003 年,Wiehl 等研究了冰表面反射 GPS 信号的理论模型,并对机载和星载的不同情况进行仿真,结果显示 GPS 反射信号与冰层内部结构关系明显,可以用于分析冰的积累速度,进而为研究地球气候的变化提供依据[333]。

2010 年,Belmonte 利用 Kirchhoff 近似方法建立了 GPS 反射信号与冰表面散射截面的关系,并结合冰表面散射截面与冰表面粗糙度和介电常数模型分析了 2003 年 3 月采集的机载数据。分析结果显示机载接收机采集的 GPS 反射信号包含海冰发展状态信息,进而可以利用此信息分析海冰对周围温度和大气及海洋循环影响[334]。

4. 海洋盐度探测

ESA 研究人员提出利用 GPS 反射信号探测和 L 波段辐射测量协同开展海洋盐度研究。2006 年,Camps 等通过仿真分析了 GPS 反射信号探测在改善海面盐度探测方面的潜力,并在用于海洋监测的被动高级单元(passive advanced unit,PAU)中加入了用于测量海况的 GPS 反射信号接收机[335]。2006 年和 2007 年,Camps 等和 Marchan - Hernandez 等详细描述了 PAU 的系统结构和性能指标[336-339]。

5. 土壤湿度探测

Larson 等和 Zavorotny 等提出了利用在地球物理研究中为测量地壳变形而设置在世界各地的 GPS 接收机采集的信号观测土壤湿度,这些信号提供的是对范围 50m 区域内、0~5cm 深度的土壤湿度的观测[340-343]。在为期 7 个月的实验中,GPS 反射信号的观测结果与传统的水含量反射传感器的观测结果基本一致。

美国科罗拉多大学和 NASA 开展了 GPS 反射信号用于探测土壤湿度的可行性研究,并组织进行了名为土壤水分试验(soil moisture experiment 2002,SMEX02)的机载实验。2002 年 6—7 月,在艾奥瓦州利用 NCAR C2 130 飞机飞行了 3 个架次,选取在玉米区、大豆区和牧场区分别进行实验,验证了土壤湿度和反射 GPS 信号功率的关系,讨论了不同植被覆盖影响以及和其他测量方法的比较[344-348]。2008 年和 2009 年,Rodriguez - Alvarez 提出了利用同时接收到的 GPS 直射信号与反射信号产生的干涉信号探测土壤湿度方法,并通过实验进行验证[349-350]。

除了单纯利用 GPS 信号外,Grant 等提出利用地面反射 GPS 信号对土壤湿度敏感的特性,将其与光学图像提供的信息进行融合,提高利用遥感手段实现地形分类与聚类的可靠性[351-352]。

2.3.2 反射信号接收处理方法及接收机设计

传统 GPS 接收机无法获取面向遥感应用的直射和反射信号的必要信息,因此针对 GNSS 反射信号的接收处理设备也是该技术领域内的研究热点[353],各研究机构针对不同平台,采用不同实现方式开发了 GNSS 反射信号接收处理系统,并进行了一系列的验证性实验。

目前,GNSS-R 接收机按照不同实现方式可以分为软件接收机和硬件接收机两类。软件接收机的结构主要包括射频前端和软件,射频前端将信号下变频到基带,在采样和模数变换之后,将原始数据直接存储,信号处理部分由计算机中的软件完成;硬件接收机的信号处理部分则由相关器芯片完成,直接输出相关运算后的波形。软件接收机的优点是结构简单且具有灵活性,更容易在信号处理阶段改变算法和参数,其缺点是数据量大并且难以实时输出相关运算后的波形,这对于某些应用(如星载条件)来说不能接受,而具有实时性正是硬件接收机的优点。目前已有的软件接收机主要有以下几种。

(1) ESA 研制的两套设备。第一套设备的下变频及采样由 GEC-Plessey GPS 开发工具包完成,数据存储由 Signatec 数据采集卡完成,一次只能连续采集 2.56s 的原始数据;第二套设备基于改进的 Turbo Rogue GPS 接收机和 SONY SIR-1000 存储器,具有采集 L1、L2 波段 I、Q 双通道信号的能力,但是 ESA 的设备只使用了 L1 波段 I 通道的信号,并完成了相应的实验。

(2) 美国 NASA 研制的设备。该设备与 ESA 研制的第二套设备类似,但是使用了 L1、L2 波段 I、Q 两个通道的信号进行了相应实验[354]。

(3) 约翰斯·霍普金斯大学应用物理学实验室(Johns Hopkins University Applied Physics Laboratory)研制的设备采用了 GEC-Plessey 芯片,并成功进行了多次试验[355]。

(4) 加泰罗尼亚太空研究所(Catalan institute for space studies,CISS)研制的设备。该设备与 ESA 研制的第二套设备类似,使用了 L1 波段 I、Q 两个通道的信号[356]。

(5) 科罗拉多大学(university of Colorado)研制的设备。

(6) 西班牙 Starlab 研制的设备,Dunne 和 Soulat 介绍了该设备的基本组成和处理方式[357]。

(7) 萨瑞卫星航天中心(Surrey satellite space center)研制的设备,采用的也是 GEC-Plessey 芯片。目前,该设备已经工作在 UK-DMC 卫星上,从外层空间采集散射的 GPS 信号[358]。

(8) NAVSYS 公司研制的设备。该设备由数字前端和高速存储系统组成,最大优势是可以控制天线的波束,使其具有更大的增益[359]。

目前已有的硬件接收机主要有以下几种。

(1) 美国 NASA 研制的设备,采用的是 GEC-Plessey 2021 相关器芯片,接收机首先进行 1ms 的相干累加,再进行 0.1s 的非相干累加,输出的相关波形具有 12 个相关函数值,各函数值的延时相差约为 1/2 码片[360],Heckler 和 Garrison 介绍了实验情况[361]。

(2) GFZ 研制的设备,基于 Kelley 等研发的开源软件[362],硬件环境与美国

NASA 研制的设备类似,Helm 等开展的实验是基于该设备完成的[363]。

(3) 加泰罗尼亚太空研究所研制的设备,有 10 组,每组由 64 个相关器组成,每组相关器可以使用不同的模板信号,各个相关器的延时相差约为 1/20 码片。

2.3.3 GNSS-R 技术国内发展现状

我国对 GNSS 遥感探测技术的研究尚处于起步阶段,武汉大学、解放军理工大学、中国科学院武汉物理与数学研究所、国家海洋局第三研究所、中国科学院遥感应用研究所、北京大学、北京航空航天大学、国家海洋局第一研究所、国家卫星海洋应用中心、南京理工大学、西安电子科技大学等围绕导航卫星反射信号的遥感探测技术开展了研究,但目前大多单位只处于初期方案立项、机理研究、数学模型和目标反演技术的研究和探讨阶段。中国科学院武汉物理与数学研究所开展了基于 GPS 海洋散射信号进行海洋遥感的机理研究;国家海洋局海洋卫星应用中心开展了面向风场探测的预研;联合参谋部大气研究所在风场探测数据处理算法方面进行了预研,并利用网上下载数据进行风场反演算法研究[364-373]。西安电子科技大学、南京理工大学从无源雷达角度对 GPS 反射信号实现空间飞行器等移动目标探测进行了研究,开展了反射信号增强技术和天线接收理论的方法分析和可行性论证[374-376]。北京航空航天大学自主研制的 12 通道机载串行 DMR 延迟映射接收机系统属国内首创,并成功实现机载实验,同时对空间飞行器目标识别算法和可行性开展了探索性研究。国内单位开展的 GNSS 反射信号研究主要集中于机理研究、反演模型及方法方面,进入实验测试阶段的较少,在引进国外设备基础上,中国科学院等单位联合进行了地基实验,并反演了有效波高(significant wave height,SWH)。制约国内 GNSS-R 应用发展的主要有 GNSS-R 接收机及反射信号接收处理算法和原始数据采集与处理技术,但在国家相关计划和部门支持下,正逐步得到有效解决,逐渐进入了自主创新阶段。

2.4 小 结

通过前面对 GNSS-R 技术的发展现状的介绍可以看出,由于 GNSS-R 技术具有多源微波发射源,全天时、全天候,无需发射机等优势成为遥感领域的新兴技术。其应用领域十分广泛,并且随着研究的深入,它将可以应用于更多领域。与此同时,不同的应用领域对反射信号特征的提取及接收处理方法具有不同要求。例如,海面风场测量需要获取精确的时延一维或时延-多普勒二维反射信号的相关功率,通过 GNSS 信号的海面反射宏观模型获取海面风速和风向的估计值;海面高度测量需要通过精确观测码相位或载波相位来提取直射和反射信号的时间延迟,通过反射事件中发射机-反射面-接收机的几何关系计算反射面高度;海面有效波高测量需要获得海面反射信号的时间相关性信息,这可以通过对海面反射信号的载波相位变化趋势提取反射信号的归一化相关时间;大尺度的土壤湿度测量则需要精确获取反射信号在镜面反射点处的相对功率值,通过反射系数及土壤电磁特性分析反射区域土壤的含水量。这对反射信号的接收处理方法及其相应的接收处理设备提出了多元化需求。与此同时,国内外对 GNSS 反射信号接收处理方法研究相对较少,相关接收处理设备研制仍然限制在一维或二维相关功率输出层面上,这将对 GNSS-R 技术发展及其业务化应用进程产生较大影响。因此,针对不同应用需求的 GNSS 反射信号处理方法研究及相关处理设备的研制亟待加强。

针对上述问题,本章以海面风场测量、海面高度测量和海面有效波高测量为例,从反演参数需求出发,对其中的信号处理方法研究主要包括反射信号的二维相关处理流程及结构、反射信号的二维参考点选取与同步、直射-反射信号载波相位差和码相位差提取方法、反射信号相关时间计算方法等。另外,为了同时满足应用部门的业务化需求、科学研究机构对反射信号不同层级的原始数据需求,本章对面向遥感应用的 GNSS 反射信号接收处理公共平台进行初步设计,并对其中的关键技术进行研究。

第3章 GNSS-R海面风场测量及反射信号处理方法

3.1 GNSS-R海面风场测量特点及基本流程

3.1.1 GNSS-R海面风场测量特点

海面风场引起海面粗糙度的变化,而 GNSS 反射信号在不同粗糙程度的海面反射具有不同特征。GNSS-R 海面风场测量就是根据 GNSS 反射信号的这个特点,建立海面风场和海面反射信号相关特性之间的关系,通过接收处理得到的海面反射信号曲线与理论或经验模型进行匹配,获得反射区内的风速和风向。

如表3.1所列,与传统的遥感技术相比,GNSS-R 海洋遥感技术以其信号源丰富、低成本、低功耗、全天候及高实时性的优点,在较大程度上弥补了现有海洋遥感技术的缺陷。齐义全等和陈世平等给出了 GNSS-R 技术在海面风场测量方面与其他测量手段的主要性能指标的比较情况[377-378]。与其他卫星遥感技术相比,GNSS-R 海面风场测量方法在测量精度、时间分辨率、空间分辨率等指标上较传统测量方法具有一定优势。

表 3.1 GNSS-R 测风技术与其他遥感手段的比较

观测方法	风速精度/(m/s)	风向精度/(°)	测量范围/(m/s)	时间分辨率/h	空间分辨率/km
卫星云图	高空风 ±2.1	±40 或 ±50	0~44	12	1.1
微波辐射计	±1.9	无风向	2~50	24	25
雷达高度计	±1.6	无风向	2~18	240	6.7(沿轨)
微波反射计	±2.0	±20	4~26	24~28	10~50
合成孔径雷达	±2.0	±20	2~15	>72	12.5~40
GNSS-R 技术	±2.0	±20	2~50	12	1

3.1.2 GNSS-R海面风场测量基本流程及算法

利用 GNSS 反射信号反演海面风场的流程如图3.1所示。从图中可以看出,理论波形的仿真和实测波形的获取是 GNSS-R 海面风场测量中的两个主要过程。获取两类波形后,需要采用适当的反演算法实现风速和风向的精确估计。

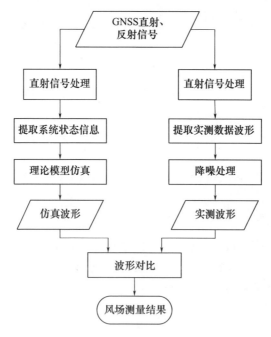

图 3.1　海面风场测量流程框图

3.2　理论模型及波形仿真

理论波形仿真是 GNSS – R 海面风场测量中的重要流程,本节将介绍 GNSS – R 海面反射信号理论波形仿真中的基本理论模型和波形仿真流程,并给出简单仿真结果。首先对 GNSS 海面反射信号波形仿真中涉及的相关模型及参数进行介绍。

3.2.1　海面风场与海面摩擦风速

在海面风场的定义中通常所指的海面风速是指海面 10m 高度处的风速。而海面摩擦风速 u_f 为海面处的边界风速,它与海面特性具有直接联系。海面摩擦风速 $u_f(\text{cm/s})$ 与海面任意高度 $z(\text{cm})$ 处风速 $u_z(\text{cm/s})$ 的关系为

$$u_z = \frac{u_f}{0.4}\ln\left(\frac{z}{z_0}\right) \tag{3.1}$$

其中,

$$z_0 = \frac{0.684}{u_f} + 4.28 \times 10^{-5} u_f^2 - 4.43 \times 10^{-2} \tag{3.2}$$

海面 10m 高度处海面风速大小与海面摩擦风速的关系如图 3.2 所示。

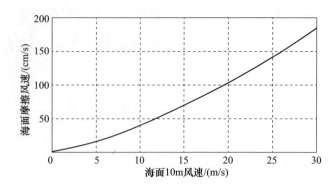

图 3.2 海面 10m 高度处风速大小与海面摩擦风速的关系

3.2.2 海浪谱及模型

海面风场会引起海面统计特征的变化,海面波动由无限多个振幅、频率、方向不同以及位相杂乱的波组成。海浪谱描述海浪能量相对于各组成波的分布。海浪谱定义为海面自相关函数的傅里叶变换,设 $\zeta = \zeta(r)$ 为水平位置变量 r 处的海面高度随机变量,海浪谱定义为[379]

$$S(k) = \mathrm{FT}\{\langle \zeta(r_0)\zeta(r_0+r) \rangle\} \tag{3.3}$$

式中:FT 为傅里叶变换;⟨…⟩为集合平均。

海浪谱用于描述海浪内部能量相对于频率和波向的分布,是频率和波向的二维函数。海浪的二维方向谱函数表示为 $S(\omega,\theta)$,ω 为圆周频率,θ 为波向。将组成波的圆周频率转换为波数,可得到波数谱函数 $S(k,\theta)$,k 为组成波的波数。

对海浪方向谱在整个方向上进行积分,可以得到一维海浪谱,$S(k)$ 和 $S(\omega)$ 分别为波数和角频率的函数:

$$\begin{cases} S(k) = \int_{-\pi}^{\pi} S(k,\theta) k \mathrm{d}\theta \\ S(\omega) = \int_{-\pi}^{\pi} S(\omega,\theta) \mathrm{d}\theta \end{cases} \tag{3.4}$$

二维海浪谱 $S(k,\theta)$ 可表示成

$$S(k,\theta) = M(k)f(k,\theta) \tag{3.5}$$

式中:$M(k)$ 为海浪谱的各向同性部分;$f(k,\theta)$ 为对应方位部分的函数,即

$$f(k,\theta) = \frac{1}{2\pi}[1 + \Delta(k) \times \cos(2\theta)] \tag{3.6}$$

常用的一维海浪谱包括 Neumann 谱、Pierson – Moskowitz 谱、JONSWAP(joint north sea wave project)谱等,它们都是重力谱。1997 年建立的 Elfouhaily 谱是在前人研究的基础上综合获得,同时考虑了 Apel 谱和 Pierson 谱没有涉及的因素,并且结合了风区影响。Elfouhaily 谱为二维能量谱,是目前海面风场反演应用较为普遍的能量

谱,模型考虑了风区对能量的影响。Elfouhaily 海浪谱的方向谱同样可由式(3.5)得到

$$S_E(k,\theta) = M_E(k)f_E(k,\theta) \tag{3.7}$$

Elfouhaily 海浪谱的方位部分函数为

$$\Delta_E(k,\theta) = \tanh\left(0.173 + 4\left(\frac{v_{ph}}{v_g}\right)^{2.5} + 0.13\frac{u_f}{v_{phm}}\left(\frac{v_{phm}}{v_{ph}}\right)^{2.5}\right) \tag{3.8}$$

$$f_E(k) = \frac{1}{2\pi}[1 + \Delta_E(k)\cos(2\theta)] \tag{3.9}$$

针对 Elfouhaily 的全方向能量谱,有

$$\begin{cases}
M_E(k) = \frac{k^{-3}}{2v_{ph}}(\alpha_g v_g F_g + \alpha_c v_{phm} F_c)\kappa^{\exp\left[-\frac{(\sqrt{k/k_p}-1)^2}{2\delta^2}\right]}\exp\left(-\frac{5k_p^2}{4k^2}\right) \\
\alpha_g = 6\times10^{-3}\sqrt{\Omega}, v_g = \frac{u}{\Omega}, F_g = \exp\left[-\frac{\Omega}{\sqrt{10}}\left(\sqrt{\frac{k}{k_p}}-1\right)\right] \\
\kappa = \begin{cases} 1.7 & 0.84 \leqslant \Omega \leqslant 1 \\ 1.7 + 6\lg\Omega & 1 < \Omega \leqslant 5 \end{cases} \\
\delta = 0.08\times\left(1 + \frac{4}{\Omega^3}\right), k_p = \frac{\Omega^2 g}{u^2} \\
\Omega = 0.84\tanh\left[\left(\frac{X}{2},2\times10^4\right)^{0.4}\right]^{-0.75} \\
\alpha_c = 10^{-2}\begin{cases} 1 + \ln\left(\frac{u_f}{v_{phm}}\right) & u_f \leqslant v_{phm} \\ 1 + 3\ln\left(\frac{u_f}{v_{phm}}\right) & u_f > v_{phm} \end{cases} \\
F_c = \exp\left[-\frac{1}{4}\left(\frac{k}{k_m}-1\right)^2\right] \\
k_m = 363, v_{phm} = 0.23, v_{ph} = \sqrt{\frac{g}{k}\left(1 + \frac{k^2}{k_m^2}\right)}
\end{cases} \tag{3.10}$$

式中:u_f 为海面摩擦风速;X 为风区的长度,对于开放的完全成熟海域,X 为无穷大,此时 $\Omega = 0.84, \delta = 0.62, k_p \approx g/(u^2\sqrt{2}), \kappa = 1.7$,在此条件下,Elfouhaily 海浪谱函数值接近 Apel 谱函数。$M_E(k)$ 各项中,下标为 g 的项描述为重力波谱。

Elfouhaily 海浪谱在成熟海域、海面风速 2~23m/s 范围内,步长为 3m/s 的形状如图 3.3 所示。图 3.4 表示风速为 10m/s 和风向 0°下的二维 Elfouhaily 海浪谱。

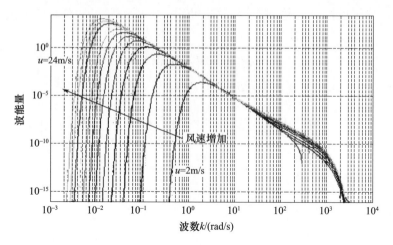

图 3.3 不同风速下的 Elfouhaily 海浪谱

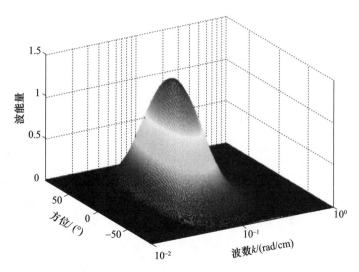

图 3.4 （见彩图）风速 10m/s 和风向 0°下的二维 Elfouhaily 海浪谱

3.2.3 海面统计特征参数

根据海浪谱可以得到描述海面统计特征的重要统计参量，它们分别为表面高度变量标准差 δ_ζ、表面相关长度 l、海面均方坡度 σ_s^2 和海面坡度分布函数 P_{pdf}。

1. 表面高度变量标准差

设随机表面 $\zeta = \zeta(r)$ 的平均高度为 $\bar\zeta$，其中 r 为水平方向的位置矢量，则表面高度标准偏离差为

$$\delta_\zeta = \sqrt{\langle (\zeta - \bar\zeta)^2 \rangle} \tag{3.11}$$

为了定义表面相关长度,首先定义沿某一方向的表面归一化自相关函数为

$$A(\boldsymbol{r}) \equiv \frac{\langle \zeta(\boldsymbol{r}')\zeta(\boldsymbol{r}+\boldsymbol{r}')\rangle_{r'}}{\langle \zeta(\boldsymbol{r}')\zeta(\boldsymbol{r}')\rangle_{r'}} \qquad (3.12)$$

2. 表面相关长度

表面相关长度 l 定义为

$$A(l,\boldsymbol{u}_l) = \frac{1}{e} \qquad (3.13)$$

式中:$\boldsymbol{u}_l$ 为表面相关长度所在方向的单位矢量。表面相关长度值提供了估计海面上两点相互独立性的基准,即如果该两点在水平距离上的相隔距离大于 l,那么该两点的高度统计值从统计意义上具有相对独立性。

3. 海面均方坡度

海面均方坡度是描述随机海面性质的重要特征量。根据海浪谱的定义,可以由海浪谱求得海面坡度均方差为

$$\begin{cases} \sigma_{\mathrm{su}}^2 = \int_0^\infty \int_{-\pi}^{\pi} (k\cos\theta)^2 S(k,\theta)\mathrm{d}k\mathrm{d}\theta \\ \sigma_{\mathrm{sc}}^2 = \int_0^\infty \int_{-\pi}^{\pi} (k\sin\theta)^2 S(k,\theta)\mathrm{d}k\mathrm{d}\theta \\ \sigma_{\mathrm{s}}^2 = \int_0^\infty \int_{-\pi}^{\pi} k^2 S(k,\theta)\mathrm{d}k\mathrm{d}\theta \end{cases} \qquad (3.14)$$

式中:σ_{su}^2 和 σ_{sc}^2 分别为顺风向(逆风向)和侧风向的海面坡度均方差;σ_{s}^2 为总的海面坡度均方差,即

$$\sigma_{\mathrm{s}}^2 = \sigma_{\mathrm{su}}^2 + \sigma_{\mathrm{sc}}^2 \qquad (3.15)$$

4. 海面坡度分布函数

随机海面坡度 s_x 和 s_y 的统计分布 $P(s_x,s_y)$ 具有非对称性,但是当忽略波-波耦合相互作用的非线性影响时,海面坡度统计分布蜕变为高斯分布[380]。海面坡度分布的概率密度函数(PDF)服从二维高斯分布,其分布函数具体表达式为[381]

$$P_{\mathrm{pdf}} = \frac{1}{2\pi\sigma_{\mathrm{sx}}\sigma_{\mathrm{sy}}\sqrt{1-b_{x,y}^2}}\exp\left[-\frac{1}{2(1-b_{x,y}^2)}\left(\frac{s_x^2}{\sigma_{\mathrm{sx}}^2} - 2b_{x,y}\frac{s_x s_y}{\sigma_{\mathrm{sx}}\sigma_{\mathrm{sy}}} + \frac{s_y^2}{\sigma_{\mathrm{sy}}^2}\right)\right] \qquad (3.16)$$

式中:s_x 和 s_y 分别为沿 x 和 y 方向的海面坡度;σ_{sx}^2、σ_{sy}^2 和 $b_{x,y}$ 分别为沿 x 和 y 方向的坡度均方差和协方差。

3.2.4 电磁散射模型

海洋这种分布目标的回波是由雷达分辨率单元内的各种散射体产生,为了方便起见,一般采用单位表面积的雷达截面 σ^0,即归一化雷达截面(normalized radar cross section,NRCS)。根据 σ^0 的定义有关系式

$$\sigma = \int_A \sigma^0 dA \tag{3.17}$$

式中:A 为平滑表面的面积或雷达观测的面积,这种平滑表面对应于雷达分辨单元内所包含的海洋表面的平均值。

GNSS-R 技术是基于双基雷达技术,并利用海面前向散射信号,适用于这些条件的前向散射理论模型主要有小斜率近似模型(small slope approximation,SSA)、基于克希霍夫近似的几何光学模型(Kirchhoff approximation - geometric optics,KA-GO)、积分方程模型(integral equation method,IEM)、二尺度模型(two scale model,TSM)、小扰动模型(small perturbation method,SPM)等[382]。

1. SSA 模型

SSA 模型给出了任意频率分量、任意波长范围的海面散射情况分析方法。对于用 z 表示各向同性的粗糙海面界面,有

$$z = h(r), r = xu_x + yu_y \tag{3.18}$$

如果粗糙海面被单色平面波从上半空照射,即 $z>0$,E^s 为反射场的波谱,E^i 为入射场的波谱,则有

$$E^s = S \cdot E^i \tag{3.19}$$

式中:散射矩阵 S 为与随机粗糙面有关的随机变量,假定接收散射场的位置离散射点的距离为 R_r,则散射截面为[383]

$$\sigma_0 = 4\pi R_r^2 \langle |S|^2 \rangle \tag{3.20}$$

式中:$\langle \cdot \rangle$ 为求均值。

数值仿真结果表明,随着风速增大,归一化双基散射截面的峰值将呈减小趋势,且该峰值发生在散射角与入射角相等之处。当散射角增大时,大的风速将导致大的散射截面。对于不同的入射角,归一化散射截面峰值均相同。当散射角小于 30°时,散射角越小,其归一化散射截面越大;当散射角大于 30°时,则呈相反趋势。在 GNSS-R中利用 SSA 模型反演风场时,必须考虑卫星仰角,并考虑非镜面反射方向的散射信号。

2. KA-GO 模型

当表面的曲率半径远大于发射无线电波长时,表面场可以用各点切平面场近似,此过程称为克希霍夫法(Kirchhoff approach,KA)或几何光学法(geometric optics,GO)。它要求水平方向表面相关长度 l 大于电磁波波长,垂直方向满足高度标准偏差 δ_ζ 足够小,即 $k_1 l > 6, l^2 > 2.76\delta_\zeta\lambda, k_1$ 为电磁波在空气中的波数。

使用统计方法计算二维粗糙表面单位面积上平均光学反射点数目 n_A 和光学反射点的平均曲率半径 $\langle |r_1 r_2| \rangle$[384],可得到单位面积上的平均散射截面 σ_{0A} 为

$$\sigma_{0A} = \pi n_A \langle |r_1 r_2| \rangle |\mathcal{R}|^2 \tag{3.21}$$

式中:$\mathcal{R}$ 为反射系数。对于表面高度 $\zeta(x,y)$ 服从高斯分布的海面,单位面积上平均

光学反射点数为

$$n_A = \frac{7.255}{\pi^2 l^2} \exp\left(-\frac{\tan^2\gamma}{\sigma_s^2}\right) \tag{3.22}$$

式中:γ 为当前观测卫星的高度角。

3.2.5 海面散射信号的自相关函数及相关功率

1. 自相关函数及相关功率定义

由于 GNSS 信号(如 GPS、GALILEO 和 BDS-3)是采用直序扩频的通信体制,卫星发射的信号分布在一个较宽的频带内,并且由于卫星发射功率的限制以及远距离的空间传输所造成的自由空间衰减,使得地面接收到的 GNSS 信号湮没于噪声之中,无法直接进行信号功率测量,只能通过相关处理才能完成捕获和测量。反射信号与直射信号相比功率更低,只能通过相关处理获得较高的增益后才能进行分析。因此,在进行海面散射信号的理论模型研究和波形仿真的过程中,一般也利用自相关函数及相关功率模型进行分析。

反射信号的相关函数定义与直射信号基本类似,但是,由于反射面的粗糙特征,信号特征较为复杂,表现为信号幅度的衰减以及不同时间延迟和不同多普勒信号的叠加,而不同的时延与多普勒又与反射面的不同反射单元相对应,如图 3.5 所示。

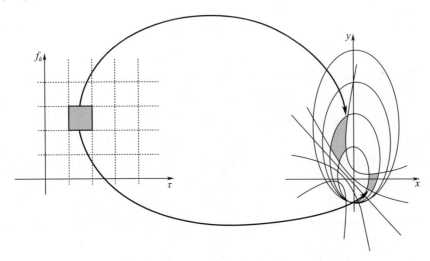

图 3.5 反射面单元与时延-多普勒单元的对应关系

因此,反射信号的相关值需要从时间延迟和多普勒频率两方面考虑。针对反射信号的这个特性,把反射信号的相关函数分为 3 类,即时延一维相关函数、多普勒一维相关函数和时延-多普勒二维相关函数。

1) 时延一维相关函数

反射信号时延一维相关函数与直射信号的相关函数定义相同,即

$$Y_{\text{R-Delay}}(t_0,\tau) = \int_0^{T_i} u_R(t_0+t'+\tau)a(t_0+t')\exp[2\pi i(f_c+\hat{f}_d+f_0)(t_0+t')]\mathrm{d}t' \tag{3.23}$$

反射信号的时延一维相关函数是指在特定的某个多普勒频移 f_0 下,接收信号与本地伪码信号在不同时间延迟下的相关值。它表示反射信号相关值随时延的一维变化趋势,可以反映出反射面上特定的等多普勒区域内不同等延迟区的反射信号的分布情况。

2)多普勒一维相关函数

多普勒一维相关函数指在特定某个码延迟 τ_0 下,接收信号与本地载波信号在不同多普勒频移下的相关值,即

$$Y_{\text{R-Doppler}}(t_0,f) = \int_0^{T_i} u_R(t_0+t'+\tau_0)a(t_0+t')\exp[2\pi i(f_c+\hat{f}_d+f)(t_0+t')]\mathrm{d}t' \tag{3.24}$$

多普勒一维相关函数表征了反射信号的频域特性,可以反映出反射面上特定等延迟环内不同等多普勒区的反射信号分布情况。

3)时延-多普勒二维相关函数

综合上述的时延一维相关函数和多普勒一维相关函数,可得到反射信号的时延-多普勒二维相关函数,即

$$Y_{\text{R-Delay}}(t_0,\tau,f) = \int_0^{T_i} u_R(t_0+t'+\tau)a(t_0+t')\exp[2\pi i(f_c+\hat{f}_d+f)(t_0+t')]\mathrm{d}t' \tag{3.25}$$

它可以反映出反射区内各等延迟线和各等多普勒线交叉区域处反射信号的相关值,是反射信号最为全面的描述方式。

2. 海面反射信号自相关函数表达式

通过对3种形式的反射信号相关函数的分析可知,时延-多普勒二维相关函数可全面给出反射信号的特征描述,下面将主要针对这个二维相关函数进行推导。将GNSS反射信号的数学表达式代入式(3.25),可得

$$Y_{\text{R-Delay}}(t_0,\tau,f) = T_i \iint D(\mathbf{r})\chi(\tau,f;t_0)g(\mathbf{r},t_0+\tau)\mathrm{d}^2\mathbf{r} \tag{3.26}$$

其中,

$$\chi(\tau,f;t_0) = \frac{1}{T_i}\int_0^{T_i} a(t_0+t')a(t_0+t'+\tau)\exp(-2\pi i ft')\mathrm{d}t' \tag{3.27}$$

$\chi(\tau,f;t_0)$ 为 GNSS C/A 码信号 $a(\cdot)$ 的模糊度函数,它可近似等于时延和频率两个分量的乘积,即

$$\chi(\tau,f;t_0) \approx \Lambda(\tau;t_0)S(f) \tag{3.28}$$

式中:$\Lambda(\tau;t_0)$ 为 C/A 码的自相关函数;$S(f)$ 表示为

$$S(f) = \chi(0,f;t_0) = \frac{1}{T_i}\int_0^{T_i} \exp(-2\pi\mathrm{i}ft')\mathrm{d}t' = \frac{\sin(\pi f T_i)}{\pi f T_i}\exp(-\pi\mathrm{i}fT_i) \quad (3.29)$$

因此,式(3.26)可进一步表示为

$$Y(t_0,\tau,f) = T_i \iint D(\boldsymbol{r})\Lambda(\tau;t_0)S(f)g(\boldsymbol{r},t_0+\tau)\mathrm{d}^2\boldsymbol{r} \quad (3.30)$$

Valery U. Zavortny 和 Akexander G. Voronovich 在双基雷达方程的基础上利用 Kirchhoff 近似的几何光学方法建立了 GNSS 海面散射信号的相关功率模型,即

$$\langle |Y(\tau,f_c)|^2 \rangle = \frac{1}{T_i^2}\int \frac{D^2(\boldsymbol{r})\Lambda^2[\delta\tau(\boldsymbol{r})]}{4\pi R_t^2(\boldsymbol{r})R_r^2(\boldsymbol{r})} \times |S[\delta f(\boldsymbol{r})]|^2 \sigma_0(\boldsymbol{r})\mathrm{d}\boldsymbol{r} \quad (3.31)$$

GNSS-R 中对于反射信号的研究多通过数值分析手段进行仿真计算,其应用的基本观测要素包括反射信号功率、时延、一维时延相关功率曲线、一维多普勒相关功率曲线、二维时延多普勒相关功率曲面等。本章重点分析风速、风向、接收机高度、信号积分时间等对散射信号时延多普勒相关功率的影响。

3.2.6 波形仿真流程

由海面统计模型、散射模型等 GNSS-R 海面遥感模型可知,不同的散射模型需要的海面统计特征参数也可能不同,如 KA-GO 模型需要海面坡度概率密度函数作为输入条件,而 SSA 模型则需要海面相关函数作为输入。因此,利用两种散射模型计算理论散射系数和相关功率的具体流程也不同。本节据此给出了两种情况下 GNSS-R 海面遥感波形的仿真流程,如图 3.6 所示。

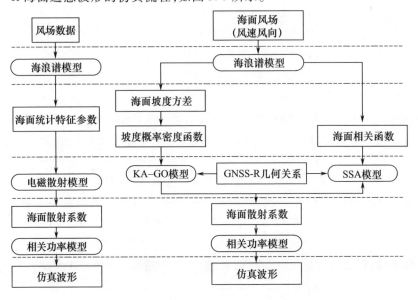

图 3.6 GNSS 海面反射信号理论波形仿真流程

3.2.7 时延多普勒二维相关功率数值仿真

以基本数学模型为基础,结合仿真流程开发的 GNSS-R 海面反射信号相关功率仿真测试系统如图 3.7 所示。该系统可仿真在一定条件(如海面风速大小、风向、海面海水温度、海水盐度、GNSS 卫星高度角、GNSS 卫星方位角、接收机高度、积分时间、接收机速度大小和方向等)的 GNSS 海面散射信号二维相关功率。例如,在以下条件下:

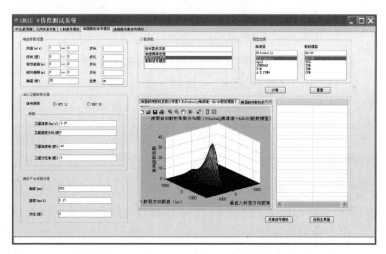

图 3.7 GNSS 海面反射信号理论波形仿真测试系统

(1) 海面风速 $U_{10} = 7\text{m/s}$,风向 $\Phi = 0$;

(2) 海面海水温度 25℃,海水盐度 35‰;

(3) GNSS 卫星高度角 $\theta = 90°$,卫星速度 3870m/s;

(4) 接收机高度 $h_r = 6000\text{m}$,接收机速度大小 $v_r = 150\text{m/s}$,接收机速度方向 0°;

(5) 相干积分时间 $= 10\text{ms}$。

仿真得到的时延-多普勒二维相关功率仿真如图 3.8 所示。据图 3.8 可知,散射信号时延多普勒相关功率能量集中在镜面点附近,并随时延变大而变小,随多普勒频移变化,整体呈现典型的马蹄状,表明了散射信号能量在海面不同区域的分布情况。为了仿真计算 GNSS-R 相关功率对风速、风向、卫星高度角、相干积分时间、接收机速度和接收机高度的依赖关系,改变其中一个参量,保持其余仿真设定条件不变,分别绘出在不同条件下 GNSS-R 相关功率三维曲面如图 3.9 所示。

据图 3.9 可知,在不同风速、风向及观测平台下,反射信号二维相关功率波形会产生变化,可根据曲面特征反演海面的风速、风向等特征。因此,在利用 GNSS 反射信号进行海面风场反演过程中,如何有效获得二维相关值矩阵是反射信号特征提取的关键问题。

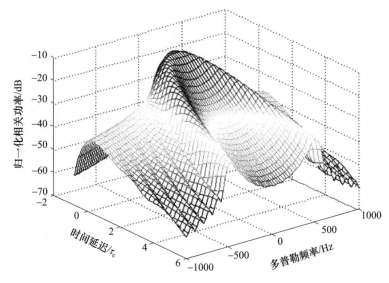

图 3.8 （见彩图）典型时延-多普勒二维相关功率仿真

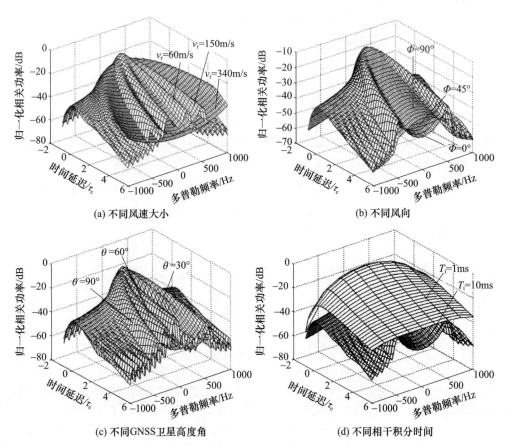

(a) 不同风速大小

(b) 不同风向

(c) 不同GNSS卫星高度角

(d) 不同相干积分时间

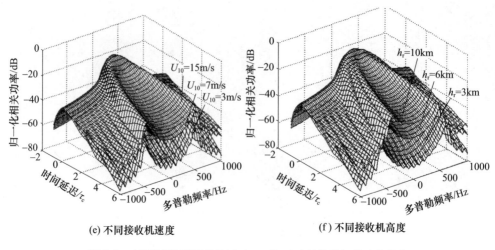

(e) 不同接收机速度　　　　　　(f) 不同接收机高度

图 3.9　（见彩图）不同条件下 GNSS 海面反射信号相关功率仿真

3.3　GNSS-R 海面风场测量信号处理方法

3.3.1　二维相关处理基本流程

海面反射信号由具有不同时间延迟和多普勒的信号分量组成,在不同海面风场下,这些信号分量会产生变化,这可以通过反射信号的时延-多普勒二维相关功率表现。针对海面风场反演,在 GNSS 反射信号处理中需提取的反射信号特征参量为目标反射信号在不同时延和多普勒下的相关功率值。该二维相关功率值 $Y(\tau_{\text{n\_delay}}, f_{\text{n\_Doppler}})$ 可由接收到的反射信号的时延多普勒二维相关值矩阵得到,即

$$Y(\tau_{\text{n\_delay}}, f_{\text{n\_Doppler}}) = |\text{DDM}_k(\tau_{\text{n\_delay}}, f_{\text{n\_Doppler}})|^2 \qquad (3.32)$$

式中:码延迟-多普勒二维相关值矩阵为

$$\text{DDM}_k(\tau_{\text{n\_delay}}, f_{\text{n\_Doppler}}) = \sum_{n=(k-1)T_I f_s}^{kT_I f_s} s_R(nT_s) C(nT_s - \tau_D - \tau_E - \tau_{\text{n\_delay}}) \exp[\text{j}2\pi(f_{\text{IF}} + f_D + f_E + f_{\text{n\_Doppler}})nT_s] \qquad (3.33)$$

式中:DDM 为关于时间延迟和多普勒的二维函数;T_I 为相干累加时间;f_s 为数字中频信号的采样频率;T_s 为数字中频信号的采样间隔;$s_R(nT_s)$ 为反射信号的数字中频信号;C 为导航卫星对应的伪随机码序列;f_{IF} 为数字中频信号的中心频率;τ_D 为直射信号相对于发射点的时间延迟;τ_E 为反射信号相对于直射信号的时间延迟;f_D 为直射信号的载波多普勒频移;f_E 为反射信号相对于直射信号的附加多普勒频移;$\tau_{\text{n\_delay}}$ 为反射面不同反射点相对于镜面反射点的时间延迟;$f_{\text{n\_Doppler}}$ 为反射面不同反射点相对于镜面反射点的多普勒频移。

针对反射信号二维相关函数的离散形式,首先定义反射信号二维相关值计算的几个基本概念,用于描述反射信号的处理过程。

参考点:以镜面反射点时延 $\tau_0 = \tau_D + \tau_E$ 和多普勒频移 $f_0 = f_D + f_E$ 为参考,为时延/多普勒坐标零点。

时延窗 T_w:反射信号采集需要处理的时延范围。

时延分辨率 ΔT_w:反射信号采集时延间隔。

多普勒窗 F_w:反射信号采集需要处理的多普勒范围。

多普勒分辨率 ΔF_w:反射信号采集多普勒间隔。

针对式(3.33)给出的反射信号时延－多普勒二维相关值的离散形式,及反射信号处理过程中的几个基本概念可知,反射信号二维相关值矩阵计算过程如图 3.10 所示。

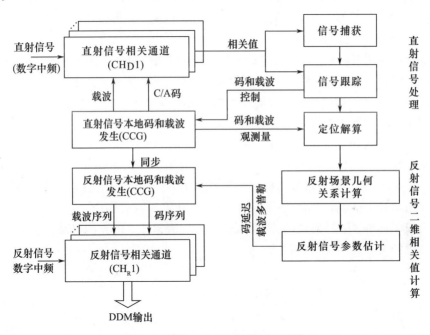

图 3.10　反射信号二维相关值矩阵计算过程

3.3.2　时延－多普勒二维相关通道设计

1. 二维相关通道的几种处理模式

二维相关值的计算可以采用串行和并行两种方式,根据时延和多普勒两维又可分为时延串行－多普勒串行、时延串行－多普勒并行、时延并行－多普勒串行和时延并行－多普勒并行 4 种形式。

1) 时延串行－多普勒串行

在这种处理方式下,对单颗卫星采用一个相关器,对码相位及载波多普勒进行串行计算,计算过程如下:首先根据设定的多普勒范围预置一个载波多普勒频率,在该多普勒频率点上将本地码相位每次移动一个码相位单元,与输入信号进行相关运算,在完成所有时延单元后,设定本地多普勒值到下一个多普勒单元,直至完成所有时延/多普勒单元。该方法硬件电路简单,容易实现,但计算时间长。当多普勒频移影响较小时可将多普勒设定为单一固定值,进行时延相关功率计算。

2)时延串行-多普勒并行

对于单颗卫星,该方法采用单个码发生器,对码进行串行计算,而采用多个载波相关器,对载波多普勒范围进行并行捕获。每个载波相关器分别产生不同频率的载波,载波相关器的个数与多普勒窗宽度和多普勒分辨率有关。

3)时延并行-多普勒串行

该方法采用多个独立的码相关器,码相关器之间码相位依次相差 ΔT_w。这些码相关器共用一个载波 NCO,载波多普勒采取串行扫描方式进行计算。

4)时延并行-多普勒并行

该方法采用多个独立的码相关器和多个独立的载波相关器,并行产生 C/A 码序列和载波序列,可以在一个积分周期内同时获取单颗卫星的时延-多普勒二维相关值。

2. 基于 FPGA 的时延-多普勒并行相关通道设计

为了同时获取当前天线照射区域所反射的 GNSS 信号的二维相关值矩阵,需对反射信号在时延和多普勒二维进行并行相关处理。而在 GNSS 导航定位接收机中,基于乘法加法单元(multiply accumulate,MAC)的相关器完成对时-频域相关功率最大点处的相关值计算,以获取精确的距离和速度信息,无法并行计算给定范围内所有的时-频域相关值;而基于 FFT 的相关处理需计算所有码相位上的相关值,需要消耗较大的硬件资源。针对此问题,本章设计了一种基于 FPGA 的时域并行-频域并行的二维相关处理结构,如图 3.11 所示。

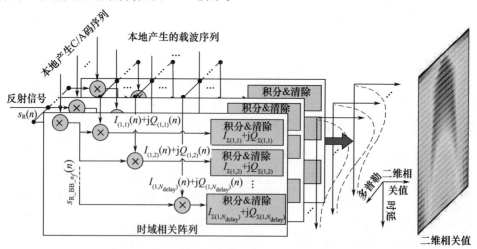

图 3.11 时域并行-频域并行的二维相关处理结构

该二维相关处理结构由 N_{Doppler} 个一维时域相关处理阵列(one dimension correlation slice, ODCS)组成,每个 ODCS 由 N_{delay} 个图 3.12 所示的通用 MAC 相关值计算单元组成。

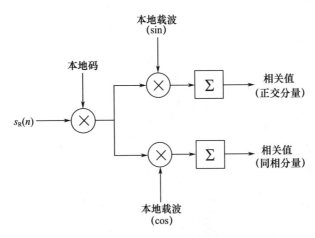

图 3.12 相关值计算单元结构

每个 ODCS 可以完成对反射信号在单一给定频率上的时延一维相关处理,获得在当前多普勒频移下的时延一维相关值序列。此相关结构可以针对不同的导航卫星,完成对反射信号的时延一维相关处理;也可以针对同一导航卫星在不同频率上获得时延一维相关处理,构成反射信号时-频域二维相关值矩阵。这种结构的优点如下:①可并行计算反射信号的二维相关值矩阵;②硬件资源消耗较小;③通过配置,可使时域相关处理阵列对应不同的 GNSS 卫星,实现时域一维相关值的计算,满足各种场景和应用模式的需求。

3.3.3 二维相关值中本地信号产生方法

二维相关值的计算过程中需要本地并行产生具有不同码延迟的 C/A 码序列和具有不同多普勒频移的载波序列,而本地信号产生中反射信号参考点的选取过程是以直射信号的时间延迟和多普勒频移为基准,因此本地多延迟 C/A 码序列和多频载波序列的产生同样需要直射信号处理中的本地信号进行参考。

1. 本地多频载波产生

多频载波生成的一种典型方法如图 3.13 所示,该方法是基于直接数字频率合成技术。

理想余弦波信号 $S_{\cos}(t)$ 可以表示成

$$S_{\cos}(t) = A\cos(2\pi ft + \phi) \tag{3.34}$$

说明在振幅 A 和初相 ϕ 确定之后,频率可以由相位偏移唯一确定,$\theta(t) = 2\pi ft$,对两端微分后有 $\mathrm{d}\theta/\mathrm{d}t = 2\pi f$,显然可以得到下面公式,即

$$f = \frac{\omega}{2\pi} = \frac{\Delta\theta}{2\pi\Delta t} \tag{3.35}$$

式中：$\Delta\theta$ 为采样间隔 Δt 之间的相位增量；采样周期 $\Delta t = 1/F_{\text{CLK}}$。故式(3.35)可以改写成

$$f = \frac{\Delta\theta F_{\text{CLK}}}{2\pi} \tag{3.36}$$

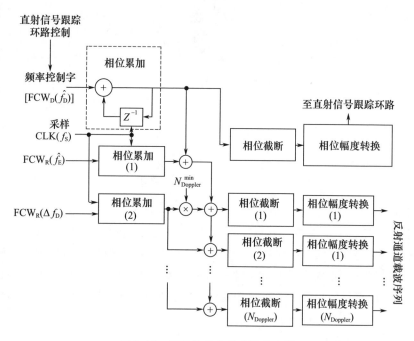

图 3.13　反射信号本地载波发生器

如果可以控制 $\Delta\theta$，就可以控制不同频率输出。$\Delta\theta$ 受频率控制字 F_{CW} 的控制，即 $\Delta\theta = \dfrac{F_{\text{CW}} 2\pi}{2^L}$，所以，改变 F_{CW} 就可以得到不同的频率输出 f_0，经过代换处理，就得到了本地载波产生的原理方程，即

$$f_0 = \frac{(F_{\text{CW}} + F_{\text{E}} \pm F_{\text{dp}})}{2^L} F_{\text{CLK}} \tag{3.37}$$

式中：f_0 为需要得到的频率；F_{CW} 为基准频率控制字；F_{E} 为镜面反射点处反射信号频率与直射信号频率差对应的控制字；F_{dp} 为划分好的多普勒频移控制字；L 为所用累加器寄存器的位数；F_{CLK} 为输入的采样时钟。

在载波产生过程中，基准频率与直射通道同步，直射信号与反射信号镜面分量间的多普勒差通过频率控制字 $\text{FCW}_{\text{R}}(f_{\text{E}})$ 控制，反射信号多普勒分辨率通过频率控制字 $\text{FCW}_{\text{R}}(\Delta f_{\text{D}})$ 控制。

经过反射信号载波生成模块能够生成附加多普勒的两路正交载波,图 3.14 表示写入固定载波控制字和多普勒频率划分后的载波产生仿真图形,由于只有 +1、+3、−1、−3 等 4 位,所以载波生成后不是平滑的正弦波或者余弦波。

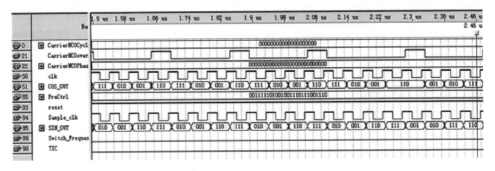

图 3.14 反射信号载波产生仿真

2. 本地多延迟 C/A 码产生

本章中采用的多延迟 C/A 码产生方法如图 3.15 所示,该种方法采用一组由移

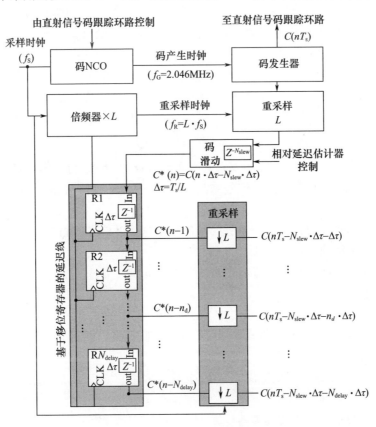

图 3.15 反射信号本地码产生器

位寄存器组成的延迟线实现。反射通道基准 C/A 码(与直射的某个通道起始码相位相同)在时钟(RCLK)下进行重采样,重采样频率为 $L \cdot f_s$,重采样后的新码序列通过一组长度为 N_{delay} 的移位寄存器,每个移位寄存器可以产生的时间延迟为 $1/(L \cdot f_s)$,移位寄存器输出的码序列采样即形成了具有可调分辨率的多延迟 C/A 码序列。

3.3.4 二维相关参考点的选取及同步

为了获取有效反射信号二维相关值,需要正确选取二维相关值的时延-多普勒参考点,在反射信号的应用中一般采用镜面反射点处的时延值和多普勒值作为二维相关值计算的参考点。

1. 镜面反射点处时延值的计算

反射信号相对于导航卫星发射点的路径延迟为

$$\rho_R = c \cdot \tau_R = \rho_D + \Delta\rho_E \tag{3.38}$$

式中:τ_R 为反射信号相对于发射点的时间延迟;c 为光速;ρ_D 为直射信号相对于发射点的路径延迟;$\Delta\rho_E$ 为反射信号相对于直射信号的路径延迟。由于直射信号相对于发射点的路径延迟可以通过对直射信号处理直接获得,所以只需计算反射信号相对于直射信号的路径延迟,便可得到反射信号二维相关值的时延参考点。

接收机可通过对接收到的直射信号的处理,确定 GNSS 卫星以及自身位置,进而得到接收机平台相对基准水平面的高度 h_R 和可见 GNSS 卫星的仰角 θ。当平台高度较低时,利用反射事件的几何关系可以获取直射和反射信号时间延迟的粗估计值,即

$$\Delta\rho_E^{Coarse} = 2h_R \sin\theta \tag{3.39}$$

由于 GNSS 卫星和反射信号接收机都是处于运动状态,为了实现对二维相关参考点的持续跟踪,在进行直射信号和反射信号相对延迟粗估算后,还需进行以下步骤。

(1)利用式(3.39)中反射事件的几何关系对反射信号的相对延迟进行粗估计,并按计算结果滑动本地生成的 C/A 码序列。

(2)计算当前二维相关值矩阵的包络值 $E(n_d)$。

(3)如果 $E(n_d)$ 的最大值小于阈值,以 $N_{delay} \cdot \Delta\tau$ 为步长滑动本地生成 C/A 码序列,并重新执行第(3)步;如果 $E(n_d)$ 的最大值大于阈值,则进入第(4)步。

(4)以 $\Delta\tau$ 为步长精细滑动本地 C/A 码序列,使 $E(n_d)$ 的最大值位于相关窗口内的给定位置上。

(5)每 10ms 调整本地生成 C/A 码序列一次,使 $E(n_d)$ 的最大值一直处于给定位置。

2. 镜面反射点处多普勒值的计算

反射信号的载波多普勒频移为

$$f_R = f_D + f_E \tag{3.40}$$

式中:f_D 为直射信号的多普勒频率;f_R 为反射信号的多普勒频率;f_E 为反射信号相对于直射信号的多普勒频移。

直射信号多普勒频率分量可以通过直射信号的捕获和载波跟踪过程获得,f_E 表示为

$$f_E = \frac{[\boldsymbol{v}_t \cdot \boldsymbol{u}_i - \boldsymbol{v}_r \cdot \boldsymbol{u}_r - (\boldsymbol{v}_t - \boldsymbol{v}_r)\boldsymbol{u}_{rt}]}{\lambda} \tag{3.41}$$

式中:$\boldsymbol{v}_t$ 和 $\boldsymbol{v}_r$ 分别为发射卫星和接收平台的运行速度;$\boldsymbol{u}_i$ 和 $\boldsymbol{u}_r$ 分别为入射和反射的单位方向矢量;$\boldsymbol{u}_{rt}$ 为发射卫星和接收平台之间的单位方向矢量。这些速度和方向矢量都可以通过对导航定位结果处理获取。

3.4 面向风场反演的反射信号接收处理系统、实验及结果

3.4.1 面向风场反演的反射信号接收处理系统

为了验证海面风场测量中 GNSS 反射信号处理方法及相关反演方法的有效性,开发完成了面对 GNSS-R 海面风场反演的第二代 GNSS-R 海洋遥感系统——GRORSY v.2.0,该系统对二维相关通道结构、本地信号产生方法及二维相关参考点同步方法进行了实现,反演系统实物如图 3.16 所示。

图 3.16 海面风场反演系统实物

3.4.2 南海海面风场反演实验及相关结果

2009 年 2—3 月,利用本系统在三亚完成了航空机载飞行实验。本次实验的目的是利用系统在机载条件下实现对海面风场的遥感。实验中采用国产 Y-7 飞机为载体(实验设备安装如图 3.17 所示),实验区域为海南省博鳌附近海域,实验过程中接收机高度为 5~8km。

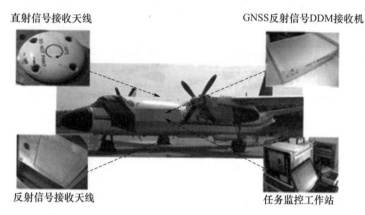

图 3.17 飞行实验设备安装

实验获取的典型时延-多普勒二维相关功率如图 3.18 所示。此二维相关功率是 GPS28 号卫星(仰角 71.93°、方位角 2.64°)的海面反射信号进行二维相关处理得到,相干积分时间为 10ms,非相干积分 10 次。同时获取的 QuikSCAT 卫星测得的海面风速为 4.8m/s。

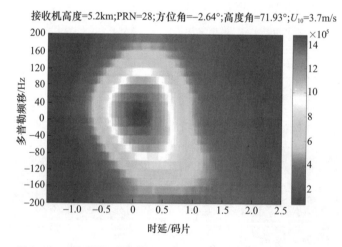

图 3.18 (见彩图)实验获取的典型时延-多普勒二维相关功率

本次实验共完成 7 航次 18h 的海洋遥感飞行,获取有效海洋遥感数据 35 组,利用平台输出的二维相关值反演获得的风速和风向与博鳌海洋站及 QuikSCAT 卫星的同比数据对比结果如图 3.19 和图 3.20 所示。相关实验的统计结果表明,利用该平台进行风速测量的平均误差为 1.4m/s;风向测量的平均误差为 24°。因此,由于该系统采用了高分辨率的二维相关结构,使海面风速测量精度与采用前期系统进行的相关实验有较为显著的提高,且具备了海面风向测量能力。

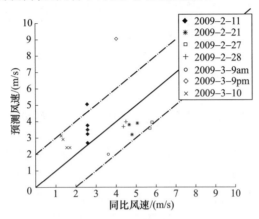

图 3.19 实验各航次风速反演结果

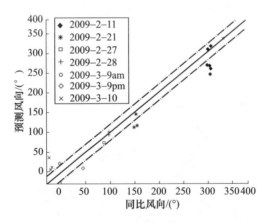

图 3.20 实验各航次风向反演结果

3.5 小　　结

本章从反演流程出发对利用 GNSS 反射信号进行海面风场测量的基本原理、波形仿真方法和信号处理方法进行了分析。针对反演需求提出了二维相关处理、本地信号产生、反射信号同步等相应的信号处理算法,并以这些算法为基础搭建了相应的信号处理系统。最后,通过机载海面风场遥感实验对信号处理算法的有效性及系统总体性能进行验证,实验结果证明了算法的正确性和系统的有效性。

第4章 GNSS-R 海面测高及反射信号处理方法

4.1 海面高度测量的几何模型

在海面高度测量中反射面的定义有两种:①假设地球表面为水平面,不考虑地球曲率,GNSS 信号在地球表面发生镜面反射,此种方式用于以地基或低空飞行器方式进行高程测量;②采用地球椭球模型,考虑地球曲率对于反射的影响,此种方式用于高空飞行器或星载方式进行海面高度测量。

4.1.1 水平地表模型

在假设地球表面为水平面的前提下,根据最简单的几何光学原理,建立 GNSS-R 测高几何路径延迟模型,如图 4.1 所示。

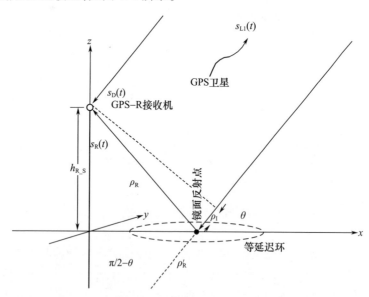

图 4.1 水平地表条件下的 GNSS-R 海面测高几何关系

据图 4.1 中 GPS 卫星、反射点和接收机三者的几何关系可以看出,经海面反射后的 GPS 信号相对直达信号的附加路径延迟 ρ_E 可以表示为

$$\rho_E = \rho_I + \rho_R = \rho_I + \rho'_R \tag{4.1}$$

根据三角关系,可得

$$\rho_I + \rho'_R = 2h_{R\_S}\sin\theta \tag{4.2}$$

式中:h_{R_S}为接收机相对海面的高度;θ为所观测的 GPS 卫星仰角。海面高度为

$$h_S = h_R - h_{R\_S} = h_R - \frac{\rho_E}{2\sin\theta} \tag{4.3}$$

式中:h_R为接收机相对大地参考框架的高度;θ为当前观测卫星仰角。

4.1.2 考虑地球曲率影响的模型

在考虑地球曲率影响的条件下,建立 GNSS-R 测高几何路径延迟模型[385],如图 4.2 所示。

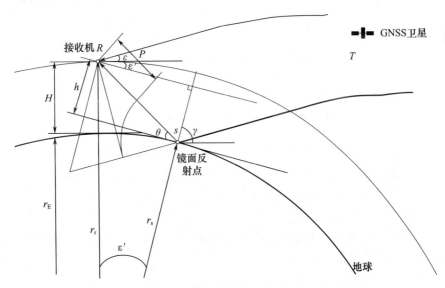

图 4.2 考虑地球曲率影响的 GNSS-R 测高几何关系

在图 4.2 中,r_E为地球球面半径,以高斯密切球进行拟合,地球半径 r_E 是接收机纬度 Φ_{rcv} 的函数,有

$$r_E = \sqrt{MN} \tag{4.4}$$

$$\begin{cases} M = \dfrac{a(1-e^2)}{\sqrt{(1-e^2\sin^2\Phi_{rcv})^3}} \\ N = \dfrac{a}{\sqrt{1-e^2\sin^2\Phi_{rcv}}} \end{cases} \tag{4.5}$$

式中:a为在 WGS-84 坐标系下定义的地球半长轴;e为偏心率。

在图 4.2 中，r_S 为镜面反射点到地心的距离；H 为接收机高度；ε 为接收机的卫星高度角；θ 为镜面反射点处的卫星高度角；γ 为镜面反射点的方向角。

据图 4.2 中的几何关系，可知

$$h = \frac{\rho}{2\sin\theta} \tag{4.6}$$

$$\gamma = \frac{\pi}{2} + \theta - \varepsilon \tag{4.7}$$

$$\sin\gamma = \frac{h + r_S}{H + r_E} \tag{4.8}$$

接收机高度 H 与路径延迟 ρ 的转换关系为

$$H = \frac{\frac{\rho}{2\sin\theta} + r_S}{\sin\gamma} - r_E = \frac{\rho + 2r_S \sin\theta}{2\sin\theta \sin\gamma} - r_E \tag{4.9}$$

4.2 高度测量误差

4.2.1 高度误差和路径延迟误差

为了分析在 GNSS-R 海面测高技术中高度误差和路径延迟误差的关系，图 4.3 重新给出了几何关系。其中，r_t、r_r 和 r_s 分别为地心到 GNSS 卫星、测高平台和镜面反射点之间的距离；γ_i 为 r_t 与 r_s 的夹角；γ_r 为 r_r 与 r_s 的夹角；θ 为在镜面反射点处的 GNSS 卫星高度角。

根据几何关系可得到 GNSS 卫星 T 到镜面反射点 S 的距离 ρ_{tsp} 和测高平台 R 到镜面反射点 S 的距离 ρ_{spr} 分别为

$$\rho_{tsp} = \sqrt{r_t^2 + (r_s + ssh)^2 - 2r_t(r_s + ssh)\cos\gamma_i} \tag{4.10}$$

$$\rho_{spr} = \sqrt{r_r^2 + (r_s + ssh)^2 - 2r_r(r_s + ssh)\cos\gamma_r} \tag{4.11}$$

总延迟为

$$\rho = \rho_{tsp} + \rho_{spr} \tag{4.12}$$

在式(4.12)两边对 ssh 求导可得

$$\frac{\sigma_\rho}{\sigma_{ssh}} \equiv \frac{\partial \rho}{\partial ssh}\bigg|_{ssh=0} = \frac{r_s - r_t \cos\gamma_i}{\rho_{tsp}} + \frac{r_s - r_r \cos\gamma_r}{\rho_{spr}}$$

$$= -\cos\left(\frac{\pi}{2} - \theta\right) - \cos\left(\frac{\pi}{2} - \theta\right)$$

$$= -2\sin\theta \tag{4.13}$$

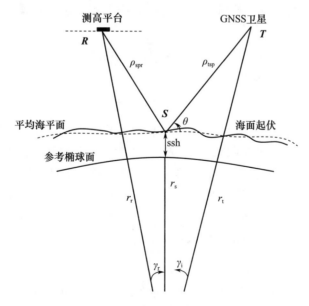

图 4.3 高度误差与路径延迟误差关系示意图

从而得到在考虑地球曲率情况下,平均海平面高度 ssh 测量误差是路径延迟误差 σ_ρ 和镜面反射点 S 处的卫星高度角 θ 的函数,即

$$\sigma_{ssh} = \frac{\sigma_\rho}{2\sin\theta} \quad (4.14)$$

高度测量误差由路径延迟测量误差和镜面反射点处的卫星高度角共同决定,在确定卫星高度角的条件下,路径延迟误差具有决定性作用。因此,路径延迟的精确测量是海面高度测量的关键问题。在 GNSS 反射信号处理中,直射信号和反射信号的路径延迟是与时间延迟相对应的,而时间延迟可以通过码相位、载波相位和载波多普勒 3 种形式表现。以 GPS 信号为例,可以利用 GPS 反射信号相对于直射信号的 C/A 码相位的延迟、载波相位的延迟和载波频率的变化来计算反射面高度。在 3 种方法中,由于 C/A 码片宽度的影响,利用 C/A 码相位的延迟计算反射面高度的方法精度最差,但其模型简单、应用较广;利用载波相位延迟计算反射面高度的方法精度最高,但其要求反射信号的相位连续,这在粗糙反射面的情况下较难实现。

4.2.2 路径延迟与时间延迟

GNSS 信号发射时间为 T_s,接收机接收到信号时间 T_r 可以分别通过导航电文参数的提取和对码相位或载波相位观测量的计算得到。据此可以得到 GNSS 卫星和接收机之间的伪距为

$$\rho_{peseudo} = c(T_r - T_s) \quad (4.15)$$

由式(4.15)可以得到利用原始观测量得到的反射信号和直射信号间的路径延迟为

$$\Delta\rho_{peseudo} = \rho_{peseudo}^{r} - \rho_{peseudo}^{d}$$
$$= c(T_r^r - T_s) - c(T_r^d - T_s)$$
$$= c(T_r^r - T_r^d) \quad (4.16)$$

式中：$\rho_{peseudo}^{r}$ 和 $\rho_{peseudo}^{d}$ 分别为反射信号和直射信号的伪距测量值。

GNSS 信号在卫星和接收机间传播的过程中会受到电离层和对流层的影响，卫星和接收机之间存在钟差，码相位或载波相位测量过程中也存在测量误差，因此，观测伪距与实际距离之间的关系为

$$\rho_{peseudo} = R + c\Delta t_r - c\Delta t_s + c\Delta t_{ion} + c\Delta t_{tro} + c\Delta t_p + c\Delta t_e \quad (4.17)$$

因此，反射信号与直射信号的实际路径延迟为

$$\Delta\rho = R^r - R^d$$
$$= \rho_{peseudo}^r - \rho_{peseudo}^d - c\Delta t_{ion}^r + c\Delta t_{ion}^d - c\Delta t_{tro}^r + c\Delta t_{tro}^d - c\Delta t_e^r + c\Delta t_e^d - c\Delta t_p^r + c\Delta t_p^d - c\Delta t_e^r + c\Delta t_e^d$$
$$= \Delta\rho_{peseudo} + \rho_{ion} + \rho_{tro} + \rho_p + \rho_e \quad (4.18)$$

可以看出，钟差不影响直射信号和反射信号的路径延迟测量精度，在较低的观测高度上(岸基和空基)，可认为直射信号和反射信号在空间的传输路径相同，因此可不考虑 ρ_{atm} 的影响，而在较高的观测高度上(星载)大气延迟误差则不能忽略。

4.2.3 相位测量误差

1. 码相位测量误差

由于受到热噪声和其他射频干扰的影响，GNSS 直射信号码相位估计误差可表示为

$$\Delta t_{code}^d = \frac{\tau_C}{\sqrt{2}SNR_V}\sqrt{1-\rho} \quad (4.19)$$

式中：τ_C 为扩频码宽度；SNR_V 为信号的电压信噪比；ρ 为采样间隔与码片宽度间的比值。

对于 GNSS 反射信号，Lowe 结合式(4.19)给出了较为简单的码相位误差模型。Germain 和 Ruffini 结合海面散射模型对反射信号的特点，给出了反射信号码相位估计误差的 Cramér-Rao 边界(CRB)[386]。针对高度测量误差与信噪比、码片宽度等因素的关系，本章采用较为简单的 Lowe 模型。

对于海面反射信号，由于海面粗糙度带来的信号峰值后移会带来误差，另外海面粗糙度带来的峰值平滑与三角函数很尖的峰值相比也会带来误差。根据海面反射信号特点，可知海面反射信号时延相关功率峰值点不对应镜面反射点的时延，是由于海面粗糙度的影响，镜面反射周围漫反射点的存在，其他信号的时延逐渐变大，因此反

射信号时延相关功率的峰值点位置向后偏移。若使用传统的跟踪峰值点或波形的半功率点测量型号时延,会带来较大偏差,反射信号峰值相对于镜面反射点信号到达时间之差将随着风速的增大而增大。研究分析表明,反射延迟随风速不同从几十米到上百米,仿真计算结果如图 4.4 所示。

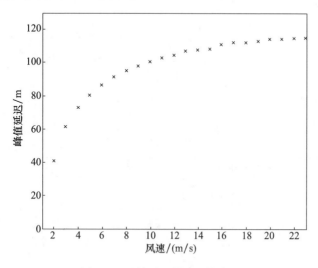

图 4.4　反射延迟与风速的关系

对于此类码相位测量误差,Antonio Rius 等提出了利用反射信号相关功率的一阶导数对镜面反射点处的反射信号延迟进行精确估计取得了较好效果,该方法基本原理如图 4.5 所示。在图 4.5 中,①表示海面反射相对 GNSS 信号的冲击响应;②表示直射 GNSS 信号的相关功率波形;③表示海面反射 GNSS 信号的相关功率波形;④表示直射 GNSS 信号相关功率一阶导数的波形;⑤表示海面反射 GNSS 信号的相关功率一阶导数的波形。可以看出,海面反射信号波形的峰值相对于镜面反射点出现一定的时间延迟,而经过一阶求导后的波形峰值就是镜面反射点位置。

2. 载波相位测量误差

精确载波相位及多普勒频移变化的跟踪一般通过载波参数估计器或反馈跟踪控制环实现,其方式根据应用不同而异。常规的 GNSS 接收机中,载波跟踪是在 DDLL(数字延迟锁定环)对伪随机噪声码相关解扩基础上,通过载波跟踪环实现。PLL 产生对载波相位的最大似然估计和最大后验估计,通过载波相位跟踪(载波频率跟踪)可以测得精确载波相位观测量/积分多普勒观测量。对于 PLL 来讲,载波相位测量精度为[387]

$$\sigma_\varphi = \sqrt{\frac{B_n}{(C/N_0)_{pre\_dis}}\left(1 + \frac{1}{2T_i(C/N_0)_{pre\_dis}}\right)} \quad (4.20)$$

式中:$(C/N_0)_{pre\_dis}$ 为送入鉴相器前的信号载噪比;B_n 为环路滤波器带宽。

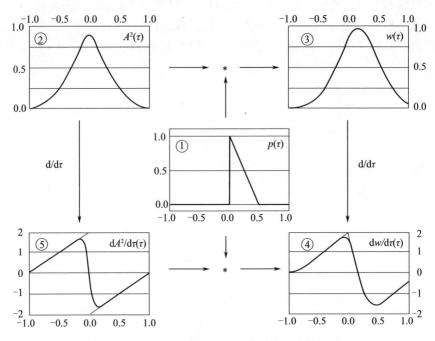

图 4.5 海面反射信号镜面反射分量的延迟估计原理

4.2.4 电离层误差

电离层误差对卫星导航系统影响较大,在 GNSS-R 海面高度测量中更是如此,尤其是在天基应用中,反射信号在入射和反射两个阶段都需穿过电离层,并且直射路径和反射信号的入射路径并不重合,不能在路径延迟求解过程中消除。

电离层引起的误差主要与沿卫星至接收机视线方向的仰角及观测时的电离层情况等因素有关。电离层附加延迟还随观测时间变化而变化。另外,信号频率越高,电离层附加延迟越小;反之越大。以 GPS 为例,由此引起的测距(卫星至 GPS 接收机距离)误差最大时(卫星在地平、每天中午、每年 11 月、太阳黑子高峰年)为 150m,最小时(卫星在天顶、每天夜间、每年 7 月、太阳黑子平静年)也有 5m。

电离层群延引起的误差可用距离单位或时延单位表示。此群延可用下式得出,即

$$\begin{cases} \Delta t_{ion} = 1.3436 \times 10^{-7} \cdot \dfrac{N_\Sigma}{f^2} \\ \rho_{ion} = 40.28 \cdot \dfrac{N_\Sigma}{f^2} \end{cases} \quad (4.21)$$

式中:N_Σ 为沿电磁波传播路径的电子总量;f 为载波频率。

在 GNSS-R 海面测高中,如果仅考虑电离层延迟误差,则距离延迟观测值为

$$\Delta\rho = 2h\sin\theta + 40.28 \cdot \frac{N_\Sigma}{f^2} \quad (4.22)$$

为了减少电离层延迟带来的高度测量误差,可采用双频或三频观测方式获取距离延迟观测值。

1. 双频观测

如果对距离延迟采用 GPS L1 和 L5 双频观测,则双频距离延迟观测值分别为

$$\begin{cases} \Delta\rho_{L1} = 2h\sin\theta + 40.28 \cdot \dfrac{N_\Sigma}{f_{L1}^2} \\ \Delta\rho_{L5} = 2h\sin\theta + 40.28 \cdot \dfrac{N_\Sigma}{f_{L5}^2} \end{cases} \quad (4.23)$$

根据此式可以得到高度测量值为

$$\begin{aligned} h_{L1,L5} &= 2.26\frac{\Delta\rho_{L1}}{2\sin\theta} - 1.26\frac{\Delta\rho_{L5}}{2\sin\theta} \\ &= 2.26 h_{L1} - 1.26 h_{L5} \end{aligned} \quad (4.24)$$

式中:h_{L1} 和 h_{L5} 分别为在假设无电离层误差条件下的高度测量值。

2. 三频观测

如果对距离延迟采用 GPS L1、L2 和 L5 这三频观测,则三频距离延迟观测值可表示为

$$\begin{cases} \Delta\rho_{L1} = 2h\sin\theta + 40.28 \cdot \dfrac{N_\Sigma}{f_{L1}^2} \\ \Delta\rho_{L2} = 2h\sin\theta + 40.28 \cdot \dfrac{N_\Sigma}{f_{L2}^2} \quad \text{或} \quad \begin{cases} \dfrac{\Delta\rho_{L1}}{2\sin\theta} = h + 40.28 \cdot \dfrac{N_\Sigma}{\sin\theta} f_{L1}^{-2} \\ \dfrac{\Delta\rho_{L2}}{2\sin\theta} = h + 40.28 \cdot \dfrac{N_\Sigma}{\sin\theta} f_{L2}^{-2} \\ \dfrac{\Delta\rho_{L5}}{2\sin\theta} = h + 40.28 \cdot \dfrac{N_\Sigma}{\sin\theta} f_{L5}^{-2} \end{cases} \\ \Delta\rho_{L5} = 2h\sin\theta + 40.28 \cdot \dfrac{N_\Sigma}{f_{L5}^2} \end{cases} \quad (4.25)$$

对式(4.25)进行变换,可得高度观测方程为

$$\boldsymbol{h}_{\text{obs}} = \boldsymbol{I}\boldsymbol{s} \quad (4.26)$$

其中:$\boldsymbol{h}_{\text{obs}} = \begin{pmatrix} \dfrac{\Delta\rho_{L1}}{2\sin\theta} \\ \dfrac{\Delta\rho_{L2}}{2\sin\theta} \\ \dfrac{\Delta\rho_{L5}}{2\sin\theta} \end{pmatrix}$; $\boldsymbol{I} = \begin{pmatrix} 1 & f_{L1}^{-2} \\ 1 & f_{L2}^{-2} \\ 1 & f_{L5}^{-2} \end{pmatrix}$; $\boldsymbol{s} = \begin{pmatrix} h \\ \dfrac{40.28 N_\Sigma}{\sin\theta} \end{pmatrix}$。

通过解式(4.26)的高度观测方程,可得高度及各频点距离延迟观测量中的电离层延迟误差为

$$\boldsymbol{s} = [\boldsymbol{I}^\text{T}\boldsymbol{I}]^{-1} \boldsymbol{I}^\text{T} \boldsymbol{h}_{\text{obs}} \quad (4.27)$$

代入有

$$h_{L1,L2,L5} = 2.33\frac{\Delta\rho_{L1}}{2\sin\theta} - 0.36\frac{\Delta\rho_{L2}}{2\sin\theta} - 0.97\frac{\Delta\rho_{L5}}{2\sin\theta}$$

$$= 2.33h_{L1} - 0.36h_{L2} - 0.97h_{L5} \tag{4.28}$$

式中：h_{L1}、h_{L2} 和 h_{L5} 分别为在假设无电离层误差条件下在各频点得到的高度测量值。

通过对电离层误差和在双频及三频条件下的电离层误差修正结果中可以看出，高度测量误差中 L1 频点的高度测量误差贡献最大，会对系统高度测量精度产生较大影响。但是，在 GPS L1 频点可用测距码只有测距精度较低的 C/A 码，这会对高度测量性能产生较大影响。

4.2.5 大气延迟模型

大气传播延迟通常可分为干分量和湿分量两个部分，干分量主要与地面的大气压力和温度有关，为构成大气传播延迟的主要分量，约占 90%。湿分量主要与信号传播路径上的大气湿度和高度有关，其通常定义为由于水蒸气引起的相关延迟量。根据 GNSS-R 测高应用精度要求，这里主要考虑干分量。天顶方向延迟可表示为

$$D_z(L,h) = \frac{2.2768 \times 10^{-5} P}{1 - 0.00266\cos^2 L - 2.8 \times 10^{-7} h} \tag{4.29}$$

式中：L 为经度；h 为测量点高度。式(4.29)分母约等于 1，大气传播延迟为

$$\rho_{atm}(h,\theta) = 2 \times \frac{2.2768 \times 10^{-5}(P_0 - P(h))}{\sin\theta} \tag{4.30}$$

式中：P_0 为海平面大气压，$P_0 = 1.013 \times 10^5 \text{Pa}$；$P(h)$ 为高度 h 处的气压，$P(h) = P_0 \cdot \exp(-h/8500)$，所以有

$$\rho_{atm}(h,\theta) = \frac{4.6127968 \times \left(1 - \exp\left(\frac{-h}{8500}\right)\right)}{\sin\theta} \tag{4.31}$$

对于对流层延迟影响，通常可采用对流层模型进行修正，具有较高修正精度。

4.3 基于载波相位的海面高度测量

4.3.1 高度与载波相位

反射信号相对于直射信号的路径延迟是接收机高度 h 和卫星高度角 θ 的函数。由于 GNSS 卫星是在轨道上围绕地球运动，接收机在机载和星载条件下也是运动的，这就决定了直射信号和反射信号延迟时间差 $\Delta\tau$ 和路径差 ρ 随时间变化。因此，考虑路径差也是实时变化载波相位的函数，即

$$\rho = \lambda_L(\varphi_{ref} - \varphi_{dir}) = \lambda_{L1}\varphi + n\lambda_{L1} \tag{4.32}$$

式中：φ_{dir} 和 φ_{ref} 分别为直射和反射信号载波相位观测量；φ 为直射信号与直射信号与反射信号载波相位差小数部分。φ 的估计是 GNSS-R 载波相位测高的关键问题,这决定了高度测量精度。通常可利用 GNSS 接收机中的科斯塔斯环对直射信号和反射信号的载波相位进行跟踪,并提取相应的载波相位观测值,最后利用载波相位观测值求出两路信号的载波相位差。但是,由于反射信号经海面反射后能量有一定衰减,且载波相位连续性也受到一定影响,使反射信号的载波跟踪环路的载波相位跟踪精度变差,且容易失锁,这会造成高度测量精度的下降及高度测量值的不连续。因此,在此过程中需采用特殊的信号处理方法。

4.3.2 基于直射闭环反射开环的载波相位差提取方法

考虑反射信号的信噪比较低,且相位连续性差,本章提出利用直射信号辅助的反射信号载波相位估计方法,该方法原理如图 4.6 所示。

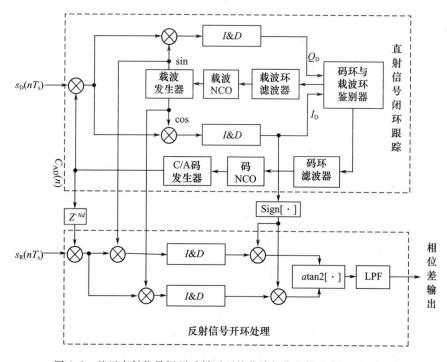

图 4.6 基于直射信号闭环反射开环的载波相位差提取方法原理框图

在该方法中,直射信号跟踪通道采用传统闭环跟踪方式,而反射信号跟踪通道则采用开环跟踪方式,跟踪通道中的本地码和本地载波由直射信号跟踪通道直接提供。该方法中直射信号与反射信号载波相位差的估计过程如下。

（1）对直射信号进行码相位和载波相位跟踪,当直射信号与本地码和载波实现同步后,直射信号相关器输出的同相和正交分量的相关值分别为 I_D 和 Q_D,此时信号能量主要集中于同相支路。

(2) 对与直射信号同步的本地码 $CA_D(n)$ 进行延迟,并调整延迟量大小,使反射信号的相关功率最大。

(3) 利用直射信号的同相分量相关值对反射信号相关值 I_R 和 Q_R 进行数据位剥离运算,有

$$\begin{cases} \bar{I}_R = I_R \cdot \mathrm{sgn}(I_D) \\ \bar{Q}_R = Q_R \cdot \mathrm{sgn}(I_D) \end{cases} \quad (4.33)$$

(4) 由于反射信号相关值已进行了数据位的剥离运算,因此可直接用四象限反正切鉴相器计算得到直射信号和反射信号的载波相位差小数部分的单次估计值为

$$\Delta \hat{\varphi}_k = a\tan 2(\bar{Q}_R, \bar{I}_R) \quad (4.34)$$

采用此种鉴相器可有效扩大鉴相范围,有利于低信噪比下直射信号和反射信号相位差的精确估计。

(5) 对 $\Delta \hat{\varphi}_k$ 进行滤波,得到 $\Delta \varphi$ 的估计值,一般来说,滤波器可选择普通的 2 阶或 3 阶滤波器,也可选择卡尔曼滤波器,本研究中采用了图 4.7 所示的 3 阶滤波器。

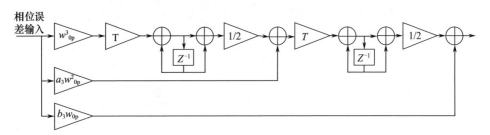

图 4.7 载波相位误差滤波器

为了验证该算法性能,2009 年 5 月在北京小月河进行了基于载波相位的水面高度测量实验,实验相关设备包括信号接收天线 1 套(直射信号接收天线和反射信号接收天线)、双前端信号采集卡 1 块、计算机 1 台。实验过程中,采用右旋天线指向天顶方向接收导航卫星直射信号,左旋天线采用适当角度接收导航卫星信号经水面反射后信号。天线架设方式及相关设备如图 4.8 所示。

对实验获取的直射信号及反射信号原始数据通过软件接收机进行处理。处理方式分为两种:①分别对直射信号和反射信号进行载波跟踪,利用获取的载波相位观测量求差,得到载波相位差观测值;②利用本章提出的基于直射闭环反射开环的反射相位差提取方法对两路信号的载波相位差进行计算,所处理的为 GPS 9 号卫星,仰角为 68.4°。两种方法获得的直射-反射信号载波相位差分别如图 4.9 和图 4.10 所示。

可以看出,受到周跳和信号衰减的影响,直接采用两路信号的载波相位观测值求差所得到的载波相位差观测值不连续,且存在整周模糊。而利用直射信号闭环反射信号开环提取的载波相位差没有产生周跳现象,且载波相位观测值连续。假设在信

第4章 GNSS-R 海面测高及反射信号处理方法

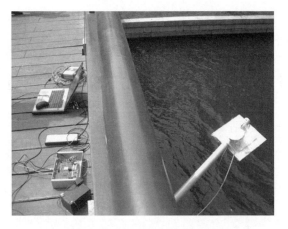

图 4.8　载波相位测高实验场景及相关设备

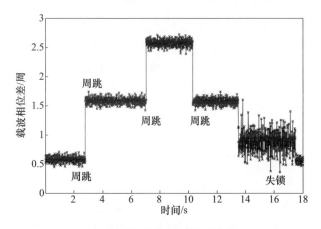

图 4.9　载波相位观测量直接求差

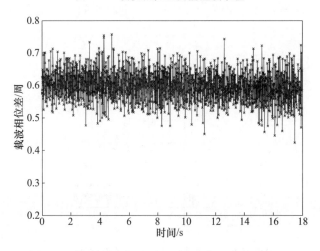

图 4.10　直射信号闭环反射信号开环提取的载波相位差

号处理时间内(18s),水面高度无变化,对本次实验获取的载波相位差进行统计分析可得,载波相位差测量精度为 0.037 周,对应距离精度为 0.703cm。

4.4 基于码相位的海面高度测量

4.4.1 基于本地副本信号的码相位差提取

对于两路由同一发射源发射经不同路径传输到接收机的信号 $x_1(t)$ 和 $x_2(t)$,可分别表示为

$$\begin{cases} x_1(t) = \alpha_1 r(t+D_1) + n_1 \\ x_2(t) = \alpha_2 r(t+D_2) + n_2 \end{cases} \quad 0 < t < T_1 \tag{4.35}$$

式中:$r(t)$ 为功率归一化(0dBW)后的发射源发射信号;D_1 和 D_2 分别为两路信号相对于发射时刻的时间延迟;α_1 和 α_2 分别为两路接收信号相对于发射信号的衰减系数;n_1 和 n_2 分别为双边功率谱密度为 $N_1/2$ 和 $N_2/2$ 且互相独立的加性高斯白噪声;T_1 为观测时间。

如果信号带宽为 W_r,则信噪比分别为

$$\begin{cases} \text{SRN}_1 = \dfrac{\alpha_1^2}{W_r N_1} \\ \text{SRN}_2 = \dfrac{\alpha_2^2}{W_r N_2} \end{cases} \tag{4.36}$$

两路信号之间的时间延迟 $\Delta D = D_2 - D_1$ 可以通过下面方式进行估计,当发射信号波形已知时,可利用本地信号对两路信号间的时间延迟进行估计,如图 4.11 所示。

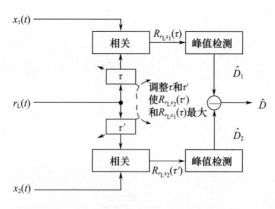

图 4.11 基于本地信号的时间延迟估计方法

本地信号 $r_L(t)$ 与 $x_1(t)$ 和 $x_2(t)$ 分别进行相关运算后得到的互相关函数分别为

$$\begin{aligned} R_{r_L x_1}(\tau) &= \int_0^{T_1} x_1(t-\tau) r_L(t) \mathrm{d}t \\ &= \int_0^{T_1} \alpha_1 r(t-\tau+D_1) r_L(t) \mathrm{d}t + \int_0^{T_1} n_1(t) r_L(t) \mathrm{d}t \\ &= \alpha_1 R_r(\tau-D_1) + R_{r_L n_1}(\tau) \end{aligned} \quad (4.37)$$

$$\begin{aligned} R_{r_L x_2}(\tau) &= \int_0^{T_1} x_2(t-\tau) r_L(t) \mathrm{d}t \\ &= \int_0^{T_1} \alpha_2 r(t-\tau+D_2) r_L(t) \mathrm{d}t + \int_0^{T_1} n_2(t) r_L(t) \mathrm{d}t \\ &= \alpha_2 R_r(\tau-D_2) + R_{r_L n_2}(\tau) \end{aligned} \quad (4.38)$$

式中：$R_r(\tau)$ 为发射信号 $r(t)$ 的自相关函数；$R_{r_L n_1}(\tau)$ 和 $R_{r_L n_2}(\tau)$ 分别为发射信号与两路信号中噪声的互相关函数。

据式(4.37)和式(4.38)可知，当调整本地信号的延迟使 $R_{r_L n_1}(\tau)$ 和 $R_{r_L n_2}(\tau)$ 分别达到最大值时，便可以得到两路信号相对于发射信号的时间延迟的估计值 $\hat{D}_1$、$\hat{D}_2$ 和两路信号间的相对时间延迟 $\hat{D} = \hat{D}_1 - \hat{D}_2$。

$\hat{D}_1$ 和 $\hat{D}_2$ 的估计精度由其相关运算后的信噪比决定，可以计算每路信号与本地信号互相关后的信噪比分别为

$$\begin{aligned} \mathrm{SNR}_{P\_C\_1}(\tau) &= \frac{|\alpha_1 R_r(\tau-D_1)|^2}{W_R N_1} = \frac{|\alpha_1|^2}{W_R N_1} |R_r(\tau-D_1)|^2 \\ &= \mathrm{SRN}_1 \cdot |R_r[\tau-D_1]|^2 \end{aligned} \quad (4.39)$$

$$\mathrm{SNR}_{P\_C\_2}(\tau) = \mathrm{SRN}_2 \cdot |R_r[\tau-D_2]|^2 \quad (4.40)$$

在 GNSS 海面高度测量中，对于波形已知的 C/A 码信号，两路信号间的时间延迟可以采用以上方法进行估计。原理框图如图 4.12 所示。

在 2009 年海面风场实验中，同时利用 C/A 码相位差对海面平均高度进行测量，如图 4.13 所示为 2009 年 2 月 21 日 16 时 58 分 10—20 秒 9 号卫星数据通过反射与直射信号延迟测量方法进行海面测高的结果。测量海面高程均值为 17.93m，方差为 0.46m。如果假定测量误差为高斯白噪声，通过长时间观测，并进行 100s 的高度平均，则测量误差可达到 4.6cm。

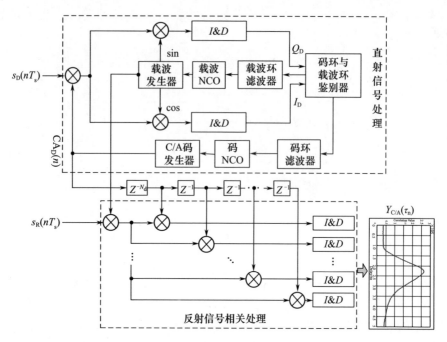

图 4.12 基于本地 C/A 码的信号延迟估计原理框图

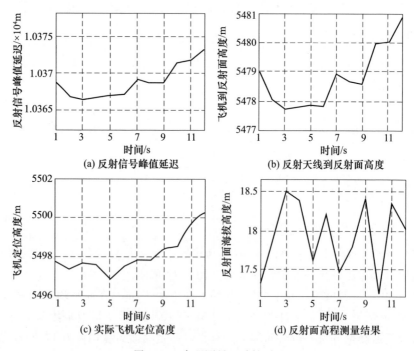

(a) 反射信号峰值延迟

(b) 反射天线到反射面高度

(c) 实际飞机定位高度

(d) 反射面高程测量结果

图 4.13 高程测量一致性对比

4.4.2 基于未知波形信号的码相位差提取

1. 基本原理与性能分析

为了利用 GNSS 反射信号在星载等较高观测平台上实现高精度海面高度测量,需要利用双频或三频消除电离层影响。如式(4.24)和式(4.28)所示,双频或3频观测方程中的高度测量误差由各个频点的高度测量误差共同决定,其中,L1 频点的高度测量误差对总误差贡献最大。但是当前 GNSS 系统中 L1 频点中已知波形信号(GPS L1C/A、GALILEO E1 – B&C)的扩频码宽度较宽,根据式(4.19)可知,其相位测量误差较大,这会对系统高度测量误差产生较大影响。而码片宽度较窄的 GPS L1P、L1M 等信号经加密处理,不能产生本地副本信号,需要采用其他方式进行处理。

对于式(4.35)所示的两路信号 $x_1(t)$ 和 $x_2(t)$,当发射信号波形 $r(t)$ 未知时可利用互相关的方式对两路信号间的相对时间延迟进行估计,如图 4.14 所示。

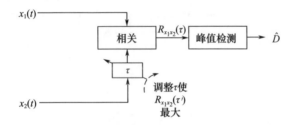

图 4.14 基于本地信号的时间延迟估计方法

在图 4.14 中,$x_1(t)$ 和 $x_2(t)$ 进行相关运算结果为

$$\begin{aligned}
R_{x_1 x_2}(\tau) &= \int_0^{T_1} x_1(t-\tau) x_2(t) \mathrm{d}t \\
&= \int_0^{T_1} \alpha_1 r(t-\tau+D_1) \alpha_2 r(t+D_2) \mathrm{d}t + \int_0^{T_1} \alpha_1 r(t-\tau+D_1) n_2(t) \mathrm{d}t + \\
&\quad \int_0^{T_1} \alpha_2 r(t+D_2) n_1(t-\tau) \mathrm{d}t + \int_0^{T_1} n_1(t-\tau) n_2(t) \mathrm{d}t \\
&= \alpha_1 \alpha_2 R_r[\tau-(D_1-D_2)] + \alpha_1 R_{rn_2}(\tau-D_1) + \alpha_2 R_{rn_2}(\tau-D_2) + R_{n_1 n_2}(\tau)
\end{aligned}$$

(4.41)

式中:$R_r(\tau)$ 为发射信号 $r(t)$ 的自相关函数;$R_{rn_1}(\tau)$ 和 $R_{rn_2}(\tau)$ 分别为发射信号与两路信号中噪声的互相关函数。从式(4.41)中可以看出,当改变信号间的相对时间延迟使两路信号的互相关函数达到最大值时所得到的延迟值就是两路信号的相对时间延迟。

与式(4.37)和式(4.38)不同,在两路信号的互相关表达式中出现了噪声互相关项 $R_{n_1 n_2}(\tau)$,互相关后的信号信噪比为

$$\mathrm{SNR}_{P\_C\_12} = \frac{|\alpha_1\alpha_2 R_r[\tau-(D_1-D_2)]|^2}{|\alpha_1 R_{rn_2}(\tau-D_1)|^2+|\alpha_2 R_{rn_1}(\tau-D_2)|^2+|R_{n_1 n_2}(\tau)|^2}$$

$$= \frac{|\alpha_1\alpha_2 R_r[\tau-(D_1-D_2)]|^2}{(|\alpha_1|^2 N_2+|\alpha_2|^2 N_1+N_1 N_2)W_r} = \frac{\dfrac{|\alpha_2 R_r[\tau-(D_1-D_2)]|^2}{N_2 W_r}}{1+\dfrac{1+|\alpha_2|^2/N_2}{|\alpha_1|^2/N_1}}$$

$$= \frac{\mathrm{SNR}_{P\_C\_2}(\tau)}{1+\dfrac{1+\mathrm{SRN}_2}{\mathrm{SRN}_1}} = \frac{\mathrm{SNR}_{P\_C\_1}(\tau)}{1+\dfrac{1+\mathrm{SRN}_1}{\mathrm{SRN}_2}}$$

$$= \frac{\mathrm{SNR}_2 \cdot R_r[\tau-D]}{1+\dfrac{1+\mathrm{SRN}_2}{\mathrm{SRN}_1}} = \frac{\mathrm{SNR}_1 \cdot R_r[\tau-D]}{1+\dfrac{1+\mathrm{SRN}_1}{\mathrm{SRN}_2}} \tag{4.42}$$

定义互相关信噪比衰减因数为

$$\begin{cases} k_1 = \dfrac{1}{1+\dfrac{1+\mathrm{SRN}_1}{\mathrm{SRN}_2}} \\ k_2 = \dfrac{1}{1+\dfrac{1+\mathrm{SRN}_2}{\mathrm{SRN}_1}} \end{cases} \tag{4.43}$$

图 4.15 表示互相关后信噪比相对于每路信号与本地信号互相关后的信噪比衰减。图中给出了当两路信号信噪比分别从 $-25\mathrm{dB}$ 到 $+10\mathrm{dB}$ 时对应的 k_1 值,当两路信号信噪比较低时,互相关后造成严重的信噪比衰减。

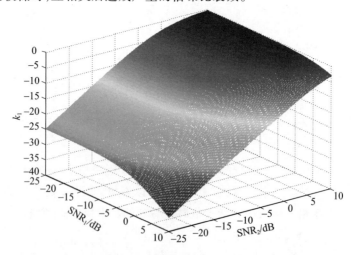

图 4.15 互相关信噪比衰减与两路信号信噪比关系

如果不考虑由发射信号自相关函数 $R_r[\tau]$ 带来的相关增益,则两路信号相关处理后信噪比为

$$\begin{cases} \mathrm{SNR}_{1\_C} = k_1 \cdot \mathrm{SNR}_1 = \dfrac{\mathrm{SNR}_1}{1 + \dfrac{1 + \mathrm{SRN}_1}{\mathrm{SRN}_2}} \\ \mathrm{SNR}_{2\_C} = k_2 \cdot \mathrm{SNR}_2 = \dfrac{\mathrm{SNR}_2}{1 + \dfrac{1 + \mathrm{SRN}_2}{\mathrm{SRN}_1}} \end{cases} \quad (4.44)$$

图 4.16 以 SNR_{1_C} 为例给出了不考虑相关函数增益条件下两路信号互相关后信噪比分别与两路信号信噪比间关系。从图中可以看出,为了提高互相关输出信噪比,需同时提高两路信号的输入信噪比。

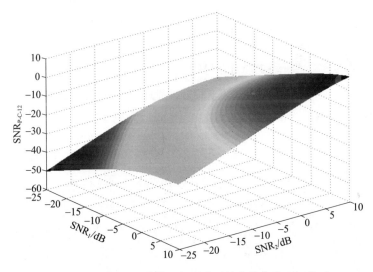

图 4.16 互相关后信噪比与两路原始信号信噪比间关系

通过上述分析可知,对于加密的 L1 频点、加密的 P(Y)码、M 码等授权服务信号,可以通过采用直射-反射信号互相关的方式得到两路信号间的时间延迟。但是,由于 GNSS 信号普遍采用了直序扩频的信号体制,天线接收端信号非常微弱,信噪比较低,这会带来较大互相关噪声,使相关器输出端信噪比急剧恶化,因此在进行互相关操作前需首先提高直射和反射信号的信噪比。

相关运算前信噪比提高方式主要是通过高增益信号接收天线的方式实现。事实上,高增益、窄波束的数字波束天线在天基 GNSS-R 系统中广泛采用[388]。对于 GPS L1P 和 L1M 信号,到达地面后的典型信噪比为 -31.5dB 和 28.5dB,假设经海面反射和自由空间后,信号衰减为 10dB,考虑在 1ms 相干积分条件下,L1P 和 L1M 信号的扩频增益分别为 40dB 和 41.8dB,图 4.17 中给出了不同天线增益下的 L1P 信号和 L1M 信号的互相关后信噪比。

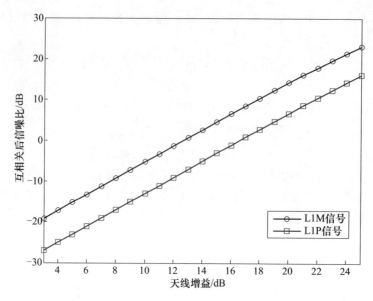

图 4.17　不同天线增益下 L1P 和 L1M 信号的互相关后信噪比

将互相关后信噪比代入式(4.19),可以得到两种信号在不同天线增益情况下的直射 - 反射信号距离延迟测量误差,如图 4.18 所示。

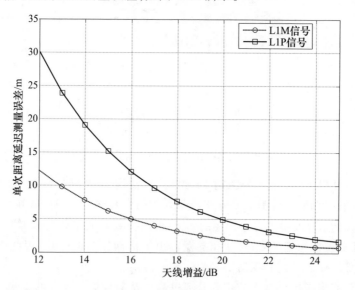

图 4.18　不同天线增益下 L1P 和 L1M 信号的单次距离延迟测量误差

经多次观测后,直射 - 反射信号距离延迟误差为

$$\Delta \rho_{\text{code},N_0}^{d} = \frac{\Delta \rho_{\text{code},1}^{d}}{\sqrt{N_0}} \tag{4.45}$$

式中:$\Delta\rho_{\text{code},N_0}^d$ 为经 N_0 次观测后的距离延迟测量误差;$\Delta\rho_{\text{code},1}^d$ 为单次观测距离延迟测量误差。

当天线增益为 22dB 时,对 1s(1000 次)观测数据进行滤波处理,L1P 信号和 L1M 信号的距离延迟测量精度可分别达到 10cm 和 4.3cm。

2. 直射 – 反射信号互相关结构

为了实现基于直射和反射信号互相关的时间延迟估计,给出了针对 GPS Block ⅡR 卫星的直射 – 反射信号互相关结构框图,如图 4.19 所示。

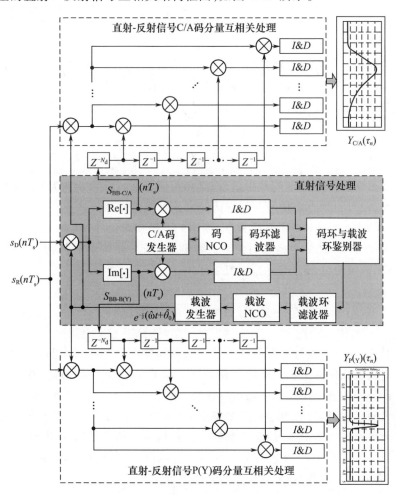

图 4.19 直射和反射信号互相关结构

本节重新给出直射及反射信号经滤波、放大、下变频和数字化处理后的数字中频形式为

$$\begin{cases} s_D(n) = s_D^i(n) + n_D(n) \\ s_R(n) = s_R^i(n) + n_R(n) \end{cases} \tag{4.46}$$

式中：i 为当前时刻可观测到的 GPS 卫星索引号；$n_D(n)$ 和 $n_R(n)$ 分别为均值为 0 的高斯白噪声。直射信号 $s_D^i(n)$ 和反射信号 $s_R^i(n)$ 可按以下形式表示为 C/A 码分量和 P(Y) 码分量两部分

$$\begin{cases} s_D^i(n) = s_{D-BB-C}^i(n)\sin\left[2\pi(f_{IF}+f_D^i)nT_S+\theta_D^i\right] + s_{D-BB-P}^i(n)\cos\left[2\pi(f_{IF}+f_D^i)nT_S+\theta_D^i\right] \\ s_R^i(n) = s_{R-BB-C}^i(n)\sin\left[2\pi(f_{IF}+f_R^i)nT_S+\theta_R^i\right] + s_{R-BB-P}^i(n)\cos\left[2\pi(f_{IF}+f_R^i)nT_S+\theta_R^i\right] \end{cases} \tag{4.47}$$

式中：f_{IF} 为数字中频信号的中心频率；f_D^i 和 f_R^i 分别为直射信号和反射信号的多普勒频移；T_S 为中频信号的采样间隔；θ_D^i 和 θ_R^i 分别为直射信号和反射信号载波相位的小数部分。

当对直射信号实现载波跟踪后，本地载波信号的同相分量和正交分量与接收信号的 C/A 码信号分量和 P 码信号分量相位相同，因此可以分别得到含有噪声的 C/A 码分量和 P 码分量基带信号 $s_{D-BB-C}^i(n)$、$s_{D-BB-P}^i(n)$，即

$$\begin{cases} s_{D-BB-C}^i(n) = A_{DC}^i CA_i(nT_S-\tau_D^i)D_i(nT_S-\tau_D^i) \\ s_{D-BB-P}^i(n) = A_{DP}^i PY_i(nT_S-\tau_D^i)D_i(nT_S-\tau_D^i) \end{cases} \tag{4.48}$$

利用直射信号 P 码分量的基带信号，经多路时延后与载波剥离后的反射信号进行相关处理，便可得到直射信号与反射信号 P 码分量的互相关波形。

对于 GPS Block ⅡR-M 卫星和 Block ⅡF 卫星发射信号，L1 频点中包含了新的军用信号 M 码信号，此时卫星发射信号的同向或正交分量中可能包含两种信号的组合，则可利用线性组合信号进行互相关运算。

4.5 小　　结

本章对 GNSS-R 进行海面高度测量中的几何关系模型和高度测量误差进行了分析。针对载波相位测高和码相位测高分别提出了相应的信号处理方法：基于直射闭环反射开环的载波相位提取方法可以连续有效获取直射-反射信号载波相位差，实验结果表明，该方法可有效避免周跳和由于反射信号衰减造成的观测值中断，平均距离延迟测量精度可达毫米级；基于直射-反射信号互相关的码相位差提取方法可以利用加密的 L1P 码或 L1M 码信号，通过高增益信号接收天线实现高精度的码相位差测量，可有效用于星载 GNSS-R 海面高度测量。

第 5 章 海面有效波高测量及信号处理方法

5.1 海面有效波高定义

在物理海洋学中将相邻的波峰与波谷的垂直距离称为波高。如图 5.1 所示,有效波高是指海浪连续记录中的逐个波高从大到小排列,其波高总个数的前 1/3 数量的波高平均值,单位为 m。GNSS 导航卫星信号经由海面反射或散射后到达接收机,反射和散射区由许多不同面元组成,各自具有不同表面坡度,对导航信号的反射需要在统计意义上进行分析。当电磁波照射到这些表面,每个面元都作为一个辐射元,图 5.2 所示为一种面元的网格划分示意图。

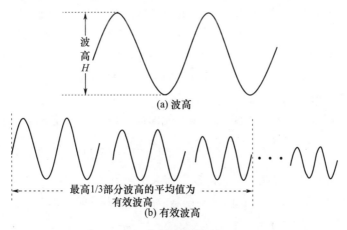

图 5.1 波高和有效波高定义

图 5.2 海面反射区面元网格划分示意图

据海面统计特性内容可知,海面坡度对于反射面元的概率分布函数可表示为

$$f_{sp}(z) = \frac{1}{\delta_\zeta \sqrt{2\pi}} \exp\left(\frac{-z^2}{2\delta_\zeta^2}\right) \left[1 + \frac{z}{6\delta_\zeta}\left(\lambda_{sp}\left(\left(\frac{z}{\delta_\zeta}\right)^2 - 3\right) - 3\gamma_{sp}\right)\right] \quad (5.1)$$

式中:z 为表面高度;δ_ζ 为表面高度标准差;λ_{sp} 为海洋表面倾斜;γ_{sp} 为描述 f_{sp} 偏离 $z = 0$ 面的平均偏差。有效波高通常定义为 $SWH = 4\delta_\zeta$。

5.2 基于 GNSS-R 技术的有效波高常用测量方法

利用 GNSS-R 技术测量有效波高通常有两种方法:一种是利用相关函数导数 (derivative of the correlation function, DCF) 函数宽度测量;另一种是采用干涉复数场 (interferometric complex field, ICF) 相关时间测量[389-390]。

5.2.1 利用函数宽度测量有效波高

函数宽度测量表示海面反射信号的一维时延相关函数微分。由于海浪的存在,粗糙的海洋表面造成电磁波的漫反射,使镜面反射得到的相关结果峰值上叠加了不同的延迟相关结果峰值,使最大的反射相关峰值后移,相关波形的形状也发生了变化。散射信号功率波形的斜率随着海浪高度的分布而变化,因此从函数宽度测量函数中可以得到海况信息。其中,从函数宽度测量峰值的高度可以得到海面风速,从函数宽度测量函数峰值点的码延迟位置可以得到海面平均高度,从函数宽度测量函数的宽度可以得到海面大浪的高度。

海面散射信号可以看作大量独立散射元的散射信号之和,散射信号电场表示为

$$E = \sum_k a_k \exp\left(-\mathrm{i}\left(\frac{2\pi c}{\lambda}\tau_k + \varphi_k\right)\right) \quad (5.2)$$

式中:延迟 τ_k 由发射和接收的位置以及表面 k 次散射元坐标决定;相位 φ_k 为电磁特性、散射元的粗糙度和信号极化的复杂函数;幅度 a_k 为反射功率 P_k 的平方根。

根据双基雷达方程可知

$$P_k = \left(\frac{P_t G_t}{4\pi R_{rk}^2}\right)\left(\frac{\sigma_{0k} A_k}{4\pi R_{tk}^2}\right)\left(\frac{\lambda^2 G_r}{4\pi}\right) \quad (5.3)$$

式中:P_t 为发射功率;G_t 为发射天线增益;R_{rk} 和 R_{tk} 分别为第 k 个散射元到接收机和发射机的距离;σ_{0k} 为反射截面系数;A_k 为第 k 个散射元的反射面积;G_r 为接收天线增益。当反射面粗糙时,第 m 个散射元对相关函数贡献可写为

$$R_p(\tau_m) = \sum_{k=1}^{\infty} a_k \exp(\mathrm{i}(\varphi_m - \varphi_k))\Lambda(\tau_m - \tau_k) \quad (5.4)$$

式中:τ_m 和 φ_m 分别为第 m 个散射元的散射信号时间延迟和相位延迟。假设不同的散射体之间是非相干的,互相关项为 0,将式(5.4)取平方并平均可得

$$\langle R_p R_p^* \rangle (\tau_m) = \sum_{k=1}^{\infty} \left(\frac{P_t G_t}{4\pi R_{tk}^2}\right)\left(\frac{\sigma_{0k} A_k}{4\pi R_{rk}^2}\right)\left(\frac{\lambda^2 G_r}{4\pi}\right)\Lambda^2(\tau_m - \tau_k)$$

$$= \left(\frac{P_t G_t}{4\pi R_{teq}^2}\right)\left(\frac{1}{4\pi R_{req}^2}\right)\left(\frac{\lambda^2 G_r}{4\pi}\right)\sigma_0 \iint \Lambda^2(\tau_m - \tau(x,y))\,dxdy \quad (5.5)$$

式中：$dxdy$ 为对海面积分；σ_0 为等效散射截面积；R_{req} 和 R_{teq} 分别为整个散射面到接收机和发射机的等效距离。

对式(5.1)和式(5.5)做卷积，得到相关函数随反射表面变化的关系表达式为

$$\Lambda_R^2 = C\int_{-\infty}^{\infty} f_{sp}(z)\Lambda^2\left(\tau_m - \tau(x,y,0) + 2\frac{z}{c}\sin\theta\right)dz \quad (5.6)$$

式中：θ 为镜面反射的射线仰角；C 为式(5.5)积分号前所有项；Λ_R^2 为从小面积反射的互相关函数平方，对于粗糙海面，Λ_R^2 包含了海洋粗糙和倾斜效应信息。

目前，利用函数宽度测量有效波高方法还仅停留在概念研究阶段，有效波高与函数宽度测量函数宽度关系的解析表达式尚未得出，因此该方法应用没有得到推广。

5.2.2　利用干涉复数场测量有效波高

目前利用 GNSS-R 技术进行有效波高测量一般利用干涉复数场。2004 年，Starlab 公司在巴塞罗那港口 Porta Coeli 气象台进行了利用 GPS-R 信号测量潮位和有效波高实验，采用设备为其公司生产的 Oceanpal，设备架构为信号采集卡加软件接收机形式。设备安装于最靠海的码头上，天线安装离海面 25m，天线架设如图 5.3 所示。观测卫星高度角范围为 10°～35°，方位角范围为 55°～165°。利用距离实验现场约 10 英里 TRIAXYS 浮标作为对比数据，校验有效相关时间和 SWH 之间的关系，设计了半经验公式。图 5.4 是浮标测量值与 Oceanpal 71 天测量结果估计值的比较结果，残留误差的标准偏差为 18cm。

图 5.3　巴塞罗那港口实验天线架设图[391]

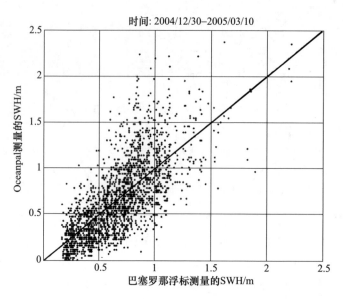

图 5.4 SWH 对照图(Oceanpal 与浮标)[392]

2006 年 9 月 2—16 日,中国海洋反射实验(China ocean reflection experiment,CORE)在厦门附近的海洋观测站进行,采用设备为 Starlab 公司的 Oceanpal,利用 GNSS – R 反演的有效波高结果与同步观测结果非常接近。

5.3 基于干涉复数场的 GNSS – R 有效波高测量方法与实现

5.3.1 干涉复数场函数的定义及表达式

1. 干涉复数场函数定义

假定 $F_D(t)$ 定义为 GNSS 直射信号最大相关值对应的复数相关值时间序列,$F_R(t)$ 定义为海面反射信号最大相关值对应的复数相关值时间序列,则干涉复数场函数记为

$$F_I(t) = \frac{F_R(t)}{F_D(t)} \quad (5.7)$$

直射信号复数相关值序列作为参考信息,用来消除海面反射信号中与海洋运动无关的项,如残余多普勒频偏、导航信息数据位偏移、直射信号功率变化以及由电离层和中性大气引起的附加时间延迟等对后续相关分析影响。干涉复数场函数中包含非常有价值的海况信息。

2. 干涉复数场中信号表达式

对 GNSS – R 几何结构进行细化可得干涉复数场相关的几何结构,如图 5.5 所

示,以镜面反射点为坐标原点 O,z 轴为地球切面的法线方向,y 轴正向在导航卫星方向,导航卫星、镜面点和接收机在 yz 平面内。θ 为镜面点处的卫星高度角;$\pmb{R}_t$ 为导航卫星到散射点的矢量;$\pmb{R}_t'$ 为导航卫星到镜面点的矢量;$\pmb{R}_r$ 为接收机到散射点的矢量;$\pmb{R}_r'$ 为接收机到镜面点的矢量;$\pmb{R}_0$ 为接收机到散射点在 y 轴投影的矢量;δr 为镜面点到散射点的矢量;z 为散射点相对于镜面点的垂直位移矢量;$\pmb{\rho}$ 为散射点相对于镜面点的水平位移矢量;H 为接收机高度。

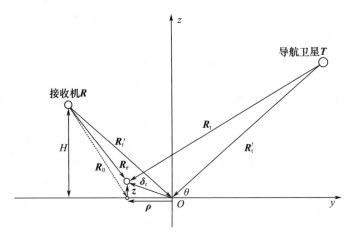

图 5.5　干涉复数场相关几何结构

通常认为海面电波散射面的坡度很小,散射主要发生在镜面反射点附近海面,得到干涉复数场表达式为

$$F_I(t) = \frac{F_R(t)}{F_D(t)} \approx ik\frac{e^{i2kH\sin\theta}}{r} \cdot \int M\Re \, e^{i(-2kz\sin\theta) - q_\perp \cdot \pmb{\rho} + \frac{k}{2r}(r'_\perp \cdot \pmb{\rho})^2} dS \qquad (5.8)$$

式中:$M = \sqrt{g(\pmb{\rho},z)}\chi(\pmb{\rho},z)$,$g(\pmb{\rho},z)$ 为天线增益,$\chi(\pmb{\rho},z)$ 为 Woodward 模糊函数;$\Re$ 为菲涅尔反射系数;$k = 2\pi/\lambda$ 为 GPS 载波 L1 的波数(载波波长 $\lambda = 19\mathrm{cm}$);r 为接收机(发射机)到海面上每个点的距离;s 表示散射区域 $\hat{n}$ 为表面的法向;$\pmb{q} = (\pmb{q}_\perp, q_z)$ 为反射矢量,它是入射和反射单位矢量 $\hat{n}_i$ 和 $\hat{n}_s$ 的函数,即 $\pmb{q} = k(\hat{n}_i - \hat{n}_s)$,且有 $\pmb{q} \cdot \hat{n} \approx k$。

5.3.2　干涉复数场函数的相关时间

干涉复数场函数的相关时间 τ_F 定义为干涉复数场自相关函数的时间宽度,有

$$\Gamma(\Delta t) = \langle F_I(t) F_I(t + \Delta t) \rangle_z \qquad (5.9)$$

假设海面高度为高斯概率分布,得到 $\Gamma(\Delta t)$ 的近似表达式为

$$\Gamma(\Delta t) \approx A(\delta_\zeta, l, \theta, G_r) e^{-4k^2\delta_\zeta^2 \frac{\Delta t^2}{2r_z^2}\sin^2\theta} \qquad (5.10)$$

式中;θ 为卫星高度角。干涉复数场自相关函数是 Δt 的高斯函数,与函数 $A(\delta_\zeta, l, \theta, G_r)$ 成正比例;δ_ζ 为表面高度标准差;l 为表面相关长度;G_r 为天线增益。干涉复数场

的相关时间可以看作此高斯函数的二阶矩,有

$$\tau_F = \frac{\tau_z}{2k\delta_\zeta \sin\theta} = \frac{\lambda}{\pi \sin\theta} \frac{\tau_z}{SWH} \tag{5.11}$$

式中:τ_F 依赖于表面相关时间 τ_z 与有效波高 SWH 的比值以及电磁波长。

5.3.3 干涉复数场有效波高反演方法

在远海海域,海浪可以充分生长,因此可以根据海浪谱推导海面相关时间和有效波高 SWH 之间的关系式。

假设表面相关时间是有效波高的函数,并定义有效相关时间为

$$\tau_F' \equiv \tau_F \sin\theta = f(SWH) \tag{5.12}$$

根据 Elfouhaily 于 1997 年提出的统一海浪谱,得到 τ_z 和 SWH 之间的线性关系式为

$$\tau_z = a_s + b_s SWH \tag{5.13}$$

式中:a_s 和 b_s 分别为适应实际测量地点的参数。这个关系式表明 τ_F 与波龄无关,利用上述结论和假设得到

$$\tau_F' \approx \frac{\lambda}{\pi}\left(\frac{a_s}{SWH} + b_s\right) \tag{5.14}$$

为了更准确地适应深海数据,设定 SWH 偏移参数 SWH_0 和尺度参数 γ,得到

$$SWH \approx SWH_0 + \gamma \frac{a_s}{\frac{\tau_F'\pi}{\lambda} - b_s} \tag{5.15}$$

在风区不够大且海床低的海域,海浪不能充分生长,用海浪谱推导有效波高与相关时间之间的理论关系就很困难,可利用数据拟合一个经验模型,即

$$SWH = a\left(\frac{1}{\tau_F'}\right)^2 + b\left(\frac{1}{\tau_F'}\right) + c \tag{5.16}$$

式中:a、b 和 c 分别为待定系数,可根据测试地点进行选择。在实际应用中,a、b 和 c 等系数需要按照具体位置和接收平台高度设定。

5.3.4 有效波高反演软件设计

有效波高反演软件利用接收机输出的直射和反射信号相关值,计算干涉复数场并得到有效波高,计算过程如图 5.6 所示。

首先,利用硬件接收机采集数据对直射信号时间序列和反射信号时间序列根据干涉复数场定义 $F_I(t) = F_R(t)/F_D(t)$ 进行干涉处理得到干涉复数场,对干涉复数场进行自相关运算,得到干涉复数场的自相关函数。然后,通过对干涉复数场相关函数进行插值、高斯拟合得到的相关时间 τ_F,利用公式 $\tau_F' = \tau_F \sin\varepsilon$,求出有效相关时间 τ_F',利用半经验模型或经验公式计算获得有效波高值。

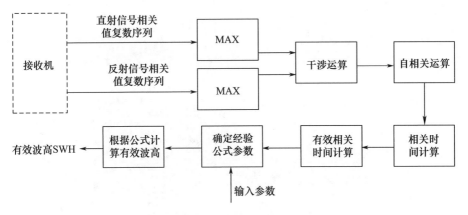

图 5.6 利用干涉复数场测量有效波高方法框图

5.4 有效波高测量实验验证

2009 年 11 月,在博贺海洋气象科学实验基地(图 5.7)开展了 GNSS-R 岸基实验。实验设备包括接收机 1 台、天线 2 部(右旋和左旋天线各 1 部)和计算机 2 台(用于任务监控和数据存储)。

图 5.7 博贺海洋气象科学实验基地

本次实验中,采用右旋天线指向天顶方向接收导航卫星直射信号,左旋天线采用适当角度接收导航卫星信号经海面反射后的信号。天线架设方式及相关设备如图 5.8 所示。

对硬件接收机采集数据进行观察,直射信号离散时间数据如图 5.9(a)所示,从图中可以发现处于跟踪状态的直射信号的能量集中于 I 支路,Q 支路的值在零附近。反射信号离散时间数据如图 5.9(b)所示。I 支路和 Q 支路的分布并无明显规律,这是由于受到粗糙海面影响,反射信号的相位不连续所致。

图 5.8　天线架设方式及相关设备

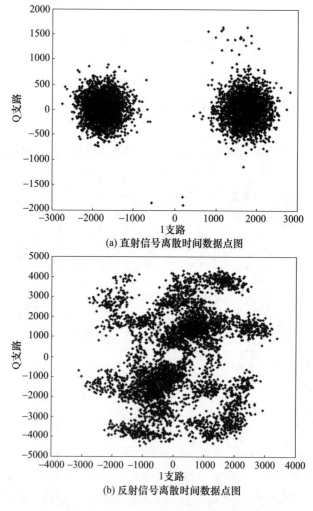

(a) 直射信号离散时间数据点图

(b) 反射信号离散时间数据点图

图 5.9　直射信号、反射信号离散时间数据点图

对直射信号时间序列和反射信号时间序列根据干涉复数场定义 $F_I(t) = F_R(t)/F_D(t)$ 进行干涉处理得到干涉复数场,对干涉复数场进行自相关运算,得到干涉复数场的自相关函数。干涉复数场的有效相关时间会受到安装环境影响,在近岸条件下,有效波高受地形等因素影响。因此,经验模型或经验公式的参数,需要根据不同天线架设条件和不同海岸位置进行调整校正,才能达到精确测量有效波高的效果。为了充分利用多颗卫星的反射信号求解有效波高,需要对相关时间进一步分析其特点。对于 GPS L1 信号而言,对应不同有效波高的反射信号自相关函数的自相关时间几乎一致,均不超过 20ms,如图 5.10 所示。这是由于 GPS 信号中导航数据位跳变导致信号相位不连续造成的。

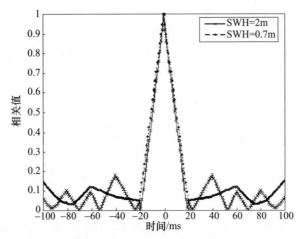

图 5.10　未消除数据位的反射信号相关值的自相关函数

采用直射信号辅助反射信号的处理方法,在直射信号中提取导航数据信息,用来消除反射信号中所含导航信息数据位的影响,得到反射信号的相关函数如图 5.11 所示。

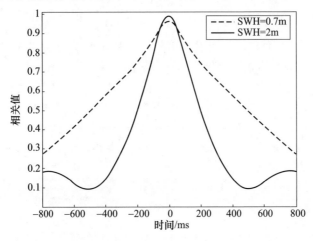

图 5.11　消除数据位后的反射信号相关值的自相关函数

实验过程中,受天线架设条件和天线波束宽度影响,获得有效海面波高测量数据较少。图 5.12 给出了在微波测浪仪同比波高数据分别为 0.53m、0.75m、1.33m、1.62m 等几种条件下的反射信号相关值的自相关函数,通过比较可知,有效波高与干涉复数场有效相关时间成反比,有效波高越大,干涉复数场有效相关时间越短。结果与前面的理论分析相符。

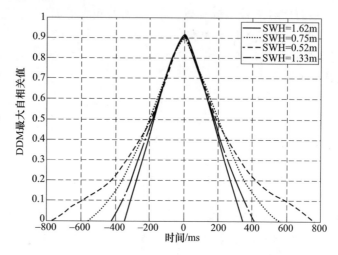

图 5.12　不同有效波高条件下反射信号的自相关函数

由于基于此方法进行有效波高的反演需要大量不同海态条件下的采集数据,确定相关时间的经验公式及其有效波高反演的相关参数,才能精确反演有效波高。因此,本章并未给出利用反射信号进行有效波高反演的经验公式,后续将对此项内容作进一步深入研究。

5.5　小　　结

本章对 GNSS-R 有效波高测量及信号处理做了分析说明。首先介绍了利用函数宽度测量、干涉复数场进行有效波高的测量方法,并具体对基于干涉复数场的 GNSS-R 有效波高测量方法进行了实验分析。干涉复数场的有效相关时间受环境影响明显,需要根据不同条件对经验模型或公式的参数进行校正。通过实验数据比较可知,有效波高与干涉复数场有效相关时间成反比,有效波高越大,干涉复数场有效相关时间越短。基于此方法的波高反演需要大量数据确定经验公式及相关参数。

第 6 章　GNSS 反射信号接收处理平台设计

GNSS-R 技术的业务化应用及 GNSS 反射信号接收处理新算法的实现和验证需要利用一个开放和公用的 GNSS 反射信号接收处理公共平台。本章将针对 GNSS 反射信号接收处理平台的总体架构及核心模块进行设计，并对其中的关键技术提出相应的解决方法。

6.1　平台总体框架设计

GNSS 反射信号接收处理与通用的无线通信信号接收处理流程相同，都需经过天线接收、放大、滤波、下变频、采样及数字化和数字信号处理等几个过程。通过不同应用场景下的 GNSS 反射信号接收处理算法的分析和研究可知，应用场景对反射信号处理需求主要体现在数字信号处理过程。对于通用的 GNSS 反射信号接收处理公共平台，信号的接收、放大、滤波、下变频、采样及数字化是共性问题。

数字信号处理主要有硬件和软件两种实现方式。其中，硬件实现的反射信号接收机具有操作简单、实时性高等特点，不仅可用于科学实验，还可以进行遥感业务化运行使用。但是，其灵活程度较低，可配置性和可扩展性相对较差，且对算法的实现依赖于 FPGA、DSP 等多种集成电路的协同工作，实现周期相对较长，不利于新算法的设计、分析及验证。另外，硬件资源是制约算法实现的重要因素，当面对新算法、新信号体制的挑战，或者主要控制参数改变时，硬件实现便呈现出极大的局限性。而基于 PC 的软件信号处理是随着软件无线电的发展逐步发展起来，已经在卫星导航领域得到了广泛认可，国内外很多学者在 GNSS 软件接收机设计方面开展了大量研究工作，它具有灵活可配置特点，实现较为简单，有利于进行新算法的设计、分析及验证。但是，软件信号处理实时性相对较低，对于实时性要求较高的场合难以满足实际应用要求。

综上所述，结合 GNSS 反射信号处理流程、应用需求及实现方式，本章给出的反射信号接收处理公共平台总体框架如图 6.1 所示，该平台主要包括信号接收天线、信号采集前端、信号实时处理后端、信号后处理软件和任务监控工作站几部分。

在该平台中，天线接收信号经信号采集前端进行射频处理和数字化后得到直射和反射的原始数字中频信号，数字中频信号可直接通过信号实时处理后端进行实时处理，也可存储于 PC 中，利用信号处理软件进行后处理。信号处理得到的应用数据

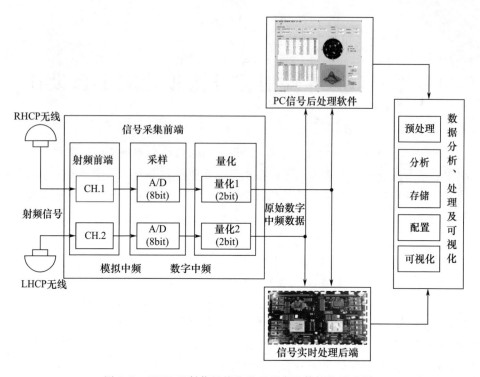

图 6.1　GNSS 反射信号接收处理平台总体架构示意图

进入应用软件进行数据分析、处理及可视化。下面给出平台中的信号接收天线、信号采集前端、信号实时处理后端及信号后处理软件的设计方案,并对其中关键技术进行分析。

6.2　信号接收天线

GNSS 卫星发射信号为右旋圆极化波,而经过反射后,其极化特性将发生改变,在大多数应用中 GNSS 反射信号的极化特性以左旋为主。因此,该平台包含 1 副接收直射信号的右旋圆极化(RHCP)天线和 1 副接收反射信号的左旋圆极化(LHCP)天线。右旋圆极化天线采用成熟的商用航空天线,用于接收 GNSS 直射信号;左旋圆极化天线采用 2×2 的阵列天线,以平衡天线增益和覆盖范围,可用于接收 GPS 卫星的反射信号,也可兼容 GALILEO E1 和 BDS-2 B1 信号。该天线具有以下特点。

(1) 通过单馈点结构,实现天线阵列单元的组阵。
(2) 通过采用连续旋转馈电结构,降低各天线单元之间的互耦系数。
(3) 通过旋转串行馈电技术,增加天线阻抗带宽,降低 E 面和 H 面的旁瓣并利用其寄生辐射提高天线的圆极化特性。

左旋圆极化天线结构及顶视图如图 6.2 所示,上层为 4 个天线阵元,中层为金属底板,下层为天线合成网络,设有信号输出 TNC 标准接口。

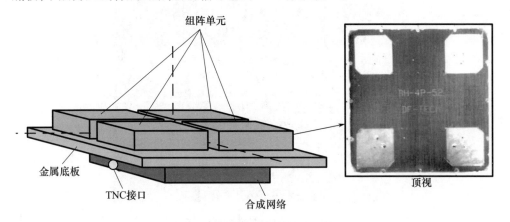

图 6.2　左旋圆极化天线的结构和顶视图

6.3　信号采集前端设计

6.3.1　射频前端

为了使直射和反射信号同步接收,双通道的射频前端采用对称结构设计。由于 GNSS 卫星反射信号深埋于热噪声电平之下,要求接收机前端有精密的变频、放大、滤波和增益控制电路。射频单元电路结构设计如图 6.3 所示,片内锁相环产生 2456MHz 本振信号,与接收到的 1575.42MHz 信号混频后产生 880.58MHz 信号;该信号与 911MHz 的本振信号混频产生 30.42MHz 的模拟中频信号。

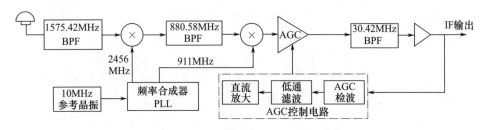

图 6.3　射频前端电路结构框图

输出电平均满足 0dBm±1dB/50Ω 的要求。同时该模块集成 10MHz 的温度补偿晶振,为后端数字化电路提供基准时钟,其参考频率稳定度为 $\pm 5\times 10^{-7}$,与信号处理后端采用 SMA 接口连接,并实现物理屏蔽隔离,有效降低了高频模拟与数字电路之间的干扰和噪声,使信号质量得到进一步优化。图 6.4 所示为射频前端输出的中心频率为 30.42MHz 的信号频谱图。

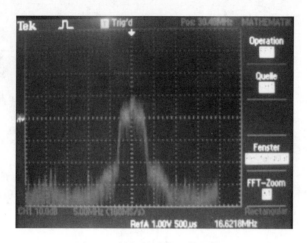

图 6.4　射频前端输出信号频谱

6.3.2　采样和量化

射频前端输出的模拟中频以差分形式进入双通道模/数转换器,以 20.456MHz 的采样率采样后,进入 FPGA 专用相关器,两路 10bit 数字信号按照规则量化成 2bit 数字信号,量化值分别为 ±1 和 ±3,量化电平采用自适应方式进行调整以满足 ±1 和 ±3 的比例分别为 25% 和 75%。其中,00 为 +1、01 为 +3、10 为 -1、11 为 -3。图 6.5 所示为模/数转换器量化后的直射和反射数据的分析。

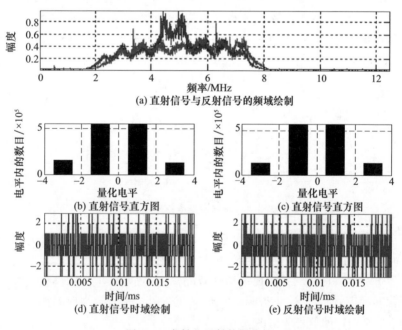

图 6.5　直射和反射数据分析

这些原始数据可以通过 GNSS-R 信号采集子系统进行采集，并通过软件接收机进行处理。系统开发过程中通过大量 GNSS-R 原始数据采集实验对系统天线、射频前端和采样量化单元的正确性进行验证。

6.4 信号实时处理后端设计

6.4.1 硬件结构

信号实时处理后端用于处理 GNSS 卫星下变频后直射信号和反射信号以及实现相应接口的数据上传。为了满足平台的通用性和可扩展性，信号处理后端采用 DSP+FPGA 组合的设计结构，信号处理板如图 6.6 所示。直射和反射两路量化后的信号分别送至 FPGA 中用 Verilog HDL 软件编程的方式实现的直射信号相关通道和反射信号相关通道。其中对于直射通道配合 DSP 信号处理器进行卫星的捕获跟踪以及导航定位和卫星状态的解算等，并通过直射信号处理的解算信息配置反射通道。

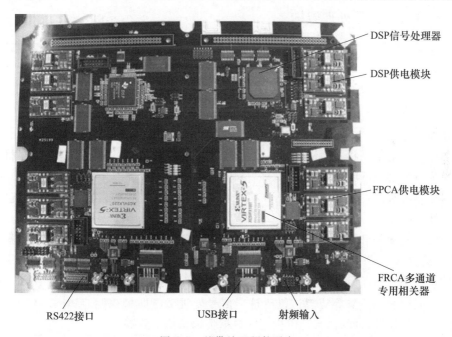

图 6.6 基带处理硬件平台

GNSS 反射信号接收机中两个主要部件分别为硬件相关器和处理器。其中硬件相关器通过在 FPGA 芯片上用 Verilog HDL 软件编程的方式实现，所选用的 FPGA 芯片为 Xilinx 公司 Virtex5 系列的 XC5VFX100T 和 XC5VLX220；而处理器则选用 TI 公司的浮点型 TMS320C6713 和定点型 TMS320C6416 两款 DSP 芯片。基带处理硬件平台的主要器件如表 6.1 所列。

表 6.1　信号实时处理平台主要器件

名称	型号	用途
FPGA 芯片	XC5VFX100T XC5VLX220	硬件相关器
DSP 芯片	TMS320C6713 BGDP300 TMS320C6416 BGA532	基带信号处理/通道及环路控制
AD 芯片	AD9218BSTZ-105	模/数转换
USB 芯片	CY7C68013-56PVXC	USB 数据传输控制
SRAM	IS61LV25616	FPGA 和 DSP 外扩存储
串口芯片	DS26LV31 DS26LV32	RS422 电平转换
Flah 芯片	SST39LF800A	DSP 程序存储
电源芯片	PTH05010WAN2832c	电平转换
其他组件	电容、电阻、电感、晶振、磁环等	外部组件

6.4.2　信号处理架构

针对 GNSS 反射信号处理算法流程及 FPGA 和 DSP 芯片的处理能力,本节给出的 GNSS 反射信号处理架构如图 6.7 所示。

其中,FPGA 芯片完成的主要工作包括以下几项。

(1) 直射信号相关通道(CH_D)的实现。包括直射信号的码剥离、载波剥离、累加运算等。

(2) 反射信号相关通道(CH_R)的实现。反射信号相关通道需要完成对反射信号的时延一维、多普勒一维或时延-多普勒二维相关处理。相关运算中的参考信号可由本地码或载波发生器产生,也可由直射信号相关通道中提取,从而满足不同应用对相关处理的需求。

(3) 本地码和载波的产生。包括码直射信号相关通道中的载波发生器、码 NCO、载波 NCO 等。反射信号相关通道中的码和载波采用前述的信号发生结构,以满足直射信号和反射信号间的同步要求。

(4) 控制和传输等功能。包括整个信号处理后端时钟控制、启动控制、与 DSP 间的数据传输接口配置、与上位机间的数据传输接口配置等。

DSP 信号处理器完成的主要工作包括以下几项。

(1) 应用场景和应用模式的配置。根据接收到的上位机指令确定应用场景及应用模式,并配置信号处理后端的信号处理流程,使之与当前场景和应用模式匹配。

(2) 直射信号的处理。对直射信号的处理与通用的 GNSS 接收机类似,主要包括:积分-清除器的相关器输出值读取;导航信号载波和码跟踪环路的更新,并解析 GPS 导航数据,监控环路锁定状态;收集原始观测量,预报接收机距离卫星的伪距数

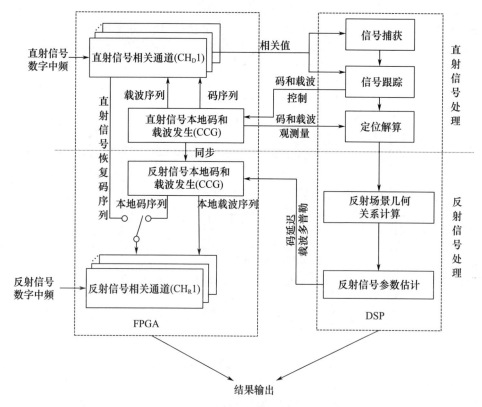

图 6.7 GNSS 反射信号实时处理架构

值,更新位置与速度估计值,控制卫星跟踪策略;根据卫星播发的星历和历书,预测卫星在空中的当前位置,确定卫星选择策略,收集卫星轨道参数,计算当前时刻的伪距,求解伪距方程并更新位置与速度解。

(3) 反射信号处理。对反射信号的处理主要包括反射场景几何关系的计算和反射信号参数的估计两方面内容。反射场景几何关系计算利用卫星 – 反射面 – 接收机的相对位置关系,计算镜面反射点的位置和粗略的直射和反射信号传播延迟;根据直射信号相关通道输出的码和载波观测量信息几何关系对反射信号的时延 – 多普勒同步进行控制。

6.4.3 基于块处理和流处理组合的相关结构

1. 总体架构

由于在直射和反射相关通道中需实现数据的载波解调、信号的相关、相干累加等,反射相关还包含非相干累加运算。如此巨大的运算量不仅需要大量的 FPGA 逻辑资源,还需要寄存器做数据中间状态存储。随着导航系统的增多、码片速率的增大、量化数据位数的增加以及应用端对时延 – 多普勒分辨率要求的提高,相关通道所需的运算量、存储量急剧增大，这对实时处理平台的处理能力和灵活性造成了较大限制。因此，本节提出了基于块处理和流处理结合的相关结构，如图 6.8 所示。

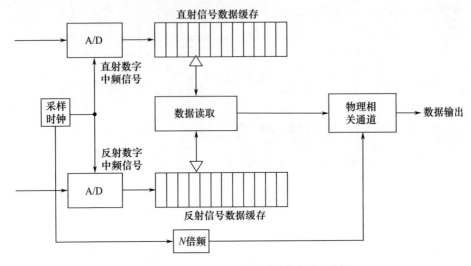

图 6.8　基于流处理－块处理结合的相关架构

在这种处理架构下，经过数字下变频的直射和反射数字的中频信号逐段存储在缓存内，在一段数据缓存好后，针对每颗卫星信号都是用这段数据进行处理，与此同时接收机采集下一段数据。由于处理过程中数据已被缓存在接收机内，只要采样频率足够快，可以使用一个物理相关通道采用时分复用的方式实现多个逻辑通道，而且一些之前只能通过软件接收机实现的信号处理算法也可以在这种架构下直接使用。采用此种构架的优点如下：①利用更高速的采样时钟可使单个物理相关通道实现多个逻辑通道功能，节省逻辑资源；②灵活性和可配置性强，通过物理通道的复用可以实现单个物理通道输出时延一维或多普勒一维相关运算；③由于软件接收机中普遍采用的是数据块处理方式，这种结构有利于软件接收机中新算法的移植。

2. 数据块组织

在这种结构下，数据块是信号处理对象的基本数据单元，其长度是在接收机设计中应考虑的参数。长的数据块会占据较多存储器空间。但在切换数据块时会有一部分数据搬移的开销。数据块的长度越短，进行数据块切换的频度就越高，而进行数据搬移的开销也会随之增加。所以，在设计中应当根据存储资源的大小选取合适的值。

由于每颗卫星到接收机的传播延时不同，在同一个数据块中每颗卫星信号中的扩频码的相位也会不同。以 GPS C/A 码接收机为例，假设数据块的长度为 2ms，如图 6.9 所示。在该数据块中，卫星 1 的 C/A 码起始位置距离数据块开头 n_1 个采样点，而卫星 2 为 n_2 个采样点。由于在解扩时必须从一个伪码周期的起始位置开始进行相关，所以在信号处理函数中需要首先将数据指针滑过图中阴影部分，从伪码起始位置开始进行1ms的相关运算。而1ms数据之后不足一个周期的数据也被丢弃。每个通道必须独立记录其读取数据块的指针位置,这个值将在后面用于计算卫星发射时刻。当该数据块对所有的通道都完成了处理之后,接收机切换到下一个数据块。

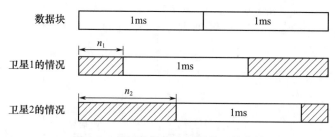

图6.9 相同数据块内不同的卫星信号

为了保证处理的数据是连续的,在切换数据块时必须将上一个数据块尾部的1ms数据复制到下一个数据块的开头,并在后面补齐其余的采样点,如图6.10所示。这样,每个通道都可以在下一个数据块中找到与上一次相连的采样点,从而不会发生数据中断。接收机每完成1ms的信号处理就要进行一次数据复制,其开销比较大。所以,在存储资源允许的情况下,应当将数据块的长度增加到合理的值以降低数据块切换带来的开销。

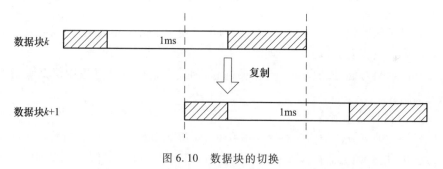

图6.10 数据块的切换

6.5 信号后处理软件设计

6.5.1 软件架构及反射信号处理流程

1. 软件架构

信号后处理软件利用商用PC作为运行平台,使用C语言实现,基本结构如图6.11所示。

据图6.11可知,反射信号后处理软件相较于直射信号而言,表现出以下两个不同点。

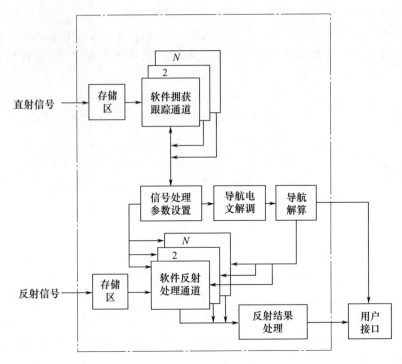

图 6.11 信号后处理软件架构

（1）对于跟踪到的卫星，需要为其相应的反射信号分配不同通道，反射通道的处理需要结合对应直射通道协同处理。

（2）反射信号的处理也是一个相关过程，因此在信号处理过程中增加反射信号的相关支路。

2. 反射信号处理流程

反射信号处理算法与实时处理方式类似，流程如图 6.12 所示。初始化包括反射通道初始化、反射相关器初始化、相关数据表初始化等。在直射信号已实现定位的基础上，读取已跟踪直射通道的跟踪结果，包括卫星号、码相位、载波多普勒等信息，打开已跟踪到卫星相应的反射通道，并读取反射数据，估算反射通道的本地码和本地载波相位，通过滑动本地多普勒和本地扩频码或由直射信号剥离产生的正交载波信号或扩频码，计算相应多普勒和码相位下的反射信号复数相关值。

3. 反射信号相关值计算方法

反射信号相关值计算在软件处理中采用了查表的实现方式，在程序初始化过程中生成一个四维数组，数组结构如图 6.13 所示，第一维以输入数据的量化值为索引；第二维以具体的载波相位为索引；第三维以本地扩频码扩展相位为索引；第四维以相关支路为索引。四维索引完毕后，在反射信号处理中即可通过查表方式获得某一采样点对应的基带信号幅度值，进一步累加可产生所需的相关值。

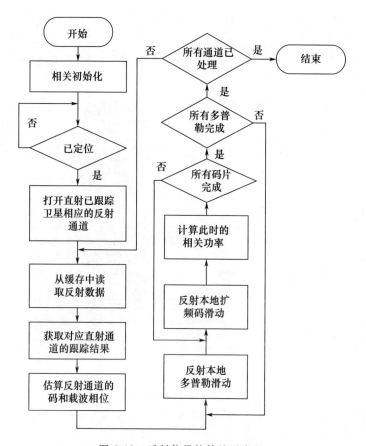

图 6.12 反射信号软件处理流程

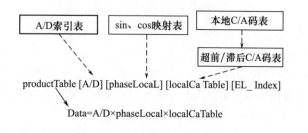

图 6.13 查表法计算 I、Q 相关值

6.5.2 信号后处理软件初步实现

1. 软件功能

图 6.14 表示初步设计的信号后处理软件界面,该软件以 GPS 单频 C/A 码为例实现反射信号的二维相关处理功能,软件运行环境为:Intel Pentium 双核处理器、主频 1.6GHz、内存 2GB、操作系统为 Windows XP。

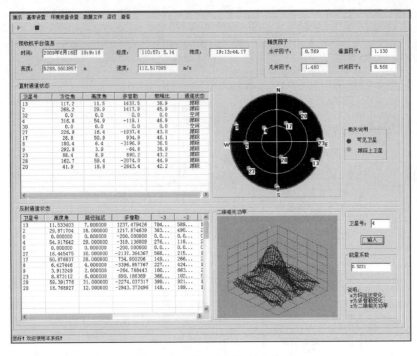

图 6.14 信号后处理软件主界面

主界面按功能不同,可分为以下 6 个信息区域。

(1) 接收机平台信息:显示接收机平台的位置信息(经度、纬度和高度)和速度信息。

(2) 精度因子信息:显示卫星分布的精度因子,包括水平因子、垂直因子、几何因子和时间因子。

(3) 直射通道信息:以列表形式分别显示 12 个直射通道中的卫星号、方位角、高度角、多普勒、载噪比和通道状态。

(4) 天空视图:以视图形式显示跟踪卫星在天空的分布情况。

(5) 反射通道信息:以列表形式分别显示 12 个反射通道中的卫星号、高度角、路径延迟、多普勒和一定码延迟处对应的相关功率值。

(6) 相关功率图形信息:给出所选反射卫星的码延迟、多普勒和相关功率三者的图形化关系,图形随计算结果动态变化。

在菜单栏中包含基带设置,用于设定采样率、数字中频频率、量化比特数和通道数等信息,使该软件能适用于不同的硬件前端类型;环境变量设置主要用于设定反射面的高度(以便求解反射信号与直射信号的路程差)及反射信号处理所需要的码相位(或码延迟)分辨率、多普勒分辨率;数据文件选项用于读取存储的原始数据,并进行后处理,以求解不同参数条件下的反射信号相关值输出,便于实现不同应用领域(如海面测高、海面测风和有效波高)的反演要求。

2. 实时性方案研究

对基于 PC 软件的信号处理,实时性是其中的重要问题。GNSS 反射信号后处理软件的实时性可从以下几方面考虑。

(1) 降低采样率。在每个累加循环中,仅能对一个采样点进行运算,则采样频率越高,计算量越大,查表和累加语句耗用的时间也就越多。根据带通信号采样定律,即

$$f_s = \frac{4f_0}{2n+1} \quad (6.1)$$

式中: $f_0 = (f_H + f_L)/2$; n 取能满足 $f_s \geqslant 2B$ ($B = f_H - f_L$) 的最大整数。在满足带通采样定律和后端反演应用需求的条件下,降低中频信号的采样率可以有效提高软件运行速度。

(2) 优化算法。在 12 通道实时 GPS L1 软件接收机中的一种逐位并行算法,将多个采样点分符号位和幅值位存储在 32bit 字中。例如,对于 2bit 量化的信号,32 个采样点需要 2 个 32bit 字来存储,一个用于存储 32 个符号位,另一个用于存储 32 个幅值位,相应地,本地载波信号和扩频码采用相同的存储方式,然后在存储好的 32bit 字之间进行二进制异或运算,以得到最终的各支路 I、Q 值。对于 GPS L1 信号,一般的算法对于 2 个采样点的计算需要 6 次乘法和 4 次加法,而该算法对 32 个采样点的计算共需要 6 次异或和 52 次逻辑加法运算,并需要在 32bit 字内进行累加运算以及累加每个 32bit 字的和。计算速度可以提高近 4 倍。

(3) 优化程序。与硬件实现相比,软件较难用并行处理方式实现其功能,这是软件相关器效率较低的主要原因。在直射信号处理方面,由于每颗卫星信号的多普勒和码偏移值不同,必须为每个通道配置相应的相关器,每个通道的相关器均包含多个相关支路;在反射信号处理方面,不同码片、多普勒的二维滑动都只能采用串行方式实现,总的耗用时间将很长。另一个限制软件相关器运行速度的主要原因是使用高级语言编程,难以直接调用与硬件资源相关的存储器和输入输出口,运行效率在一定程度上受制于编译系统。MMX 公司推出的单指令多数据流(single instruction multiple data,SIMD)操作能够将 8 个 8 bit、4 个 16 bit 或 2 个 32 bit 整数打包存入一个 MMX 寄存器,然后以寄存器中的所有数据为操作对象并行操作。在适当算法结构下,SIMD 能够显著提高运行速度。SIMD 指令非常适合并行处理,在相关运算中,它可以同时执行多个支路的载波剥离、码剥离和累加运算,执行速度得以大幅提高。逐位并行算法可以利用 SIMD 操作实现。除了采用 SIMD 操作实现在空间上的并行运算外,多核处理器发展也为时间上的并行运算提供了条件。对于软件相关运算,多核多线程编程也将是提高速度的有效途径。

6.6 小　　结

本章针对 GNSS 反射信号接收处理平台的总体架构及核心模块进行设计,并针对其中的关键技术提出相应的解决方法。该平台主要包括信号接收天线、信号采集前端、信号实时处理后端、信号后处理软件和任务监控工作站几部分。信号接收天线采用一副接收直射信号的右旋圆极化天线和一副接收反射信号的左旋圆极化天线。为了使直射和反射信号同步接收,双通道的射频前端采用对称结构设计。信号实时处理后端采用 DSP + FPGA 组合的设计结构,满足了平台的通用性和可扩展性,并且提出了基于块处理和流处理结合的相关结构以提高处理平台的处理能力及灵活性。信号后处理软件利用商用 PC 作为运行平台,使用 C 语言实现。

第7章　GNSS 海面测高反射信号的部分干涉处理

GNSS-R 技术已成为天基海面测高的有效手段。在不知道实际测距码的情况下,干涉处理法可通过充分利用 GNSS 信号的全部带宽提高 PARIS-IoD 计划的测距精度。本章提出了新型星上处理方法,利用部分 GNSS 信号分量的干涉测量进一步提高测高精度。以 GPS L1 波段为例,阐述了部分信号分量的提取方案和干涉测量方法。针对所提方法可实现的测高性能进行了评价和比较,包括测高灵敏度、单脉冲分辨率、信噪比和整体测高精度。若将该方法扩展到其他现有和计划中的全球导航卫星系统和信号,可保证 PARIS 概念的整体性能得到改善。

7.1　概　　述

PARIS 或 GNSS-R 可利用双基地 GNSS 反射信号同时沿多轨道进行海面高度测量。因此,与传统的下视高度计相比,GNSS-R 技术可以在海面上获得更高的时空分辨率。相对用于中尺度海洋高度测定的常规高度计,GNSS-R 技术作为具有应用前景的补充技术,已经成为越来越受关注的研究领域。自 1993 年 PARIS 概念的首次提出,该技术在过去几十年中已取得重要进展,包括海洋散射 GNSS 信号的理论描述和建模[393]、利用 GPS 反射信号开展测高的可行性研究及性能评估以及利用 SIR-C 航天飞机和 UK-DMC 卫星[394]接收和使用 GPS 反射信号。

随着这项技术的不断改进和全球导航卫星系统的发展,ESA 提出了 PARIS-IoD 太空任务,旨在证明 PARIS 概念的性能适用于中尺度海洋高度测量。为了克服全球导航卫星系统信号的低传输功率和带宽限制,该任务将尝试一种新型星上处理方法——干涉测量处理。干涉测量概念将用上视天线接收到的直接信号的全复合分量取代本地生成的干净副本(经典方法),并与反射信号进行相关。目前相关的桥梁和机载实验已验证了干涉测量技术相对于传统技术的测高精度至少提高 2 倍[395]。最近理论分析预测[396],对于星载场景,由于镜面点周围的功率波形的斜率陡峭,并且复合分量信号的带宽较大,干涉测量技术可将测高精度和空间分辨率至少提高 3 倍。关于信噪比(SNR)、观测几何关系、散斑噪声、GNSS 信号的自相关特性等不同参数的测高精度综合模型为

$$\sigma_{\text{h}} = \frac{c}{2\sin\theta_{\text{SP}}\sqrt{N_{\text{inc}}}} \times \frac{\overline{P_{\text{Z}}(0)}}{\overline{P_{\text{Z}}(0)}'} \times \sqrt{\left(1 + \frac{1}{\text{SNR}}\right)^2 + \left(\frac{1}{\text{SNR}}\right)^2} \quad (7.1)$$

式中：c 为光在真空中的速度；θ_{SP} 为镜面点处的高度角；N_{inc} 为非相干平均样本数；$\overline{P_{\text{Z}}(0)}$ 和 $\overline{P_{\text{Z}}(0)}'$ 分别为镜面点处的平均功率幅度和功率波形斜率；SNR 为在相关器输出端计算的镜面点延迟的平均信噪比。

在式(7.1)中，高度估计的标准差是热噪声和散斑噪声引起的功率不确定性通过波形斜率的转换。在此转换中，镜面点处的测高灵敏度 $\left(s_{N,\text{SP}} = c\dfrac{\overline{P_{\text{Z}}(0)}}{\overline{P_{\text{Z}}(0)}'}\right)$ 对于测高精度至关重要，它主要取决于所采用信号的自相关特性。

与全功率谱密度相比，一些加密信号分量或分量复合具有更清晰的自相关函数（ACF），因此具有实现更优测高性能的潜力。此外，全球导航卫星系统的信号结构使从接收的 GNSS 信号中提取这些分量成为可能。基于上述考虑，本章利用干涉测量处理的优点，探索利用所选择的部分 GNSS 信号分量进一步提高测高精度的方法。以 GPS L1 信号为例，7.2 节介绍了提取部分信号分量的机理和方案，以及相应的干涉处理结构；7.3 节介绍了所提出方法的可实现测高性能的评估和比较；7.4 节对其他全球导航卫星系统中的潜在信号分量和可用于部分干涉测量处理的信号进行了总结。

7.2 部分干涉处理

7.2.1 干涉波形模型综述

GNSS-R 干涉处理是指将直接信号 $v_{\text{d}}(t)$ 与反射信号 $v_{\text{r}}(t)$ 在一段时间 T_{C} 内进行互相关，即

$$z(\tau) = \int_{T_{\text{C}}} v_{\text{d}}(t) v_{\text{r}}^*(t + \tau) \mathrm{d}\tau \quad (7.2)$$

平均干涉波形可表示为有用信号和噪声分量之和，即

$$\langle |z(\tau)|^2 \rangle = \langle |z_{\text{s}}(\tau)|^2 \rangle + \langle |z_{\text{n}}(\tau)|^2 \rangle \quad (7.3)$$

由于海洋反射的 GNSS 信号可以建模为海面许多散射单元的回波之和，因此功率波形的有用信号分量可表示为卷积，即

$$\overline{P_{\text{Z}}(\tau)} = \langle |z_{\text{s}}(\tau)|^2 \rangle = W(\tau) \otimes \Lambda_{\text{Z}}^2(\tau) = W(\tau) \otimes \left[p(z) \underset{z}{\otimes} \Lambda^2\left(\tau - 2\frac{z}{c}\sin\theta_{\text{SP}}\right)\right] \quad (7.4)$$

式中：权重函数 $W(\tau)$ 为延迟 τ 点对波形的贡献；$\Lambda^2(\cdot)$ 为 GNSS 信号的峰值归一化幅度平方的自相关函数；$p(z)$ 为随机海面高度 z 的概率密度函数（PDF），可通过忽略海面倾斜度贡献近似为高斯统计(0,SWH/4)。

7.2.2 部分干涉处理

GNSS 信号是不同准正交信号分量的叠加,因为是部分信号分量,而不是直接信号的全谱,可以通过适当信号处理方法用作式(7.2)中的参考信号。

以 GPS Block IIR – M 和 IIF 卫星为例,L1 波段载波携带 C/A、P 和 M 码信号,以相位正交方式传输。因此,接收到的 L1 波段中频直接信号由同相和正交分量组成,即

$$s_{L1\_d}(t) = [s_{L1\_I}(t) + j \cdot s_{L1\_Q}(t)] e^{-j(2\pi f_d t + \theta_d)} + n(t) \quad (7.5)$$

其中[397],

$$\begin{cases} s_{L1\_I}(t) = \sqrt{2P_P} s_P(t) - \sqrt{2P_M} s_M(t) \\ s_{L1\_Q}(t) = \sqrt{2P_{C/A}} s_{C/A}(t) - \sqrt{2P_{IM}} IM(t) \end{cases} \quad (7.6)$$

假定相对时间延迟为零,$n(t)$ 为附加热噪声;P_* 为每个信号分量的功率,下标分别为信号分量 P、M 和 C/A;$s_*(t)$ 为扩频码调制基带导航信号;$IM(t)$ 为前 3 个分量的互调;f_d 为卫星到接收机多普勒的中频。

1. 相干解调

根据式(7.5)和式(7.6),P 码和 M 码分量在同一分支中被调制,它们的组合(L1 P&M 分量复合信号)可以通过相干解调被提取作为参考信号,如图 7.1 所示。首先,生成复载波的本地副本 $s_{LO}(t)$,并通过 C/A 码分量的通用载波跟踪环与接收到的复载波的频率和相位对齐[398],有

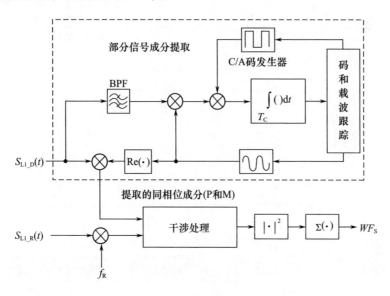

图 7.1 GPS L1 波段的部分干涉处理方案

$$s_{\mathrm{LO}}(t) = \mathrm{e}^{-\mathrm{j}(2\pi\hat{f}_{\mathrm{d}}t + \hat{\theta}_{\mathrm{d}})} \tag{7.7}$$

式中: $\hat{f}_{\mathrm{d}} \approx f_{\mathrm{d}}$; $\hat{\theta}_{\mathrm{d}} \approx \theta_{\mathrm{d}}$。可使用本地生成的载波同相分量通过对接收信号进行降频转换来提取所需的参考信号,即

$$s_{\mathrm{ref}}(t) = s_{\mathrm{L1\_D}}(t) \cdot \mathrm{Re}[s_{\mathrm{LO}}(t)] \approx s_{\mathrm{L1\_I}}(t) + n_{\mathrm{I}}(t) \tag{7.8}$$

式中: $n_{\mathrm{I}}(t)$ 为 $n(t)$ 的同相分量。然后,对接收到的反射信号 $s_{\mathrm{L1\_R}}(t)$ 进行下变频和多普勒补偿,并与提取的持续时间 T_{C} 内的参考信号互相关;最后,获得相关器输出的振幅平方,并在 N_{inc} 样本上进一步累积获得平均波形。

2. 滤波

利用不同信号分量的频谱特性,通过对部分频谱进行滤波,提取所需的信号分量。另外,以 GPS L1 波段为例,一个简单的阻带为 2MHz 的高通滤波器可以在不损失 P 码和 M 码分量的情况下,从整个信号频谱中去除大部分的 C/A 码分量。

上述信号分量的提取方法称为相干解调和滤波,可以容易地实现分离在相位正交调制或在不同频谱处分配的信号分量。模拟参数如表 7.1 所列,为了直观显示部分干涉波形与完全干涉波形之间的差异,通过式(7.4)模拟了相干解调的 L1 P&M 分量复合信号的平均波形。然后,将模拟的部分干涉波形通过镜面点处的功率幅度进行归一化,其完全干涉波形如图 7.2 所示。可以注意到,获得的 L1 P&M 分量复合信号波形比 L1 完全波形更陡峭,可能具有更好的高度测量性能。

表 7.1 模拟参数

参 数		数 值
轨道高度		800km
镜面点入射角		15°
10m 高度处风速 U_{10}		7m/s
有效波高		1.5m
上视和下视天线增益		23dBi
接收机带宽		40MHz
上视天线噪声温度		44K
下视天线噪声温度		114K
接收机噪声温度		290K
接收机噪声数值		3dB
发射功率	L1 C/A	26.8dBW
	L1 P	25.6dBW
	L1 M	27.8dBW
沿轨空间分辨率		100km

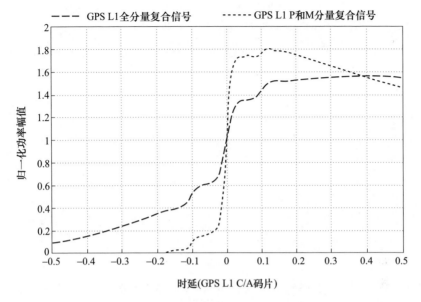

图 7.2 用于 GPS L1 P&M 和 L1 全分量复合信号的干涉测量处理的归一化功率波形

7.3 测高性能分析

7.3.1 测高灵敏度

式(7.4)中的权重函数 $W(\tau)$ 取决于发射功率、几何关系、双基地雷达截面、天线增益和载波多普勒频偏分布。为了直观分析相对于不同信号分量的测高灵敏度,假设天线覆盖区域和闪烁区域远大于脉冲限制覆盖面积,则采用更简单的 $W(\tau)$ 模型,即

$$\begin{cases} W(\tau) = 0 & \tau < 0 \\ W(\tau) = W_0 & \tau \geq 0 \end{cases} \quad (7.9)$$

对于增益为 23dBi 的天线,其足印直径约为 100km 的 3dB 天线,这个假设是合理的。通过将式(7.9)代入式(7.4),可将测高灵敏度简化为

$$s_{N,SP} = \frac{c \cdot \overline{P_Z(0)}}{P_Z(0)'} = \frac{c \cdot \int_0^\infty \Lambda_Z^2(-\tau)\mathrm{d}\tau}{\Lambda_Z^2(0)} \quad (7.10)$$

因此,如式(7.10)所示,测高灵敏度本质上与 GNSS 信号分量的自相关特性具有内在联系。在不同的有效波高下比较了 L1 P&M 和 L1 全分量复合信号的测高灵敏度。如图 7.3 所示,L1 P&M 分量复合信号具有更高的测高灵敏度,可以达到 L1 全分量复合信号的 3 倍。另外,高度计的灵敏度随着有效波高的增加而降低,与传统的下视雷达高度计(radar altimeter,RA)测高相同。

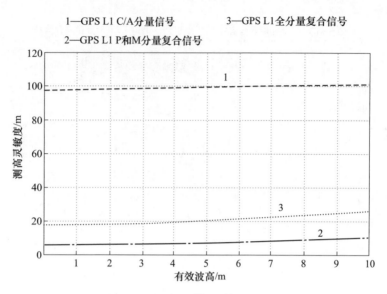

图 7.3　不同有效波高下 GPS L1 全分量复合信号、L1 P&M 和 L1 C/A 的测高灵敏度比较

7.3.2　脉冲限制足印尺寸

对功率波形产生贡献的椭圆形区域内的海面区域随着相应半轴（与入射面方向交叉）r_s 的镜面点的时间延迟而变化。空间分辨率的大小可以用海面区域空间范围镜面点处的功率波形的贡献率来衡量。基于表 7.1 中的模拟参数，L1 P&M 和 L1 全分量复合信号的空间滤波性能如图 7.4 所示。结果表明，L1 P&M 分量复合信号将提供更精细的空间分辨率（约 5km），约为 L1 全分量复合信号（约 12.5km）的 2.5 倍。

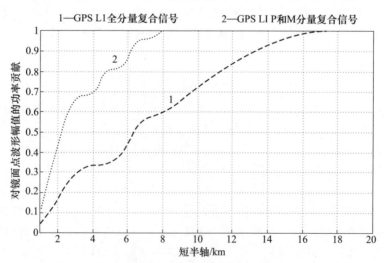

图 7.4　GPS L1 P&M 和 GPS L1 全分量复合信号的脉冲限制足印尺寸的比较

7.3.3 信噪比

由于附加噪声项的引入,信噪比降低是干涉测量处理的主要问题,相关器输出处的信噪比可表示为

$$\text{SNR}(\tau) = \frac{P_Z(\tau)}{P_{Nd}(\tau) + P_{Nr}(\tau) + P_{Ndr}(\tau)} \quad (7.11)$$

式中:P_{Nd}、P_{Nr}和P_{Ndr}分别为平均互相关噪声功率项。为了实现满足要求的信噪比,应该相应增加上视和下视天线的增益。

由于较小的足印面积和较低的发射功率,L1 P&M 分量复合信号的干涉波形相对于 L1 全干涉波形显示出更显著的信噪比降低。另外,由于脉冲限制的足印尺寸较小,P&M 分量复合信号的相干积分时间可能比 L1 全分量复合信号相干积分时间长。采用表 7.1 中的相同模拟参数,根据式(7.11)并假设两种处理方法的相干积分时间初步为 1ms 和 2.5ms,模拟了不同天线增益下镜面点处波形的信噪比。如图 7.5 所示,相对于 L1 全分量复合信号情况,L1 P&M 分量复合信号波形的信噪比降低约 4dB。一旦通过增加上视和下视天线增益(26dBi)获得足够的信噪比(约 4.5dB),信噪比降低将不会引起测高精度的显著下降。然而,对于完全干涉测量需要增加天线的物理尺寸。

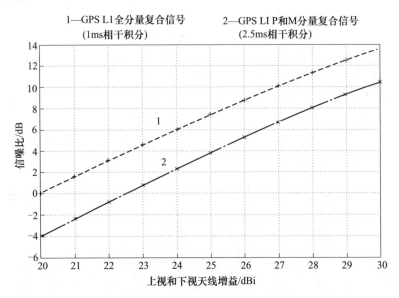

图 7.5 不同天线增益下 GPS L1 全分量复合信号和 L1 P&M 波形的镜面点延迟处后相关信噪比的比较

7.3.4 整体测高精度评估

为了评估该方法的整体测高性能,通过式(7.1)和采用表 7.1 的相关参数,基于

不同天线增益和高度角进行了测高精度初步分析。通过考虑相干积分时间、沿轨道分辨率和几何关系,将 GPS L1 P&M 和 L1 全分量复合信号的非相干平均波形样本数量分别设置为 7080 和 17700。如图 7.6(a)所示,对于 20dBi 增益,全分量复合信号可以获得更高的测高精度。如图 7.6(b)所示,25dBi 增益天线有利于提高 L1 P&M 分量复合信号精度。如图 7.6(c)所示,随着天线增益增加到 30dBi,与 L1 全分量复合信号相比,L1 P&M 分量复合信号的测高精度提高了 1.8 倍(约 4cm 和约 7cm)。

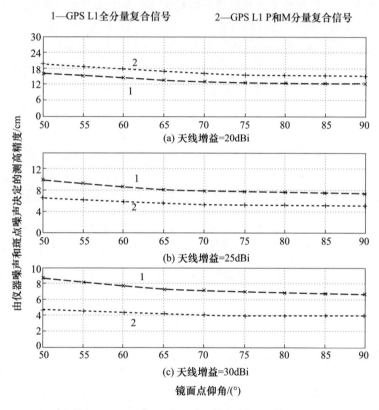

图 7.6 不同天线增益和入射角下 GPS L1 P&M 和 L1 全分量复合信号的总测高精度

7.3.5　扩展到其他 GNSS 系统和信号

采用现有全球导航卫星系统的全频带对提高 PARIS 概念的总体测高性能至关重要。通过简单地调整滤波器的带宽和本地产生载波的频率,可以较容易地实现全干涉处理。如表 7.2 所列,对于部分干涉测量的情况,首先依靠不同全球导航卫星系统的信号结构,通过相干解调和滤波提取需要的信号分量,这将增加计算和存储的要求[399-402]。然而,信号跟踪回路和数字滤波器已在常用的星载全球导航卫星系统接收器和其他信号处理系统中采用了定制微处理器和场可编程门阵列成功实施,因此不会显著增加硬件结构的风险和复杂性。部分干涉处理还可以通过滤波方法扩展到具有精确编码的民用信号,即将这些编码滤波后的局部生成的干净副本与反射信号相关联,进而优化测高灵敏度。

表 7.2　潜在的 GNSS 信号分量部分干涉处理

GNSS 系统和信号	分量	提取方法
GPS Ⅱ A& Ⅱ R L1,L2	L1P,L2P	相干解调
GPS Ⅱ R – M& Ⅱ F L1,L2	L1 P&M,L2 P&M	相干解调
GPS Ⅲ L1	L1 P&M	相干解调和滤波
GPS Ⅲ L2	L2 P&M	相干解调
GLONASS M&K1 L1	L1 SF	相干解调
GLONASS M&K1 L2	L2 SF	相干解调
GLONASS K2 L1,L2	L1SC,L1SC	相干解调
GALILEO E1	E1 A	相干解调
GALILEO E6	E6 A	相干解调
BeiDou Ⅱ B2	B2 AS	相干解调
BeiDou Ⅲ B1	B1 A	相干解调
BeiDou Ⅲ B2	B2 A	滤波

7.4　小　　结

为了提高星载 GNSS – R 测高卫星的海洋测高性能,本章针对全球导航卫星信号的部分信号分量提出了干涉测量处理法。从信号结构和信号分量的自相关特性出发,阐述了 GPS L1 波段部分信号分量提取和干涉处理方案。在参考的星载情况下,对比了选择分量(L1 P&M 分量信号和 L1 全分量复合信号的组合)的测高性能。研究结果表明,通过合理设计上、下视天线,使用干涉测量处理法可以获得较高的空间分辨率和测高灵敏度,进而提高了测高精度。将干涉测量处理法推广到其他现有和计划中的全球导航卫星系统,有利于改善 PARIS 概念的总体性能。

第8章 互调分量对干涉GNSS-R测量的影响

干涉型全球导航卫星系统反射技术(iGNSS-R)利用全球导航卫星系统发射信号的全频谱来提高海面高度应用的测距性能。全球导航卫星系统信号的互调(IM)分量是保持复合信号功率包络常量的附加分量。在以往的iGNSS-R研究中,无论是在建模还是仪器方面,都忽略了此额外分量。本章以GPS L1信号为例,分析了IM分量对iGNSS-R海面测高的影响,包括信噪比、测高灵敏度和最终测高精度。分析结果表明,由于未考虑互调分量,以往的测高精度估计降低了1.5～1.7倍,因此将来星载iGNSS-R测高计划中应考虑互调分量产生的影响。

8.1 概 述

PARIS的概念自从1993年提出以来,GNSS信号反射技术便成为各种地球表面遥感应用的主要手段。GNSS-R技术可以低成本的方式在地球表面提供密集的时空采样。在过去20年内,已开展的理论和实验研究证明了利用全球导航卫星系统反射信号进行海洋测高的可行性。文献[403-404]对散射计在海面风场、海冰、土壤湿度探测中的应用进行了研究并对结果进行了详细介绍。

类似于传统雷达高度计,海面回波的延迟信息是GNSS-R测高的主要观测指标,其精度随着信噪比和发射信号频带宽度的增加而提高。然而,GNSS信号的发射功率相对较低,GNSS信号的频带宽度也比传统雷达高度计中的信号要窄得多,故传统GNSS-R方法(cGNSS-R)性能较低。为了克服带宽限制,Lowe和Carreno-Luengo提出了重构GNSS-R(rGNSS-R)加密信号[405-406],也称为干涉型GNSS-R(iGNSS-R)加密信号。但上述几种GNSS-R技术的工作带宽(2～40MHz)远低于传统雷达(约320MHz),因此测距精度与传说方法比较相差较大。

iGNSS-R技术首次在ESA的PARIS-IoD计划中得到验证。此外,在国际空间站(GEROS-ISS)进行的全球导航卫星系统反射、无线电掩星和散射测量实验中也采用了iGNSS-R技术[407]。不同于cGNSS-R系统,iGNSS-R反射信号与直射信号相关,即通过视线路径到达的信号(图8.1)。iGNSS-R系统可以从GNSS系统的发射信号中提取全部频谱分量信息,从而产生更清晰的自相关函数(ACF),并提升测高精度。机载实验的结果表明，与系统内部生成模拟直射信号的方法相比，iGNSS-R技术的测高精度至少提高2倍，而进一步的理论分析可将测距精度提高2～3倍[408-410]。

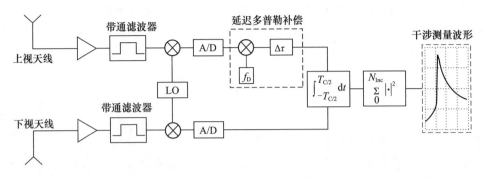

图 8.1　iGNSS-R 接收机框图

目前的 GNSS 信号，如所有 block IIR-M 和后期设计卫星的 GPS L1 信号、伽利略系统的 E1/E6 波段信号和北斗系统的 B1/B3 波段信号，都是由许多分量调制到相同载波，进而提供不同的导航服务（如 GPS L1 波段的 C/A（粗捕获）码、P码（精确）和 M 码（军用）信号）。此外，使用交叉调制的副本信号分量（称为互调分量），传输时将所有信号分量组合在相同载波上，并保持高功率放大器的恒定包络和饱和。在 cGNSS-R 和 rGNSS-R 系统中，不考虑互调分量，因为它们与所需的信号码之间没有相关性。然而，干涉处理过程中利用上视和下视天线采集的所有信号，直接链路和反射链路中的互调分量也与期望信号交叉相关，从而影响了干涉波形的特性。然而，在任何正式开放服务的空间信号接口控制文件（OS-SISICD）中，互调分量并没有体现在调制方案中，故其对 iGNSS-R 的影响在以往的研究中被忽略。

本章弥补了以往 iGNSS-R 研究中对互调分量的忽略，研究了 GPS L1 互调分量对 iGNSS-R 海面测高性能的影响。8.2 节以 GPS L1 信号为例，介绍了互调分量的理论基础，并修正了 GPS L1 信号的自相关函数（ACF）。8.3 节通过实验数据验证了该分量的存在性，分析研究了互调分量对海洋测高性能的影响，包括信噪比、测高灵敏度以及最终的测高精度。

8.2　多路复用信号的特性

由于分配给导航系统的频谱资源有限，GNSS 信号由相干自适应子载波调制（CASM）在相同载波上复用的若干分量组成，这是一种多信道调制方案，也称为三码六相调制或交叉调制[411-412]。该技术可以保持发射信号的功率包络恒定，即 GNSS 系统的总发射功率不随时间而变化。采用这种调制方法的意义是允许使用工作在近饱和区且信号失真有限的高功率放大器。但这种技术会产生一种副产品——互调信号分量,其在导航应用中并没有实际作用。

以 GPS L1 波段信号为例,GPS 卫星(GPS IIR-M 和 II-R)发射 3 种不同的导航信号,即 C/A 码、P 码和 M 码分量。相干自适应子载波调制技术将 P 码和 M 码调制在同相分量(I)中,将 C/A 码调制在正交分量(Q)和互调分量中。基带发射的 L1 信号可以表示为

$$s_{L1}(t) = \sqrt{2}(\sqrt{P_P}s_P(t) - \sqrt{P_M}s_M(t)) + j\sqrt{2}(\sqrt{P_{C/A}}s_{C/A}(t) - \sqrt{P_{IM}}s_{IM}(t)) \quad (8.1)$$

式中:$s_*(t)$ 为扩频码调制的基带导航信号;P_* 为每个信号分量的功率,下标分别表示 P、M、C/A 和互调(IM)的信号分量,互调分量表示 3 个有用分量的乘积,即 $s_{IM}(t) = s_{C/A}(t)s_P(t)s_M(t)$。由于互调分量与其他信号分量不相关,即 $\langle s_{IM}(t)s_X(t)\rangle = 0$,所以通常在导航信号处理中以及 cGNSS-R 和 rGNSS-R 方法中都未考虑。

目前各 GNSS 系统中,导航信号均采用二进制相移键控(BPSK)或二进制偏移载波(BOC)调制。BPSK 和 BOC 调制的一般表达式可以写成 BPSK(n) 和 BOC(n,m),其中 n 和 m 是指码片率 $n×1.023$MHz 和副载波频率 $m×1.023$MHz。因此,C/A 码、P 码和 M 码可分别表示为 BPSK(1)、BPSK(10) 和 BOC(10,5),互调分量可表示为 BOC(10,10)[413]。图 8.2 表示 GPS L1 波段不同信号分量的自相关函数(ACF)比较。

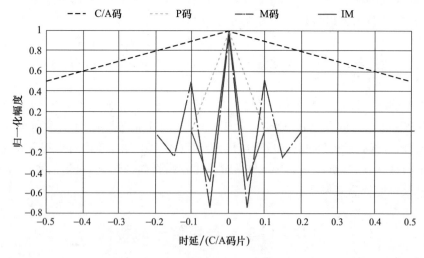

图 8.2 (见彩图)GPS L1 波段不同信号分量(C/A 码、P 码、M 码和互调分量)的自相关函数(ACF)比较

利用高增益天线对 GPS Block IIR-M #6(PRN 07)卫星的 L1 波段信号进行了分析,估算了各信号分量的相对功率。这些信号分量的主要特征如表 8.1 所列。在

图 8.3 中,将理想的功率谱密度(PSD)$S_{L1}(f)$和伍德沃德模糊函数(Woodward ambiguity function,WAF)(即全分量复合 GPS L1 信号的自相关函数(ACF)的平方 $\Lambda^2(\tau)$)与其测距分量(即 C/A 码、P 码和 M 码的组合)进行比较。正如所预期,互调分量的宽频带和分谱特性增加了载频外的频谱能量,因此将会锐化主瓣并减小自相关函数的旁瓣。

表 8.1 GPS Block IIR - M 卫星 L1 波频发射信号分量的主要特征

信号	载波相位	调制方式	功率占比/%
C/A 码	Q	BPSK(1)	25
P 码	I	BPSK(10)	18.75
M 码	I	BOC(10,5)	31.25
互调(IM)分量	Q	BOC(10,10)	25

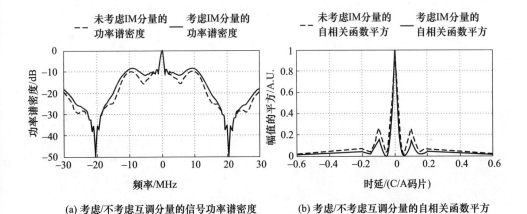

(a) 考虑/不考虑互调分量的信号功率谱密度 (b) 考虑/不考虑互调分量的自相关函数平方

图 8.3 考虑互调分量的 GPS L1 组合信号的功率谱密度和伍德沃德模糊函数

为了进一步验证互调分量的存在及其对 iGNSS - R 波形的影响,对 2015 年 12 月 3 日在波罗的海上空进行的机载实验期间采集的原始数据样本进行了处理。这次实验中使用了 PARIS 干涉软件接收机(SPIR)[414]的新设备。由于 PARIS 干涉软件接收机的灵活性,上视天线阵列(8 个单元)可以分解为两个独立子阵列,每个子阵列包括 4 个天线单元。采用类似于文献[415]中的部分干涉处理方法,通过载波相位跟踪环路分离波束形成信号的同相分量和正交分量。如图 8.4 所示,通过将两个子阵列提取的信号分量进行交叉相关,分别生成来自 PRN01 卫星的 GPS L1 同相和正交分量(波形 - I 和波形 - Q)的波形。与 C/A 码的自相关函数(ACF)相比,锐化的自相关函数正交分量波形中存在宽带分量。

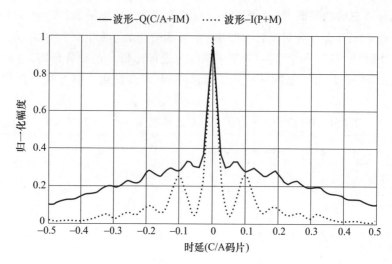

图 8.4 PRN-01 卫星 GPS L1 同相及正交分量的实测波形
（相干积分时间 $T_c = 10ms$、非相干积分时间 $T_{inc} = 1s$）

8.3 对 *i*GNSS-R 测高性能的影响

通过验证 *i*GNSS-R 波形中互调分量的存在,利用前面推导的功率谱密度和伍德沃德模糊函数模型分析了互调分量的影响,并修正 *i*GNSS-R 测高性能。以轨道高度 600km(拟用于 PARIS-IoD 任务)的星载方案开展互调分量对 *i*GNSS-R 测高性能的影响分析。表 8.2 表示分析过程的主要参数,重点比较了两个案例。

情况 1:只考虑测距分量,即 C/A、P 和 M 码的组合。

情况 2:考虑分量复合信号,包括测距分量以及额外的互调分量。

表 8.2 模拟参数

参数	数值
轨道高度	600km
镜面点处信号入射角	15°
海拔 10m 处的风速 U_{10}	7m/s
星下点处天线指向	22.6dB
接收机频带宽度	12MHz
相干积分时间	1ms

8.3.1 波形模型

GNSS 海面反射信号可以建模为海面许多散射回波分量之和。目前相关学者已开展了 GNSS 海面反射波形模型研究。经过简化,功率波形中的有用信号分量可以表示为卷积

$$\langle Z_S(\tau) \rangle = W(\tau) \otimes \Lambda_B^2(\tau) \tag{8.2}$$

式中:加权函数 $W(\tau)$(常规雷达测高中称为平面冲激响应)为延迟 τ 点对波形的贡献;$\Lambda_B(\cdot)$ 为 GNSS 信号的带限自相关函数(ACF)。

为了直观显示考虑与不考虑互调分量情况下干涉波形之间的差异,基于式(8.2)和表 8.2 模拟平均波形。如图 8.5 所示,通过波形比较,应注意两个主要方面:首先,由于考虑到互调信号分量增加了总发射功率,从而增加了反射功率波形的振幅;其次,互调分量将更多的功率集中在载频以外,功率波形的斜率变得更加陡峭,从而提高了测高性能。

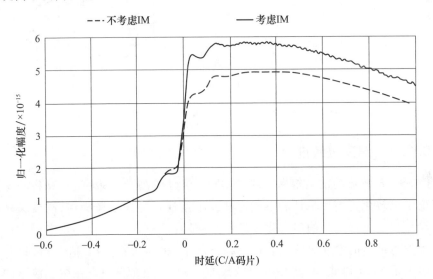

图 8.5 考虑/不考虑互调分量情况下星载 GPS L1 反射功率波形的模型(表 8.2)

8.3.2 信噪比

由于热噪声的互相关性,信噪比下降是 $iGNSS-R$ 的主要问题。互相关器输出功率波形的最终信噪比表示为

$$\text{SNR}(\tau) = \frac{\langle |Z_S(\tau)|^2 \rangle}{\langle |Z_{\hat{S}N}(\tau)|^2 \rangle + \langle |Z_{S\hat{N}}(\tau)|^2 \rangle + \langle |Z_N(\tau)|^2 \rangle} \tag{8.3}$$

式中:$\langle |Z_{\hat{S}N}(\tau)|^2 \rangle$ 为互相关的上视信号和下视噪声的平均功率;$\langle |Z_{S\hat{N}}(\tau)|^2 \rangle$ 为互相关的下视信号和上视噪声的平均功率;$\langle |Z_N(\tau)|^2 \rangle$ 为互相关的上视噪声和下视噪

声的平均功率。

基于式(8.2)和式(8.3),作为接收机基带带宽函数,在镜面点延迟处($\tau=0$处)模拟了干涉功率波形的信噪比。如图8.6所示,当带宽大于10MHz时,互调分量的额外发射功率使信噪比增加了0.7dB。在设计和优化 iGNSS-R 系统时应考虑该效应,特别是在链路预算和天线设计中。由于热噪声功率与接收机带宽成正比,因此信噪比随接收机带宽的增大而减小。

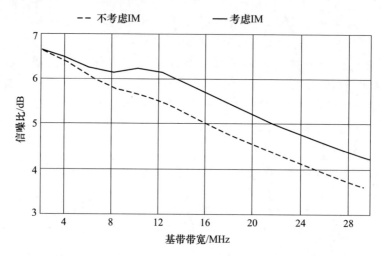

图8.6 考虑/不考虑互调分量的基带带宽函数的信噪比

8.3.3 测高灵敏度

GNSS-R 波形的前沿斜率反映了 GNSS 信号的测高灵敏度,能够将功率测量的不确定性转化为高度估计的不确定性。本章通过考虑散斑噪声,高度灵敏度定义为镜面反射点延迟处的归一化波形斜率,即 $s_{\text{ALT}} = \langle Z_S(0) \rangle' / \langle c \cdot Z_S(0) \rangle$,主要取决于发射信号的自相关特性。在星载情况下,由于天线足印和闪烁区比脉冲限制足印大很多,所以式(8.2)中的权函数 $W(\tau)$ 可以近似为阶跃函数。波形的斜率表示为

$$\langle Z_S(\tau) \rangle' = W'(\tau) \otimes \Lambda_B^2(\tau) = \Lambda_B^2(\tau) = \left| \int_{-\infty}^{\infty} S_C(f) e^{-j2\pi\tau f} df \right|^2 \quad (8.4)$$

式中:$S_C(f)$ 为当考虑前端滤波器和基带滤波器影响时,在相关器输入端的 GNSS 信号的功率谱密度(PSD)。镜面点延迟波形的振幅表示为

$$\langle Z_S(0) \rangle = \int_0^\infty \Lambda_B^2(\tau) d\tau = \frac{1}{2} \int_{-\infty}^\infty \Lambda_B^2(\tau) d\tau = \frac{1}{2} \int_{-\infty}^\infty |S_C(f)|^2 df \quad (8.5)$$

测高灵敏度在频域的表达式为

$$s_{\text{ALT}} = \frac{2\left|\int_{-\infty}^{\infty} S_C(f)\,\mathrm{d}f\right|^2}{c \cdot \int_{-\infty}^{\infty} |S_C(f)|^2\,\mathrm{d}f} \tag{8.6}$$

式中：c 为真空中的光速。

通过对直射信号和反射信号使用相同的理想低通滤波器，可以基于式(8.6)计算两种不同接收机带宽的复合分量信号的测高灵敏度。如图 8.7 所示，由于将更多的功率集中在载频以外，并且增加了功率波形的斜率，当互调分量的信号带宽大于 10MHz 时，测高灵敏度提高了约 1.5 倍。

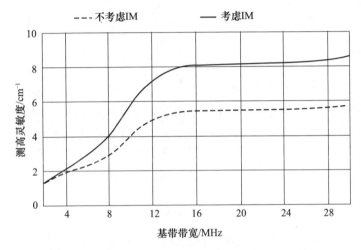

图 8.7 考虑互调分量时作为基带带宽函数的测高灵敏度

8.3.4 精度分析

测高精度的预测对 GNSS-R 系统的合理设计和优化具有重要意义。本节提出了基于 Cramér-Rao 边界(CRB)的综合模型[416]，采用了简单和有效的模型，将测高精度 σ_h 表示为信噪比、测高灵敏度、样本的非相干系数均值 N_{inc} 和仰角 θ_{SP} 的函数，即

$$\sigma_h = \frac{1}{2s_{\text{ALT}}\sin\theta_{\text{SP}}\sqrt{N_{\text{inc}}}}\sqrt{\left(1+\frac{1}{\text{SNR}}\right)^2 + \left(\frac{1}{\text{SNR}}\right)^2} \tag{8.7}$$

如图 8.8 所示，利用表 8.2 中的模拟参数，对于不同的接收机带宽，基于式(8.7)计算了不同情况下的测高精度。假设最佳接收机的基带带宽为 12MHz，对于不同的几何关系和非相干平均时间，测高精度如表 8.3 所列。分析结果表明，当考虑互调分量时，测高精度可提高 1.5~1.7 倍。因此，在 iGNSS-R 系统的测高精度预算时应考虑互调分量。

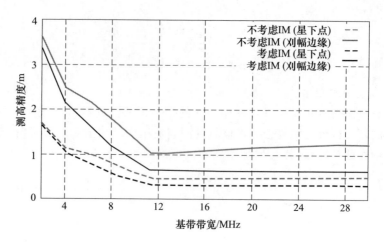

图 8.8　当考虑互调分量时作为基带带宽函数的星下点和刈幅边缘的测高精度(平均非相干积分时间为 1s)

表 8.3　不同情况下星下点和刈幅边缘处测高精度统计

情况 1:不考虑互调分量;情况 2:考虑互调分量

T_{inc}/s	1	5	10
星下点处($\theta_{SP}=0°$)测高精度/m			
情况 1	0.46	0.21	0.15
情况 2	0.30	0.13	0.10
刈幅边缘处($\theta_{SP}=35°$)测高精度/m			
情况 1	1.02	0.46	0.32
情况 2	0.63	0.28	0.19

8.4　小　　结

本章验证了互调分量对 iGNSS-R 波形的影响,并分析了互调分量对海面高度测量中 GNSS-R 干涉测量性能的影响。互调分量是 GNSS 信号中相干自适应副载波调制信号的副本信号分量,用来保持复合信号的功率包络不变。由于 GNSS 系统中并没有互调分量的相关参数,在以往关于 iGNSS-R 的研究中并未考虑互调分量。GPS L1 波段的互调分量是测距分量 C/A 码,P 码和 M 码的乘积,相当于 BOC(10, 10)信号。互调分量信号增加了总发射功率,从而提高了 iGNSS-R 波形的信噪比。互调分量的宽频带和分频特性使其在载频以外集中了更多的谱能量,从而提高了信噪比和测高灵敏度。分析结果表明,考虑到信噪比和测高灵敏度的增加,当考虑互调分量时,最终测高精度将提高 1.5~1.7 倍,这表明以往的研究低估了 iGNSS-R 的测高性能。在未来的星载 GNSS-R 测高任务(如 PARIS-IoD 计划和 GEROS-ISS

计划)设计时应考虑互调分量。

本章以 GPS L1 波段信号为例进行了应用研究。类似的互调分量也存在于其他 GNSS 系统中,如 GPS L2(含 L2C 码、P 码和 M 码信号)、GALILEO E1(含 OS 数据、OS 导频和 PRS 信号)、GALILEO E6(含 CS 数据、CS 导频和 PRS 信号)、北斗 B1(含 $B1C_D$、$B1C_P$、$B1A_D$、$B1A_P$ 和 B1I 信号)和北斗 B3(含 $B3C_D$、$B3C_P$、$B3A_D$ 和 $B3A_P$ 信号)等系统[417-418],并将在每个传输频带中传输两个以上的服务。这些信号的自相关特性对于 GNSS-R 高度计的设计和优化都需要进一步深入研究。

第9章 基于 TechDemoSat－1 星载 GNSS－R 的海冰相位测高

通过处理 TDS－1 星载 GNSS 反射信号得到海冰相位测高信息,并从高仰角(大于57°)的 GNSS 相干反射信号中提取了高精度载波相位测量值[419]。当沿轨方向采样间距为140m、空间分辨率为400m时,高度测量结果与平均海面(MSS)模型的均方差为4.7cm。测高结果与平均海面模型结果之差与由土壤湿度和海洋盐度得到的海冰厚度资料具有较好的相关性。由于 GNSS 信号对海冰的可穿透性,高度测量反射面与冰水交界面底部的反射面一致。因此,高精度的测高结果验证了该技术对海冰厚度监测的可行性。

9.1 概　　述

GNSS－R 和 PARIS[420]都可同时进行多轨道海洋高度测量。这种被动式宽幅高度计概念提高了解决海洋中尺度特征的可能性。Li 等[421]通过数值模拟证明了 GNSS－R 海面高度观测对中尺度海洋模型的重要影响。

与传统雷达高度计类似,GNSS－R 通过反射信号的时间延迟来测量表面高度。时间延迟可以从 GNSS 测距码的反射雷达脉冲的时间演变(码延迟)导出。当前,GNSS－R 码延迟测高已在不同的实验中得到了验证,并且相关学者已提出了专用的低地球轨道卫星计划。

与测距码(30～300m)的码片长度相比,GNSS 载波信号波长较短(20～30cm)。因此,可以利用反射面上的载波相位信息进行更精确的高度测量。GNSS－R 相位测高已在不同的应用中得到验证,如海洋潮汐、基于地面实验的海冰观测[422]和机载平台的海面地形测量[423]。另外,该技术将通过国际空间站(GEROS－ISS)的 GNSS－R 掩星和散射测量实验得到验证。Semmling 等的初步模拟结果表明,根据观测几何和信噪比(SNR),可以实现从厘米级到米级的海面测高精度[424]。然而,载波相位信息只能从 GNSS 信号的相干反射中提取。对在空中接收的 GNSS 反射信号,由于漫反射原因,风驱动海域的相干观测频率过低。海冰的存在不仅改变了漫反射极限值,而且改善了 L 波段的载波相干性。根据 Gleason 以往的星载数据结果表明,海冰表面的 GNSS 反射信号具有较强的相干特性[425]。根据 Cardellach 研究结果可知,基于星载无线电掩星装置,从格陵兰冰盖和北极海冰反射的 GPS 信号中获取了载波相位观测值。然而,在极低仰角(0°~1°)下获得的 GNSS 反射信号,会降低测高精度,并增大对流层误差。至今为止,在较高掠射角(5°~30°)或接近最低点(大于 45°)的情况下,GNSS – R 相位测高精度较低。

本章重点介绍了利用英国 TDS – 1 星载的空间 GNSS 接收遥感仪(SGR – ReSI)收集的 GNSS – R 数据进行海冰相位测高研究[426]。主要数据产品(Level 1b)是 GPS 散射功率的时延多普勒图(DDM),其已应用于各种遥感领域,如海洋散射测量、海洋测高、土壤湿度等[427]。围绕海冰探测和海冰浓度反演,对海冰上采集的 DDM 进行了分析[428-430]。然而,利用 DDM 从测距码中只能提取反射信号的粗延迟,导致测高精度较低,如海面上 1s 观测值的精度为 7.4~8.1m。除 DDM 外,也可从 Level 0 原始数据中提取反射信号的相位信息,并用它检查海冰相位测高精度。

海冰区域的高度测量主要利用激光测高仪(ICESat)和 Ku 波段雷达观测(Cryo-Sat – 2 和 EnviSat RA – 2)进行。激光信号既无法穿透海冰,也无法穿透积雪;Ku 波段虽然能穿透积雪,但不能穿透冰层[431]。Cardellach 等[432]和 Rius 等[433]研究表明,GPS 信号穿透海冰/冰盖或干雪的深度达数十厘米到 200~300m 的量级[434]。针对海冰特征(厚度、粗糙度、温度和盐度),由于空气和海冰之间 L 波段下的低介电常数(约 3),从冰水交界面反射的回波信号为主要信号。本章结合高度测量与海冰反演,提出了新型海冰厚度测量方法,并评估了该方法的可行性。

9.2 数据获取与处理

9.2.1 数据获取

在 MERRBvS(measurement of earth reflected radio – navigation signals by satellite)网站上公开的 Level 0 原始数据中,RD – 15 中的 Level 0 原始数据包含海冰反射信号。本章采用的 Level 0 原始数据的时间段为 UTC 2015 年 1 月 18 日 17:20:15.7—17:20:55.7。如图 9.1 所示,当 TDS – 1 卫星经过加拿大东北部时,GPS PRN – 15 信号从被大量海冰覆盖的哈德逊湾反射出来。PRN – 15 在镜面点处的仰角范围为 58.4°~57.0°。在这种几何关系中,相干反射足印(第一菲涅耳区)的尺寸约为 400m[435]。2017 年,Hu 等对相同数据集进行处理,并用于码延迟测高。结果表明,在观测时间为 0.5s 时,可获得约 1.0m 的测高精度[436]。

美国国家冰雪数据中心(national snow and ice data center,NSIDC)发布的专用传感器微波成像仪和专用传感器微波成像探测仪(special sensor microwave imager and the special sensor microwave imager sounder,SSM/I – SSMIS)海冰浓度数据表明,镜面点会穿过总浓度为 85%~100% 的冰面[437]。据图 9.1 可知,利用土壤湿度和海洋盐度(soil moisture and ocean salinity,SMOS)确定的海冰厚度数据表明,沿镜面点轨迹的冰厚为 27~61cm[438]。

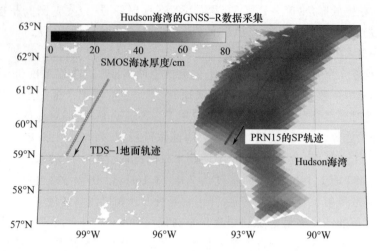

图 9.1 2015 年 1 月 18 日 RD-15 原始数据(62415.7~62455.7)中的 TDS-1 地面轨迹和 GPS PRN-15 镜面点

轨道元数据中未提供接收器和发射器位置的有关信息。本章从 AGI 卫星数据库服务器获得了 TDS-1 的双线元集(two-line element sets,TLE),并且从国际 GNSS 服务站(international GNSS service,IGS)获取了 GPS 精密轨道数据[439]。

9.2.2 数据处理

原始数据的处理包括直接信号的闭环跟踪和反射信号的开环跟踪,即 GNSS-R 相位测高的主从采样。通过对原始数据的处理,提取反射信号的功率和相位信息。为了说明海冰反射信号的特性,图 9.2(a)展示了散射功率波形,并与典型海洋反射波形进行了比较。从图 9.2(a)可知,海冰波形显示出更高的峰值功率和更窄的波形宽度,意味着由于海冰表面散射功率的低扩散性,因此具有更多的镜面反射特性。海冰反射信号的镜面反射特性已被 CryoSat-2 等雷达高度计证实[440]。因此,通过该相干反射分量可以开展精确表面高度测量。

反射波的信噪比必须足够高(约 30dB)才能减弱解缠误差。因此,开环跟踪后,使用 20ms 相干积分时间估计反射信号 $\phi_r(t)$ 的残余相位。如图 9.2(b)所示,除了 $\pm\pi$ 内的相变外,也可以看到连续相位观测值,证明了海冰表面反射信号的一致性。然后,解缠残余相位以去除相变,获取沿整个轨道的连续相位观测值 $\phi_0^{uwp}(t)$。

结合反射信号的相位解缠残差,直接信号与反射信号之间的相位差为

$$\phi_0(t) = \int_0^t f_D^{dr}(t_1)\mathrm{d}t_1 + \phi_0^{uwp}(t) \tag{9.1}$$

式中:f_D^{dr} 为用于主从采样的开环多普勒模型;ϕ_0^{uwp} 为积分得到的直接信号和反射信号之间的模拟相位差,积分间隔对应于第一个信号样本和测量历元之间的周期。观测相位延迟可以通过 $\rho_0^\phi(t) = \lambda_{L1}\phi_0(t)$ 导出,其中 λ_{L1} 为 GPS L1 频带载波波长(约 0.19cm)。

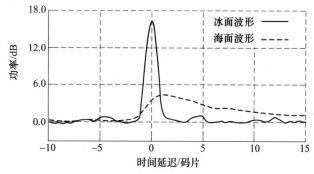

(a) TDS-1卫星获取的海面和海冰的反射功率波形的比较
（相干积分时间为1ms，非相干平均时间为1s，两种波形都进行了基底噪声归一化）

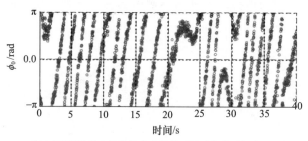

(b) 开环跟踪的反射信号残余相位（相干积分时间为20ms）

图 9.2　TDS-1 RD-15 中 GPS PRN-15 的海冰反射信号特性

9.3　测高分析

9.3.1　相位延迟模型

在理论上，测高可以与观测值和模型值之间的几何延迟残差 $\Delta\rho(t)$ 相关联，即

$$\Delta\rho(t) = \rho_0(t) - \rho_m(t) = -2h(t)\mathrm{sine}(t) \tag{9.2}$$

式中：$\rho_0(t)$ 为双基观测延迟；$\rho_m(t)$ 为双基模型延迟；$h(t)$ 为测高值；$e(t)$ 为自镜面点的观测仰角。观测延迟和模型延迟都包含几何部分和其他系统效应。

在实际中，实测值和模型值都受到外部误差、内部误差及延迟建模误差的影响。观测相位延迟 $\rho_0^\phi(t)$ 可表示为

$$\rho_0^\phi(t) = \rho_0(t) + \varepsilon_0^\phi(t) = \rho_0(t) + b_0^{\mathrm{int}} + \varepsilon_0^n(t) \tag{9.3}$$

式中：相位延迟观测误差包括整周模糊度 b_0^{int} 和随机噪声 $\varepsilon_0^n(t)$。

双基地模型延迟包括两部分，即几何延迟计算和地球物理延迟校正，有

$$\rho_m^\phi(t) = \rho_m^{\mathrm{geom}}(t) + \rho_{\mathrm{corr}}^{\mathrm{ion}}(t) + \rho_{\mathrm{corr}}^{\mathrm{trop}}(t) + \rho_{\mathrm{corr}}^{\mathrm{tide}}(t) \tag{9.4}$$

几何延迟 $\rho_{\mathrm{m}}^{\mathrm{geom}}(t)$：直接信号和反射信号之间的延迟差可以通过发射器、接收机和估计的镜面点位置进行预测。由于缺少 TDS-1 卫星的精密定轨信息，接收机的轨道位置由简化卫星轨道摄动模型 4(SGP4) 的两行轨道根数 (TLE) 获取。发射器位置根据 IGS 精密轨道信息插值得到。以 WGS-84 椭球为参考面，根据 Snell 定律预测了镜面点位置。

地球物理延迟校正（电离层延迟 $\rho_{\mathrm{corr}}^{\mathrm{ion}}(t)$、对流层延迟 $\rho_{\mathrm{corr}}^{\mathrm{trop}}(t)$ 和潮汐校正 $\rho_{\mathrm{corr}}^{\mathrm{tide}}(t)$）：如图 9.3 所示，反射信号的电离层延迟是利用全球电离层地图的层析成像模型软件进行估算[441-442]；对流层延迟引起的多路径效应使用 Hopfield 模型[443]计算，其中气象参数（温度、压力和综合水蒸气）来自欧洲中心天气预报（European center for medium range weather forecasting，ECMWF）的再分析数据；利用 TPXO 全球海潮模型 v7.2[444]推导和插值出海洋和固体潮引起的海平面高度，并将其转化为潮汐改正。

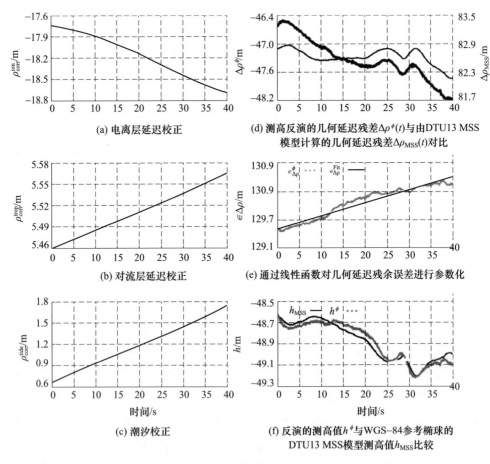

(a) 电离层延迟校正

(b) 对流层延迟校正

(c) 潮汐校正

(d) 测高反演的几何延迟残差 $\Delta\rho^\phi(t)$ 与由DTU13 MSS 模型计算的几何延迟残差 $\Delta\rho_{\mathrm{MSS}}(t)$ 对比

(e) 通过线性函数对几何延迟残余误差进行参数化

(f) 反演的测高值 h^ϕ 与 WGS-84 参考椭球的 DTU13 MSS 模型测高值 h_{MSS} 比较

图 9.3 根据 GPS PRN-15 的相位延迟观测进行测高反演

综合考虑几何延迟和地球物理延迟校正误差,双基地延迟建模为

$$\rho_m^\phi(t) = \rho_m(t) + \varepsilon_m^{orb}(t) + \varepsilon_{corr}^{res}(t) \qquad (9.5)$$

式中:$\varepsilon_m^{orb}(t)$为轨道误差;$\varepsilon_{corr}^{res}(t)$为地球物理延迟校正残差。

联合式(9.3)和式(9.5),几何延迟残差表示为

$$\begin{aligned}\Delta\rho^\phi(t) &= \rho_0^\phi(t) - \rho_m^\phi(t) \\ &= \Delta\rho(t) + \varepsilon_{\Delta\rho}(t) \\ &= \Delta\rho(t) + \varepsilon_0^\phi(t) - \varepsilon_m^{orb}(t) - \varepsilon_{corr}^{res}(t)\end{aligned} \qquad (9.6)$$

式(9.6)清晰地描述了模型延迟和观测延迟中的误差和校正。

由轨道不确定性引起的误差是主要误差源,因为通过 TLE/SGP4 预测的接收器位置精度为几十米至几百米[445],从而导致相同数量级的延迟误差远大于仪器误差和其他校正残差。因此,为了研究表面高度的变化,由轨道不确定性引起的误差需要去除。对于较短的轨道观测弧(约 2.5°),轨道误差接近线性趋势,在数据处理中已采用线性函数拟合了轨道误差[446]。

9.3.2 测高反演结果

图 9.3(d) 表示测高几何延迟残差,参考值为 DTU13 平均海表面[447](由 $\Delta\rho_{MSS}(t) = -2h_{MSS}(t)\sin e(t)$ 计算得到)。结果表明,两条延迟曲线波动特性相似,证明了相位延迟观测对测高变化非常敏感。

图 9.3(d)中两条延迟曲线仍然存在明显差异,主要由轨道差异导致。为了更好地进行高度反演,该差异被参数化地表示为时间的线性函数,即

$$\varepsilon_{\Delta\rho}^{Fit}(t) = b_1 t + b_0 \qquad (9.7)$$

式中:$b_i(i=0,1)$为最小二乘拟合估计系数。

图 9.3(e)展示了线性模型参数化误差。除轨道误差项外,同时去除了其他误差项中的线性分量(整周模糊度、延迟校正残差等)。

当误差参数化后,可反演得到 WGS-84 椭球以上的高度,即

$$h^\phi(t) = -\frac{\Delta\rho^\phi(t) - \varepsilon_{\Delta\rho}^{Fit}(t)}{2\sin e(t)} \qquad (9.8)$$

图 9.3(f)表示反演得到的测高值,DTU13 平均海面模型为参考值。结果表明,反演高度与 DTU13 平均海面模型高度具有较好的符合性,二者均方根误差约为 4.7cm,沿轨采样间距约为 140m,空间分辨率约为 400m。

测高结果证明,GNSS 反射信号的载波相位观测对表面高度的变化极其敏感。然而,测高表面高度与 DTU13 平均海面参考模型之间的均方根误差并不能完全代表 GNSS-R 相位测高的性能。

(1)由于轨道误差呈线性趋势,反演的表面高度是相对量,只能获得表面高度的

变化量,这是本章特定实验的局限性,不是该技术的限制条件。

(2) 平均海面高度仅表示海面高度不随时间变化的分量,因此海面高度的时间变化可能是测量值和参考面之间的误差源。另外,北极盆地的 DTU13 平均海面模型来自于开阔海洋或浮冰之间的长期海面高度观测,与海冰厚度或其干舷剖面无关。

9.3.3 海冰厚度测量领域的应用潜力

通过分析测高残差,即反射面反演高程与 DTU13 平均海面模型之差,可以评估 GNSS-R 高度观测在海冰厚度测量中的潜力。如图9.1所示,在数据采集的最后部分(约10s),海冰变得更厚。据图9.3(f)可知,反演的表面高度低于同期 DTU13 平均海面模型结果,这是由于信号穿透较厚的海冰存在延迟。为了定量分析此影响,本节计算了测高表面与 DTU13 平均海面模型之间的高差 $\Delta h_{res} = h_{MSS} - h^{\phi}$。图9.4表示沿镜面点轨道的 SMOS 海冰厚度剖面图。研究表明,高差演变与海冰厚度的变化较为一致,两者相关系数达到0.71。另外,在轨道误差修正中已去除 Δh_{res} 中的线性特征。通过线性补偿 $\delta h(t) = 0.2t$,可获得最佳相关系数为0.79。

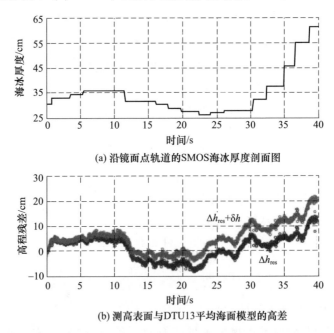

(a) 沿镜面点轨道的SMOS海冰厚度剖面图

(b) 测高表面与DTU13平均海面模型的高差

图9.4 测高表面及 DTU13 平均海面模型的高差与 SMOS 海冰厚度剖面的比较

据图9.4(a)可知,海冰厚度沿反射轨道变化了约34cm。大部分海冰(0.8~0.9)[448-449]位于浮选线下方,而只有小部分表示干舷剖面沿轨道变化(4~7cm)。残余信号的总幅度约为25cm,接近冰水交界面预期的高度变化(厚度变化的约0.8%)。研究表明,反射信号主要贡献来自海冰底部。

9.4 小　　结

本章处理了 TDS-1 在海冰上的 GPS 反射信号,分析了星载 GNSS-R 载波相位观测对海冰厚度沿轨变化的敏感性。首先,通过处理 TDS-1 Level 0 原始数据的开环跟踪,提取了平滑载波相位观测值。由于 TDS-1 卫星的轨道位置不精确,接收机位置利用 TLE/SGP4 方法得出,这使得延迟观测中出现了较大轨道误差,造成该技术在特定实验下存在一定局限性。其次,轨道误差由轨道弧上的线性趋势近似,并从延迟观测中消除。最后,将反演的表面高度与 DTU13 平均海面模型进行比较,结果表明,监测值与参考值之间的均方根误差为 4.7cm,相位延迟观测为 20ms(沿轨道采样间距约为 140m,空间分辨率约为 400m)。本章首次在高仰角(大于 57°)下开展了星载 GNSS-R 载波相位测高的研究。

GNSS 信号利用可以穿透冰雪的 L 波段,因此需要进一步研究"高度表面"的实际含义以及"高程响应"来自哪里。通过分析 DTU13 平均海面模型和测量值之间的残差开展了初步研究。残差变化与海冰厚度成正比(比例因子不小于 0.8),与激光和 Ku 波段高度计相反,随着厚度的增加,测高随之降低。这些特征与模拟值一致,因此冰底与海水的交界面是主要反射层。如果此发现在未来实验中得到证实,载波相位测高将作为一种辅助方法与当前方法联合监测海冰厚度。该测量方法的优点是其不确定性误差相较于干舷不确定性对厚度估计的影响更小。本章只分析了对应于第一年数据集中厚度为 20~60cm 的海冰,因此这里给出的结论应针对不同的海冰条件进行修正。

针对不同镜面反射条件的 GNSS-R 相位测高需要进一步分析和验证,具有不同厚度的海冰和采用不同仰角需深入研究。最后,此类研究将依赖于 TDS-1 和未来星载计划获得更广泛的原始数据集或复杂波形。

第 10 章 GNSS – R 波形统计及其对测高反演的影响

本章基于测量波形的噪声统计特性,分析了 GNSS – R 反演海面高度的精度[450]。第一,研究了测高精度对观测波形统计特性的依赖性,推导了非相干平均后的波形统计分析模型。通过机载实验获取的 GPS L5 信号作为测高分析和模型验证的主要数据集。基于前沿导数(DER)和前沿波形拟合(FIT),实现了两种不同的延迟估计器。第二,推导了观测波形统计特性与测高精度的关系,并通过机载数据验证了两种估计器。第三,根据复杂波形的相关特性建立了非相干平均波形统计的分析模型,并用机载和 TDS – 1 的星载数据进行了验证。第四,将所提出的波形统计和测高精度模型应用于不同轨道高度的星载情况,预估了不同星载处理方法(常规 GNSS – R、干涉 GNSS – R)和延迟估计器(前沿导数、前沿波形拟合)的测高性能。第五,分析了不同参数对测高精度的影响,提出了适用于星载情况的简化测高精度模型。

10.1 概 述

GNSS – R 或 PARIS 系统可同时沿多个轨道进行海洋测高,能够提供高密度的海面高度测量数据,具有相对较高的空间分辨率(在星载情况下,观测时间为 1s,足印为 10km,沿轨采样分辨率达 7km)。海面高度测量提高了解决海洋高度中尺度特征(10~100km)的可能性。同时,该技术在过去几十年中也大量应用于遥感行业,如海面风/粗糙度、土壤湿度和生物量及海冰的反演。在星载成像雷达、灾害监测星座卫星、TDS – 1 和 ^{3}Cat – 2 CubeSat 上进行了专门的星载 GNSS – R 实验。作为 GNSS – R 散射测量应用的开创者,美国 NASA 研制的 Cyclone 全球导航卫星已于 2016 年 12 月 15 日成功发射。GNSS – R 海洋测高应用的其他空间计划仍在研究中,包括 ESA 的 PARIS – IoD 计划和国际空间站 GEROS – ISS 计划中的 GNSS 反射测量、无线电掩星和散射测量[451]。

自 PARIS 概念提出以来,已经在地基、机载[452]和星载的不同接收高度上对 GNSS – R 码延迟测量的海洋测高应用开展了实验验证。与此同时,研究人员已围绕载波相位观测的全球导航卫星系统测高开展了相关研究[453]。

GNSS – R 的主要观测量是海面散射的 GNSS 信号的时延多普勒图(DDM)。但是,GNSS – R 码延迟测高通常只采用零多普勒波形。反射信号延迟可通过跟踪波形的给定点来估计,如其一阶导数的最大值(DER)、波形峰值(MAX)以及半功率或分数功率点(HALF)。这种延迟估计器只接收跟踪点附近的信息,因此用该方法得到的测高精度不能代表真正可实现的精度。镜面反射延迟也可以通过对观测波形进行拟合估算。将波形拟合法(FIT)应用于从峰值延迟 -2 个码片到峰值 $+0.5$ 个码片波形,并与使用机载数据的单点跟踪法的性能进行比较。然而,由于建模波形和观察波形的一致性较差,拟合法的性能不如其他方法。另外,还可以通过获取全时延多普勒图[454]或多视多普勒波形[455]信息来获得反射信号延迟。

为了优化常规 GNSS-R 测高计划,测高精度模型对分析不同系统和仪器参数下测高精度的灵敏度具有重要意义。此外,这种分析获得的测高精度可用来评估是否能够达到科学目标和任务要求。考虑到热噪声的影响,Lowe 提出了测高精度模型。这些分析的主要局限性是忽略了散斑噪声影响,当信噪比足够高时,散斑噪声是延迟测量的主要误差源。通过将功率转换为延迟不确定性,同时考虑了热噪声和散斑,并预测了 PARIS-IoD 计划的测高精度[456]。但是,此模型是针对特定的单个跟踪点情况。此外,独立连续功率波形的数量是最重要的参数之一,但没有定量描述。基于 Cramér-Rao 边界(CRB)法,Martin 开展了更全面的分析[457]。这些研究仅考虑了 GNSS-R 复合波形的滞后-滞后相关性,预测常规 GNSS-R(cGNSS-R) 和干涉 GNSS-R(iGNSS-R) 的单次测高精度(1ms 观测)。即使进行这些分析,最终可实现的精度仍然存在不确定性,因为未考虑连续波形之间的相关性。测高反演的波形实际上是许多连续单次功率波形的非相干平均结果。因此,应对平均功率波形的统计数据进行类似分析,以预测最终可实现精度。

与雷达高度计[458]类似,GNSS-R 的测高精度依赖于观测波形的统计特性。前人研究工作主要集中在复合波形的相关特性建模和分析,包括连续波形之间的相关性及滞后相关性。2001 年,Zuffada 和 Zavorotny 提出了连续复合波形的初始随机模型,随后 You 将其扩展到时域和频域[459]。2012 年,Garrison 对不同滞后之间的相关性进行了建模[460]。2016 年,Garrison 利用这种波形到波形和滞后-滞后相关模型开发了一种有效模拟器,以生成具有实际统计特性的复合波形[461]。同时,也可以使用蒙特卡罗模拟从合成波形获得波形统计信息。2012 年和 2015 年,Clarizia 等[462]和 Ghavidel 等[463]利用海面散射场的随机实现,可通过数值积分产生随机波形。

基于上述研究基础,本章主要目的是建立适用于未来 GNSS-R 海洋测高计划的综合测高精度模型。因此,本章主要工作包括:①研究了非相干平均波形统计特性与测高精度的关系;②推导了非相干平均后波形统计的解析模型。本章对前面提到的测高精度模型和波形统计模型都进行了扩展,并提供了描述测高误差和开发测高反演算法的有效工具。在波形统计分析中,通过考虑滞后-滞后相关和波形之间的相关性,建立了复合波形协方差的统一模型。通过考虑平方以及非相干平均等非线性过程的影响,主要观测值的协方差(即非相干平均后的波形)由复合波形的协方差导出。本章主要创新之处在于将随机模型扩展到非相干平均观测值。对于两种不同的延迟估计方法,即单个跟踪点情况和平均拟合情况,推导了非相干平均波形的统计特性与测高精度的关系。测高精度和波形统计之间的关系与星载处理方法或数据采集技术无关,因此适用于 cGNSS-R 和 iGNSS-R 两种情况。基于 iGNSS-R 波形对波形统计模型的推导进行了推广,只需通过去除噪声相关项就可以适用于 cGNSS-R。本章分析的测高精度仅针对热噪声和散斑,其他由定轨、电离层和对流层延迟校正以及电磁偏差校正引起的误差项不予讨论。此外,在波形统计分析中,未考虑由于海面运动引起的反射信号时间去相关。

本章用于测高分析和模型验证的数据集,主要来自机载实验。本章其余部分安排如下:10.2 节介绍了 GNSS-R 波形统计的基本定义;10.3 节简要介绍了机载运动、数据集和数据处理;10.4 节和 10.5 节分析了单个跟踪点和波形拟合情况下的测高精度,建立了测高精度与观测波形统计之间的关系,并通过机载数据进行了验证;10.6 节推导了非相干平均波形统计的分析模型,并用机载和星载数据进行了验证;10.7 节将所提出的波形统计和测高精度模型应用于不同轨道高度的星载情况,并初步评估了星载 GNSS-R 海洋高度计的在轨性能。

10.2　GNSS-R 波形统计的基本定义

在 GNSS-R 接收机中,反射信号在一定延迟 τ 范围内与直射信号的一组副本互相关,以产生复合波形 $\mathbf{y}(t,\tau)$。复合波形可以建模为一组随机过程,即

$$\mathbf{y}(t,\tau) = \begin{bmatrix} y(t,\tau_1) \\ y(t,\tau_2) \\ \vdots \\ y(t,\tau_N) \end{bmatrix} \quad (10.1)$$

对于给定的延迟滞后 τ_N,$y(t,\tau_N)$ 可在短时间内近似为平稳随机过程。海面散射信号是大量散射场的随机相量和,因此复合波形遵循零均值复数高斯分布[464]。考虑到滞后和波形之间的相关性,并基于 $t'=t+\tilde{t}$ 和 $\tau'=\tau+\tilde{\tau}$,复合波形的相关函数定义为

$$C_y(\tau,\tilde{t},\tilde{\tau}) = <\mathbf{y}(t,\tau)\mathbf{y}^*(t',\tau')> \quad (10.2)$$

式中:$<\cdot>$ 为 t 内的平均值。

对复合波形求平方后,产生单次功率波形 $z(t,\tau) = \mathbf{y}(t,\tau)\mathbf{y}^*(t,\tau)$。与复杂波形类似,相关函数单次功率波形定义为

$$C_z(\tau,\tilde{t},\tilde{\tau}) = <[z(t,\tau) - <z(t,\tau)>][z(t',\tau') - <z(t',\tau')>]> \quad (10.3)$$

然后对单次功率波形进行非相干平均以获得平均功率波形 $\overline{z}(t,\tau)$。为了有效

减少散斑噪声,非相干平均时间通常足够长,因此可以假设平均功率波形之间没有相关性。平均波形的协方差可表示为

$$C_Z(\tau,\tilde{\tau}) = <[Z(t,\tau) - <Z(t,\tau)>][Z(t,\tau') - <Z(t,\tau')>]> \quad (10.4)$$

10.3 机载数据集

本章使用的数据集由 2015 年 12 月 3 日在波罗的海的空基实验所收集。在实验中使用了新型 PARIS 干涉软件接收机(SPIR)[465]。PARIS 干涉接收机由 16 个天线元组成,其中一半组成上视天线,另一半组成下视天线。连接到天线元的无线电频率(RF)链可以切换到不同频率工作,以收集 L1、L2 和 L5 波段的 GNSS 信号。每个阵元的原始采样数据(I/Q 分量,80MHz 采样率和 1 比特量化)记录在固态磁盘。机载系统和实验的详细介绍见文献[466]。

飞机机体坐标系用于定义不同天线的位置(导航、上视和下视):x 轴沿飞机水平方向指向机头,z 轴垂直指向天底方向,y 轴平行于翼展线且方向由右手法则定义。在数据分析中,原点设置在导航天线的中心位置。本章使用 SoD(Second of Day,UTC 时间)在 37870~38870 之间采集的 L5 信号。在此期间,飞机在两个参考点 A(东经 26°28′5.55″、北纬 60°14′57.95″)和 B(东经 25°31′39.32″、北纬 60°2′30.57″)之间约 50km 的测段上飞行,飞行高度约为 3km。在横断面期间,有两颗可见的 GPS 卫星在 L5 波段传输导航信号:PRN-01(标高 66.6°~71.7°)和 PRN-03(标高 33.3°~41.72°)。飞机速度为 50m/s,对应于 1s 非相干平均值的空间采样分辨率约为 50m(或 10s 非相干平均值的空间采样分辨率约为 500m)。GPS L5 信号的脉冲限制足印大小约为 1km。

将收集的直射和反射的原始数据在后处理中组合,以引导波束指向特定的 GNSS 卫星及其在海面上的镜面点。根据 $iGNSS-R$ 处理方案,波束合成器输出的直射信号和反射信号进行互相关以产生复合波形 $y(t,\tau)$。利用快速傅里叶变换技术在频域实现了互相关器。来自仪器和其他来源的射频干扰(RFI)(距离测量设备和战术空中导航雷达系统[467])通过一组陷波滤波器在频域中减小。获得减小了 RFI 的复杂波形后的数据处理信号。当获得射频干扰减小的复合波形后,数据处理包括以下步骤。

(1)相干积分。复合波形 $y(t,\tau)$ 在 t_c(单位:ms)内相干积分,并求平方得到单次功率波形 $z(t,\tau)$。

(2)重跟踪。利用精确的延迟模型重新校准功率波形,其中考虑了飞机精确轨迹、飞机姿态、天线基线、大地水准面模型和对流层延迟。在地固坐标系中,反射信号的几何延迟根据发射机、接收机和 WGS-84 地球椭球模型计算获得。利用飞机姿态(由机载惯性测量单元提供)以及飞机机体坐标系中上视和下视天线位置,计算了天

线基线引起的延迟偏移量,并从几何延迟中消除。基于简单的对流层延迟模型,考虑了由对流层效应引起的过量延迟为

$$p_{\text{trop}} = \frac{4.6}{\sin e}(1 - e^{H_R/H_{\text{trop}}}) \tag{10.5}$$

式中:e 为 GNSS 卫星仰角;H_R 为接收机高度;H_{trop} 为每年实验地点的对流层高度,$H_{\text{trop}} = 8621\text{m}$。

利用几何延迟及其校正,预测了直射信号和反射信号之间的延迟差。基于该精确延迟模型,单次功率波形序列与第一个采样对准。为了避免采样率限制,通过相量随波形间相应延迟差旋转的乘积,这种对准在频域中可实现。

(3) 非相干平均。对一系列重跟踪波形(N_1)进行平均,以产生每个非相干平均波形 $Z(t,\tau)$。

(4) 测高反演。从非相干平均波形 $Z(t,\tau)$ 的前沿导出镜面点延迟,或者在前沿导数(DER)的峰值处对应,或者通过模型拟合程序。海面高度可根据发射机 – 接收机几何关系和测量的镜面延迟来计算。

10.4 单跟踪点的延迟估计

通过跟踪波形的一阶导数的峰值,可估计反射信号通过镜面点的延迟。测高精度与跟踪点处的非相干平均波形的功率不确定性相关。本节测高分析的主要贡献是推导和验证了连续独立功率波形(式(10.7))之间相关性分析模型,及其对非相干平均波形(式(10.8))的功率不确定性的影响。模型验证包括测高精度与使用式(10.6)测量和建模的波形统计计算的测高精度之比。围绕 iGNSS – R 星载情况,开展了测高分析和模型验证。

10.4.1 从振幅不确定性到延迟不确定性

预期测高精度可从功率不确定性转换为跟踪点处波形斜率。基于该原理,高度估计的标准偏差 σ_h 可表示为

$$\sigma_{h,\text{STP}}(\tau) = \frac{c}{2\cos i} \frac{\sigma_Z(\tau)}{\bar{Z}'(\tau)} = \frac{1}{2\cos i} \frac{1}{s_h(\tau)[\Gamma(\tau)]^{-1/2}} \tag{10.6}$$

式中:下标"STP"为单个跟踪点;c 为真空中光速;第一部分仅仅是由于观测几何引起的退化因子,即入射角 i;$\bar{Z}(\tau) = <Z(t,\tau)>$ 为功率波形的平均值;$s_h(\tau) = \bar{Z}'(\tau)/c\bar{Z}(\tau)$ 为沿延迟轴的波形对数导数;$\Gamma(\tau) = \sigma_Z^2(\tau)/\bar{Z}^2(\tau)$ 为方差与平方平均功率波形之比,即变异平方系数(SCV),它是独立样本有效数量的倒数,即 $N_{I,\text{eff}}(\tau) = 1/\Gamma(\tau)$。

为了验证式(10.6)中功率和高度不确定性之间的转换,采用相干积分时间为 1ms 和非相干积分时间为 1s,利用在 SoD 37900~38100 期间采集的 GPS PRN-01 的 200 个功率波形计算了 $s_h(\tau)$ 和 $\Gamma(\tau)$。如 10.3 节所述,用于计算 $s_h(\tau)$ 和 $\Gamma(\tau)$ 的功率波形被重跟踪,这意味着通过考虑飞机运动、天线基线、大地水准面模型和对流层延迟,已使用改进的延迟模型重新调整到标称镜面点。通过重跟踪后的 1s 平均波形,波形方差由 $\sigma_z^2 = <(Z(t,\tau) - \bar{Z}(\tau))^2>$ 计算。平均波形的一阶导数在频域中通过使用傅里叶变换导数特性计算得到,即 $F(\partial Z(t,\tau)/\partial \tau) = -j2\pi f F(Z(t,\tau))$。利用波形方差和一阶导数,可以相应地计算参数 $s_h(\tau)$ 和 $\Gamma(\tau)$。图 10.1 表示当相干积分时间 $t_c = 1\mathrm{ms}$ 时,GPS PRN-01 的结果和平均功率波形及其一阶导数。利用 s_h 并且 Γ 在最大导数点,即 $s_h(0)$ 和 $\Gamma(0)$,基于式(10.6)估计了测高精度。根据实

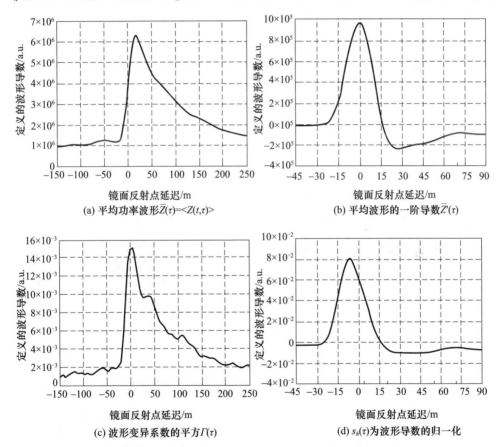

图 10.1 功率和高度不确定性之间的转化分析(结果为在 SoD 37900~38100 期间并由采集的 GPS PRN-01 的 200 个功率波形计算得到,相干积分时间为 1ms,非相干积分时间为 1s。延迟以距离($c\tau$)为单位给出,零延迟设置为标称镜面点)

测海面高的时间序列与简单拟合的分段线性函数的差值,基于前沿导数法计算了实测海面高的标准差 $\sigma_{h,\text{DER}}^{\text{Exp}}$。通过线性拟合,可以假定在计算测高精度时消除了系统和地球物理效应以及任何模型误差影响。表10.1比较了具有不同相干积分时间和非相干平均数的PRN-01和PRN-03预测的和测量的测高精度。基于式(10.6)估计的测高精度与利用实际海面高测量计算的测高精度符合较好。

表 10.1 对于机载情况和基于前沿导数法的实验测高精度与模型测高精度对比
(iGNSS-R方法用于原始数据处理)

伪随机噪声	t_c/ms	T_I/s	实验 $\sigma_{h,\text{DER}}^{\text{Exp}①}$/m	模型 $\sigma_{h,\text{STP}}^{\text{M,O}②}$/m	模型 $\sigma_{h,\text{STP}}^{\text{M,M}③}$/m
01	1	1	0.94	0.88	0.84
01	10	1	0.85	0.86	0.82
01	1	10	0.30	0.30	0.27
01	10	10	0.27	0.28	0.26
03	1	1	2.22	2.41	2.05
03	10	1	2.01	2.18	1.96
03	1	10	0.67	0.72	0.65
03	10	10	0.66	0.74	0.62

注:① $\sigma_{h,\text{DER}}^{\text{Exp}}$:由GNSS-R时间序列获得海面高和拟合分段线性函数之差计算的实验测高精度;
② $\sigma_{h,\text{STP}}^{\text{M,O}}$:基于式(10.6)计算的模型测高精度,根据本节中的观测波形计算的波形方差;
③ $\sigma_{h,\text{STP}}^{\text{M,M}}$:基于式(10.6)计算的模型测高精度,根据10.4.2节中的解析模型计算的波形方差。

10.4.2 连续波形间的相关性

如10.4.1节所述,测高精度主要由两个参数($s_h(\tau)$和$\Gamma(\tau)$)决定。在理论上,$s_h(\tau)$可以通过理论模型模拟的平均功率波形计算获得,如Z-V模型。式(10.6)中的参数$\Gamma(\tau)$是表征非相干平均有效性的独立样本有效数的倒数。如图10.1(c)所示,在以热噪声为主的区域进行1s的非相干平均后,波形振幅方差减小为原来的1/1000;相反,在反射信号较强的区域,独立样本的数量显著减少,如波形标称镜面点减小到60~70个。这表明连续波形中的信号部分是相关的,实际上减少了独立波形数量。

通过在式(10.2)和式(10.3)中设置τ_0,连续波形之间的相关性是它们相关函数的特定情况。如附录10.2所示,单次功率波形之间的相关性是复合波形的平方相关函数,即

$$C_z(\tilde{t},\tau) = |C_y(\tilde{t},\tau)|^2 \tag{10.7}$$

式中:$C_z(\tilde{t},\tau) = C_z(\tau,\tilde{t},0)$;$C_y(\tilde{t},\tau) = C_y(\tau,\tilde{t},0)$。

如附录 10.1 中的推导，基于式（10.33）并通过复合波形的功率谱密度（PSD），复合波形的相关性可以在频域中有效计算。利用连续功率波形之间的相关性，根据附录 10.3，t_c 秒相干积分后的波形的变异平方系数（SCV）和非相干平均的 N_I 样本可近似为

$$\Gamma(\tau) \approx \frac{\sum_{\tilde{t}=-(N_I-1)\cdot t_c}^{(N_I-1)\cdot t_c} C_z(\tilde{t},\tau)}{N_I C_z(0,\tau)} \quad (10.8)$$

式中：波形 – 波形相关性对独立样本的有效数量的影响明显。如果在附近波形之间没有相关性，即当 $\tilde{t}\neq 0$ 时，$C_z(\tilde{t},\tau)=0$，则独立样本的有效数目等于非相干平均数。随着波形间相关性的增加，波形的变异平方系数也随之增加，这意味着独立样本的有效数量下降。换句话说，波形之间的相关性降低了非相干平均对散斑噪声抑制的影响。

为了验证波形到波形相关性对式（10.8）中非相干平均值有效性的影响，在数据采集期间，基于相同的接收机配置和发射机 – 接收机几何结构，模拟分析了非相干平均值的有效性。例如，将 PRN – 01 的解析模拟与先前图 10.2 中的实测波形获得的解析模拟进行比较。在不同时延下，利用解析模型得到的结果与实际数据结果符合

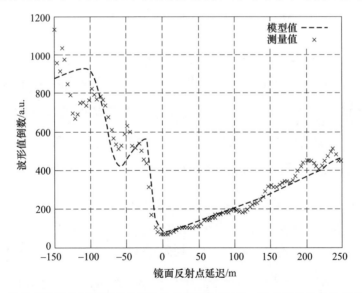

图 10.2　从机载数据和解析模型获得的非相干平均值（N_I,eff）的有效数量比较（测量数据的结果是通过在 SoD 37900～38100 期间采集的 GPS PRN1 的 200 个功率波形计算获得，相干积分时间为 1ms，非相干积分时间为 1s。在 SoD 38000 处使用相同的接收机配置和发射机 – 接收机几何结构获得模拟分析结果。延迟以距离（$c\tau$）为单位，零延迟设为标称镜面点）

较好。独立样本的数量不同于滞后到滞后,这是信号分量在不同滞后的信号——热噪声比和多普勒带宽的混合效应。

为了进一步验证,通过式(10.1)导出的波形变异平方系数分析估计了测高精度。如表10.1所列,两种伪随机噪声的解析预测测高精度与从实验波形和海面高观察值计算得到的测高精度符合较好。与1ms相比,10ms的相干积分时间可以提高测高精度。通常,通过信噪比和独立波形数量之间的折中可进一步优化相干积分时间。然而,从实际角度出发,在机载数据的后续分析中,使用了固定相干积分时间10ms。对于星载情况,由于等延迟区的范围较宽和航天器的速度较高,反射信号的多普勒带宽较大,使得反射信号相关时间变短。如10.7.2节所述,根据轨道高度和观测几何结构,在空间中接收的反射信号相关时间约为几毫秒。鉴于GPS伪随机噪声码的周期,相干积分时间通常为1ms。

10.5 波形拟合的延迟估计

10.4节中的测高精度分析专用于使用单个测高跟踪点进行海面高估计,即波形一阶导数的最大值。该估计器仅获取波形镜面点附近信息,因此预测精度不能代表真正最优的可实现精度。据图10.1(a)和图10.1(d)可知,除了与镜面点相对应的延迟外,其他延迟的振幅携带有关反射信号延迟信息,可以用来改善测高性能。

如10.2节所述,用于测高反演的波形是多个连续波形非相干平均的结果。假设平均波形的数量足够大,不同滞后的非相干平均波形的振幅根据多元高斯近似分布,即 $\mathbf{Z} \sim N(\bar{\mathbf{Z}}, C_Z)$,式中:$Z$ 为非相干平均波形的离散形式,即当 $Z_j = Z(t, \tau_j)$ 时,$\mathbf{Z} = [Z_1, Z_2, \cdots, Z_N]$;$N$ 为延迟滞后数量;$\bar{Z}$ 为不同滞后时平均波形平均值,即当 $\bar{Z}_j = <Z(t, \tau_j)>$ 时,$\bar{\mathbf{Z}} = [\bar{Z}_1, \bar{Z}_2, \cdots, \bar{Z}_N]$;$C_Z$ 为平均波形的协方差,即

$$C_Z(i,j) = <(Z_i - \bar{Z}_i)(Z_j - \bar{Z}_j)> \qquad (10.9)$$

利用平均波形的概率密度函数(PDF),可以使用最大似然估计(MLE)来估计反射信号中的延迟以及其他地球物理参数,具体通过最大化似然函数表示为

$$\zeta(\mathbf{Z}|\boldsymbol{\theta}) = \frac{1}{(2\pi)^{N/2}|C_Z(\boldsymbol{\theta})|^{\frac{1}{2}}} \times \exp\left[-\frac{1}{2}(\mathbf{Z} - \bar{\mathbf{Z}}(\boldsymbol{\theta}))^T C_Z^{-1}(\mathbf{Z} - \bar{\mathbf{Z}}(\boldsymbol{\theta}))\right]$$

$$(10.10)$$

式中:$\boldsymbol{\theta} = [\theta_1, \theta_2, \cdots, \theta_K]$ 为待估计的不同参数。

另外,可实现的测高精度也可以与基于Cramér-Rao边界法的平均波形概率密度函数相关。基于波形拟合程序式(10.12),最大似然估计(MLE)可实现,并用此估

计器获得的测高精度与通过 Cramér-Rao 边界理论预测的测高精度进行比较(见式(10.13)至式(10.15))。基于式(10.9),采用测量波形计算了在延迟估计和测高精度预测中使用的波形协方差。测高分析和模型验证符合 iGNSS-R 情况。

10.5.1 用波形拟合实现最大似然估计

为了评估多滞后信息对测高性能的改善,通过将实验观测波形与模型拟合来进行简短的机器学习以获取海面高。机器学习主要包括波形模型、最大化/最小化准则以及使用的优化算法。

式(10.10)中的平均波形 $\bar{Z}(\boldsymbol{\theta})$ 可以建模为信号部分和热噪声的总和,即

$$\bar{Z}_j(\boldsymbol{\theta}) = \alpha \bar{Z}_i^S(\tau_j - \tau_0) + n_M \tag{10.11}$$

式中:$\bar{Z}^S$ 为根据 Z-V 模型利用现场采集的平台定位和海况信息,模拟有用信号部分的平均值;$\boldsymbol{\theta} = [\alpha, \tau_0, n_M]$ 为估算的三维参数空间;α 为波形幅度;τ_0 为波形延迟;n_M 为整体热噪声水平的常数。

由于 PARIS 干涉接收机的灵活性,利用实测的自相关函数代替理论的带限自相关函数进行波形建模。如文献[468]所述,上视天线阵列包括两个独立子阵列,每个子阵列具有 4 个天线单元。通过来自两个子阵列的波束形成信号互相关来获得自相关函数。然后,通过两个子阵的波束形成信号的互相关获得自相关函数。

利用测量波形 Z,式(10.11)的建模平均波形 $\bar{Z}(\boldsymbol{\theta})$ 和式(10.10)中的似然函数,通过最小化的负对数似然函数可估计波形参数。

$$\hat{\boldsymbol{\theta}} = \arg\min_{\boldsymbol{\theta}} [\ln|C_Z(\boldsymbol{\theta})| + \boldsymbol{e}^T(\boldsymbol{\theta}) C_Z^{-1} \boldsymbol{e}(\boldsymbol{\theta})] \tag{10.12}$$

式中:$\boldsymbol{e}$ 为残差向量,即测量波形和模型波形之差,可表示为 $\boldsymbol{e}(\boldsymbol{\theta}) = Z - \bar{Z}(\boldsymbol{\theta})$。

为了进行测高反演,按照以下步骤估计波形参数。

(1) 通过应用式(10.9),基于测量波形计算波形的协方差。如 10.6 节所述,协方差可用解析模型计算。

(2) 利用海况、接收机配置和发射机-接收机几何结构,模拟了式(10.11)中波形 $\bar{Z}^S(\tau)$ 的有用信号部分。

(3) 通过对波形前沿之前没有反射信号的区域应用式(10.12),即在前沿导数点之前的 2~5 个码片区域,估计了热噪声水平 $\hat{n}_M$,实际上相当于这些样本的简单平均值。在估计热噪声水平的情况下,参数空间简化为二维,即 $\boldsymbol{\theta} = [\alpha, \tau_0]$。

(4) 采用前沿导数法估计的延迟 τ_{DER} 以及建模和测量波形的峰值之间的比率 $\alpha_P = \bar{Z}^{S,max}/(Z^{max} - \hat{n}_M)$ 分别作为参数 τ_0 和 α 的初始值,估计了波形的延迟和振幅。

通过穷举搜索法,将式(10.12)应用于波形前沿,即$[\tau_{DER}-1,\tau_{DER}+0.5]$码片(测量波形中的 11 个样本)。仅使用波形前沿的原因是它对其他参数不敏感,包括观测几何和海况。为了避免在延迟期间使用插值,应通过使用 $F(Z(\tau+\Delta\tau))=F(Z(\tau))\mathrm{e}^{\mathrm{j}2\pi f\Delta\tau}$ 在频域中调谐测量波形的延迟。

基于相干积分时间 10ms 和非相干平均时间 10s,图 10.3 展示了利用前沿拟合法(FIT)和前沿导数法(DER),通过 GPS PRN-01 和 PRN-03 获得的海面高残差,同时对比了基于两种方法获得的海面高标准差。据图 10.3 可知,波形拟合法有利于提高测高精度。

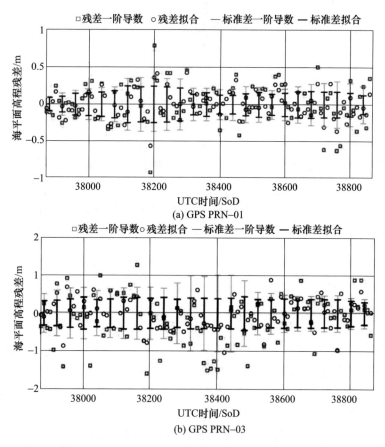

图 10.3 (见彩图)基于前沿拟合法和前沿导数法的实测海面高残差对比。根据 GNSS-R 时间序列获得的海面高与简单拟合的分段线性函数之差计算残差。通过绘制正负统一标准的条形图,基于前沿拟合法 [SSH std(FIT)] 和前沿导数法 [SSH std(DER)] 对比了实测海面高的可变性,相干积分时间为 $t_c=10\mathrm{ms}$ 和非相干积分时间为 $T_I=10\mathrm{s}(N_I=1000)$。

为了定量分析和比较,基于拟合法的实测海面高标准差 $\sigma_{h,\mathrm{FIT}}^{\mathrm{Exp}}$ 如表 10.2 所列。

基于拟合法,与表10.1中单个跟踪点估值相比,测高精度提高了1.3~1.5倍。另外,海面高测量值标准差不会随着延迟数的平方根而减小(11个波形拟合延迟),这表明波形在不同延迟时间之间部分相关。这也可以通过测量协方差矩阵确实存在非对角线分量的事实来证明,接下来分析对测高精度及其解析模型的影响。

表10.2 基于波形拟合法的实验与模型测高精度比较(利用 iGNSS-R 方法预处理原始数据)

伪随机噪声	T_1/s	实验	模型	
		$\sigma_{h,\text{FIT}}^{\text{Exp}①}$/m	$\sigma_{h,\text{CRB}}^{\text{M,O}②}$/m	$\sigma_{h,\text{CRB}}^{\text{M,M}③}$/m
01	1	0.56	0.49	0.47
	10	0.18	0.16	0.15
03	1	1.22	1.14	1.09
	10	0.41	0.38	0.35

注:① $\sigma_{h,\text{FIT}}^{\text{Exp}}$:通过 GNSS-R 时间序列获得的海面高与简单分段线性函数之差计算的实验测高精度;
② $\sigma_{h,\text{CRB}}^{\text{M,O}}$:利用 Cramér-Rao 边界法计算的模型化测高精度[式(10.13)~式(10.15)],基于式(10.9)和利用10.5节中观测波形计算了协方差;
③ $\sigma_{h,\text{CRB}}^{\text{M,M}}$:利用 Cramér-Rao 边界法计算了测高精度[式(10.13)~式(10.15)],基于10.4节的解析模型计算了波形协方差,相干积分时间为10ms。

10.5.2 基于波形拟合法的测高精度理论预测

利用式(10.10)中的似然函数,基于费希尔信息法可以计算出给定参数的波形所携带的信息量。本章假设反射延迟和波形振幅是唯一需要估计的参数。关于 $\boldsymbol{\theta} = [\theta_1, \theta_2] = [\tau_0, \alpha]$ 的费希尔信息矩阵 FIM 可写为

$$I(\boldsymbol{\theta}) = -E \begin{bmatrix} \dfrac{\partial^2 \ln \zeta}{\partial^2 \tau_0} & \dfrac{\partial^2 \ln \zeta}{\partial \tau_0 \partial \alpha} \\ \dfrac{\partial^2 \ln \zeta}{\partial \alpha \partial \tau_0} & \dfrac{\partial^2 \ln \zeta}{\partial^2 \alpha} \end{bmatrix} \quad (10.13)$$

其中,

$$I_{ij} = -E\left(\dfrac{\partial^2 \ln \zeta}{\partial \theta_i \partial \theta_j}\right) = \left[\dfrac{\partial Z_M}{\partial \theta_i}\right]^T C_Z^{-1} \left[\dfrac{\partial Z_M}{\partial \theta_j}\right] + \dfrac{1}{2}\text{tr}\left[C_Z^{-1}\dfrac{\partial C_Z}{\partial \theta_i} C_Z^{-1} \dfrac{\partial C_Z}{\partial \theta_j}\right] \quad (10.14)$$

通过对费希尔信息矩阵求逆阵,基于 Cramér-Rao 边界法(CRB)估算测高精度为

$$\sigma_{h,\text{CRB}} = \dfrac{c}{2\cos i}\sqrt{[\boldsymbol{I}^{-1}(\boldsymbol{\theta})]_{1,1}} \quad (10.15)$$

式中:等号右边第一部分表示时间延迟与表面高度之间的系数。

为了基于式(10.15)预测可实现的测高精度,首先需获得式(10.14)中所需的平均波形的协方差。在本节中,基于式(10.9)计算的观测波形的协方差用于初步分析。根据观测波形计算平均值和协方差,以波形前沿作为观测窗获得了 PRN-01 和 PRN-03 的测高精度。预测的测高精度 $\sigma_{h,\text{CRB}}^{\text{M,O}}$ 如表 10.2 所列。实测的测高精度与 10.5.1 节中预测的测高精度符合较好,验证了测高精度模型和波形拟合估计器的可行性。

10.6 波形协方差解析模型

据 10.4 节和 10.5 节可知,非相干平均波形的统计特性,特别是其协方差,对于评估最佳测高精度和定义最佳延迟估计器具有重要意义。按照 10.2 节中的定义,推导了非相干平均波形协方差的解析模型,然后用机载和星载数据进行了验证。10.4.1 节给出的复杂波形的统计数据将零散模型统一成了紧凑公式。在 10.4.2 节中,传播到非相干积分波形的协方差是本节的创新性贡献。本章波形统计模型的推导针对 iGNSS-R 波形进行了推广,但也指出了 cGNSS-R 情况的差异。

10.6.1 复合波形的统计

由于复合波形的信号项和噪声项之间不存在相关性,因此式(10.2)中的相关函数包括 iGNSS-R 情况下的四项,即

$$C_y(\tau,\tilde{t},\tilde{\tau}) = C_{y,\text{s}}(\tau,\tilde{t},\tilde{\tau}) + C_{y,\text{nd}}(\tau,\tilde{t},\tilde{\tau}) + C_{y,\text{nu}}(\tau,\tilde{t},\tilde{\tau}) + C_{y,\text{ndu}}(\tau,\tilde{t},\tilde{\tau})$$

(10.16)

式中:$C_{y,\text{s}}(\tau,\tilde{t},\tilde{\tau})$ 为信号乘以信号项;$C_{y,\text{nd}}(\tau,\tilde{t},\tilde{\tau})$ 为下视噪声乘以信号项;$C_{y,\text{nu}}(\tau,\tilde{t},\tilde{\tau})$ 为上视噪声乘以信号项;$C_{y,\text{ndu}}(\tau,\tilde{t},\tilde{\tau})$ 为噪声乘以噪声项。

由于反射信号的功率远低于直射信号的功率,因此第二噪声项可忽略不计,即 $C_{y,\text{nu}}(\tau,\tilde{t},\tilde{\tau}) \approx 0$。对于 cGNSS-R,反射信号与无噪声干净副本互相关,因此第三项和第四项不存在,即 $C_{y,\text{nu}}(\tau,\tilde{t},\tilde{\tau}) = 0$ 和 $C_{y,\text{ndu}}(\tau,\tilde{t},\tilde{\tau}) = 0$。

为了有效计算相关函数,在频域中推导较合适。如附录 10.1 所示,在式(10.16)中信号乘以信号相关项的频域形式表示为

$$\hat{C}_{y,\text{s}}(\tau,\xi,\tilde{\tau}) = 2P_\text{d}S(\xi t_\text{c})[\Lambda(\tau)\Lambda(\tau+\tilde{\tau})] * \Sigma(\tau,\xi)$$

(10.17)

式中:①滞后到滞后相关性的特征是自相关函数乘积项 $\Lambda(\tau)\Lambda(\tau+\tilde{\tau})$,对应于滞后的海面环形与延迟 τ 和 $\tau+\tilde{\tau}$ 的交叉;②通过二维平面响应 $\Sigma(\tau,\xi)$,波形与波

形的相关性与反射信号的多普勒频谱有关(见附录10.1中式(10.34));③相干积分效应由频域中的 sinc 平方滤波器 $S(\xi t_c)$ 表示。在计算反射信号的频谱时,仅考虑由接收机和发射机的相对运动引起的多普勒频移。根据文献[469-470],由于海面的去相关时间比接收机和发射机相对运动引起的时间要长得多,假定由海面运动引起的多普勒可以忽略不计。如文献[471]中所报道,在中等风速(15m/s)的机载情况下,海面运动引起的时间去相关小于总相关时间的10%。然而,通过考虑海面运动,可为波形间的相关性提供更精确的模型,这将在未来研究中加以考虑。

在频域中,式(10.16)中的噪声项表示为

$$\widehat{C}_{y,\mathrm{nd}}(\tau,\xi,\widetilde{\tau}) = 2P_\mathrm{d} n_0^\mathrm{d} S(\xi t_c) \Lambda(\widetilde{\tau}) \qquad (10.18)$$

$$\widehat{C}_{y,\mathrm{ndu}}(\tau,\xi,\widetilde{\tau}) = B n_0^\mathrm{d} n_0^\mathrm{u} S(\xi t_c) \mathrm{sinc}(B\widetilde{\tau}) \qquad (10.19)$$

式中: B 为仪器的带宽; n_0^u 和 n_0^d 为来自上视和下视链的热噪声功率谱密度,可以通过玻尔兹曼常数 k 与等效噪声温度关联,如 $n_0^\mathrm{u} = 2kT_\mathrm{u}$ 和 $n_0^\mathrm{d} = 2kT_\mathrm{d}$。对于 cGNSS-R 情况,由于反射信号与本地生成的干净副本交叉相关(不是 cGNSS-R 中的直射信号),因此式(10.17)和式(10.18)中直射信号 P_d 的功率应设置为1。

根据式(10.17)至式(10.19)中信号和噪声项的相关函数,复合波形的频域相关函数可由它们的总和构成,即

$$\widehat{C}_y(\tau,\xi,\widetilde{\tau}) = \widehat{C}_{y,\mathrm{s}}(\tau,\xi,\widetilde{\tau}) + \widehat{C}_{y,\mathrm{nd}}(\tau,\xi,\widetilde{\tau}) + \widehat{C}_{y,\mathrm{ndu}}(\tau,\xi,\widetilde{\tau}) \qquad (10.20)$$

利用傅里叶逆变换获得时域公式为

$$C_y(\tau,\xi,\widetilde{\tau}) = F^{-1}[\widehat{C}_y(\tau,\xi,\widetilde{\tau})] \qquad (10.21)$$

具体化的相关函数 $C_y(\tau,\xi,\widetilde{\tau})$ 可提供复合波形的不同统计特性。当 $\widetilde{t}=0$ 时,该表达式提供了复合波形的滞后-滞后相关性,可用于预测单次测高精度。相反,如10.4.2节所述,对于 $\widetilde{\tau}=0$,相关函数连续波形之间的相关性降低,这也与测高精度相关。利用波形-波形的相关性 $C_y(\tau,\widetilde{t},0)$ 和滞后-滞后相关性 $C_y(\tau,0,\widetilde{\tau})$,可以通过将滤波器组应用于独立的高斯白噪声来生成复合波形。此外,当关联函数设置为 $\widetilde{t}=0$ 和 $\widetilde{\tau}=0$ 时,可生成平均功率波形。

10.6.2 从复合波形到功率波形

在经过数据处理后,本节介绍了功率波形的统计数据,包括单次功率波形和非相干平均波形。如附录10.2所示,单次观测功率波形的相关函数可以简化为

$$C_z(\tau,\widetilde{t},\widetilde{\tau}) = |C_y(\tau,\widetilde{t},\widetilde{\tau})|^2 \qquad (10.22)$$

即单次功率波形的相关性是复合波形相关函数的平方。

在N_1单次功率波形的非相干平均值之后，平均波形的协方差可近似为

$$C_z(\tau,\tilde{\tau}) \approx \frac{1}{N_1} \sum_{t=-(N_1-1)\cdot t_c}^{(N_1-1)\cdot t_c} C_z(\tau,\tilde{t},\tilde{\tau}) \qquad (10.23)$$

式中：假设非相干平均采样数远大于相关单次功率波形数。通常情况下，这种假设是合理的，特别是对于星载情况。例如，在 GEROS - ISS 计划中，反射信号的相关长度约为几毫秒，而单次功率波形的非相干平均值超过 1s，详细推导过程见附录 10.3。

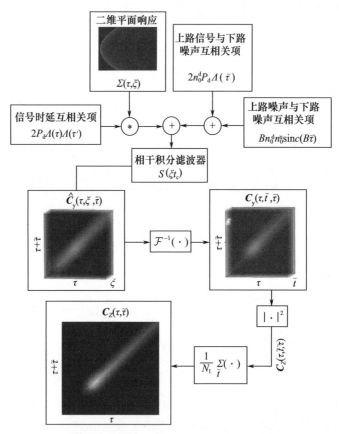

图 10.4 iGNSS - R 理论波形协方差生成流程（流程输入包括几何结构、海况和仪器参数。基于二维平面响应、功率以及信号和噪声项的自相关函数，通过数值卷积在频域中计算了复合波形的协方差。通过式（10.22）和式（10.23）可以生成非相干平均波形协方差 $C_z(\tau,\tilde{\tau})$作为输出。对于cGNSS - R 情况，直射信号 P_d 的功率应设置为 1，并且上视和下视噪声互相关项 $Bn_0^d n_0^u \mathrm{sinc}(B\tilde{\tau})$ 应设置为 0)

作为 10.4.1 节和 10.4.2 节的总结，波形协方差生成过程如图 10.4 所示。输入包括接收机配置、海况和接收机 - 发射机几何参数。通过输入参数分析计

算了二维平面响应、信号功率和噪声功率以及它们的自相关函数。然后,应用式(10.17)~式(10.21),可以通过数值卷积计算复合数波形的统计量。最后,将式(10.22)和式(10.23)作为所提出模型的输出,生成非相干平均波形的协方差。

10.6.3 基于实测数据的模型验证

本章将实测数据计算出的平均波形协方差与上述解析模型进行比较,进而验证了解析模型的正确性。

(1) 利用PARIS干涉接收机机载数据验证。如10.5节所述,通过将式(10.9)应用于利用PARIS干涉接收机收集的波形,计算实验协方差进行比较。在数据收集期间,按照图10.4中的流程并使用相同的发射机-接收机几何结构和接收机配置生成分析结果。调整镜面延迟和天线增益以使模型波形适合实测波形,这保证了解析和实测协方差之间的适当比较。

图10.5展示了模型协方差以及PRN-01实测协方差。PRN-01实测协方差根

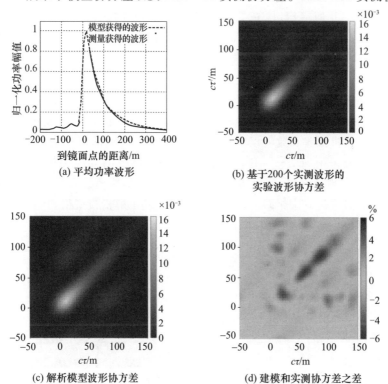

图10.5 在 iGNSS-R 情况下分别基于解析模型和机载数据计算的波形协方差的比较(利用相干积分时间10ms和非相干积分时间1s,GPS PRN-01实测波形的实验结果;延迟以距离($c\tau$)为单位,零延迟设定为标称镜面点)。

据在 SoD 37900~38100 之间采集的 200 个功率波形计算。解析协方差是使用 SoD 38000 处的接收机和发射机位置导出。

图 10.5 显示了平均功率波形以及建模和实测协方差之差。平均波形归一化为其峰值振幅,协方差归一化为波形峰值振幅的平方。据图 10.5 可知,解析模型结果与机载数据结果符合较好,最大偏差约为 6%。

为了进一步验证波形统计和测高精度模型,基于式(10.13)和式(10.15),采用解析模型波形协方差替代通过实测数据获得的协方差($\sigma_h^{M,O}$),重新计算了测高精度 $\sigma_{h,CRB}^{M,M}$(表 10.2)。两种伪随机噪声的解析预测的测高精度与实验值符合较好。

(2)星载数据验证。英国 TDS-1 卫星的星载 GNSS 接收机遥感仪(SGR-ReSI)[472]数据已经可用,这些数据可用来验证所提出模型在星载情况下的观测能力。

本章采用 2015 年 1 月 27 日在太平洋上收集的 RD-16 的 Level 0 原始样本用于此验证。原始样本由使用干净副本模式的软件接收器进行处理,其中使用延迟锁定环和锁相环跟踪直射信号的码相位和载波频率。利用 Level 1b 数据,根据发射机-接收机的几何结构,计算了直射信号和反射信号之间的延迟和多普勒差,并进行补偿以产生反射波形。直射信号的波形也被计算为解析模型中的校准自相关函数。

由于直射信号和反射信号的信噪比相对较低,因此按照 cGNSS-R 方法处理了 TDS-1 原始样本。当相干积分时间为 1ms 和非相干平均时间为 100ms,基于式(10.9),采用 GPS PRN-32 的 200 个波形计算了实测协方差。利用数据收集时期的发射机和接收机位置和速度以及基于 L2 快速传递反演的风速信息模拟了解析协方差。解析模型采用 cGNSS-R 模式,即式(10.16)中的第三和第四项设置为零。图 10.6 对比了实测协方差、解析协方差及其差异、平均功率波形,采用的归一化方法与机载数据的归一化方法相同。据图 10.6 可知,基于解析模型得到的协方差与实验模型符合较好,两者之差在 10% 以内。

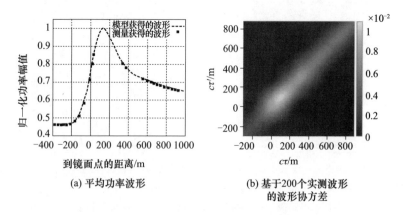

(a) 平均功率波形

(b) 基于200个实测波形的波形协方差

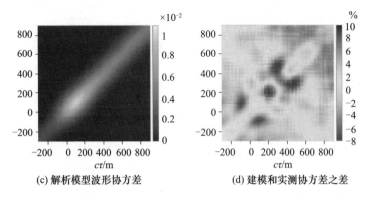

(c) 解析模型波形协方差　　　　(d) 建模和实测协方差之差

图 10.6　分别基于解析模型和星载数据计算的波形协方差的比较(解析模型采用 cGNSS‑R 方案。利用相干积分时间 1ms 和非相干积分时间 100ms,GPS PRN‑32 实测波形的实验结果;延迟以距离($c\tau$)为单位,零延迟设定为标称镜面点)。

10.7　星载 GNSS‑R 应用

根据 10.6.3 节中分析获得的机载和星载情况的建模和实验协方差之间的符合性,以及 10.5 节和 10.6 节所示的机载情况下的实测和预测测高精度之间的一致性,提出的统计和精确模型可应用于星载情况,以预测 GNSS‑R 海洋高度计的在轨性能。

10.7.1　案例

以 3 个不同轨道高度 400km、800km 和 1300km 为例,国际空间站和许多地球观测计划通常采用此 3 种轨道高度。主要系统和仪器参数如表 10.3 所列。

表 10.3　针对星载 GNSS‑R 高度计基线精度预测的系统和仪器参数

轨道高度/km		400	800	1300
入射角 θ_i/(°)		0(天底)		
		45(刈幅边缘)		
天线指向/dBi	L1	23.0	24.5	26.0
	L5	21.0	22.5	24.0
带宽/MHz		L1:28.0;L5:16.0		
采样率/MHz		80.0		
相干积分/ms		1.0		
非相干积分/s		1.0		
风速/(m/s)		10		

由于反射信号功率随轨道高度而降低,因此不同轨道高度考虑了不同天线增益。本章预测了具有 GPS L1 C/A 码和 L5 信号的 cGNSS-R 以及具有 GPS L1 复合信号和 L5 信号的 iGNSS-R(包括 C/A 码、P 码和 M 码分量)的测高精度。

利用给定的参数,通过波形统计模型,基于式(10.6)和式(10.15),采用前沿导数法和拟合法,分别计算了测高精度。假设低轨卫星的速度平行于入射面。利用 GPS L1 和 L5 信号获得的不同轨道高度的测高精度、星载处理技术和延迟估计器如表 10.4 所列。

表 10.4 针对星载情况预测的 1s 测高精度

高度/km	模式	信号	天底($i=0°$)			刈幅边缘($i=45°$)		
			信噪比/dB	$\sigma_{h,\text{DER}}$/m	$\sigma_{h,\text{FIT}}$/m	信噪比/dB	$\sigma_{h,\text{DER}}$/m	$\sigma_{h,\text{FIT}}$/m
400	C	L1 C/A	11.9	1.82	0.96	13.3	2.67	1.38
		L5	6.3	0.29	0.18	7.6	0.49	0.28
	I	L1 full	4.9	0.27	0.21	5.4	0.44	0.35
		L5	2.4	0.34	0.27	4.0	0.53	0.37
800	C	L1 C/A	11.0	1.96	1.11	11.9	2.87	1.65
		L5	4.5	0.36	0.24	5.7	0.59	0.36
	I	L1 full	4.1	0.32	0.26	4.3	0.50	0.42
		L5	1.5	0.41	0.32	2.8	0.64	0.45
1300	C	L1 C/A	12.5	2.12	1.11	11.0	3.20	1.96
		L5	5.4	0.39	0.25	4.5	0.68	0.43
	I	L1 full	4.3	0.35	0.28	3.6	0.56	0.48
		L5	3.2	0.42	0.31	2.0	0.75	0.54

注:基于表 10.3 中列出的轨道和仪器参数。C:cGNSS-R,I:iGNSS-R。

(1)星载测高精度优于机载测高精度(表 10.2)。在星载情况下,由于等延迟区域的范围较宽,航天器的速度较高,反射信号的多普勒带宽较大,使得反射信号的相关时间较短,独立样本数量大于机载情况下数量。由于信噪比足够高(通过较高增益天线实现),因此星载情况的大量独立样本转换为测高精度优于机载情况。

(2)在星载情况下,测高精度随轨道高度的增加而降低。原因是反射信号的多普勒带宽较窄并且反射信号的相关时间在较高轨道中较长,降低了非相干平均值的有效性。10.7.2 节详细分析了轨道高度对非相干平均效果的影响。另外,同时反射的数量随着轨道高度增加而增加,这可能会增加海面高度观测的数量,从而提高全球测高性能[473]。选择 GNSS-R 测高计划的最佳轨道高度非常重要,必须正确考虑科学目标、关键载荷约束和发射配置。

由于 iGNSS-R 方法可以利用全信号分量(C/A 码、P 码和 M 码),而 cGNSS-R

只能使用 C/A 码分量，iGNSS-R 技术的测高精度预计至少是使用 GPS L1 信号的 cGNSS-R 方法的 4 倍。另外，GPS L5 信号完全公开可用，因此 cGNSS-R 方法以增加的信噪比访问与 iGNSS-R 相同的信号分量，从而提高了测高精度。

根据双基地雷达方程，GNSS 反射信号功率与接收机和镜面点之间的距离平方成反比定律。对于海拔的升高，反射功率会因自由空间路径损耗而减小，但这部分可通过增加选定表面积来平衡，从而产生更多数量的散射体。另外，反射信号的相关时间随轨道高度增加而增加（见 10.7.2 节），轨道越高，相干积分增益越大，这也可以平衡由于自由空间路径损耗而导致的信噪比下降。将来需要进一步研究信噪比对不同系统和仪器参数的依赖性，以及这些参数（轨道高度、天线增益和相干积分时间）的优化。

10.7.2 测高精度模型简化

测高精度的预测依赖于波形统计的计算，必须通过基本模型的数值实现来获得。为简化该过程，本节分析了不同系统参数对测高精度的影响。针对星载情况，提出了一种简化的测高精度模型。

基于式(10.16)，平均功率波形是信号分量平均功率与噪声分量平均功率之和，即

$$<z(t,\tau)> = <z_S(t,\tau)> + <z_n(t,\tau)> \tag{10.24}$$

单次功率波形服从负指数分布，其特征是平均值等于标准差，即 $\sigma_z(\tau) = <z(t,\tau)>$。考虑 $\overline{Z}(\tau) = <Z(t,\tau)> = <z(t,\tau)>$，$\overline{Z}_S(\tau) = <Z_S(t,\tau)> = <z_S(t,\tau)>$，$\overline{Z}_n(\tau) = <Z_n(t,\tau)> = <z_n(t,\tau)>$，非相干平均波形的标准差可表示为

$$\sigma_Z(\tau) = \frac{\overline{Z}_S(\tau)}{\sqrt{N_{I,\text{eff}}^S(\tau)}} + \frac{\overline{Z}_n(\tau)}{\sqrt{N_I}} = \frac{\overline{Z}_S(\tau)}{\sqrt{N_I}}\left[\sqrt{\frac{1}{\frac{N_{I,\text{eff}}^S(\tau)}{N_I}}} + \frac{1}{\text{SNR}(\tau)}\right] \tag{10.25}$$

式中：$N_{I,\text{eff}}^S(\tau)$ 为可用信号部分的非相干平均值的有效数，可基于式(10.8)并通过仅考虑信号分量的波形 - 波形相关性而导出。

据式(10.6)可知，单跟踪点(STP)情况下的测高精度可从功率不确定度转换为

$$\sigma_{h,\text{STP}}(\tau) = \frac{c}{2\cos i}\frac{\sigma_Z(\tau)}{\overline{Z}_S'(\tau)} = \frac{c}{2\cos i}\frac{\overline{Z}_S(\tau)/\overline{Z}_S'(\tau)}{\sqrt{N_I}}\cdot\left[\sqrt{\frac{1}{\frac{N_{I,\text{eff}}^S(\tau)}{N_I}}} + \frac{1}{\text{SNR}(\tau)}\right]$$

$$\tag{10.26}$$

通过表示 $S_h(\tau) = \bar{Z}'_S(\tau)/c\bar{Z}_S(\tau)$ 和 $R(\tau) = (N^S_{I,\text{eff}}(\tau)/N_I)^{1/2}$，单跟踪点（STP）情况下的测高精度可改写为

$$\sigma_{h,\text{STP}}(\tau) = \frac{1}{2\cos i} \frac{1}{S_h(\tau)\sqrt{N_I}} \left(\frac{1}{R(\tau)} + \frac{1}{\text{SNR}(\tau)} \right) \quad (10.27)$$

测高精度可参数化为测高灵敏度 $S_h(\tau)$、非相干平均数 N_I、非相干平均有效数与非相干平均数之间的平方根比（非相干平均数的有效性）$R(\tau)$ 以及跟踪点信噪比的函数。

（1）测高灵敏度。GNSS 反射信号的功率波形可以建模为点目标响应（GNSS 信号的自相关函数）和表面响应之间的卷积。对于星载情况，天线足印和闪烁区比脉冲限制足印大得多。表面响应可以近似为阶跃函数，因此可以假设测高灵敏度 $S_h(\tau)$ 仅取决于发射信号的自相关特性。如表 10.5 所列，以波形前沿导数点作为跟踪点，数值计算了 GPS L1 C/A 码信号、GPS L1 复合信号（C/A 码、P 码、M 码和互调分量）和 GPS L5 信号的测高灵敏度 $S_h(\tau_{\text{DER}})$。

表 10.5　在星载情况下 GPS L1 C/A 信号、GPS L1 复合信号和 GPS L5 信号的测高灵敏度

信号	GPS L1 C/A	GPS L1 复合	GPS L5
$S_h(\tau_{\text{DER}})/\text{m}^{-1}$	9.234×10^{-3}	8.913×10^{-2}	8.953×10^{-2}

（2）非相干平均的有效性。取决于跟踪点处波形之间的相关性。镜面点波形之间的相关性依赖于第一等延迟椭圆内的等多普勒环的分布，这主要由观测几何确定。对于星载情况，卫星轨道速度仅取决于卫星轨道高度。因此，轨道高度 H、入射角 i 以及接收机速度和入射平面之间的角度 γ 对非相干平均值有效性的影响分析如下。

① 对于具有不同入射方向的 GPS L1 复合信号，计算了轨道高度对镜面点的非相干平均值有效性的影响。如图 10.7（a）所示，非相干平均值的有效性随轨道高度而降低。这是由于反射信号的多普勒带宽与第一等延迟椭圆的大小成比例，并且与等多普勒线之间的距离成反比。第一等延迟椭圆与轨道高度的平方根近似成正比，而等多普勒线之间的距离近似与接收机的速度和轨道高度成正比。基于卫星轨道高度 400 ~ 1300km，接收机高度增加了 3.2 倍，接收机速度减小了原来的 93%（7200 ~ 7700m/s），这使反射信号的多普勒带宽更窄，在更高轨道上反射信号的相关时间更长。

② 在不同轨道高度和 γ 角下，考虑了入射角对非相干平均值有效性的影响。如图 10.7（b）所示，非相干平均值的有效性随着入射角的增加而降低，这是由于第一等延迟椭圆随入射角的增加而增加。

③ 通过等多普勒线与第一等延迟椭圆长轴的夹角，接收机速度和入射平面之间的夹角决定了反射信号的多普勒频谱。反射信号的多普勒带宽随着接收机速度平行

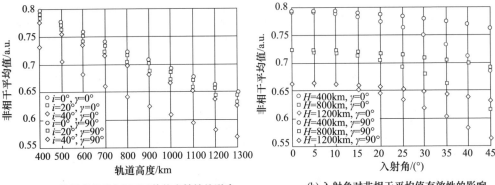

(a) 轨道高度对非相干平均值有效性的影响

(b) 入射角对非相干平均值有效性的影响

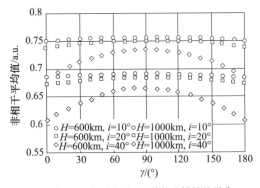

(c) γ角对非相干平均值有效性的影响

图 10.7　（见彩图）不同参数对非相干平均值有效性的影响

于入射平面而变窄（图 10.7(a) 和图 10.7(b) 中的 $\gamma=0°$），并且随着它们彼此垂直而变得更宽（在图 10.7(a) 和图 10.7(b) 中 $\gamma=90°$），因此，在垂直情况下非相干平均值的有效性高于平行情况。图 10.7(c) 显示了在不同轨道高度和入射角下非相干平均值作为 γ 角函数的有效性。

据图 10.7 可知，R_{SP} 对轨道高度的依赖性与入射方向（i 和 γ）近似无关，并且随着入射角的增加，R_{SP} 的衰减与 γ 角有关。因此，非相干平均值的有效性可近似为 H、i 和 γ 的函数，即

$$R_{SP}(H,i,\gamma) = f(H) \cdot [1 - g(\cos i) \cdot l|\sin\gamma|] \quad (10.28)$$

式中：$f(\cdot)$、$g(\cdot)$ 和 $l(\cdot)$ 分别为二次多项式函数；f_n、g_n 和 l_n（$0 \leq n \leq 2$）分别为 n 阶项的系数（$f(x) = f_2 x^2 + f_1 x + f_0$）。

如表 10.6 所列，通过对不同轨道高度和入射方向的数值结果进行最小二乘拟合，进而估算了系数。近似函数（式（10.28））及其系数都对应于轨道高度 400 ~ 1300km 和入射角 0° ~ 45°。通过比较不同观测几何的数值结果和近似结果，发现 GPS L1 C/A 信号、L1 复合信号、L5 信号的最大偏差分别为 4.7%、4.1% 和 4.2%。

表10.6 基于二次多项式函数系数 $f(\cdot)$、$g(\cdot)$ 和 $l(\cdot)$ 估算非相干平均值有效性(式(10.28))

信号		L1 C/A	L1	L5
系数 $f(\cdot)$	f_2	-9.367×10^{-8}	3.950×10^{-8}	1.803×10^{-7}
	f_1	1.751×10^{-5}	-2.292×10^{-4}	-5.446×10^{-4}
	f_0	0.995	0.881	0.924
系数 $g(\cdot)$	g_2	9.805×10^{-2}	6.395×10^{-2}	5.445×10^{-2}
	g_1	-0.235	-0.250	-0.329
	g_0	0.137	0.186	0.275
系数 $l(\cdot)$	l_2	1.271	0.567	0.256
	l_1	-4.457	-2.774	-2.206
	l_0	4.186	3.207	2.950

基于式(10.27)中的简化测高精度模型和非相干平均有效性的近似模型,利用单个跟踪点法可有效估计测高精度。通过假设不同信噪比和观测几何结构,计算了测高精度的数值和近似值之间的差异,其中 GPS L1 C/A、L1 复合信号、L5 信号的最大偏差分别为 6.8%、5.9% 和 5.7%。

(3)从前沿导数法到拟合法的改进。为了分析基于拟合法对测高精度的改进,改进因子被定义为 $k = \sigma_{h,\mathrm{DER}}/\sigma_{h,\mathrm{FIT}}$。通过使用 10.6 节中的波形统计模型和式(10.6)及式(10.15)中的测高精度模型,根据不同观测几何(轨道高度和入射方向)的信噪比函数数值计算了改善因子。在图 10.8 中,以 GPS L1 复合信号的改善因子为例可知,改善因子随信噪比的增加而增大。此外,随着不同的轨道高度和入射方向,改善因子表现出非常相似的增加。假设改善因子与观测几何形状无关,因此可近似为信噪比的一元函数,即

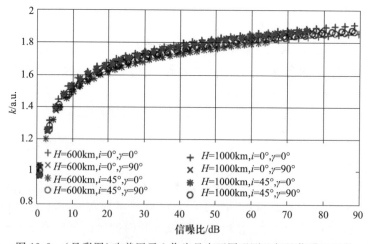

图 10.8 (见彩图)改善因子 k 作为具有不同观测几何的信噪比函数

$$k(\text{SNR}) = \frac{p_1 \cdot \text{SNR} + p_0}{\text{SNR} + q_0} \tag{10.29}$$

如表 10.7 所列,通过最小二乘拟合,基于 L1 复合信号以及 L1 C/A 码和 L5 信号获得了式(10.29)中的系数。利用这种近似函数,可以较容易地计算出改善因子。通过该算法,可从单跟踪点法的测高精度导出拟合方法的测高精度。

表 10.7 基于不同 GNSS 信号式(10.29)中函数 k(信噪比)的系数

系数	L1 C/A	L1 复合信号	L5
p_1	2.557	1.970	2.801
p_0	13.348	8.149	8.430
q_0	13.348	8.108	8.088

通过假设理想仪器已经预测了测高精度,即不考虑天线损耗、波束形成器振幅和相位误差、接收机量化误差和效率、延迟多普勒补偿误差等非理想的仪器参数。然而,这些参数的影响与信噪比降低有关,或者如文献[474-475]中所述的单独分析,本章未予以考虑。

10.8 小 结

本章对 GNSS 反射信号的海洋测高精度进行了综合分析。该分析包括两个步骤:①测高精度与观测波形统计之间关系的分析和验证;②描述波形统计特性的分析模型的推导及其与实际数据的验证。

利用机载数据,评估了基于前沿导数法和拟合法的两种不同延迟估计器性能。通过获取整个前沿信息而非只有镜面点信息,基于拟合法获得的测高精度较基于前沿导数法高 1.3~1.5 倍。然后,通过费希尔信息矩阵和 Cramér-Rao 边界理论得到的测高精度与观测波形的统计量(协方差)有关。由波形统计得到的测高精度与观测值符合较好(15% 以内),验证了所提出的测高精度模型。

主要观测的统计数据,即非相干平均后的波形,由复合波形统计得出。此推导主要解决了非线性过程(如平方和非相干平均)如何影响复合波形的协方差问题。通过考虑 GNSS 反射信号的慢时相关性(波形-波形相关性),本章已将协方差模型扩展到非相干平均波形。这种扩展可对延迟相关性和时间相关性进行解析建模,其为测高精度的两个基本决定因素。该统计模型已通过 PARIS 干涉接收机的机载数据和 TDS-1 的星载数据进行了验证,实验波形协方差与模型波形协方差具有合理的一致性(小于 10%)。

作为所提出模型的简单应用,已对典型轨道高度为 400km、800km 和 1300km 的星载情况进行了测高精度预测。预测的测高精度对应于海面上镜面点的单个轨迹,但是 PARIS 海洋高度计可同时沿着几个轨道进行测高,从而提高了整体测高精度。

本章提出了一种预测 GNSS-R 测高精度的通用方案。利用所提出模型可以量化测高精度对不同系统和仪器参数的敏感性，以期优化未来星载 GNSS-R 测高计划。此外，该波形统计模型还可用于评估其他 GNSS-R 应用的性能，如海面风速/粗糙度和土壤湿度以及波形对这些地球物理参数的灵敏度。另外，波形统计模型的输出，即非相干平均波形的协方差，可用于在非相干平均之后生成合成波形。然后可以使用这些合成波形通过蒙特卡罗模拟评估不同的检索算法和方法。

建议未来研究围绕以下方面开展。首先，在精确模型分析中，本章只将波形的延迟和振幅作为待估参数，也应考虑其他参数，如有效波高和其他非高斯海洋参数[476]。在波形协方差的参数空间中，评估它们对最终测高精度的影响以及预测这些参数可实现的估计精度。其次，本章提出的波形统计模型是基于漫散射假设得出，光滑表面（如内陆水体、海冰和湿地）的全相干或部分相干反射波形统计以及对测高精度的影响应该在未来研究中进行分析。

附录 10.1 复合波形的统计

信号分量的一般统计可以简化为

$$C_{y,s}(\tau, \tilde{t}, \tilde{\tau}) = < y_s(t,\tau) y_s^*(t+\tilde{t}, \tau+\tilde{\tau}) >$$

$$= 2P_d \iint W^2(\rho) \Lambda(\Delta\tau) \Lambda(\Delta\tau + \tilde{\tau}) S(\Delta f) \times e^{-j2\pi\Delta f \tilde{\tau}} e^{-j2\pi\Delta f \tau} d^2\rho$$

(10.30)

式中：P_d 为直射信号功率；ρ 为积分变量；$W(\rho)$ 为所有双基雷达方程参数的复振幅因子；$\Delta\tau = \Delta\tau(\rho)$ 为相对于反射信号通过点 ρ 的传播时间的时延差；$\Delta f(\rho) = f(\rho) - f_0$ 为相对于反射表面上通过点 ρ 的反射信号的多普勒差异；$\Lambda(\cdot)$ 为 GNSS 信号的带限自相关函数；$S(\cdot)$ 为 sinc 平方函数。式（10.30）的类似推导也可用于滞后-滞后相关或波形-波形相关。

不同延迟的波形仅在几个码片内相关，因此可以假设 $\Delta f \tilde{\tau} \approx 0$。考虑所有双基雷达方程参数 $W(\rho)$，式（10.30）可近似为

$$C_{y,s}(\tau, \tilde{t}, \tilde{\tau}) \approx 2P_d \iint \frac{2P_t G \sigma_0}{4\pi R_0^2 R^2} \Lambda(\Delta\tau) \Lambda(\Delta\tau + \tilde{\tau}) \times S(\Delta f) \times e^{-j2\pi\Delta f \tilde{t}} d^2\rho$$

(10.31)

式中：P_t 为发射信号功率，包括 GNSS 卫星的天线增益；$G = G(\rho)$ 为下视天线增益在海面上的投影；$\sigma_0 = \sigma_0(\rho)$ 为海面双基雷达散射截面；$R_0(\rho)$ 和 $R(\rho)$ 分别为从发射机和接收机到海面上 ρ 点的距离。

波形之间的相关性可在频域中通过对 $\tilde{t}$ 应用傅里叶变换表示，即

$$\hat{C}_{y,s}(\tau,\xi,\tilde{\tau}) = F[C_{y,s}(\tau,\tilde{t},\tilde{\tau})]$$
$$= 2P_d \iint \frac{2P_t G \sigma_0}{4\pi R_0^2 R^2} \Lambda(\Delta\tau)\Lambda(\Delta\tau+\tilde{\tau}) \times S(\Delta f)\delta(\xi+\Delta f)\mathrm{d}^2\rho \tag{10.32}$$

式(10.32)可用卷积表示为[477]

$$\hat{C}_{y,s}(\tau,\xi,\tilde{\tau}) = 2P_d S(\xi t_c)[\Lambda(\Delta\tau)\Lambda(\Delta\tau+\tilde{\tau})] * \sum(\tau,\xi) \tag{10.33}$$

式中:$S(\xi t_c)$用于表征相干积分的影响;$\sum(\tau,\xi)$由二维平坦海面响应给出,即

$$\sum(\tau,\xi) = \iint \frac{2P_t G \sigma_0}{4\pi R_0^2 R^2}\delta(\xi+\Delta f)\delta(\tau-\Delta\tau)\mathrm{d}^2\rho \tag{10.34}$$

对于$\tilde{\tau}=0$的情况,可将式(10.33)简化为复合数波形的多普勒频谱,可以用于描述连续波形之间的相关性。

下视噪声乘以信号统计可表示为

$$C_{y,\mathrm{nd}}(\tau,\tilde{t},\tilde{\tau}) = \frac{2P_d n_0^d}{t_c}\mathrm{tri}\left(\frac{\tilde{t}}{t_c}\right)\Lambda(\tilde{\tau}) \tag{10.35}$$

式中:tri(·)为三角函数。通过傅里叶变换可以得到频域形式,即

$$\hat{C}_{y,\mathrm{nd}}(\tau,\xi,\tilde{\tau}) = 2n_0^d P_d S(\xi t_c)\Lambda(\tilde{\tau}) \tag{10.36}$$

噪声乘以噪声统计可在频域中表示为,即

$$\hat{C}_{y,\mathrm{ndu}}(\tau,\xi,\tilde{\tau}) = Bn_0^d n_0^u S(\xi t_c)\mathrm{sinc}(B\tilde{\tau}) \tag{10.37}$$

式中:n_0^u和n_0^d分别为来自上视和下视的热噪声功率谱密度,可以通过玻尔兹曼常数k与等效噪声温度相关,如$n_0^u = 2kT_u$和$n_0^d = 2kT_d$。

附录10.2 单次功率波形的统计

通过表示$t'=t+\tilde{t}$和$\tau'=\tau+\tilde{\tau}$,单次功率波形的相关函数可表示为

$$C_z(\tau,\tilde{t},\tilde{\tau}) = <[z(t,\tau)-<z(t,\tau)>][z(t',\tau')-<z(t',\tau')>]>$$
$$= <y(t,\tau)y^*(t,\tau)y(t',\tau')y^*(t',\tau')> -$$
$$<y(t,\tau)y^*(t',\tau')><y(t',\tau')y^*(t',\tau')> \tag{10.38}$$

复合波形严格遵循圆形复合高斯统计,并且通过复合高斯矩定理可简化单次功率波形的相关函数,即

$$<z(t,\tau)z(t',\tau')> = <y(t,\tau)y^*(t,\tau)><y(t',\tau')y^*(t',\tau')> +$$
$$<y(t,\tau)y^*(t',\tau')><y^*(t,\tau)y(t',\tau')> \tag{10.39}$$

基于式(10.39)，单次功率波形的相关函数变为

$$C_z(\tau,\tilde{t},\tilde{\tau}) = <y(t,\tau)y^*(t',\tau')><y^*(t,\tau)y(t',\tau')> = |C_y(\tau,\tilde{t},\tilde{\tau})|^2 \tag{10.40}$$

如式(10.7)所示，当 $\tilde{t}=0$ 时，式(10.40)可简化为波形到波形的相关性 $C_z(\tilde{t},\tau)$。

附录10.3 非相干平均波形的协方差

单次功率测高波形的非相干平均值为

$$Z(t,\tau) = \frac{1}{N_1}\sum_{t=0}^{(N_1-1)t_c} z(t,\tau) = \frac{1}{N_1}\sum_{i=0}^{N_1-1} z(i,\tau) \tag{10.41}$$

平均波形的协方差可表示为

$$\begin{aligned} C_z(\tau,\tilde{\tau}) &= C_z(\tau,\tau') \\ &= <Z(t,\tau)Z(t,\tau')> - <Z(t,\tau)><Z(t,\tau')> \\ &= <Z(t,\tau)Z(t,\tau')> - <z(t,\tau)><z(t,\tau')> \end{aligned} \tag{10.42}$$

基于式(10.41)，式(10.42)中的第一项可变为

$$<Z(t,\tau)Z(t,\tau')> = \frac{1}{N_1^2}<\sum_{i=0}^{N_1-1}z(i,\tau)\sum_{j=0}^{N_1-1}z(j,\tau')> = \frac{1}{N_1^2}\sum_{i=0}^{N_1-1}\sum_{j=0}^{N_1-1}<z(i,\tau)z(j,\tau')> \tag{10.43}$$

据式(10.38)可以得出

$$<z(i,\tau)z(j,\tau')> = C_z(i-j,\tau,\tilde{\tau}) + <z(\tau)><z(\tau')> \tag{10.44}$$

将式(10.44)代入式(10.43)，并将结果代入式(10.42)，平均波形的协方差变为

$$C_z(\tau,\tilde{\tau}) = \frac{1}{N_1^2}\sum_{i=0}^{N_1-1}\sum_{j=0}^{N_1-1}C_z(i-j,\tau,\tilde{\tau}) = \sum_{k=-(N_1-1)}^{N_1-1}\frac{N_1-k}{N_1^2}C_z(k,\tau,\tilde{\tau}) \tag{10.45}$$

非相干平均数远大于相关单次功率波形数 m，即 $N_1 >> m$。当 $k > m$ 时，$C_z(k,\tau,\tilde{\tau})=0$；当 $k > m$ 时，$(N_1-k)/N_1 \approx 1$。式(10.45)可简化为

$$C_z(\tau,\tilde{\tau}) \approx \frac{1}{N_1}\sum_{t=-(N_1-1)t_c}^{(N_1-1)t_c} C_z(\tilde{t},\tau,\tilde{\tau}) \tag{10.46}$$

当 $\tilde{\tau}=0$，$C_z(\tau,0)$ 表示非相干平均功率波形的方差。基于式(10.46)可推导式(10.8)，进而描述非相干平均的有效性。

第 11 章 利用 CYGNSS 计划获取的星载 GNSS-R 数据测量湖泊水位与表面地形

本章利用 CYGNSS 计划观测数据验证了基于星载 GNSS-R 技术开展内陆水面测高的可行性[478]。利用跨越青海湖的 12 条原始轨迹数据,从 GNSS 准镜面反射中提取了双基群延迟和载波相位延迟。根据群延迟观测获取的水位信息与 CryoSat-2 卫星以及水位仪测量值符合较好。由相位延迟测量得到的表面形貌剖面在沿重合轨迹方向显示出较好的自洽性。通过相位延迟测量法可解算分米级地表高度异常,这可能与该地区大地水准面模型精度较低有关。由于存在接收机轨道误差和电离层修正残差,因此群延迟和相位延迟测高均存在系统性误差。以上误差限制可在未来专用 GNSS-R 测高计划中消除。

湖泊在科学、经济和社会的各种应用中发挥着重要作用。卫星测高技术在过去几十年中越来越多地被用于监测湖泊和河流。利用导航卫星信号在地球表面的反射信号技术称为 GNSS-R。该技术还可在特殊覆盖区域进行测高,即地球上的任何特定区域都能被高频密集地观测。美国 NASA 的 CYGNSS 星座由 8 颗小型低成本卫星组成,是首次利用 GNSS-R 技术实现科学目标的探路者计划。尽管并非针对测高而设计,但 CYGNSS 设备在接收机处理信号之前也会记录原始信号,以期探索 GNSS-R 技术在其他方面的应用。基于在青海湖上采集的原始数据,本章验证了 GNSS-R 技术用于湖泊水面测高的可行性和性能。本章提出的方法和结论可为潜在或后续 CYGNSS 设计提供有用参考,以扩展其在测高应用中的能力。

11.1 概 述

湖泊水位及其随时间变化是反映区域和全球气候环境变化的重要指标。湖面地形的空间变化将对地球大地水准面测量产生影响。在过去几十年中,卫星测高技术越来越多地被用于监测内陆水体。从不同的雷达高度计任务中成功观测到湖泊和河流水位[479-485],这使得在全球范围内进行陆地水文研究成为可能。此外,沿高度计地面轨道的湖面大地高度剖面可用于评估和改进支撑大地水准面模型的各种重力模型[486-488]。

作为一种双基雷达技术,GNSS-R 或 PARIS 技术可同时沿多条轨迹进行海面测高,并提供高密度的海面高度测量。Saynisch 等(2015)、Zuffada 等(2016)、Xie 等(2018)的模拟研究表明,高密度海面高度测量可以显著改善中尺度海洋模型[489]。这种被动式的测高理念也可以扩展应用到内陆水域,这有利于对内陆水域的长期全球监测。在 GNSS-R 测高中,表面高程是通过测量直射信号和反射信号之间的传播延迟(双基地延迟)获取,可由接收信号的测距码(群延迟)或载波相位(相位延迟)得出。

(1)群延迟。与传统雷达高度计测量类似,反射信号的群延迟源自 GNSS 测距码(波形)的雷达脉冲时间演化。GNSS-R 群延迟测高已被验证可用于海洋和大陆冰川[490-491]。全球导航卫星系统信号的带宽(1~20MHz)比传统雷达信号(约 300MHz)窄得多,这意味着单次测高精度(单个波形的测高精确度)较低。初步理论研究[492-494]预期根据任务配置和数据处理算法,测高精度范围达 0.2~3m。

(2)相位延迟。从 GNSS 相干反射中,利用载波相位信息可以进行更精确的测高。GNSS-R 相位测高已在不同应用中得到验证,如海洋潮汐和地基高空实验中的海冰观测、机载平台的水面地形测量以及星载冰面测高[495]。平静湖面能够改善 L 波段信号的相干性,为相位延迟测高提供了可能性。

2016 年 12 月,美国 NASA 发射的 CYGNSS 星座是首个 GNSS-R 实际应用的探索计划。该星座由 8 颗微小卫星组成,主要目标是测量热带气旋内部和附近海域的近海面风速[496-497]。CYGNSS 能够在海洋和陆地上连续运行,部分其他科学应用已通过 CYGNSS 的观测数据得到验证[498-501]。此外,CYGNSS 还记录了直射和反射信号的原始中频样本(Level 0 级数据),以探索 GNSS-R 在其他方面应用的可能性。Level 0 数据集的部分采样来自青藏高原青海湖的镜面反射点。本章目的是使用这些数据集验证星载 GNSS-R 在内陆水域的测高能力。本章组织结构如下:11.2 节主要介绍了使用的数据集;11.3 节介绍了基于 GNSS-R 群延迟和相位延迟测量反演湖面高度的原理;11.4 节介绍并讨论了测高结果;11.5 节得出结论。

11.2 数 据 集

青海湖是位于青藏高原东北山谷区域的盐碱湖,是中国最大的湖泊,位于北纬 36°32′~37°15′(约 70km)、东经 99°36′~100°47′(约 100km),海拔 3200m。CYGNSS 卫星的轨道倾角约为 35°,因此地球覆盖范围介于北纬 38°至南纬 38°,其中包括青海湖盆地。

CYGNSS 任务是为监测海风而设计,主要数据产品是前向散射功率延迟多普勒图和双基地雷达剖面图。这些散射测量值以及相应的元数据存储在 Level 1 数据产品中。Level 2 和 Level 3 产品包括不同尺度下的海面均方斜率和风速测量值。此外,CYGNSS 卫星还记录了 Level 0 数据,以探索其他应用的可能性。本章利用 2018

年 2 月 1 日至 5 月 29 日在青海湖附近采集的 11 组 Level 0 数据,其中包含 12 条镜面反射点在湖面上的轨迹。这些 Level 0 数据集通过主从采样方法生成 1ms 复合波形 $z_r(t,\tau)$,这是本研究中使用的观测数据。如表 11.1 所列,镜面反射点轨迹的主要信息包括数据采集时间、CYGNSS 卫星的身份标识号、GNSS 卫星的伪随机噪声码和入射角。此外,本章还从 Sentinel-2 卫星的光学图像中获得了湖表面的冻结/融化状态。

表 11.1 青海湖上空 CYGNSS Level 0 数据的镜面反射点轨迹描述

轨道	历元起始时刻	CYGNSS 卫星编号	GNSS 伪随机噪声码	入射角	湖面状态
1	2018-02-01T16:33:13	03	G17	25.9°~26.0°	冰面
2	2018-02-07T14:35:02	05	G28	22.1°~22.2°	冰面
3	2018-02-20T08:56:44	06	G16	31.8°~31.6°	冰面
4	2018-03-08T00:43:41	05	G10	27.3°~27.6°	冰面
5	2018-03-19T19:02:30	06	G05	27.6°~27.3°	冰面
6	2018-03-30T13:42:57	04	G17	27.7°~27.1°	碎冰
7	2018-03-30T13:42:57	04	G19	25.0°~25.1°	冰面
8	2018-03-30T15:57:00	01	G09	68.2°~67.5°	碎冰
9	2018-04-20T05:27:12	05	E30	53.4°~52.9°	水面
10	2018-05-11T18:58:20	05	G15	45.3°~45.1°	水面
11	2018-05-14T17:26:20	04	G13	45.4°~45.0°	水面
12	2018-05-29T08:51:46	07	G17	25.1°~25.2°	水面

CYGNSS 卫星的位置从 Level 1 数据中获取,该数据由具有米级精度的 1Hz 单频 GPS 定位获得。为了减少随机轨道的不确定性,这些轨道位置通过具有 60s 滑动窗的 3 阶多项式拟合平滑获得。GNSS 轨道信息是从全球导航卫星系统服务(International GNSS Service, IGS)提供的多 GNSS 星历文件中获得[502]。利用 CYGNSS 卫星和 GNSS 卫星的位置,通过考虑 WGS-84(World Geodetic System 1984)椭球上湖面的高程,使用 GNSS-R 开放源码软件库——"WavPy",计算了每个轨道上镜面反射点的位置[503],如图 11.1 所示,同时还给出了根据 EGM2008(Earth Gravitational Model 2008)模型得到的大地水准面起伏。

本章还收集了 CryoSat-2 原始测量数据进行验证。湖面高度由 CryoSat-2 Level 1 SARIn 数据获得,并对每秒的数据取均值。这些表面高度测量值转换为相对于 EGM2008 大地水准面的正高,并沿着跨越湖泊的每条瞬时轨道取平均。此外,下社测量站(北纬 36°35′16.0″、东经 100°29′28.4″,如图 11.1 所示)测量的月平均水位由青海省水文资源勘测局获得,实地调查以 1985 国家高程基准为参考。

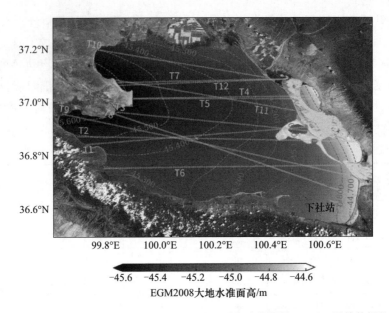

图 11.1 2018 年 2 月 1 日至 5 月 29 日 CYGNSS 卫星在青海湖的 Level 0 原始数据的镜面点
轨迹(表 11.1)(同时给出了由 EGM2008 获取的大地水准面起伏;
下社站位于青海湖的东南面)

11.3 测高反演

当已知入射角(i)时,可通过观测数据与双基地延迟模型(ρ_B^o 和 ρ_B^m)之差,计算 WGS-84 参考椭球的海面高度 H_e,即

$$H_e = H_{ref} + \frac{\rho_B^m - \rho_B^o}{2\cos i} \tag{11.1}$$

式中:通过假设 WGS-84 椭球参考面 H_{ref} 来计算 ρ_B^m。

11.3.1 观测数据双基地延迟

为了提高信噪比,对 1ms 复合波形进行了相干积分,获得相干积分波形 $z_r^{coh}(t,\tau)$。这对于相位测高尤为重要,因为波形的信噪比需要足够高(约 30dB)以减小展开误差。因此,本章采用了 10ms 的相干积分时间。然后对这些相干积分波形进行 1s 的非相干平均,以产生功率波形 $z_r^{inc}(t,\tau)$。利用该波形可以计算观测到的双基地延迟,即

$$\rho_B^o = \rho_{OL}^m + \Delta\rho_{DR}^o + \Delta\rho_{Ins} \tag{11.2}$$

式中:ρ_{OL}^m 为应用于主从处理的开环延迟跟踪模型;$\Delta\rho_{Ins}$ 为接收机的天顶通道和下视

通道之间的延迟；$\Delta\rho_{DR}^{o}$ 为主从处理后直射信号和反射信号（下标"D"和"R"）的残余时延差，可由群延迟 $\Delta\rho_{DR}^{o,gr}$ 或相位延迟 $\Delta\rho_{DR}^{o,\varphi}$ 获得。

$\Delta\rho_{DR}^{o,gr}$：对于从开阔海域反射的 GNSS 信号，群延迟通常来自波形前沿导数的最大位置或使用波形拟合方法。然而，湖面反射信号的准镜面特征使得反射波形与直接反射信号几乎相同，因此，剩余群延迟是根据 1s 功率波形估计的，其方式与传统的 GNSS 接收机相同[504]。考虑到镜面反射点的地面速度，群延迟测量的空间采样分辨率约为 7km。

$\Delta\rho_{DR}^{o,\varphi}$：基于 10ms 的复合波形，可以通过 $\Delta\varphi_{DR} = \arg[z_r^{coh}]$ 估计反射信号的残余相位。然后展开该残余相位 $\Delta\varphi_{DR}$，以消除相位不连续性并产生连续相位观测 $\Delta\varphi_{DR}^{uwp}$。残余相位延迟可由下式获得，即

$$\Delta\rho_{DR}^{o,\varphi} = \lambda\left(\frac{\Delta\varphi_{DR}^{uwp}}{2\pi} + \Delta n\right) \tag{11.3}$$

式中：λ 为 GPS L1 波段载波波长；Δn 为待解的整周模糊度。在 10ms 相干积分时间下，相位延迟测量的空间采样分辨率约为 70m，脉冲限制足印为 300~1000m（第一菲涅尔反射区的大小）。

11.3.2 双基地延迟模型

双基地延迟模型包括几何延迟和地球物理延迟校正，即

$$\rho_B^m = \rho_B^{geo} + \rho_B^{iono} + \rho_B^{tropo} + \rho_B^{se} \tag{11.4}$$

（1）几何延迟 ρ_B^{geo}。几何分量由发射机、接收机和镜面反射点的轨迹估计。通过在 WGS-84 椭球面上假设参考面 $H_{ref} = 3150m$，预测了镜面反射点的轨迹。由于直射和反射路径上的几何范围不同，在相同历元接收的直射和反射信号的传输时间不同，因此，使用两个相关的发射机位置计算两个路径上的延迟。

（2）地球物理延迟校正。应用于双基地延迟模型的地球物理延迟校正包括电离层延迟 ρ_B^{iono}、对流层延迟 ρ_B^{tropo} 和固体潮校正 ρ_B^{se}。电离层延迟修正项是由加泰罗尼亚大学在国际全球导航卫星系统服务中心（IGS）发布的全球电离层地图获得[505]。基于 Hopfield 模型计算由于对流层效应引起的路径延迟，其中气象参数来自欧洲天气预报中心的再分析数据。利用开源软件库"GPSTk"，通过国际地球自转服务模型计算了固体潮引起的湖面高度变化[506-507]。群延迟和相位延迟的电离层延迟修正项大小相等、符号相反，即 $\rho^{iono,gr} = -\rho^{iono,\varphi}$。

11.4 测高结果和讨论

为确保从湖面反射中提取高度测量值，采用了全球地表水探测中的水陆标

记[508]。通过水陆标记，本节将湖面镜面反射点轨道上的湖面高度作为瞬时水面剖面。

11.4.1 基于群延迟测量的湖泊水位

湖面偏离椭球参考面，近似平行于大地水准面。水位通常定义为在大地水准面起伏 N 上方的湖面垂直高度。根据表面椭球高度 H_e^c 可计算水位 H_{wl}^c，即

$$H_{wl}^c = H_e^c - N \tag{11.5}$$

对每个镜面反射点轨道上的水位测量值进行平均，以获得每次穿过湖面的平均水位，同时计算了每次穿过湖面时沿轨方向的水位标准差。然后将这些平均水位合并获得水位时间序列。图 11.2 给出了联合 CryoSat-2 卫星和现场测量数据得到的水位平均值和标准差，结果如下。

(1) 沿轨方向的水位标准差为 0.24~0.69m（T8 中的 1.81m 除外），这定义了从群延迟观测得到的 1Hz 水位测量的测高精度估计值。此精度比基于 CryoSat-2 卫星数据（厘米级精度@1Hz 空间分辨率）降低至 1/10，但 GPS L1 波段的 C/A 码信号带宽（约 2MHz）比 CryoSat-2 测距信号带宽（320MHz）窄得多。采用先进的信号处理技术或宽带 GNSS 信号（如 GPS L5 和 GALILEO E5 信号），GNSS-R 群时延的测高精度可得到明显改善。

(2) 由 GNSS-R 获取的水位时间序列与 CryoSat-2 卫星的时间序列符合较好，CYGNSS 水位与 CryoSat-2 水位之间的均方根误差为 0.70m。除去 1.16m 的偏差后，CYGNSS 卫星测量值与现场实测数据之间的均方根误差为 0.68m。相对于 1Hz 水位精度，这些均方根误差至多减少 $\sqrt{N_{obs}}$ 倍（N_{obs} 为瞬时水面剖面中 1Hz 观测的数量），这说明水位测量中仍存在系统影响。这些系统影响可能来自轨道误差和电离层改正残差，导致了水位测量的偏差和趋势。当轨道弧长较短时，可认为这些偏差和趋势是恒定的，不会对轨道精度产生明显影响。然而，由于在较长时间内不存在相关性，从而导致平均水位在轨道间离散。为测高目的专门设计的 GNSS-R 计划可通过精密定轨和多频双基地延迟观测解决此重要问题。

(3) 湖面结冰会影响水位估计。GNSS 信号能穿透冰层和雪层，而来自底部冰/水界面的反射信号影响整个回波[509]。这可能是 T1~T4 测量的水位较低的原因。此外，碎冰或浮冰会增加表面粗糙度进而降低反射信号的相干性，从而导致水位测量的离散和偏差，如图 11.2 所示。

(4) GNSS-R 观测的主要优点是其能够大量累积观测和全方位的时空采样能力。例如，通过 CYGNSS 系统，可在一周内获取青海湖分辨率优于 70m 的瞬时地表高度剖面或优于 600m 的独立的 1Hz GNSS-R 水位测量（图 11.1）。对于专用 GNSS-R 卫星测高计划，这些高密度测量将使得在湖泊上产生高时间分辨率和精确水位时间序列成为可能。

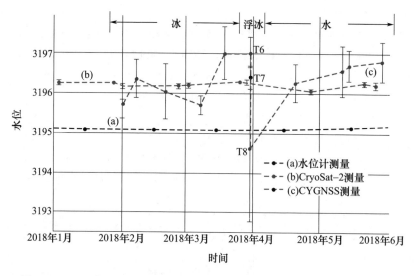

图 11.2　2018 年 1—6 月青海湖水位时间序列((a)基于 CYGNSS 卫星系统获得的平均水位;(b)基于 CryoSat-2 卫星获得的沿轨方向平均水位;(c)下社水文站观测的原始水位;误差棒表示水位标准差)

11.4.2　基于相位测量的表面形貌

相位延迟测量具有高空间分辨率和高精度的优点,但由于整周模糊度 Δn(式(11.3))未知而变得模糊。通过考虑电离层项的码-载波发散效应,根据每个瞬时水面剖面的群延迟测量的平均值估计整周模糊度,即

$$\Delta \hat{n} = \left[\left(\frac{\Delta \rho_{DR}^{o,gr} - 2\rho^{iono,gr}}{\lambda} - \frac{\Delta \varphi_{DR}^{uwp}}{2\pi} \right) \right] \quad (11.6)$$

式中:[·]为舍入函数。由全球电离层模型导出的群延迟和电离层延迟不够精确,只能根据式(11.6)粗略估计整周模糊度。

尽管受到整周模糊度的限制,但是相位延迟测量仍然对表面高度变化敏感。当湖面近似于等势面时,由瞬时水面剖面推导出的相位延迟可以独立估计沿镜面反射点轨道方向的大地水准面。为了评估相位测高的性能,在分析中使用方法如下:①沿近重合镜面反射点轨道的自洽性;②与从大地水准面模型导出的独立数据进行比较。如图 11.1 所示,选择两对瞬时剖面分析(T4/T5 和 T7/T12),它们的镜面反射点轨迹几乎一致。由 EGM2008 模型获取的沿轨大地水准面起伏作为参考。为了便于直接比较,GNSS-R 反演的瞬时水面剖面与局部大地水准面模型符合较好。

研究结果如图 11.3 所示,尽管在较小尺度上存在差异,但相位延迟获得的瞬时水面剖面与 EGM2008 模型显示出较好的一致性。基于每个轨道计算了相位测高结果和大地水准面模型之间差异(高度异常 H_{anol}),并显示在每个子图的底部。据

图 11.3 可知，15~20cm 的高程异常得到了解决。沿重合镜面反射点轨道的高程异常在趋势和振幅方面都显示出较好的一致性。此外，沿 4 条镜面反射点轨迹的高程异常趋势也表现出较好的一致性，特别是在轨道西段（经度 99.8°~100.2°）。类似高程异常模式明显出现在跨越湖泊同一区域的其他轨迹上（图 11.2 中的 T3、T10 和 T11），进一步说明了 CYGNSS 相位延迟测高的一致性。

由于湖泊的流体力学可以忽略，或者与开阔海洋相比较小，并且考虑到独立的瞬时水面剖面之间的一致性，可以确信这些异常主要与该区域 EGM2008 模型的精度有关。由于不规则和稀疏分布的地球重力数据，EGM2008 模型在中国西部的崎岖区域[510]，特别是在西藏高原的东北边缘[511]精度较差，这证明结果合理。

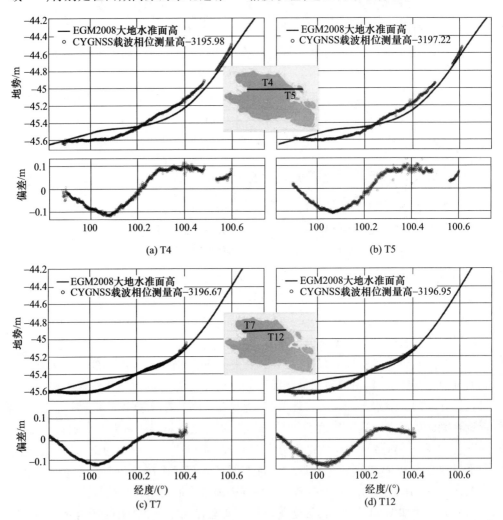

图 11.3 根据 CYGNSS 轨道载波相位测量得出的湖面剖面（每个子图顶部显示了 CYGNSS 相位测高结果与 EGM2008 模型的比较，下部分显示了二者之间的差异）

相位延迟测高结果证明了其对镜面反射点轨道表面高度变化的敏感性。这验证了利用 GNSS-R 相位测高在湖泊上空进行交叉验证、评估和改进大地水准面模型的可能性。然而，由于电离层校正和轨道残差的影响，相位延迟测量中也存在系统效应，这导致了瞬时水面剖面的偏差和趋势（图 11.2 中 T2 的显著趋势）。

11.5 小　　结

本章利用星载 CYGNSS Level 0 数据，在青海湖上空验证了 GNSS-R 在内陆水域的测高能力。湖面反射信号具有准镜面反射特征，从群延迟和相位延迟测量中提取湖面高度。

湖面高度根据群时间延迟测量得到。1Hz 水位测量的轨内精度为分米级，代表了从准镜面 GNSS-R 反射获得的群延迟测量的可实现测高精度，利用宽带 GNSS 信号可以提高此精度。由不同轨迹得到的水位时间序列显示出明显轨迹间偏差，这是由于接收机轨道误差和电离层改正残差的系统影响所致。

相位延迟测高具有较高的精度和空间采样分辨率，但其精度（绝对水位值）受到相位整周模糊度的限制。由于群时间延迟测量的精度和电离层时间延迟的修正，在群延迟测量帮助下只能对整周模糊度进行粗略估计。尽管如此，相位测高结果对地表高度变化具有较好的敏感性，可以独立估计重力等势面，这使得利用相位测高评估和修正局部大地水准面模型成为可能。相位延迟测高同样会受到电离层改正和定轨误差的系统影响。基于星载精密定轨接收机和多频双基地延迟观测，可以分别克服相位延迟和群延迟测高的限制。

由于风会影响水面粗糙度，漫散射分量可以在大湖泊（长距离）或大风条件下的整体回波中起重要作用。因为表面粗糙度引起的相位去相关对这种几何结构来说更强，这将使得通过高仰角卫星进行相干相位测量更加困难，但仍然可从掠入角反射中获得相位信息。对于群延迟测量，应考虑改进的 GNSS 信号反射模型，采用更稳健的波形重跟踪方法[512]。对不同镜面反射条件下的未来 GNSS-R 卫星测高分析有待深入研究，这依赖于获取和处理更丰富的原始数据。

通过利用反射信号的功率和相位信息，CYGNSS 星载仪器记录的原始数据集提供了验证不同 GNSS-R 应用的机会。本章研究结果可作为 CYGNSS 仪器配置更新和未来面向全球内陆水域监测的 GNSS-R 计划的基础。

第12章 基于重力场-法向投影反射参考面组合修正法提高GNSS-R镜面反射点定位精度

GNSS-R技术对海面地形精细信息的提取和研究具有重要应用价值,提高测量精度则是天基GNSS-R海面测高实现应用的必要工作。GNSS-R距离观测的主要误差源是镜面反射点的定位误差,其在参考基准上直接影响海面测高精度。现有镜面反射点几何定位方法选取的反射参考面与实际海面之间存在几十米量级的高程误差,而地球重力场是决定实际海面的重要影响因素。因此,重力场反射参考面修正是提高定位精度的关键。本章基于GNSS-R反射参考面的修正开展了提高镜面反射点定位精度的研究。①提出重力场反射参考面修正法(GFRRSCM),将反射参考面由WGS-84椭球面修正到大地水准面,减小其与实际海面的高程差异引起的镜面反射点定位误差,将定位精度提高了25.15m;②提出法向投影反射参考面修正法(NPRRSCM),将重力场反射参考面修正法确定的镜面反射点由径向反射参考面修正至法向,并且在解算反射路径的空间几何关系过程中,通过直接解算法向投影减小了近似代换误差,定位精度向法向进一步提高了13.05m;③基于重力场-法向投影反射参考面组合修正法,镜面反射点定位精度最终提高了28.66m。

12.1 概 述

高精度海洋重力场反演需要GNSS-R海面测高达到厘米级精度[513]。GNSS-R海面测高对信号传输的路径延迟误差控制的要求较为严格,主要误差源包括GNSS卫星发射的电磁波信号在大气传输、海面散射和接收处理过程的误差以及在海况复杂多变的实际海面对镜面反射点和接收机星下点定位的误差[514]。镜面反射点是反射面上使GNSS卫星信号经反射到达接收机路程最短的点。GNSS-R遥感确定多普勒频移和码相位延迟的DDM需要以镜面反射点为参考中心,镜面反射点的位置信息还被用于延迟波上升沿的精确建模等[515]。根据LED(leading edge derivative)算法计算海面高度,需要根据发射机(导航卫星)、GNSS-R接收机和镜面反射点的位置计算反射信号相对于直射信号的时间延迟。在导航卫星和接收机的轨道误差已知的情况下,该时间延迟误差和反射信号路程长度误差主要由信号在海面的镜面反射点定位误差和大气传输误差决定。此外,双基雷达系统输出信噪比与信号传播路径有关,即与镜面反射点位置相关[516]。在海面遥感应用中,镜面反射点的精确位置信息还可用于判断反射信号是来自海面、陆地还是冰面等。作为 GNSS-R 信号反射几何关系的基准点和相关参数的参考中心,镜面反射点定位误差在参考基准上将影响 GNSS-R 遥感产品的精度和时空分辨率等观测能力参数的估算精度,尤其是与路程误差直接相关的海面高度测量精度。

镜面反射点定位方法可分为物理方法和几何方法。物理方法是基于对接收信号的处理;几何方法是根据镜面反射点应满足的几何条件,可以对物理方法的定位结果进行标定和修正,本章针对几何方法开展研究。目前的几何方法主要包括 S-C Wu 法、二分法、Wagner 法、Gleason 法、TDS-1 卫星定位法[517]等。上述的镜面反射点定位方法均以标准球面或 WGS-84 椭球面为反射参考面,未考虑实际海面与 WGS-84 椭球面的高程差异及法向-径向差异造成的定位误差(图 12.1),而这种差异不可忽略。WGS-84 椭球面与瞬时海平面的差距为几十米量级;如果采用由地球重力场确定的重力等势面——大地水准面的模型,最大为几米,降低至少是原来的 1/10;若采用全球范围地球重力模型大地水准面,在海面部分精度可达分米级;若采用更为精确的局部大地水准面模型,精度可达厘米级。地球重力场是决定实际海面高程的主要因素。

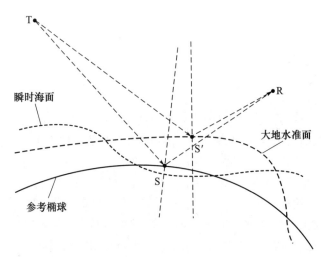

图 12.1 GNSS-R 反射参考面与镜面反射点位置
T—GNSS 发射机;R—GNSS-R 接收机;S—以 WGS-84 椭球为反射参考面的镜面反射点;
S′—以大地水准面为反射参考面的镜面反射点。

多个岸基和空基 GNSS-R 接收机在平静湖面和特定区域海面的测高实验已经能够获得与卫星高度计相当的测高精度,然而全球大洋的海面地形和粗糙度由海洋重力场、潮汐场、环流场、海面风场等多种海洋动力参量共同作用,复杂多变,反射参考面误差会对天基 GNSS-R 全球海面测高精度造成影响。Clarizia 基于 TDS-1 卫星数据第一次获得了天基 GNSS-R 海面高,均方根误差约为 8m。由于该研究使用的 TDS-1 数据中的镜面反射点位置是以 WGS-84 椭球而不是以实际海面为反射参考面,海面高误差中包含了由反射参考面误差造成的镜面反射点定位误差。此外,TDS-1 卫星搭载的 GNSS-R 有效载荷没有针对海面高测量进行优化。因此,综合多种海洋动力参量模型,建立全球全海况的实际海态反射参考面模型不仅是提高 GNSS-R 海面测高精度的基础性工作,更是发挥实际应用价值的前提条件。

不同于前人已有研究,基于决定实际海面高程的重要参量——地球重力场,以建立大地水准面反射参考面模型来提高镜面反射点定位精度为目的,本章提出重力场-法向投影反射参考面组合修正法。首先,以 WGS-84 椭球面为反射参考面对镜面反射点进行初步定位,在迭代定位过程中引入地球重力场模型高程修正量,将反射参考面修正到大地水准面,从而减小反射参考面与实际海面的高程差异引起的镜面反射点定位误差;其次,在高程修正的基础上,将反射参考面由镜面反射点径向修正至法向,减小法向-径向差异引入的定位误差,并且通过直接解算法向在平面上的投影与反射路径的空间几何关系,减小近似代换对定位精度的影响;最后,基于以上两部分修正方法的组合应用,减小了反射参考面与实际海面的差异引起的镜面反射点定位误差,提高了定位精度。

12.2 数据与方法

12.2.1 数据

1. TDS-1 卫星数据

对镜面反射点的定位需要利用 GNSS 卫星和接收机的位置,为了避免引入轨道仿真误差,本研究使用 TDS-1 卫星数据中的 GPS 卫星和接收机位置定位镜面反射点,并与数据中的镜面反射点位置进行比较。TDS-1 是由英国萨里卫星技术公司研制的技术验证卫星,于 2014 年 7 月 8 日发射,轨道高度 635km,倾角 98°。TDS-1 搭载的 GNSS-R 有效载荷包括用于接收直射 GPS 信号的天顶指向天线、用于接收 GPS 反射信号的天底指向天线以及 SGR-ReSI 遥感接收机。SGR-ReSI 持续记录积分中点时刻和对应的接收机空间坐标,同时记录 4 个反射信号通道在接收到信号时的积分中点时刻,及对应的 GPS 卫星和镜面反射点空间坐标。提取两种积分中点时刻相同时对应的接收机空间坐标,该坐标与 GPS 卫星和镜面反射点空间坐标对应。上述数据包含在 Level 1b 级元数据中。为了获得具有统计意义的结果而达到足够的时间和空间覆盖,使用 2018 年 4 月的 9444 轨数据共 4 942 927 个反射信号进行了计算和分析。

TDS-1 卫星数据中的镜面反射点位置以 WGS-84 椭球为反射参考面,计算方法如下:①应用坐标变换,将 WGS-84 椭球在极轴和赤道轴上独立地缩放到单位半径的标准球体上,接收器和发射器位置通过相同的变换缩放到新的坐标系中;②使用标准球面作为反射参考面计算镜面反射点位置;③应用坐标变换的逆缩放回 WGS-84 椭球[518]。

2. EGM2008 模型

本研究使用 EGM2008 地球重力场模型修正反射参考面,模型阶次完全至 2159,相当于模型空间分辨率约为 5′(约 9km),5′×5′网格高度异常/大地水准面波动传播标准偏差为 10.925cm[519]。本研究使用插值到 1′×1′的网格上的最高空间分辨率模型计算大地水准面高度,插值误差不超过 ±1mm[520]。

12.2.2 方法

1. 重力场反射参考面修正法

本研究基于 WGS-84 坐标系开展。使用 S-C Wu 方法以 WGS-84 椭球面为反射参考面对镜面反射点进行定位,在每次迭代修正过程中,基于镜面反射点的位置计算对应的大地水准面差距,代入下一次迭代,最终将镜面反射点定位到大地水准面上。

对镜面反射点定位精度的评价基于 Fresnel 反射定律。当发射机、接收机位置以及反射参考面确定时,信号反射的入射角、出射角和反射法线由镜面反射点的位置决定。根据 Fresnel 反射定律,判断镜面反射点定位是否准确的标准是:①出射角等于入射角;②反射法线与镜面反射点法向相同。由于实际计算的精度有限,该标准并不能被完全满足,故认为出射角与入射角的差异以及反射法线与法向的差异越小,反射几何关系越准确,镜面反射点定位精度越高。

定位镜面反射点分为 4 步,具体方法如下。

(1) 计算 M 坐标。

图 12.2 中 O 为地球球心,接收机、GPS 卫星和镜面反射点的位置矢量分别为 R、T 和 S,H_R 和 H_T 是 R、T 相对于椭球面的大地水准面差距。M 是 OS 延长线与 TR 连线的交点,R' 是 R 对直线 OM 的镜像点,M' 是 M 对直线 RR' 的镜像点,则有

$$M = R + \frac{H_R}{(H_R + H_T)}(T - R) \tag{12.1}$$

(2) 计算和修正镜面反射点初始位置。

S 经纬度与 M 相同,可使用 EGM2008 重力模型计算 S 的大地水准面差距 H_S。将 H_S 代入 S 大地坐标向空间坐标的转换中,从而将反射参考面由椭球面向大地水准面进行修正,见式(12.2)和式(12.3),即

$$\begin{cases} X_S = (N_S + H_S)\cos B_S \cos L_S = N_S \cos B_S \cos L_S + \sigma_x \\ Y_S = (N_S + H_S)\cos B_S \sin L_S = N_S \cos B_S \sin L_S + \sigma_y \\ Z_S = (N_S(1-e^2) + H_S)\sin B_S = N_S(1-e^2)\sin B_S + \sigma_z \end{cases} \tag{12.2}$$

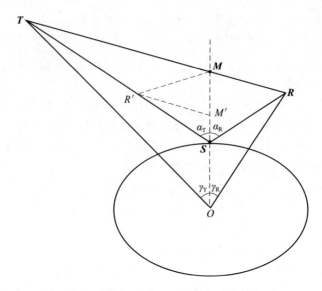

图 12.2　GNSS-R 镜面反射点定位几何关系

$$N_S = \frac{a}{\sqrt{1-e^2\sin^2(B_S)}} \tag{12.3}$$

式中：S 在 x、y、z 方向的高程修正分量 σ_x、σ_y、σ_z 分别为 $H_S\cos B_S\cos L_S$、$H_S\cos B_S\sin L_S$、$H_S\sin B_S$；a 为 WGS-84 椭球长半径。S 的经纬度以 WGS-84 椭球为参考面得到，由此转换得到的空间坐标并不是以大地水准面为参考，需要继续进行以下修正。

（3）求入射角、出射角和地心角。

根据 R、S 和 T 分别计算地心角 γ_T 和 γ_R，根据 SR、SM 和 ST 分别计算 GPS 卫星信号在海面的入射角 α_T 和出射角 α_R。

（4）加权迭代。

通常 α_T 和 α_R 并不相等，需要加权重新估算，即

$$\alpha_T' = \alpha_R' = \frac{H_T\alpha_T + H_R\alpha_R}{H_T + H_R} \tag{12.4}$$

根据 $\triangle OSR$ 和 $\triangle OST$ 分别重新计算 γ_T 和 γ_R，记为 γ_T' 和 γ_R'，将 γ_T 的平均值取 $(\gamma_T + \gamma_R + \gamma_T' - \gamma_R')/2$。根据新的 γ_T 重新计算 M、S、α_T 和 α_R，迭代上述过程，每次迭代都在式（12.2）中引入 S 的大地水准面差距 H_S 进行修正，直到 $\alpha_T = \alpha_R$，这时 S 点在大地水准面上确定了准确的反射几何关系，S 已由 WGS-84 椭球面修正至大地水准面。综合考虑修正精度和迭代次数，迭代截止阈值设置为 $\alpha_T - \alpha_R < 10^{-5}$ rad。

2. 法向投影反射参考面修正法

GFRRSCM 是基于假设镜面反射点的法向和径向一致，实际上两者具有一定差异，因此需要以与镜面反射点法向垂直的平面作为反射参考面，对 GFRRSCM 的定位

结果位置进行修正,法向取 WGS-84 椭球的法向。

S-C Wu 方法进行径向-法向修正的思想是基于等量代换建立的几何关系计算修正量,并迭代直至修正量小于阈值。由于代换中取近似,会影响定位精度。为了减小近似的影响,本研究提出法向投影修正法,通过直接解算法向在平面上的投影与反射路径的空间几何关系,对镜面反射点进行定位。由径向和法向差异造成的反射点定位误差可以分解到入射面 TSR 和与其垂直平面 SOK 上,在这两个平面内进行修正,如图 12.3 所示。经过在平面 TSR 内修正后的镜面反射点位置在垂直平面 SOK 内的法向修正量通常已经很小,因此,首先在平面 TSR 内修正,再在平面 SOK 内修正。如图 12.3(a)所示,先计算 S 法向在入射面的投影;然后计算法向反射参考面与入射面的交线;最后计算交线上镜面反射点的位置,具体如下。

(1) 解算法向在入射面的投影。

法向 $S_\perp$ 在入射面内的投影 $S'_\perp$ 是其在 SM 和 SP(即 RR' 方向)分向量的合向量,即

$$S'_\perp = SP' + SM' \tag{12.5}$$

(2) 解算法向反射参考面与入射面的交线。

反射参考面与入射面的交线 AS 需满足:①AS 与 $S_\perp$ 垂直;②A 在由 T、R、S 确定的入射面上,由此可确定 AS 方向。

(3) 解算镜面反射点位置。

镜面反射点 S' 需满足:①S' 在 AS 上;②$\alpha_T = \alpha_R$,由此可计算 S' 的空间坐标。

(4) 迭代修正镜面反射点位置。

以 S' 位置替换 S 位置对上述过程进行迭代,直至 SS' 小于迭代截止阈值 0.01m。垂直入射面的修正与入射面修正原理相同,见图 12.3(b)。

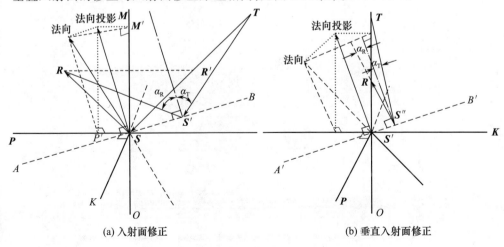

(a) 入射面修正　　　　　　　　　(b) 垂直入射面修正

图 12.3　法向反射参考面修正几何关系

12.3 研究结果

12.3.1 重力场反射参考面修正定位法

1. 入射角与出射角

由于 GFRRSCM 基于迭代方法逼近镜面反射点在反射参考面上的实际位置,因此入射角与反射角之差的最大值小于迭代截止阈值 1×10^{-5} rad。为了比较几种镜面反射点定位方法的精度,根据 TDS-1 数据中的发射机、接收机和镜面反射点的位置,以及应用 S-C Wu 方法和 GFRRSCM 计算的镜面反射点位置,分别计算了入射角和出射角。以 2018 年 3 月 31 日 21 时至 2018 年 4 月 1 日 3 时(UTC)6h 内 95 轨的结果为例,图 12.4 所示为镜面反射点在大地坐标系的位置及对应的出射角和入射角。TDS-1 卫星在 6h 内绕地球约 4 周,由于反射天线具有 4 个通道,每一周同一时

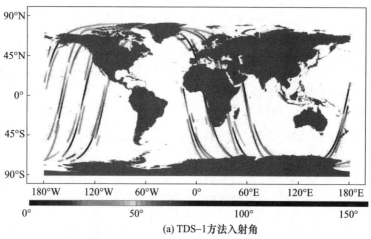

(a) TDS-1方法入射角

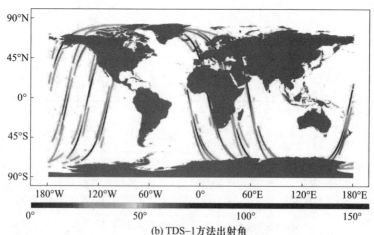

(b) TDS-1方法出射角

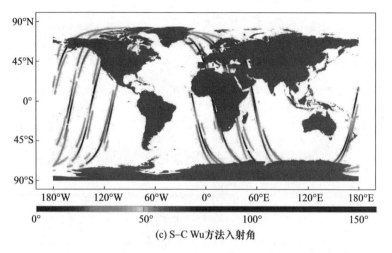
(c) S–C Wu方法入射角

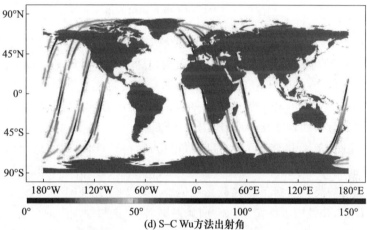
(d) S–C Wu方法出射角

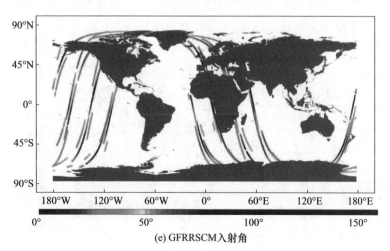
(e) GFRRSCM入射角

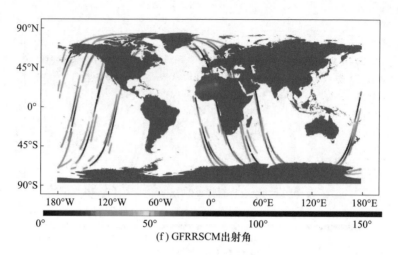

(f) GFRRSCM出射角

图12.4 （见彩图）2018年3月31日21时至2018年4月1日3时（UTC）镜面反射点对应的入射角和出射角

刻具有最多4条子轨迹。TDS-1入射角变化最大，并且在同一轨上的入射角变化最高可达约50°，明显高于其他方法。相比入射角，TDS-1出射角变化较小，与入射角具有明显差别。S-C Wu和GFRRSCM的入射角和出射角均没有明显差异。此外，S-C Wu与GFRRSCM的轨迹没有明显差别，显示两种方法的定位结果在大地坐标系非常接近，TDS-1的轨迹则与两者具有一定差别。

图12.5是图12.4中3种方法的出射角与入射角。TDS-1的出射角与入射角相差最大，最大达到150°，表明镜面反射点定位误差较大。由于对出射角与入射角之差设置了相同的高精度修正迭代截止阈值，S-C Wu与GFRRSCM的出射角与入射角之差都较小，并且两者的结果没有明显差别，说明这两种方法的反射几何关系较TDS-1更准确，镜面反射点定位精度更高。此外，在3种方法的结果中都观察到在同一轨上的角度差并不是连续变化，而是存在持续跳变，在TDS-1结果中的跳变为度的量级，在S-C Wu与GFRRSCM的结果中跳变为$(10^{-4})°$的量级，在12.4节中

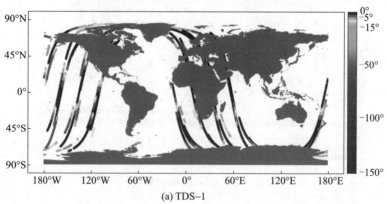

(a) TDS-1

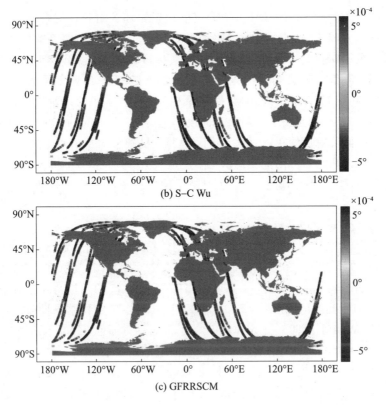

(b) S–C Wu

(c) GFRRSCM

图 12.5 （见彩图）2018 年 3 月 31 日 21 时至 2018 年 4 月 1 日 3 时（UTC）镜面反射点对应的出射角与入射角之差

对此进行了详细讨论。

为了定量分析和比较 3 种方法的镜面反射点位置确定的反射几何关系的精度，利用 2018 年 4 月的数据分别计算了 3 种方法的入射角、出射角及两者之差，见表 12.1。由于 GFRRSCM 和 S–C Wu 方法具有相同的迭代截止阈值，两者的角度差非常接近，并且都远小于 TDS–1，这说明两者确定的反射几何关系比 TDS–1 更准确，这两种方法的镜面反射点定位精度高于 TDS–1 数据。

表 12.1 镜面反射点确定的出射角、入射角及两者之差的平均值和标准偏差

参数	TDS–1			S–C Wu			GFRRSCM		
	入射角	出射角	出射角–入射角	入射角	出射角	出射角–入射角	入射角	出射角	出射角–入射角
平均值/(°)	2.822×10^1	2.469×10^1	-3.515×10^0	2.653×10^1	2.653×10^1	-5.932×10^{-7}	2.653×10^1	2.653×10^1	-5.932×10^{-7}
标准偏差/(°)	5.618×10^0	4.005×10^0	1.834×10^0	4.78155×10^0	4.781573×10^0	3.978×10^{-4}	4.781557×10^0	4.781573×10^0	3.978×10^{-4}

S-C Wu 方法与 GFRRSCM 方法确定的出射角和入射角在有效数字内均相等，入射角标准偏差稍大于出射角，基于两种方法确定的反射几何关系非常接近。相比另外两种方法，TDS-1 的入射角偏大约 $1.7°$，标准偏差偏大约 $0.8°$，而反射角则偏小约 $1.8°$，标准偏差偏小约 $0.8°$，入射角及其变化都较大，出射角及其变化都较小，这与图 12.4 和图 12.5 显示的 6h 数据结果相符。3 种方法的入射角变化均不同程度地大于出射角，推测是由于卫星轨道高度的差异（GPS 20200km、TDS-1 635km），GPS 卫星到镜面反射点的距离远大于 TDS-1 卫星到镜面反射点的距离，使得镜面反射点定位误差在入射方向上相比出射方向被放大。GFRRSCM 和 S-C Wu 的入射角和出射角比 TDS-1 更稳定，更好地控制了镜面反射点定位误差随距离增加的放大效应。

2. 镜面反射点定位精度

为了量化和比较 3 种方法对镜面反射点定位精度的差异，分别计算了 3 镜面反射点定位结果的大地坐标和空间坐标的差模以及空间距离（欧几里得距离）的平均值，见表 12.2。基于本节的结果，S-C Wu 方法和 GFRRSCM 的定位精度相对于 TDS-1 较为接近，并且更高。因此，S-C Wu 方法相对于 TDS-1 定位结果提高，一方面可以显示 GFRRSCM 相对于 TDS-1 定位精度的提高，另一方面也可以显示两种以 WGS-84 椭球为反射参考面的镜面反射点定位方法的精度差异，见表 12.2。在空间坐标系，S-C Wu 方法比 TDS-1 定位精度提升超过 40km，其中 z 方向精度提高最大，超过 27km，在 x 和 y 方向的精度提高相当，超过 17km。在大地坐标系，经纬度的精度提升了相同量级，经度的精度提升高于纬度，综合定位精度提升约 $0.4°$。

S-C Wu 对 TDS-1 定位精度的提高，可以认为是 GFRRSCM 对 TDS-1 定位精度的提高。GFRRSCM 相对于 S-C Wu 方法是将反射参考面由 WGS-84 椭球面修正至大地水准面，两者的镜面反射点定位差异是减小反射参考面与实际海面的高程差异对定位精度的提高，见表 12.2。在空间坐标系，定位精度提升 25.15m。在 x、y、z 方向的精度提升分别是式（12.2）中的高程修正量 σ_x、σ_y、σ_z。在 z 方向精度提高最多，约为 15m，在 x 和 y 方向的精度提高约为 11m。在大地坐标系，GFRRSCM 在经、纬度方向的精度提升在相同量级，对纬度的精度提升高于经度，综合定位精度提升约 $(2×10^{-4})°$。

表 12.2 基于 3 种方法计算的镜面反射点坐标的差及其标准差

方法	参数	定位空间距离 /m	x/m	y/m	z/m	纬度/(°)	经度/(°)
S-C Wu 与 TDS-1	平均值	$4.147×10^4$	$1.761×10^4$	$1.736×10^4$	$2.764×10^4$	$3.488×10^{-1}$	$4.839×10^{-1}$
	标准偏差	$2.027×10^4$	$9.304×10^3$	$9.388×10^3$	$1.372×10^4$	$1.745×10^{-1}$	$1.635×10^0$
GFRRSCM 与 S-C Wu	平均值	$2.515×10^1$	$1.085×10^1$	$1.170×10^1$	$1.459×10^1$	$2.817×10^{-4}$	$1.733×10^{-4}$
	标准偏差	$1.025×10^3$	$4.876×10^2$	$5.281×10^2$	$6.675×10^2$	$1.443×10^{-1}$	$5.325×10^{-2}$

12.3.2 法向投影反射参考面修正定位法

基于 GFRRSCM 的 24h 的镜面反射点定位结果,应用 NPRRSCM 进一步作了反射点法向参考面修正定位,并将修正后的结果与 GFRRSCM 和 S-C Wu 的定位结果分别进行了比较,见表 12.3。NPRRSCM 的定位是在 GFRRSCM 定位的基础上修正了镜面反射点的径向-法向的差异,将 GFRRSCM 的定位精度提高了 13.05m,在 x、y、z 方向精度均提高了 6~7m。

相对于 S-C Wu 的定位,NPRRSCM 的定位是先后进行了重力场和法向反射参考面的修正结果,先将镜面反射点由 WGS-84 椭球面修正至大地水准面,然后修正了镜面反射点的径向-法向差异。结果表明,S-C Wu 的定位精度提高了 28.66m,在 z 方向精度提高最大,约 16m,在 x 和 y 方向精度提高超过 13m。

表 12.3　NPRRSCM 定位相对于 GFRRSCM 和 S-C Wu 定位的精度提升

方法	定位空间距离/m			x/m			y/m			z/m		
	最小值	最大值	平均值	最小值	最大值	平均值	最小值	最大值	平均值	最小值	最大值	平均值
NPRRSCM 相对于 GFRRSCM	5.173 ×10^{-5}	5.610 ×10^{1}	1.305 ×10^{1}	7.291 ×10^{-6}	4.344 ×10^{1}	6.843 ×10^{0}	1.506 ×10^{-5}	4.802 ×10^{1}	6.794 ×10^{0}	3.133 ×10^{-5}	4.035 ×10^{1}	5.832 ×10^{0}
GF-NPRRSCCM 相对于 S-C Wu	3.958 ×10^{-2}	1.045 ×10^{2}	2.866 ×10^{1}	3.051 ×10^{-5}	8.175 ×10^{1}	1.373 ×10^{1}	2.884 ×10^{-6}	7.657 ×10^{1}	1.322 ×10^{1}	3.583 ×10^{-5}	8.452 ×10^{1}	1.608 ×10^{1}

基于研究提出的 GF-NPRRSCCM,镜面反射点的定位精度提高了 28.66m,最多提高了超过 100m,在 x、y、z 方向的定位精度均提高了 13~16m,最多提高了超过 80m,符合大地水准面差距几十米的量级。反射参考面由 WGS-84 椭球面修正至大地水准面,定位精度提高了 25.15m,在此基础上,对法向-径向差异的修正将定位精度进一步提高了 13.05m,说明反射参考面高程差异造成的定位误差大于法向-径向差异造成的定位误差,是镜面反射点定位的主要误差源。在空间坐标系中,GFRRSCM 定位精度提高最大,而 NPRRSCM 在 z 方向的定位精度提升最小。作为综合结果,GF-NPRRSCCM 的定位误差与 GFRRSCM 一致,也是在 z 方向精度提高最大,这是由于修正的高程差异造成的定位误差大于法向-径向的定位误差。GFRRSCM 和 NPRRSCM 在 x 和 y 方向的精度提高相当。

12.4　讨　论

以 2018 年 3 月 31 日 21 时至 2018 年 4 月 1 日 3 时(UTC)的第 5 轨数据为例,研究不同方法镜面反射点确定的反射几何关系沿轨的变化,图 12.6 是 GFRRSCM 和

TDS-1 的镜面反射点确定的入射角、出射角及两者之差。两种方法的入射角和出射角均先减小后增大,随着接近最小值,角度减小的速度逐渐减慢,达到最小值后,角度增大的速度逐渐加快,并最终达到稳定速度。这种反射角度的变化趋势体现了 TDS-1 卫星与 GPS 卫星位置向量夹角的变化。

GFRRSCM 的出射角和入射角非常接近,并且两者之差没有随着角度沿轨的变化而变化。相比 GFRRSCM,TDS-1 的出射角与入射角相差较大,并且角度差随角度增大而增大,说明入射角或出射角越大,反射几何关系的误差越大,镜面反射点定位的精度越低。当入射角大于 20°时,TDS-1 的角度差别较明显,当入射角超过 45°时,角度差超过 10°。使用 TDS-1 镜面反射点位置数据时,考虑到相应的距离误差,应该对相应的入射角或出射角的大小进行筛选以选择更准确的镜面反射点位置。

如图 12.6 所示,TDS-1 同一轨镜面反射点对应的入射角和出射角均观察到角度值沿轨跳变,这种跳变导致两者差值也存在图 12.5(a)中显示的跳变,跳变值约为±2°。跳变间隔约 300 个观测点,由于观测点时间间隔为 1s,因此跳变时间间隔约为 5min,角度的跳变值在达到最小值前后正负相反。这推测是由于 TDS-1 卫星接收机天底载荷的低噪声放大器每 5min 会由天底天线切换至内置黑体对噪声参考进行校准,但校准过程难以避免地对 TDS-1 卫星的镜面反射点定位精度产生影响。这种跳变虽然也对 GFRRSCM 确定的反射几何关系造成了影响,但是入射角和反射角差的跳变量在 $(10^{-4})°$ 量级,可以忽略。

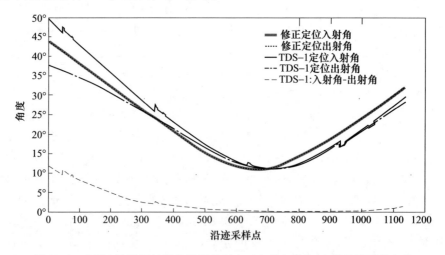

图 12.6 应用一轨数据计算的镜面反射点对应的出射角、入射角及两者之差

本章提出的方法将作为研究团队基于高精度和高空间分辨率 GNSS-R 测高星座原理提高水下重力匹配导航精度研究的重要支撑。目前我们已经在中国东海和南海的不同区域和天气条件下基于船载 GNSS-R 接收机进行了海面测高实验。将本研究提出的镜面反射点定位方法应用于采集到的数据,对镜面反射点位置进行修正,对在不同海况和大地水准面波动差异明显的不同区域内镜面反射点定位精度的提高

对测高精度的影响进行研究。另外,本研究引入决定实际海面高程的主要因素——地球重力场的修正量,将反射参考面修正至大地水准面,在此基础上,后续工作将引入海洋潮汐模型对反射参考面作进一步修正,以期进一步提高镜面反射点定位精度,并最终建立全球和全海况反射参考面模型。TDS-1卫星数据中仅包含GPS卫星数据,随着四大主要GNSS星座的组建完成和全面运行,以及其精确轨道信息公布,将引入更多GNSS数据,进而研究不同GNSS之间由于轨道和信号等参数差异导致的镜面反射点定位精度差异,及其对海面测高精度的不同影响。

12.5 小 结

GNSS-R镜面反射点的定位误差是影响海面测高精度的主要误差源,而修正反射参考面是提高定位精度的关键。综合多种海洋动力参量,建立全球实际海态反射参考面模型,不仅是提高GNSS-R海面测高精度的重要工作,而且是发挥其高空间分辨率观测优势和实现其应用价值的前提条件。而作为决定实际海面高程的主要因素,地球重力场是构建实际海态反射参考面模型的重要参量。

本章基于GNSS-R反射参考面向大地水准面的修正,提出了重力场-法向投影反射参考面组合修正法(GF-NPRRSCCM),提高了镜面反射点定位精度。首先,使用TDS-1卫星数据中的接收机和发射机位置,以WGS-84椭球为反射参考面初步计算了镜面反射点的位置;其次,在定位迭代中引入了基于地球重力场模型计算的高程修正量,将反射参考面修正至更接近实际海面的大地水准面,减小了反射参考面与实际海面的高程差异引起的镜面反射点定位误差;最后,在GFRRSCM修正的基础上,通过法向投影反射参考面修正法,对法向-径向差异进行了修正,并且通过直接计算法向反射参考面的空间信息,减小了近似代换对计算精度的影响。

研究表明,应用GF-NPRRSCCM将以WGS-84椭球为反射参考面的镜面反射点定位精度提高了28.66m。其中,GFRRSCM将定位精度提升了25.15m,在此基础上,NPRRSCM将定位精度向法向进一步提高了13.05m。反射参考面与实际海面的高程差异是镜面反射点定位的主要误差源。基于对反射几何关系准确度的定量评价和比较,GFRRSCM比TDS-1的定位更准确,将TDS-1的定位精度提升超过40km,并且更好地抑制了定位误差随卫星轨道高度增加的放大。TDS-1数据的反射几何关系误差随入射角增大而增加,当入射角超过20°时,反射几何关系误差较大。TDS-1对噪声参考进行校正导致其镜面反射点的定位误差,但该校正并未对GFRRSCM定位结果确定的反射几何关系造成明显影响。

第13章 基于海洋潮汐时变高程修正定位法提高星载 GNSS – R 镜面反射点海面定位精度

镜面反射点的定位误差是 GNSS – R 卫星海面测高的主要误差源。现有镜面反射点几何定位方法选取的反射参考面与实际海面之间存在几十米级的静态高程差异和分米级的时变高程差异,由此导致的定位误差在参考基准上制约了 GNSS – R 卫星海面测高达到厘米级精度。在修正基础的静态高程定位误差的前提下,减小时变高程定位误差是提高定位精度的关键。本章就此开展研究如下:第一,基于 GNSS – R 反射参考面高程修正原理,应用决定海面高度实时变化的主要参量——海洋潮汐,构建海洋潮汐时变高程修正定位法;第二,基于反射几何关系和参考面精度的比较,检验了海洋潮汐时变高程修正定位法的定位精度;第三,应用海洋潮汐时变高程修正定位法将镜面反射点由大地水准面修正至海洋潮汐面,减小了反射参考面的时变高程差异导致的定位误差,提高了定位精度,并对精度提高进行了量化;第四,针对海洋潮汐在近海和深远海潮高梯度不同的特点,就这两种海区的潮汐对定位精度提高量梯度的不同影响进行了讨论。研究结果显示:①海洋潮汐时变高程修正定位法将定位精度提高了 0.31m,在空间坐标系各方向定位精度的提高量顺序为 $z>x>y$,在大地坐标系经度方向的定位精度提高约为纬度方向的 2 倍;②定位精度提高量与对应的不同振幅和相位组合的潮汐均具有较好的相关性,提高量是潮高的 1.07 倍;③在近海,潮高梯度大于深远海,潮高定位修正量的梯度对潮高梯度具有较好的响应,而这种响应的敏感性在深远海有所降低。

13.1 概 述

镜面反射点的定位误差在参考基准上影响与路程误差直接相关的海面测高精度。GNSS – R 海面测高的信号反射面是瞬时海面,但目前的镜面反射点几何定位方法选取的最接近实际海面的反射参考面均为地球椭球面,未考虑椭球面与瞬时海面之间的高程差异——海面高,这导致镜面反射点定位误差较大(图13.1)。海面高度可以分解为静态高程和时变高程:静态高程是由地球自身重力决定的大地水准面和参考椭球面之间的高度差——大地水准面差距,其时变性较低;时变高程是由潮汐、风、地转流、中尺度涡、环流、海啸等各种外部动力引起的瞬时海面距离大地水准面的海面高度实时变化,即海面动态地形,具有较强的时变性。

反射参考面的静态高程误差是镜面反射点定位的基础误差源,之前的研究对此进行了修正,提出了重力场–法向投影反射参考面组合修正法,以地球椭球为反射参考面初步定位镜面反射点;然后,引入地球重力场静态高程修正量——大地水准面差距,将反射参考面修正至大地水准面,减小了反射参考面与瞬时海面的静态高程差异导致的定位误差;最后,无近似地修正了法向–径向差异导致的定位误差,该方法将椭球面的镜面反射点定位精度提高了28.66m。要达到厘米级海面测高精度,需要构建实际海面 GNSS–R 镜面反射点定位方法,静态高程修正是实际海面修正定位方法的基础,而时变高程修正则是决定实际海面定位方法的定位精度能否满足厘米级精度海面测高的关键。潮汐涨落是海面高度实时变化的最主要来源,海洋潮汐高程定位误差修正是时变高程定位误差修正的重点,而分米级的潮高也对修正定位方法提出了更高要求,本章对此开展了深入研究。

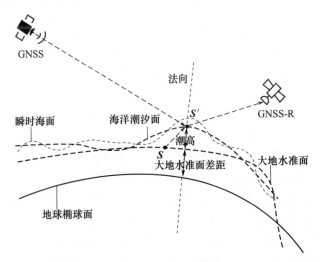

图 13.1　GNSS–R 的各反射参考面及对应的镜面反射点(S 为以大地水准面为反射参考面的镜面反射点,S' 为以海洋潮汐面为反射参考面的镜面反射点。虚线箭头表示海洋潮汐时变高程修正定位法对定位的修正)

在静态高程误差修正的基础上,进一步去除全球振幅为 ±2m 的海面动态地形引入的镜面反射点定位误差是达到厘米级精度海面测高所必需的,其中海洋潮汐对海面动态地形的贡献达到 80%[521],是镜面反射点时变高程定位误差的最主要来源。海洋潮汐在开阔海域变化的标准差为 10~60cm,在边缘海以及近海可达数米,在海面高度变化中海洋潮汐贡献的标准差达 5~30cm[522],这对于厘米级精度的 GNSS–R 海面测高是不可忽略的镜面反射点定位误差。因此,在大地水准面静态高程修正定位的基础上,应用海洋潮汐构建海洋潮汐时变高程修正定位法进一步精化镜面反射点修正定位并提高定位精度,是提高 GNSS-R 测高精度的关键。由于 GNSS-R 镜面反射点的几何定位与仪器无关,因此可以基于全球潮汐模型进行修正定位。在 20 世纪 80 年代,Schwiderski 海潮模型被作为各种精密测地观测中海潮改正最主要的全球海潮模型[523]。1992 年,TOPEX/Poseidon(T/P)卫星计划成功实施,随后出现了一系列卫星高度计,使得快速获取全球范围内高精度的海面高度成为可能,为全球海潮模型研究奠定了坚实的基础。近年来,随着卫星测高技术和数据同化技术的发展,国际上相继出现了 FES[524]、DTU[525]、TPXO[526-527]、EOT[528]、GOT[529] 等一系列高精度和高分辨率的海潮模型。基于这些模型可计算全球海洋任何位置和时刻的潮汐,其精度在全球开阔海域可达 1~2cm,但在近海浅水海区误差相对较大。通过不同模型海洋潮汐校正统计结果和高度计测距误差校正统计结果对比,表明主要潮汐模型的精度差异在 1cm 以下。海洋潮汐模型及数据主要应用于对卫星高度计观测的海面高度数据及重力卫星获取的大地水准面数据进行修正和定标。1996 年,Murphy 等利用潮汐数据对 T/P 和欧洲遥感卫星-1(ERS-1)的高度计进行绝对定标[530];1998 年,Mitchum 使用潮位海平面数据监测卫星高度计测量的海面高度中的时间依赖性漂移[531];2000 年,Hwang 等研究了潮汐的混叠对南海海平面变化的影响[532];2000 年,Rignot 等基于与潮汐模型预测的比较,使用合成孔径雷达干涉测量法观测南极洲冰盖下的海洋潮汐[533];2002 年和 2004 年,Dong 和 Woodworth 等利用潮汐数据分别对 T/P 和 Jason-1 进行了绝对定标[534-535];2003 年,Ray 等对潮汐模型在卫星重力的大地水准面变化潮汐校正中的误差进行了分析[536];2011 年,Andersen 等研究了高度计潮汐校正标准差在全球的分布特征,认为高度计潮汐校正主要影响来自于 M2 分潮[537];2014 年,刘亚龙等基于潮汐模型对高度计测量的海面高度进行了修正,表明了基于模式修正具有较高精度[538]。除了具有时变性的重要特征外,海洋潮汐在空间上也在近海和深远海具有不同的变化特征,近海的潮差要大于开阔海域,潮波传播也更加复杂,并且会形成复杂多变的额外分潮,这些都会对近海和深远海的潮汐高程修正定位精度造成不同影响。而近海区域恰恰是海面测高和水下导航应用的关键区域,需要精确的海面测高支持。因此,为满足 GNSS-R 测高精度厘米级的需要,以及近海水下航行对重力匹配导航精度和安全性的特殊要求,近海潮高变化特点对海潮高程修正定位精度影响的研究十分必要,13.3.2 节就此问题进行了讨论。综上所述,现有 GNSS-R 镜面反射点定位法没有以实时变化的海面作为反射参考面,造成了厘米级精度海面测高不可忽略的定位误差,而基于海面高度实时变化的主要决定因素——海洋潮汐修正反射参考面进行时变高程以及潮汐的地理差异对定位精度的不同影响,并尚未得到深入的研究和讨论。

不同于前人的研究,本章基于海洋潮汐,以减小反射参考面时变高程误差,提高镜面反射点定位精度为目的,提出了海洋潮汐时变高程修正定位法。第一,以地球椭球面为反射参考面对镜面反射点进行初步定位,在迭代定位过程中引入基于地球重力场模型计算的大地水准面差距,修正反射参考面与椭球面之间的基础静态高程差异;第二,在此基础上,应用海洋潮汐模型求解分潮调和常数,进行调和分析预测相对大地水准面的总潮高并引入迭代定位,将反射参考面修正到海洋潮汐面,减小时变高程差异引起的定位误差;第三,在高程修正的基础上,无近似地将反射参考面由镜面反射点径向修正至法向,减小法向-径向差异引入的定位误差;第四,针对近海和深远海潮高梯度差异对定位修正量的不同影响进行了讨论。

13.2 数据与方法

13.2.1 数据与模型

本章利用 TDS-1 卫星数据中的 GPS 卫星和接收机的位置数据定位镜面反射点,基于 EGM2008 地球重力场模型和 TPXO 8 海洋潮汐模型分别计算静态高程修正量大地水准面差距和时变修正量潮高,将镜面反射点修正到海洋潮汐面上,并与 TDS-1 数据的镜面反射点位置进行了比较。

1. TDS-1 卫星数据

对镜面反射点的定位需要利用 GNSS 卫星和接收机的位置,为了避免引入轨道仿真误差及便于比较,本章使用 TDS-1 卫星数据中的 GPS 卫星和接收机位置定位镜面反射点,并与数据中的镜面反射点位置进行比较。TDS-1 搭载的 GNSS-R 有效载荷包括用于接收直射和反射 GPS 信号的天线以及遥感接收机。接收机记录可用反射信号的积分中点时刻,及对应的 GPS 卫星、接收机和镜面反射点的空间坐标,这些数据包含在 TDS-1 的 Level 1b 级元数据中。TDS-1 数据中的镜面反射点位置以 WGS-84 椭球为反射参考面,基于 Fresnel 反射定律通过坐标系的映射变换计算,并已作为天基 GNSS-R 业务化数据投入应用。通过使用 2018 年 3 月 31 日至 4 月 1 日的 43 轨数据共 14768 个反射信号,这些镜面反射点轨迹具有全球分布的特点,在潮汐的振幅和相位及地理分布上具有较好的覆盖性。

2. TOXO 8 模型

TPXO 8 模型是由美国俄勒冈州立大学的 Egbert 和 Erofeeva 建立的全球海潮模型,提供了 8 个主分潮、2 个长周期分潮和 3 个非线性分潮。本章对近海浅水区域潮高变化对潮汐高程修正的影响进行了讨论,这需要在潮汐变化复杂的近海具有高精度和高空间分辨率潮汐预测的支持,TPXO 8 模型对这些区域的精度和空间分辨率进行了两方面加强:①TPXO 8 对 T/P 和 Jason1/2 等测高数据进行了沿轨调和分析,在浅水区域加入了 Envisat、ERS 和验潮站数据,并考虑非线性的 1/4 日分潮,以提高近海浅水区域的精度;②TPXO 8 利用其分辨率为 (1/6)° 全球模型计算结果作为边界驱动,在此基础上研发和加入了 33 个 (1/30)° 的高分辨率区域同化模型,主要包括封闭和半封闭的海洋以及大多数大陆架的沿岸区域,并在可用的近海区域使用高分辨率的海洋深度表(GEBCO)1′的测深数据,以提高精度和空间分辨率。

13.2.2 方法

基于 SC – Wu 方法，镜面反射点初始定位在参考椭球面上，获得其初始经度 l 和纬度 b，其高程相对于参考椭球面为 0。在之前的研究中，对椭球面上的镜面反射点进行的修正中只考虑了静态高程误差，在大地坐标转换为空间坐标的过程中，引入大地水准面相对参考椭球面的高程——大地水准面差距，镜面反射点的空间坐标为

$$\begin{bmatrix} X \\ Y \\ Z \end{bmatrix} = \begin{bmatrix} (N + H_G)\cos b\cos l \\ (N + H_G)\cos b\sin l \\ [N(1 - e^2) + H_G]\sin b \end{bmatrix} = \begin{bmatrix} N\cos b\cos l + \varepsilon_x \\ N\cos b\sin l + \varepsilon_y \\ N(1 - e^2)\sin b + \varepsilon_z \end{bmatrix} \quad (13.1)$$

式中：H_G 为根据 l 和 b 并基于 EGM2008 模型计算的镜面反射点的大地水准面差距，即静态高程修正量；$N = a/\sqrt{1 - e^2\sin^2(b)}$，其中 a 为 WGS – 84 椭球长半径，e 为椭球偏心率。式(13.1)中镜面反射点在 x、y、z 方向每次迭代的大地水准面静态高程修正分量 ε_x、ε_y、ε_z 分别为 $H_G\cos b\cos l$、$H_G\cos b\sin l$、$H_G\sin b$。

式(13.1)只考虑了静态高程误差修正，大地水准面距离实际海面仍存在时变高程误差，海洋潮汐时变高程修正定位法的关键在于对镜面反射点的时刻和位置由潮汐起伏导致的时变高程误差修正。在进行静态高程修正的基础上引入潮高进行时变高程修正，式(13.1)变为

$$\begin{bmatrix} X \\ Y \\ Z \end{bmatrix} = \begin{bmatrix} (N + H_G + H_T)\cos b\cos l \\ (N + H_G + H_T)\cos b\sin l \\ [N(1 - e^2) + H_G + H_T]\sin b \end{bmatrix} = \begin{bmatrix} N\cos b\cos l + \varepsilon_x + \sigma_x \\ N\cos b\sin l + \varepsilon_y + \sigma_y \\ N(1 - e^2)\sin b + \varepsilon_z + \sigma_z \end{bmatrix} \quad (13.2)$$

式中：H_T 为根据 b、l 以及反射发生的时刻 t，并基于 TPXO 8 模型预测的镜面反射点的潮高，即时变高程修正量；镜面反射点在 x、y、z 方向每次迭代的潮汐时变高程修正分量 σ_x、σ_y、σ_z 分别为 $H_T\cos b\cos l$、$H_T\cos b\sin l$、$H_T\sin b$。由于 b 和 l 是以椭球为参考面得到的坐标，由此转换得到的空间坐标并不在海洋潮汐面上，需要求入射角、出射角和地心角，并继续加权迭代进行修正。基于修正精度和迭代次数的综合考量，迭代截止阈值设置为入射角与出射角之差小于 1×10^{-8} rad，当迭代至达到此条件时，高程修正定位结束，镜面反射点被定位在海洋潮汐面上。

预测指定位置和时刻的潮汐高程 H_T 需要进行潮汐分析。潮汐分析是指根据实际的观测资料，分离或估计潮汐参数，根据这些参数对任意位置和时刻的潮汐进行预报。为了便于预测潮汐变化，潮汐被分解成多个不同周期和振幅的正弦波叠加，每个不同正弦波表示不同的分潮，所有正弦波的叠加便构成了随时间变化的潮汐。现代潮汐分析和预报的主要方法是调和分析法，调和分析是对指定周期的特定分潮进行振幅和相位的估计，即根据潮高表达式和实际观测数据来求解各分潮调和常数，从而获得总潮高。

1. 求解分潮调和常数

从 TPXO 8 模型的正压潮汐高程解中提取谐波常数预测潮汐,使用俄亥俄州立大学潮汐反演软件(OTIS)获得全球正压逆潮汐的解。在镜面反射点时刻 t 和大地坐标 (b,l),对于角速率为 w 的单一成分的分潮 h 由下式给出,即

$$h(b,l,t) = f_u(b,l,t)\,\mathrm{Re}[h(b,l)\exp\{\mathrm{i}[w(t-t_0)+S(t_0)+f_h(b,l,t)]\}] \tag{13.3}$$

式中:$V(t_0)$ 为初始时刻 t_0 的天文相角;f_u 和 f_h 为交点因子;w 为角速率。调和常数振幅 A 和相位 K 由下式给出,即

$$A = |h| \tag{13.4}$$

$$K = \arctan\left\{\frac{-\mathrm{Im}[h]}{\mathrm{Re}[h]}\right\} \tag{13.5}$$

2. 调和分析预测总潮高

基于各分潮调和常数,利用调和分析法求解总潮高[539]为

$$H_T(b,l,t) = M + \sum_{j=1}^{n} h_j = M + \sum_{j=1}^{n} f_j(b,l,t)A_j(b,l,t)\cos[t/w_j + V_j(t) - K_j(b,l,t)] \tag{13.6}$$

式中:H_T 为根据 b、l 和 t 并基于 TPXO 8 模型预测的总潮高,即海洋潮汐高程修正量;M 为平均海面高;n 为分潮数。由式(13.2)和式(13.6)可知每次迭代的潮汐时变高程修正分量 σ_x、σ_y、σ_z 可表示为

$$\begin{bmatrix} \sigma_x \\ \sigma_y \\ \sigma_z \end{bmatrix} = \begin{bmatrix} M\cos b\cos l + \cos b\cos l \sum_{j=1}^{n} f_j A_j \cos(t/w_j + V_j - K_j) \\ M\cos b\sin l + \cos b\sin l \sum_{j=1}^{n} f_j A_j \cos(t/w_j + V_j - K_j) \\ M\sin b + \sin b \sum_{j=1}^{n} f_j A_j \cos(t/w_j + V_j - K_j) \end{bmatrix} \tag{13.7}$$

迭代修正 m 次后满足截止阈值,总的潮汐时变高程修正分量 ω_x、ω_y、ω_z 为

$$\begin{bmatrix} \omega_x \\ \omega_y \\ \omega_z \end{bmatrix} = \begin{bmatrix} \sum_{p=1}^{m} \sigma_x \\ \sum_{p=1}^{m} \sigma_y \\ \sum_{p=1}^{m} \sigma_z \end{bmatrix} \tag{13.8}$$

海洋潮汐时变高程修正定位法对参考椭球面上的镜面反射点定位精度的提高是海洋潮汐面上的镜面反射点与参考椭球面上的镜面反射点之间的空间距离 C_T，即

$$C_T = \sqrt{\omega_x^2 + \omega_y^2 + \omega_z^2} \tag{13.9}$$

同理，静态高程修正迭代 g 次后满足截止阈值，总的静态高程修正分量 δ_x、δ_y、δ_z 为

$$\begin{bmatrix} \delta_x \\ \delta_y \\ \delta_z \end{bmatrix} = \begin{bmatrix} \sum_{q=1}^{g} \varepsilon_x \\ \sum_{q=1}^{g} \varepsilon_y \\ \sum_{q=1}^{g} \varepsilon_z \end{bmatrix} \tag{13.10}$$

静态高程修正对参考椭球面上的镜面反射点的定位精度提高是大地水准面上的镜面反射点与参考椭球面上的镜面反射点之间的空间距离 C_G，有

$$C_G = \sqrt{\delta_x^2 + \delta_y^2 + \delta_z^2} \tag{13.11}$$

海洋潮汐时变高程修正定位法对大地水准面上的镜面反射点定位精度的提高 C 是 C_T 与 C_G 的矢量差

$$C = \sqrt{(\omega_x - \delta_x)^2 + (\omega_y - \delta_y)^2 + (\omega_z - \delta_z)^2} \tag{13.12}$$

C 的结果将在 13.3.1 节中详细讨论。

包含 u 个镜面反射点轨迹的潮汐时变高程定位修正量梯度模的平均值为

$$R = \frac{\sum_{S=1}^{u-1} |C_{S+1} - C_S|}{u-1} \tag{13.13}$$

根据式(13.6)至式(13.13)可知，潮汐时变高程定位修正量梯度的模受潮高和大地水准面差距的共同作用，前者根据时间和近海/远海等地理分布而不同，后者由镜面反射点位置的重力异常决定，13.3.2 节将对此进行讨论。

本章提出的海洋潮汐时变高程修正定位法，以参考椭球面为高程起点，以大地水准面差距修正静态高程误差为基础，利用海洋潮汐模型预测镜面反射点时刻和位置的潮高作为时变高程修正量，对镜面反射点进行迭代修正定位，最后进行无近似的法向修正。应用本方法，镜面反射点最终被定位至海洋潮汐法向垂面上。

13.3 研究结果

本章主要基于海洋潮汐时变高程修正定位与其他反射参考面定位结果进行比较。S-C Wu 法作为早期的优秀镜面反射点定位方法，将镜面反射点定位在参考椭

球面上;TDS-1法作为卫星业务化定位方法,应用映射方法将镜面反射点同样定位在参考椭球面上;随后,作为实际海面修正定位法系列研究的第一步,重力场-法向投影组合修正定位法修正了静态高程误差反射参考面的基础误差源,首次将镜面反射点由参考椭球面修正至大地水准面。作为实际海面修正定位的另一重要组成,本章在静态高程定位误差修正的基础上首次考虑了对时变高程定位误差的修正,提出了海洋潮汐时变高程修正定位法,将镜面反射点由大地水准面修正至海洋潮汐面。为了比较潮汐修正定位方法相对于参考椭球面和大地水准面定位方法精度的差异,本节首先将上述各方法确定的反射关系进行比较,然后将海洋潮汐时变高程修正定位法对定位精度的提高进行了量化分析。

13.3.1 海洋潮汐时变高程修正定位法精度比较

基于上述定位精度的评价标准比较了镜面反射点定位方法的精度。根据 TDS-1 数据中的发射机、接收机及其镜面反射点的位置,以及应用海洋潮汐时变高程修正定位法计算的镜面反射点位置,分别计算了两种方法的入射角和出射角及两者之差,如表 13.1 所列。海洋潮汐时变高程修正定位法的入射角和出射角之差比 TDS-1 方法小 6 个数量级,角度差的标准差小 5 个数量级,即潮汐修正法镜面反射点所确定的反射几何关系的精度高于 TDS-1 方法,证明其定位精度更高。与 TDS-1 方法相比,潮汐修正法的入射角偏小约 0.04 rad,标准差偏小约 0.05 rad,反射角偏大约 0.04 rad,标准差偏大约 0.03 rad。TDS-1 方法的入射角变化大于出射角,推测是由于卫星轨道高度的差异(GPS 20200 km,TDS-1 635 km),GPS 卫星到镜面反射点的距离远大于 TDS-1 卫星到镜面反射点的距离,使得镜面反射点定位误差在入射方向比出射方向被放大。而潮汐修正法的入射角和出射角比 TDS-1 更接近并且更稳定,更好地控制了镜面反射点定位误差随卫星轨道高度增加的放大效应。海洋潮汐时变高程修正定位法相对于 TDS-1 定位的差异体现了经过静态和时变高程修正,定位在海洋潮汐面上的镜面反射点相对业务化卫星在参考椭球面定位的精度提升。按轨迹计算了两种方法定位结果的大地坐标和空间坐标的差模、空间距离(欧几里得距离)及对应标准差的平均值,并对轨迹平均值求平均,见表 13.2。在空间坐标系,定位精度提高了约 55 km,在 x、y、z 方向分别提高了约 30 km、15 km、40 km;在大地坐标系,定位精度在纬度和经度方向均分别提高了约 0.6° 和 1.3°。

表 13.1 镜面反射点确定的出射角、入射角及两者之差的平均值和标准偏差

方法	入射角/rad		出射角/rad		入射角-出射角/rad	
	平均值	标准偏差	平均值	标准偏差	平均值	标准偏差
潮汐修正定位法	4.804×10^{-1}	1.507×10^{-1}	4.804×10^{-1}	1.507×10^{-1}	-6.251×10^{-8}	7.673×10^{-6}
TDS-1	5.218×10^{-1}	2.030×10^{-1}	4.424×10^{-1}	1.269×10^{-1}	7.940×10^{-2}	1.213×10^{-1}

表13.2　海洋潮汐修正定位法对参考椭球上的镜面反射点定位精度的提高

方法		定位精度提高/m	x/m	y/m	z/m	纬度/(°)	经度/(°)
潮汐修正定位法相对TDS-1	平均值	5.477×10^4	2.998×10^4	1.448×10^4	3.903×10^4	5.917×10^{-1}	1.263×10^0
	标准偏差	2.175×10^4	1.432×10^4	6.588×10^3	1.720×10^4	3.914×10^{-1}	9.625×10^0
潮汐修正定位法相对SC-Wu	平均值	3.662×10^1	1.659×10^1	1.304×10^1	2.462×10^1	8.629×10^{-5}	1.931×10^{-4}
	标准偏差	7.950×10^0	7.118×10^0	5.861×10^0	8.091×10^0	6.973×10^{-5}	1.907×10^{-4}

虽然海洋潮汐修正定位法和 S-C Wu 法采用相同的迭代截止阈值，会使它们在各自反射参考面上的反射几何关系的精度相对于 TDS-1 方法更相近，但由于基于更接近实际海面的海洋潮汐面，潮汐修正定位法的定位精度高于 S-C Wu 法，定位精度提高是两者定位结果的差异。大地水准面修正定位法与 S-C Wu 方法定位结果的差异反映了只修正反射参考面基础静态高程误差对定位精度的提高。而海洋潮汐修正定位法与 S-C Wu 法定位的差异是海洋潮汐面与参考椭球面的定位差异，反映了在静态高程误差修正的基础上进一步修正时变高程误差对定位精度的提高，见表13.2。在空间坐标系，定位精度提高了36.62m，在 x、y、z 方向分别提高了约17m、13m、25m，在大地坐标系，精度在纬度和经度方向分别提高了约 $(9 \times 10^{-5})°$ 和 $(1.9 \times 10^{-4})°$。

13.3.2　基于海洋潮汐时变高程修正定位法提高定位精度

在静态高程修正基础上引入潮汐时变高程修正对定位精度的提高是海洋潮汐时变高程修正定位与大地水准面修正定位的差异，即对大地水准面上的镜面反射点位置的修正量，其表达式为式（13.12）。按轨迹计算了两种方法定位结果的大地坐标和空间坐标的差模、空间距离（欧几里得距离）及对应的标准差和方差的平均值，并对轨迹平均值求平均，如表13.3所列。在空间坐标系，海洋潮汐时变高程修正定位法在大地水准面修正定位的基础上将定位精度提高了约0.31m，x、y、z 方向精度分别提高了约0.137m、0.078m、0.220m；在大地坐标系，纬度和经度方向的定位精度分别提高了约 $(6 \times 10^{-7})°$ 和 $(10^{-6})°$。海洋潮汐修正定位法相对于其他方法在空间坐标系各方向精度的提高及其标准差均为 $z > x > y$，在大地坐标系经度提高均为纬度提高的2倍。为了进一步研究定位精度的提高与潮高的关系，以镜面反射点对应的潮高作为对照，潮高模的平均值约为0.28m，标准差约为0.16m，与表13.2中定位修正量及其标准差均非常接近。各轨镜面反射点在空间上遍布全球，相应的潮汐振幅和相位分布随各轨的时间和地点各不相同，各轨潮高定位修正量与潮高模如图13.2和图13.3所示。两者在不同振幅和相位的各轨均非常接近,相关系数为 0.998,具有良好的正相关性,并且相关性随潮高模的增大没有明显降低。潮高模与潮汐定位修正量的拟合直线斜率为 1.071 ± 0.019,拟合直线的和方差为 9.382×10^{-3},均方根误差为 1.513×10^{-2},误差较小,拟合准确度较高,可认为对于确定时间和位置的海洋潮汐面上 GPS-R 镜面反射点,其潮汐高程定位修正量 C 约为潮高模的 1.07 倍,即

$$C = 1.07|H_T| + \lambda \tag{13.14}$$

式中:λ 为拟合直线的截距,$\lambda = (2.569\pm7.100)\times10^{-3}\mathrm{m}$。

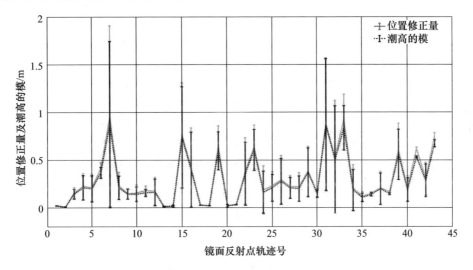

图 13.2 各轨潮高与对应潮汐高程定位修正量

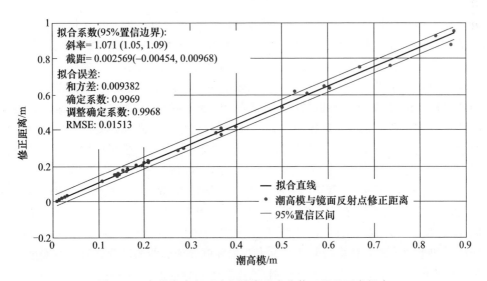

图 13.3 各轨潮高与对应潮汐高程定位修正量及两者拟合

表13.3　海洋潮汐修正定位法对大地水准面修正法定位精度的提高量

参数	潮高/m	定位精度提高/m	x/m	y/m	z/m	纬度/(°)	经度/(°)
平均值	2.829×10^{-1}	3.054×10^{-1}	1.371×10^{-1}	7.802×10^{-2}	2.197×10^{-1}	5.939×10^{-7}	1.036×10^{-6}
标准偏差	1.639×10^{-1}	1.747×10^{-1}	8.317×10^{-2}	5.127×10^{-2}	1.467×10^{-1}	5.423×10^{-7}	1.119×10^{-6}

综上所述，主要研究结果如下。

（1）海洋潮汐时变高程修正定位法将大地水准面定位精度提高了约 0.31m，在空间各方向提高了 0.08~0.22m，在大地坐标系纬度和经度方向提高了 $((6~10) \times 10^{-7})°$。

（2）定位精度提高量与对应的不同振幅和相位组合的潮高均具有较好相关性，提高量是潮高的 1.07 倍。

（3）海洋潮汐时变高程修正定位法精度高于 TDS-1 方法，并且更好地控制了镜面反射点的定位误差随卫星轨道高度增加的放大效应，其对 TDS-1 法的定位精度提高了约 55km，在空间各方向提高了 15~40km，在大地坐标系纬度和经度方向提高了 0.6°~1.2°。海洋潮汐时变高程修正定位法将 S-C Wu 定位精度提高了 36.62m，在空间各方向提高了 13~25m，在大地坐标系纬度和经度方向提高了 $((9~19) \times 10^{-5})°$。海洋潮汐时变高程修正定位法对其他方法在空间坐标系各方向精度的提高及其标准差均为 $z > x > y$，在大地坐标系经度方向的提高均为纬度方向的约 2 倍。

13.4　讨　　论

除了具有时变性的重要特征外，海洋潮汐在空间上也在近海和深远海具有不同的变化特征。由于潮差大小受引潮力、地形和其他条件影响，随时间及地点而不同，其在近海要大于深远海。由于潮汐动力在近海的非线性，会形成倍潮或者复合潮等额外的分潮。这些分潮具有非线性、振幅较小和波长较短的复杂性，并且与其他主分潮之间相互作用（如最为活跃的 M4 分潮与 M2 分潮相互作用），振幅可达显著范围（M4 分潮在大西洋某些海区振幅达到 1cm[540]），这会对潮高及其变化造成不可忽略的影响。此外，由于近海水深相比深远海变浅，潮波与海床底发生摩擦会改变传播进程，潮波的传播比在深远海更加复杂。并且由于近海的海峡和海湾形态的多样性（长海峡、半封闭宽海湾、窄长半封闭海湾等），潮波和潮差的种类多样，特性也各不相同，较深远海更为复杂[541]。另外，近海是海面测高和水下导航应用研究的关键区域，潜器在这些区域的航行活动相比深远海更加频繁（进出港等），而这些区域的水下地形和重力异常变化更为复杂。重力匹配导航保证航线的准确和航行的安全需要基于精确的海洋重力和水下地形数据，这需要近海精确的海面测高支持。因此，考虑到近海海域水下航行对重力匹配导航精度和安全性的要求以及 GNSS-R 海面测高厘米级精度的要求,近海潮高变化特点对镜面反射点定位精度的影响需要予以重视。通过融合了高度计同化数据并在近海进行了精度和分辨率加强的 TPXO 8 海潮模型,可以较好地计算全球近海分潮振幅的分布。本节针对此问题,将镜面反射点轨迹中的近海部分与深远海部分进行了分离,比较了在这两种区域潮高变化的差异及其对潮汐高程定位修正量产生的不同影响。

13.4.1 近海段与深远海段划分

  海洋潮汐在近海与深远海的显著区别体现在潮高梯度上。根据 13.2.2 节中的式(13.13),潮汐定位修正量的梯度模受到潮高和大地水准面差距的共同作用,前者根据时间和地理上的近海/远海分布而不同,后者由不同地理位置的重力异常决定。因此,近海和深远海潮高梯度的显著差别会对潮汐定位修正量梯度模造成不同影响。由于 GNSS-R 镜面反射点在地表轨迹的连续性和等间距性(考虑到 TDS-1 卫星的采样输出间隔为 1s,轨迹上相邻镜面反射点间距约为 7km),沿轨迹的潮高梯度也是等间隔采样的序列。图 13.4 表示包含近海部分和深远海部分的镜面反射点轨迹上的潮高及其梯度。沿轨迹的潮高在深远海部分变化平缓且接近线性(图 13.4 灰色曲线第 1 到第 300 点),而在近海部分(图 13.4 灰色曲线第 300 点以后),潮高的变化幅度明显加大,并且潮高的增加和降低具有更大随机性,具有这种特点的近海轨迹段长度范围为几千米到几百千米。此外,由于 TDS-1 对噪声参考进行周期性校正,导致镜面反射点的定位发生周期性跳变。2019 年,Wu 就 TDS-1 数据的跳变对定位精度的影响进行了讨论,虽然跳变对修正定位方法在定位精度上的影响不大,但会使沿轨迹的潮高发生跳变(图 13.4 中灰色曲线),使潮高梯度产生周期性的杂峰(图 13.4 中黑色曲线)。潮高跳变的梯度峰一般与近海的潮高突变梯度峰量级相当,因此对

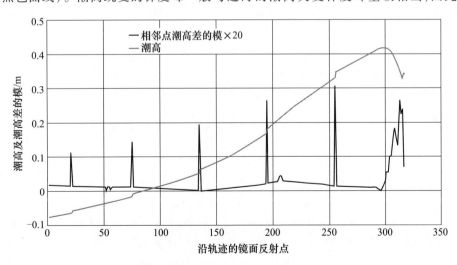

图 13.4 深远海-近海轨迹潮高模及其梯度

近海段的潮高梯度和修正量梯度的影响可以忽略,但对于变化平缓的深远海段潮高梯度和修正量梯度则会造成显著影响,在分析中对其进行了剔除。同一轨迹上的镜面反射点所在位置和时刻都不相同,因此各点的潮汐相位也不同,但由于轨迹的持续时间和空间长度(根据轨迹平均长度和平均持续时间)比主分潮和半日潮的周期和空间变化都小,因此同一轨迹上不同镜面反射点的潮汐相位差异造成的潮高差异可以忽略。

本节根据各轨迹潮高梯度的变化对本轨迹上的近海和深远海进行划分和比较分析,具体方法如下。

(1) 筛选跨海陆的轨迹。43个轨迹中有28个跨海陆轨迹,提取这些轨迹中的海洋部分。

(2) 计算各轨迹镜面反射点的潮高梯度和对应的潮汐定位修正量梯度,并对梯度序列去趋势、去平均,然后取模。

(3) 近海段与深远海段的划分。由于部分近海轨迹反复跨越海陆,或跨越岛屿、半岛等,同一轨迹往往被陆地分割为多个子轨迹,且各子轨迹大多包含近海区段。并且,由于全球海岸线和轨迹特征(长度、方向、弧度、分布等)的复杂性,使近海段在轨迹中的位置也较为复杂,主要分为4种情况,即近海部分在轨迹一端、在轨迹两端、在轨迹中部(轨迹中部靠近陆地)或全段均在近海(一般为较短轨迹)。提取各轨迹(或子轨迹)中潮高梯度大于3倍该轨迹潮高梯度标准差σ的点,根据上述4种具体情况以这些点划分近海段和深远海段。σ的倍数选择太大会忽略一部分近海的潮高梯度突变点,使近海段不能被完整提取;倍数太小会将一些高频杂峰误判为近海潮高梯度突变点。此外,对潮高梯度的连续变化特征进行判断需要轨迹段达到一定长度,选取多于10个连续点(约70km)的轨迹段。

(4) 剔除潮高梯度跳变点。将深远海段中潮高梯度大于3σ的点剔除,由于TDS-1数据跳变造成的潮高梯度跳变杂峰可以较为彻底地去除,根据上述方法进行筛选和划分,得到67个近海轨迹段,共包含2476个镜面反射点,每个轨迹段平均约有37个点,平均长度约为260km;以及54个深远海轨迹段,共包含5716个镜面反射点,每个轨迹段平均约有106个点,平均长度约为740km。

13.4.2 近海和深远海潮高梯度与潮汐定位修正量梯度

近海段和深远海段的潮高梯度及潮汐定位修正量梯度的平均值及其标准差如表13.4所列,各近海、深远海段潮高梯度和定位修正量梯度如图13.5~图13.7所示。近海段潮高梯度及其标准差均明显高于深远海段,梯度约为2.5倍,标准差约为3.5倍。近海潮高的变化比深远海更剧烈,且不同段(不同位置和时间)间的潮高梯度差异更大。相比潮高梯度在近海段和深远海段的较大差异,定位修正量梯度的变化在两种海域较为接近,近海段梯度及其标准差分别为深远海段的1.2倍和2倍。近海段潮高梯度与定位修正量梯度具有较高的正相关性(图13.7)。各近海段潮高梯度与潮汐定位修正量梯度均非常相近，且两者差异随着梯度的增大无明显增大（图 13.5）。这表明在近海潮高的变化加大，潮汐导致的镜面反射点时变高程定位修正量的变化也随之加大，高程定位修正量梯度对潮高梯度具有较好响应。然而，两者在深远海段则相差较大，且差异随梯度增大而显著增大，直接原因是在深远海段潮汐定位修正量的梯度相比潮高梯度较高，并未由于潮高梯度减小而相应减小（图 13.6）。可以认为潮高定位修正量的变化在潮高变化较大的近海区域与其较为一致，在深远海区域潮高变化趋于平缓，但潮高定位修正量的变化并没有随之大幅减弱，其对潮高变化响应的敏感性相比在近海有所降低。推测是由于与水下较为平缓

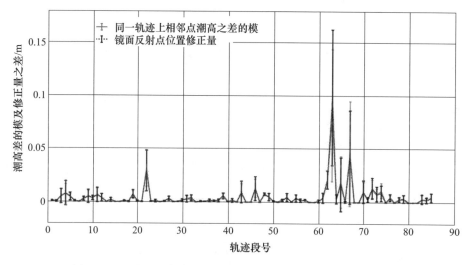

图 13.5　近海段潮高模的梯度及对应的潮汐高程定位修正量梯度

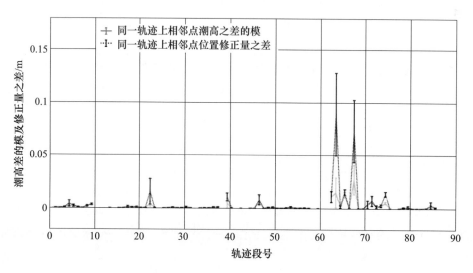

图 13.6　深远海段潮高模的梯度及对应的潮汐高程定位修正量梯度

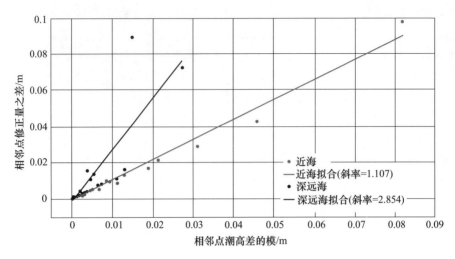

图 13.7　近海段和深远海段的潮高模的梯度及对应的潮汐定位修正量梯度及两者拟合

的大陆架的近海相比,深远海水下地形和重力异常的变化更为剧烈,使得大地水准面差距及总高程定位修正量变化更大,这可能对潮汐高程定位修正量梯度在深远海对潮高梯度变化响应的敏感性降低和高梯度的保持做出贡献,这也符合 13.2.2 节中定位修正量受重力异常和潮高共同作用的表示形式。

表 13.4　近海和深远海的潮高差及对应的潮汐定位修正量

参数	近海		深远海	
	平均值	标准差	平均值	标准差
相邻点潮高差的模/m	5.835×10^{-3}	4.768×10^{-3}	2.342×10^{-3}	1.356×10^{-3}
相邻点修正量之差的模/m	6.122×10^{-3}	5.023×10^{-3}	5.267×10^{-3}	2.417×10^{-3}

综上所述,在近海,潮高梯度大于深远海,并且镜面反射点潮汐时变高程定位修正量的梯度对潮高梯度具有较好响应。在深远海,潮高定位修正量梯度没有随潮高梯度的下降而显著下降,其对潮高梯度变化响应的敏感性相比在近海有所降低,推测是深远海水下地形和重力异常相对近海变化更为剧烈所致。

13.4.3　研究展望

本章提出的海洋潮汐时变高程修正定位法将作为研究团队基于高精度和高空间分辨率 GNSS-R 测高星座原理提高水下重力匹配导航精度研究的重要理论和方法支撑。基于决定海面高度变化的主要因素——海洋潮汐,修正了分米级的时变高程定位误差,将镜面反射点定位在海洋潮汐面上。然而,时变高程定位误差并未完全消除,其对厘米级精度海面测高仍不可忽略。未来将引入大洋环流模型和海浪模型对反射参考面展开进一步的厘米级修正,以期进一步提高镜面反射点定位精度,并将结合海洋潮汐、环流、海浪等多种时变高程误差源的时变特征,对高程定位修正量的时变性进行分析,从而为未来 GNSS-R 测高星座的轨道设计及其海面高度的反演提供支持。2018 年,我们已在中国东海和南海的不同区域和天气条件下基于船载 GNSS-R 接收机,利用 GPS 和北斗信号进行了海面测高实验,并将开展机载 GNSS-R 海面测高实验。预期基于实验数据对厘米级修正定位法的定位精度进行实测验证,并通过具有不同潮汐特征和大地水准面波动差异明显的区域间镜面反射点定位精度的提高对测高精度的不同影响进行研究。基于以上系列研究,预期建立全球和全海况实际海面镜面反射点定位法,为厘米级精度 GNSS-R 海面测高奠定理论和方法基础。

13.5 小　　结

本章基于 GNSS-R 反射参考面高程修正原理,应用决定海面高度实时变化的主要参量——海洋潮汐,构建海洋潮汐时变高程修正定位法。基于反射几何关系和参考面精度的比较,检验了海洋潮汐时变高程修正定位法的定位精度。应用海洋潮汐时变高程修正定位法将镜面反射点由大地水准面修正至海洋潮汐面,减小了反射参考面的时变高程差异导致的定位误差,在静态高程修正定位的基础上进一步提高了定位精度,并对精度提高进行量化。针对海洋潮汐在近海和深远海潮高梯度不同的特点,就这两种海区的潮汐对定位精度提高量梯度的不同影响进行了讨论。海洋潮汐时变高程修正定位法将大地水准面定位精度提高了约 0.31m。定位精度提高与不同振幅和相位组合的潮高均具有较好相关性。在近海,潮高梯度大于深远海,潮高定位修正量梯度对潮高梯度具有较好响应;在深远海,潮高定位修正量梯度对潮高梯度变化响应的敏感性比在近海有所降低。

第14章 基于星载下视天线观测能力优化法提高 GNSS-R 测高卫星接收海面反射信号数量

高空间分辨率 GNSS-R 海面测高对于提取海面地形的精细信息具有重要意义。下视天线是 GNSS-R 测高卫星捕获和跟踪海面 GNSS 反射信号的关键载荷,其观测能力直接决定了接收海面测高反射信号的数量,进而影响测高的空间分辨率。其中影响星载下视天线接收海面反射信号能力的参数主要包括天线增益、半功率波束宽度及指向角。目前针对 GNSS-R 卫星下视天线观测能力的研究相对较少,业务化卫星天线参数设计未能充分结合上述 3 种参数对 GNSS-R 卫星下视天线进行最优化设计。因此,需要建立 GNSS-R 星载下视天线观测能力优化法,这是提高 GNSS-R 测高卫星接收海面反射信号数量和测高空间分辨率的关键。本章就此开展了以下研究。①基于 GNSS-R 几何关系及信号处理原理,建立了以增益以及镜面反射点处高度角为主要参数的 GNSS-R 星载下视天线信噪比模型(GNSS-R spaceborne nadir-antenna signal-to-noise ratio model,GSNASNRM),并使用 TDS-1 观测数据对模型的准确性进行了验证。②基于电磁散射理论,同时考虑半功率波束宽度和波束指向角对天线工作的影响,提出了可用镜面反射点筛选算法(specular point filtering algorithm,SPFA),并结合 GSNASNRM 获取的结果统计了可用镜面反射点数量。结果表明,随着天线增益及指向角的增加,可用镜面反射点的数量达到峰值后逐渐降低。③联合 GSNASNRM 和 SPFA 提出了星载 GNSS-R 下视天线观测能力优化方法(GNSS-R spaceborne nadir antenna observation capability optimization method,GSNAOCOM),使用反射信号利用率表征下视天线观测能力,并应用该方法获得的结果对下视天线参数组合进行最优化分析。研究表明,天线参数最优组合为增益取 20.94dBi,指向角取 32.82°,可将 TDS-1 卫星下视天线观测能力最高提升 5.38 倍。

14.1 概 述

全球海面高度数据可用于监测全球气候变化、计算大地水准面起伏以及反演海洋重力场,在大地测量学、地球物理学、海洋动力学等领域的研究中发挥重要作用。目前海面测高数据可通过船测、验潮站、卫星雷达高度计获取。然而,船测和验潮站采样效率低且无法达到全球海洋覆盖;卫星雷达高度计虽然能够获取全球范围内高精度海面高度数据,但其空间分辨率尚不能满足中尺度观测需求。GNSS-R作为新型双基微波遥感技术,具有多信号源、低成本、宽覆盖、多反射点同时测量等优势,可以较好地应用于海面高度测量中,以期有效弥补常规测量方法的不足[542]。1993年,Martin-Neira首次提出PARIS的概念,指出利用GPS反射信号进行海面测高的可能性。根据获得直射信号和反射信号延迟的方法,GNSS-R测高可以分为码延迟测高和相位延迟测高。码延迟测高法已被验证可用于公开海域和大陆冰盖。基于不同的观测设备配置和数据处理方法,码延迟测高(1Hz)精度为0.2~3m。相位延迟测高也在多种应用中得到了验证。例如,使用岸基仪器进行海冰测高,在机载平台上的水面勘测和通过GNSS-R卫星进行冰面测高。相比于码延迟测高,相位延迟测高对观测环境具有更高要求。

目前,GNSS-R海面测高技术的可行性已经得到验证,进一步提高和发挥其高空间分辨率观测能力优势是实现其应用的关键。更高空间分辨率GNSS-R海面测高数据能够有效改善其反演的海洋物理模型的空间分辨率,从而减小模型应用中由于数值差分带来的误差,进而提高点位信息精度,对于精细化研究海洋运动具有重要意义[543-544]。其中,基于海洋重力场模型的水下重力匹配导航是目前水下自主导航的重要手段,具有高精度、长航时、隐蔽性等特点。水下重力匹配导航能够根据重力实时测量数据与全球重力场模型信息进行匹配以获取位置信息,进而修正惯性导航随时间积累的定位误差,提高水下导航定位精度。建立高精度、高空间分辨率的全球重力场模型是将重力无源导航技术应用于实际水下导航的基础[545]。目前,海洋重力场模型主要通过反演卫星雷达高度计测量数据获得。钱学森空间技术实验室天空海一体化导航与探测团队开展了基于GNSS-R测量手段获取高空间分辨率的海洋重力场,进而提高水下重力匹配导航精度的基础理论方法以及关键技术的前瞻性研究。获取高空间分辨率的海洋重力场是关键技术之一。相比于卫星雷达高度计测量,GNSS-R测高能够进行更高密度的海面高度探测,观测空间分辨率可达1km×1km。信号功率低以及带宽窄是限制GNSS-R测高(C/A码)的主要因素。由于反射信号到达星载GNSS-R接收机的能量较弱,这就要求下视天线(定向天线)具有较高增益,同时为了保证探测的空间分辨率,又要具有较大的半功率波束宽度,而天线增益与半功率波束宽度又成反比关系[546]。此外,天线指向也会影响天线视场范围。因此,需要对下视天线参数进行最优化设计,这直接决定了其对海面反射信号的捕获、跟踪和利用的能力,并最终影响GNSS-R海面测高的空间分辨率。

国内外学者已围绕天线参数对GNSS-R测高表现进行了研究。Hajj等和Jales研究了半功率波束宽度或增益对GNSS-R卫星上可见GPS卫星数量的影响。Gao等和Bussy-Virat等在研究GNSS-R观测分辨率时,考虑了下视天线增益对接收信号功率的影响。然而,上述研究只考虑了单个天线参数对GNSS-R观测能力的影响,针对多天线参数综合考虑的研究相对较少。

目前,卫星天线业务化设计时一般采用链路分析,从相关材料可以获取已发射的 GNSS-R 卫星的下视天线设计参数。2003 年,轨道高度为 700km 的 UK-DMC 卫星使用增益为 11.8dBi 的左旋圆极化的天底指向天线成功接收到海面 GPS 反射信号。2014 年,轨道高度为 635km 的 TDS-1 卫星使用指向地心的定向天线来捕获 GPS L 波段海面反射信号,该天线峰值增益为 13.3dBi、半功率波束宽度为 29°～32.5°。2016 年,加泰罗尼亚大学研制的 GNSS-R 实验卫星^{3}Cat-2 成功在 510km 高度的轨道运行,该卫星旨在对有效载荷参数与 GNSS-R 测量性能进行评估,其下视天线使用具有双频带(L1、L2)和双极化(LHCP、RHCP)3×2 贴片天线阵列,L1 和 L2 波段左旋圆极化天线峰值增益分别为 12.9dBi 和 11.6dBi。2016 年,美国 NASA 发射了由 8 颗轨道高度为 520km 的小卫星组成的全球气旋监测系统 CYGNSS,该系统目的是加强对热带飓风的监测及预报能力,每颗卫星搭载了两根波束指向角为 28°的下视左旋圆极化天线,大大提高了接收反射信号的数量,空间分辨率达 10～25km。2019 年,中国空间技术研究院成功发射 GNSS-R 应用卫星星座"捕风一号-A/B 双星",该任务期望在近 600km 高度的轨道实现台风的监测预报,显示了星载 GNSS-R 技术在灾害预警等方面的广阔应用潜力[547]。然而,GNSS-R 测高环境比较复杂,在进行星载下视天线设计时,采用常规的链路分析并不能较好体现接收信号数量、质量与指向角、海况之间的相关性。同时,现有 GNSS-R 卫星主要应用于海面测风,关注时间分辨率,而 GNSS-R 海面测高主要关注观测的空间分辨率。综上所述,综合考虑天线增益、半功率波束宽度、指向角等参数对 GNSS-R 下视天线观测能力进行系统性的分析较少,现有天线设计方法无法满足高精度和高空间分辨率 GNSS-R 测高卫星的设计需求。

不同于前人的研究,本章基于电磁散射理论以及 GNSS-R 工作原理,提出了星载 GNSS-R 下视天线观测能力优化方法。该方法综合考虑增益、半功率波束宽度、指向角等参数的影响,使用反射信号利用率表征下视接收天线观测能力,从而确定天线参数的最优化组合,以提高 GNSS-R 测高卫星接收海面反射信号数量,进而提高空间分辨率。

(1) 根据 GNSS-R 几何关系推导了 GNSS 反射信号传播距离与 GNSS-R 卫星轨道高度、镜面点卫星高度角之间的关系,结合双基地 GNSS 反射信号的理论散射模型(Z-V),建立了星载 GNSS-R 下视天线接收信噪比(SNR)与增益、轨道高度、卫星高度角及风速等参数关系的计算模型,并使用 TDS-1 的观测数据对模型准确性进行了验证。

(2) 综合考虑海面菲涅尔反射、信噪比阈值设置以及天线工作范围等,提出了基于卫星高度角的可用镜面反射点筛选算法,使用该算法获取了可用镜面反射点数量。

(3) 联合 GSNASNRM 和 SPFA 构建 GSNAOCOM,使用 GSNAOCOM 分析可用镜面反射点数量与天线增益、天线波束指向角、海面风速之间的关系,获得下视天线最优参数组合,并与 TDS-1 天线参数下的可用镜面反射点数量结果进行了对比分析。

14.2 数 据

14.2.1 TDS-1 卫星数据

TDS-1 卫星发射于 2014 年 7 月 8 日,是英国设计的技术验证卫星。该卫星搭载了包含 SGR-ReSI 在内的 8 个实验载荷。在轨运行后,通过 SGR-ReSI 获取了丰富的 GNSS-R 观测数据。卫星数据产品根据数据处理方法分为 Level 0、Level 1、Level 2 等 3 种级别。Level 0 级产品主要包含原始采样数据,Level 1 级产品主要包含 DDM 采集数据、卫星轨道以及镜面反射点位置等信息,Level 2 级产品主要包含均方斜率、海面风速及风向等结果。

本章主要使用了 TDS-1 以下数据。

(1) DDM 信噪比数据。该数据记录在 TDS-1 Level 1 级产品的 metadata.nc 文件中,在本章用于验证 GSNASNRM 的准确性。

(2) TDS-1 下视天线增益方向图。天线在不同方向上的增益不相同。为了在 14.4.1 节中更好地进行仿真计算,计算信噪比时使用了 TDS-1 下视天线方面图。

(3) TDS-1 卫星星历。由于 TDS-1 相关产品中已经在通道数、信噪比及高度角等方面进行了阈值筛选,并不能全面反映一定时间内所有可用镜面反射点的信息。因此,重新获取了镜面反射点信息。另外,为了避免由于轨道仿真引入的误差,研究使用了 Level 1 产品中 TDS-1 卫星的坐标信息。

(4) 风速信息。为了统计一定时间内不同风速的权重,研究"L2_FDI.nc"获取了根据 TDS-1 观测数据反演的风速信息。

本研究使用了 2018-03-31-20:00:00 至 2018-04-01-20:00:00 共 24h 的 TDS-1 观测数据。

14.2.2 GNSS 精密星历

镜面反射点位置的计算需要 GNSS 卫星的轨道信息,本章使用了 IGS 发布的 GNSS 最终精密轨道星历。需要注意的是,本章设置的观测时间间隔为 15s,而 TDS-1 Level 1b 采样间隔为 1s,GNSS 卫星星历数据间隔为 15min,因此需要将上述两种卫星坐标的时间分辨率统一到 15s。只需对原始信息进行每隔 15s 的提取,即可获得对应分辨率的 TDS-1 卫星坐标,对精密星历进行切比雪夫多项式拟合可获取间隔为 15s 的 GNSS 卫星坐标[548]。以上获取的两种坐标其框架均为 WGS-84。由于 TDS-1 只能接收 GPS 反射信号,因此本研究只使用了 GNSS 精密星历中的 GPS 卫星信息。

14.3 星载 GNSS-R 下视天线观测能力优化法

星载 GNSS-R 下视天线观测能力优化法是获取下视天线最优参数组合的基础。该方法包含星载 GNSS-R 下视天线接收信噪比模型和可用镜面反射点筛选算法两部分,该模型与算法通过镜面反射点处卫星高度角建立联系。星载 GNSS-R 下视天线接收信噪比模型以天线增益及卫星高度角为主要参数,可用镜面反射点筛选算法基于卫星高度角综合考虑了半功率波束宽度以及指向角对天线视场的影响。该方法获取的研究结果为 14.4 节的天线观测能力最优分析提供数据基础。

14.3.1 星载 GNSS-R 下视天线接收信噪比模型

天线增益是影响星载 GNSS-R 平台接收海面 GNSS 反射信号功率强度的决定性因素。然而,接收信号功率并不能完整描述信号的清晰程度,仍需要获取信号相对于噪声的强弱程度。因此,本章采用信噪比来衡量信号质量。由于可用镜面反射点筛选时均基于镜面反射点处卫星高度角,因此需要获取以卫星高度角为参数的信噪比模型。

首先需要下视天线增益计算接收海面 GNSS 反射信号功率。Zavorotny 和 Voronovich 通过基尔霍夫近似的几何光学极限构建了双基地反射 GNSS 信号的理论散射模型,该模型描述了反射 GNSS 信号功率作为几何和环境参数的函数。本章以该模型为基础进行星载 GNSS-R 下视天线接收信噪比模型推导,其中 Z-V 模型为

$$\langle |Y_S(\tau,f)|^2 \rangle = \frac{P_T \lambda^2 T_i^2}{(4\pi)^3} \iint_{A_s} \frac{G_T(\boldsymbol{\rho}) G_R(\boldsymbol{\rho}) |\Lambda[\Delta\tau(\boldsymbol{\rho})]|^2 |S[\Delta f(\boldsymbol{\rho})]|^2}{R_{TP}^2(\boldsymbol{\rho}) R_{PR}^2(\boldsymbol{\rho})} \sigma_0(\boldsymbol{\rho}) d^2\boldsymbol{\rho}$$

(14.1)

式中:τ 和 f 分别为 GNSS 海面散射信号的时延与多普勒频率;P_T 为 GNSS 卫星信号发射功率;λ 为 GNSS 信号波长;T_i 为相干积分时间;A_s 为闪耀区面积;$\boldsymbol{\rho}$ 为海面散射点的位置向量;$G_T(\boldsymbol{\rho})$ 和 $G_R(\boldsymbol{\rho})$ 分别为 GNSS 卫星发射天线增益以及 GNSS-R 卫星接收天线增益;$\Delta\tau(\boldsymbol{\rho})$ 和 $\Delta f(\boldsymbol{\rho})$ 分别为海面散射点的散射信号分量的时延和多普勒频移值与 τ 和 f 的差值;Λ 为 GNSS 伪随机码自相关函数;S 为多普勒频谱函数;$\sigma_0(\boldsymbol{\rho})$ 为海面反射点处的散射系数。

$\sigma_0(\boldsymbol{\rho})$ 由 GNSS 信号频率及海况决定,是 GNSS 信号在海面散射强度的重要表征。本章主要研究镜面反射点处接收功率大小,因而只考虑 GNSS 信号在镜面反射点前向散射的信号功率。目前双基雷达海面前向散射理论模型主要包括小斜率近似模型(small slope approximation,SSA)、基于基尔霍夫近似几何光学模型(Kirchhoff approximation - geometric optics,KA-GO)、二尺度模型(two scale model,TSM)等[549-551]。由于 KA-GO 模型能够在镜面方向给出更好近似,因此本章估计 GNSS

信号散射系数时采用 KA－GO 模型为

$$\sigma_0(\rho) = \pi |\mathcal{R}|^2 \left(\frac{q}{q_z}\right)^4 P\left(\frac{-q_\perp}{q_z}\right) \tag{14.2}$$

式中 $\mathcal{R}$ 为菲涅尔散射系数,主要取决于信号极化方式、海水介电常数 ε 及局部入射角 θ；$q = (q_\perp, q_z) = k(n-m)$ 为散射矢量，$q_\perp$ 为散射矢量水平分量，q_z 为散射矢量 z 轴分量，m 为入射波矢量，n 为散射波矢量；$P(-q_\perp/q_z)$ 为海面倾斜联合概率密度函数,决定了 GNSS 信号海面散射系数大小,若海面服从高斯分布,在二维下[552]有

$$P(-q_\perp/q_z) = P(-q_x/q_z, -q_y/q_z) = P(Q_x, Q_y)$$

$$= \frac{1}{2\pi\sqrt{mss_x mss_y(1-b_{x,y}^2)}} \exp\left[-\frac{1}{2(1-b_{x,y}^2)}\left(\frac{Q_x^2}{mss_x} - 2b_{x,y}\frac{Q_x Q_y}{\sqrt{mss_x mss_y}} + \frac{Q_y^2}{mss_y}\right)\right] \tag{14.3}$$

式中：mss 为斜方斜率；Q_x 和 Q_y 分别为 mss 在 x 和 y 方向上的分量；$b_{x,y}$ 为水平方向两个斜率分量之间的相关系数。mss 和 $b_{x,y}$ 均与海浪谱有直接关系,本章使用 Elfouhaily 海谱模型。

本章使用 GSNASNRM 获取的结果,根据卫星高度角进行可用反射信号筛选。因此,需要将镜面反射点处卫星高度角与 GSNASNRM 建立联系。根据 GNSS－R 几何关系(图 14.1)可知,将 GNSS 信号传播距离由 GNSS－R 卫星轨道高度、镜面反射点卫星高度角等参数表达是模型建立的关键。

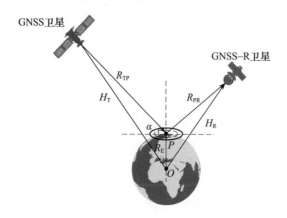

图 14.1　GNSS－R 几何关系

O—地心；P—镜面反射点位置；α—卫星高度角；R_E—地球半径；H_T—GNSS 卫星轨道高度；H_R—GNSS－R 测高卫星轨道高度；R_{TP}—GNSS 卫星至镜面反射点的信号发射距离；R_{PR}—GNSS－R 卫星至镜面反射点的信号接收距离。

根据图 14.1 及几何定理可得

$$\begin{cases} R_{TP}^2 + R_E^2 - 2R_{TP} \cdot R_E \cdot \cos(90° + \alpha) = (H_T + R_E)^2 \\ R_{PR}^2 + R_E^2 - 2R_{PR} \cdot R_E \cdot \cos(90° + \alpha) = (H_R + R_E)^2 \end{cases} \quad (14.4)$$

解算可得

$$\begin{cases} R_{TP} = -R_E \cdot \sin\alpha + \sqrt{(H_T + R_E)^2 - R_E^2 \cdot \cos^2\alpha} \\ R_{PR} = -R_E \cdot \sin\alpha + \sqrt{(H_R + R_E)^2 - R_E^2 \cdot \cos^2\alpha} \end{cases} \quad (14.5)$$

根据式(14.5)即可用高度角和 GNSS-R 卫星高度表达信号传播距离。

为了更准确地评估天线接收信号的能力，需要结合天线热噪声影响计算信噪比，即

$$SNR = \frac{\langle |Y_S(\tau, f)|^2 \rangle}{P_N}$$

$$= \frac{P_T \lambda^2 T_i^2}{(4\pi)^3 kTB_i} \iint_{A_s} \frac{G_T(\boldsymbol{\rho}) G_R(\boldsymbol{\rho}) |A[\Delta\tau(\boldsymbol{\rho})]|^2 |S[\Delta f(\boldsymbol{\rho})]|^2}{R_{TP}^2(\boldsymbol{\rho}) R_{PR}^2(\boldsymbol{\rho})} \sigma_0(\boldsymbol{\rho}) d^2 \boldsymbol{\rho} \quad (14.6)$$

式中：k 为玻耳兹曼常数，$k = 1.38 \times 10^{-23}$ J/K；T 为等效噪声温度；B_i 为信号带宽。

联立式(14.5)和式(14.6)即可获得星载 GNSS-R 下视接收天线接收信噪比与天线增益、镜面反射点处卫星高度角、GNSS-R 测高卫星轨道高度以及海况之间的关系，基于该模型可根据卫星高度角进行可用镜面反射点筛选与统计。

14.3.2 基于镜面反射点处卫星高度角的可用镜面反射点筛选算法

历元时刻的 GNSS-R 下视天线的观测能力体现在接收反射信号，即可用镜面反射点数量。镜面反射点可用的条件包括信号极化方式一致、达到信噪比要求以及处于天线工作范围内。以上3个条件是否满足均可通过镜面点卫星高度角进行判断，因此本节提出了基于高度角的可用反射点筛选算法。

1. 布儒斯特角筛选

GNSS 信号属于右旋圆极化电磁波，但经过海面反射后极化方式可能会有所变化，这种变化取决于信号特征、海洋温盐状态及卫星高度角。布儒斯特角是电磁波在海面反射时信号特征变化的临界角。由电磁场理论可知，当卫星高度角大于布儒斯特角时，GNSS 信号极化方式由右旋圆极化变成左旋圆极化[553]。目前 GNSS-R 测高卫星下视天线只能接收左旋圆极化信号，因此首先需要根据布儒斯特角进行可用镜面反射点筛选。

布儒斯特角主要根据菲涅尔反射系数获得，该系数值由信号极化方式、海水介电常数 ε 及局部入射角 β 决定，即

$$\mathscr{R}_{LR} = \mathscr{R}_{RL} = \frac{1}{2}\left[\frac{\varepsilon\sin\beta - \sqrt{\varepsilon - \cos^2\beta}}{\varepsilon\sin\beta + \sqrt{\varepsilon - \cos^2\beta}} - \frac{\sin\theta - \sqrt{\varepsilon - \cos^2\beta}}{\sin\theta + \sqrt{\varepsilon - \cos^2\beta}}\right] \quad (14.7)$$

式中:下角 R 和 L 分别为右旋圆极化和左旋圆极化。以 GPS L1 波段为例,假设海水温度为常温 25℃,盐度为 3.5%,$\varepsilon = 70.53 + 65.68\mathrm{i}$。式(14.7)零点对应的卫星高度角即为布儒斯特角,如图 14.2 所示。在当前设定条件下其布儒斯特角为 5.92°。只有当镜面点处卫星高度角大于布儒斯特角时,该反射信号才有可能被 GNSS-R 下视天线接收。

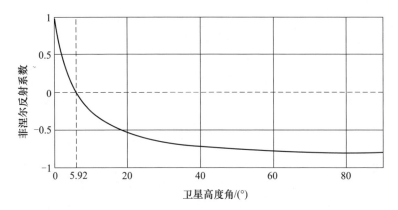

图 14.2 卫星高度角与菲涅尔反射系数之间的关系

2. 信噪比筛选

只有当 GNSS 反射信号的信噪比达到要求才能被用于海面测高。基于信噪比模型获取信噪比与卫星高度角的关系是进行信噪比筛选的基础,然后根据阈值设置获取不同海况下满足信噪比要求的最小卫星高度角,进而对不满足条件的镜面反射点进行剔除。

3. 天线工作范围筛选

只有当 GNSS 反射信号处于 GNSS-R 下视天线的工作范围内,该信号才能被天线捕获。天线的工作范围主要由天线半功率波束宽度以及指向角决定。其中,天线半功率波束宽度由天线增益决定,两者关系为

$$G = k\frac{40000}{\gamma\phi} \quad (14.8)$$

式中:γ 和 ϕ 分别为水平平面和垂直平面的半功率波束宽度;G 为天线增益;k 为无量纲的效率因子,取值范围为[0,1],对于设计良好的天线,其值可以接近 1,因此本章研究中 $k = 1$。

本章结合半功率波束宽度与指向角的关系(图 14.3),给出了对应卫星高度角的取值范围。根据图 14.3 可得卫星高度角的取值范围。

(1) 当 $\theta = 0°$ 时,$\alpha_{\min} = 90° - \gamma/2$,$\alpha_{\max} = 90°$。

(2) 当 $\theta < \gamma/2$ 时,$\alpha_{\min} = 90° - (\theta + \gamma/2)$,$\alpha_{\max} = 90°$。

(3) 当 $\theta > \gamma/2$ 时,$\alpha_{\min} = 90° - (\theta + \gamma/2)$,$\alpha_{\max} = 90° - (\theta - \gamma/2)$。

通过以上3步即可筛选出可用镜面反射点。

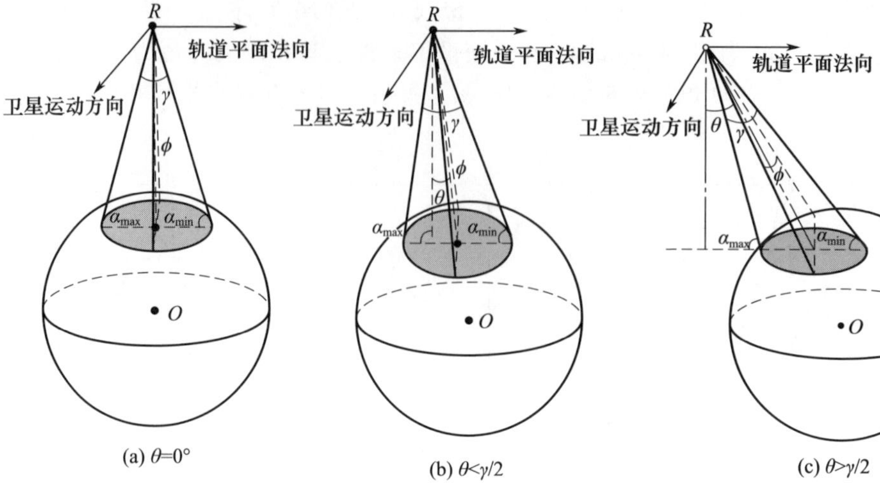

(a) $\theta=0°$　　(b) $\theta<\gamma/2$　　(c) $\theta>\gamma/2$

图 14.3　半功率波束宽度与波束指向角的几何关系

R—GNSS-R 测高卫星；O—地心；θ—波束指向角；γ,ϕ—分别为水平平面和垂直平面的半功率波束宽度。

14.4　结果与讨论

14.4.1　接收 GNSS 反射信号信噪比

由于研究使用了 TDS-1 卫星观测数据验证 GSNASNRM 的可靠性，因此在计算信噪比时参数设置尽量与 TDS-1 一致。具体参数设置如表 14.1 所列。

表 14.1　计算信噪比时参数设置

参数	设定值
GPS 卫星高度/km	20200
TDS-1 卫星高度/km	635
指向角/(°)	0
天线峰值增益/dBi	13.3
天线增益模式	TDS-1 下视天线增益方向图
信号频率/MHz	1575.42
信号波长/m	0.19
相干积分时间/ms	1
天线温度/K	550
噪声带宽/Hz	1000

通过式(14.5)、式(14.6)和表14.1中的参数设置,即可获得信噪比和卫星高度角之间的关系,如图14.4所示。图14.4同时给出了TDS-1在2018-03-31 21:00:00至2018-04-01 21:00:00共24h内信噪比实测数据。TDS-1的风速和信噪比是离散值,而计算信噪比时的风速设置为固定值。因此,为了更准确地将TDS-1数据与计算结果进行比较,参考给定的固定风速,图14.4显示了对应风速-0.2~0.2m/s范围内的相应TDS-1信噪比数据。

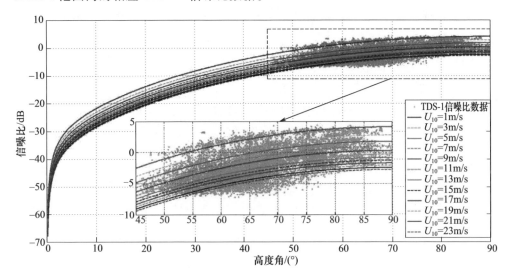

图14.4 (见彩图)模型数据与TDS-1观测数据对比

据图14.4可知,随着卫星高度角的增加,信噪比随之上升。这是由于随着卫星高度角的增加会减少GNSS信号传播路径长度,进而会降低由于信号传播造成的功率损耗;同时卫星高度角越高,信号在海面的散射能力越强。当卫星高度角处于0°~10°时,信噪比上升趋势明显,随着高度角的逐渐增加,其变化逐渐趋于平缓,这说明在较低卫星高度角区间信噪比对于卫星高度角变化的响应比较敏感,而在中高角度区间信噪比受高度角变化的影响较小。这可为未来GNSS-R星载多通道天线的参数设置提供参考。

TDS-1为了保证观测数据质量,对高度角和信噪比均进行了阈值设置,其中高度角约为45°,信噪比约为-10dB。根据GSNASNRM获取的信噪比数据与TDS-1观测结果的变化趋势是一致的,且数值也处于相同量级。

为了更直观地将计算出的信噪比与TDS-1信噪比数据进行比较,本章计算了两个结果的标准差,如表14.2所列。该处计算使用的TDS-1信噪比数据为图14.4中的TDS-1相关数据。

表14.2 计算结果和TDS-1信噪比的标准差

风速U_{10}/(m/s)	1	3	5	7	9	11	13	15	17	19	21	23
标准差/dB	0.70	0.71	0.69	0.62	0.73	0.85	1.12	0.92	1.22	1.32	1.54	1.59

据表 14.2 可知,信噪比的标准差范围为 0.62~1.59dB。产生偏差的主要原因如下。

(1) 计算结果是基于海浪谱模型。然而,实际海况与海浪谱模拟的海面之间仍然存在差异。

(2) TDS-1 下视天线温度通常在 300~800 K 的范围内,本章计算信噪比时将天线温度设置为 550 K,这将导致结果与实际测量结果有偏差。

(3) 在计算信噪比时,本章未考虑 TDS-1 姿态的影响,而在使用下视天线增益时会产生偏差。

(4) 不同的 GPS 卫星的发射功率不相同,并且 GPS IIF 卫星还存在发射功率随时间变化的问题,本章在计算中并未考虑该因素。

14.4.2 满足信噪比要求的最小卫星高度角

当信噪比为 0dB 时,与无热噪声的影响相比,GNSS-R 测高误差加倍[554-555],该测高精度可以接受。因此,将信噪比阈值设为 0dB。获取满足信噪比要求的最小卫星高度角是进行可用镜面反射点筛选的关键,能够将天线增益与天线观测能力联系起来。结合图 14.4 给出的结果,计算了不同天线增益下最小卫星高度的结果,如图 14.5 所示。

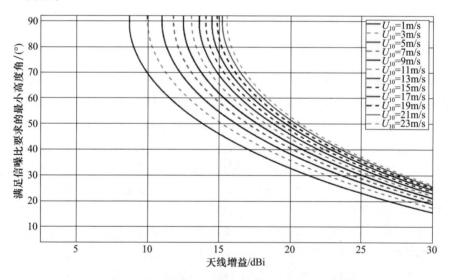

图 14.5 (见彩图)满足信噪比要求的最小卫星高度角与天线增益关系

据图 14.5 可知,随着天线增益的增加,最小卫星高度角会降低。这是由于增益的升高会增加微弱信号到达天线处的功率以达到信噪比要求,会使最小卫星高度角降低。此外,风速对于最小卫星高度角的影响同样显著。随着风速的增加,最小卫星高度角随之增加。这是由于风速的升高会导致海面更加粗糙,从而使 GNSS 反射信号在镜面反射方向的分量比例减少,最终导致信号强度更加微弱而无法被星载 GNSS – R 下视天线捕获。不同风速下,只有当天线增益达到一定要求时才有可能接收到满足阈值条件的反射信号。

14.4.3 接收反射信号数量

接收反射信号数量等价于可用镜面反射点数量。镜面反射点数据是该研究的重要数据库,其信息通过 TDS – 1 卫星以及 GNSS 卫星空间坐标获取。通过使用 GF – NPRRSCCM 法计算了 24h 内 106150 个镜面反射点的位置及高度角,其中获取的高度角与 TDS – 1 Level 1b 相关数据差值低于 3.6″。

通过反射信号利用率来表征星载 GNSS – R 下视天线观测能力,需要获取可用镜面反射点数量。如图 14.6 所示,基于镜面反射点的卫星高度角进行可用性判断,基于 SPFA 的计数获得可用镜面反射点的数量。据图 14.6 可知以下几点。

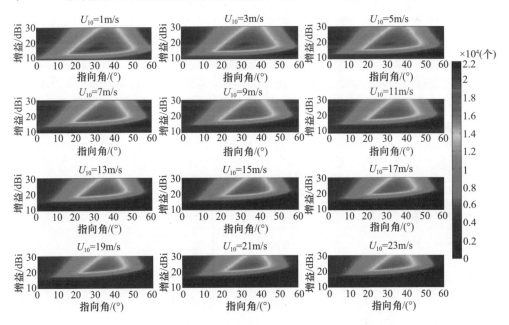

图 14.6 (见彩图)GNSS – R 卫星接收海面反射信号数量与天线增益、波束指向角之间的关系

(1) 不同风速条件下,随着天线增益以及指向角的逐渐增加,可用镜面反射点数量均存在峰值点。这说明天线增益以及指向角的合理设计可以最优化接收 GNSS – R 海面测高信号数量。

(2) 当指向角一定时,可用镜面反射点数量先随着天线增益的升高而增大,达到峰值后逐渐降低。这是由于起初天线增益的升高会提升微弱信号功率,使更多反射信号被天线捕获,这部分增加的信号数量多于由天线增益升高导致天线工作范围减小(半波束宽度减小)而减少的信号数量。当两者相等时可用镜面反射点数量达到峰值。随着继续增大天线增益,功率提升引起的信号数量增加逐渐少于天线覆盖区域减小带来的信号数量减少,可用镜面反射点数量逐渐降低。

(3) 当天线增益较低时,可用镜面反射点的数量随着指向角的增加而逐渐降低。这是由于指向角的增加会使信号传播路径变长,进而造成更多功率损耗,导致部分信号无法被低增益天线捕获。当天线增益较高时,可用镜面反射点数量会随着波束指向角的增加达到峰值后逐渐降低。这是由于指向角的增加会提高天线的覆盖面积,虽然角度的增加会使信号传播路径变长进而造成更多功率损耗,导致部分信号无法被捕获,但是角度的增加同样会使更多的可用 GNSS 反射信号被高增益天线接收,从而使得最终可用镜面反射点数量增加。当可用镜面反射点数量达到峰值后,相比于角度增加而提高的 GNSS 反射信号数量,由于信号传播路径变长而导致无法达到接收天线信噪比要求的信号数量更多,最终导致可用镜面反射点数量减少。

因此,对天线增益和波束指向角进行最优化组合是提高下视天线观测能力的关键。

14.4.4 天线参数组合最优化

历元时刻海面存在多个 GNSS 反射信号,但并非所有反射信号都能够被 GNSS-R 卫星用于测高。为了更好地反映反射信号的使用情况,利用反射信号率对天线的观测能力进行评价和最优化分析。反射信号利用率是可用镜面反射点数量与镜面反射点总数的比值。表 14.3 给出了在图 14.6 中不同风速下可用镜面反射点数量达到峰值时的参数信息。

表 14.3 不同海面风速的天线观测能力最优参数组合

风速 U_{10}/(m/s)	天线增益/dBi	波束指向角/(°)	接收信号数量/个	反射信号利用率/%
1	16.80	30.02	21068	19.85
3	18.18	31.02	20670	19.47
5	19.02	31.54	20055	18.89
7	20.00	31.96	19925	18.77
9	20.33	32.01	19507	18.38
11	20.97	32.58	19473	18.34
13	21.35	32.99	19004	17.90
15	21.77	32.78	18756	17.67
17	21.98	32.78	18597	17.52
19	22.60	33.83	18488	17.42
21	22.87	33.46	18399	17.33
23	23.19	33.46	18299	17.24

据表 14.3 可知,随着风速的增加,峰值对应的天线增益逐渐增加,接收信号数量

以及反射信号利用率逐渐降低。相比于风速 1m/s 时,风速为 23m/s 时所对应的天线增益值提高了 38.03%,反射信号利用率降低了 13.14%。这是目前 GNSS-R 观测数据采集的困难之处。海况复杂多变,容易导致 GNSS 反射信号无法被捕获并跟踪。当海况恶劣时,需要更高的天线增益才能提高 GNSS-R 卫星下视天线捕获反射信号数量,这就造成更高的功耗,必然导致卫星体积、重量及成本的相应增加。因此,根据卫星观测能力的实际要求对天线参数进行建模和优化设计显得至关重要。

为了综合评价以获取最优参数组合,将不同风速下获取的可用镜面反射点数量进行加权平均,有

$$N_{\text{cpx}} = \sum_{i=1}^{k} N_i p_i \qquad (14.9)$$

式中:N_{cpx} 为综合海况下可用镜面反射点数量;k 为风速样本数量,设置为 12;N_i 为不同风速下可用镜面反射点数量,其中 $U_{10} = 2i - 1 (i = 1, 2, 3, \cdots, 12)$;$p_i$ 为不同风速所占的权重。基于 TDS-1 的 Level 2 级数据中的 U_{10} 数据为分隔点,分别统计分隔点 ± 1m/s 范围内的反射事件数量可得到 N_i。根据式(14.9)获取了综合海况下可用镜面反射点数量与天线增益、指向角之间的关系,如图 14.7 所示。

据图 14.7 可知,当下视天线增益达到 20.94dBi、指向角为 32.82°时,可用镜面反射点数量达到峰值,共计 19104 个,反射信号利用率值达到 18%。研究只使用了 GPS 卫星信号作为信号源,如果同时使用所有 GNSS 卫星信号进行 GNSS-R 海面测高,预计峰值对应的天线增益以及波束角将会降低。这是由于增加可用的 GNSS 系统卫星数量可以在较高卫星高度角(约 45°)范围内能够提供更多可用反射信号。

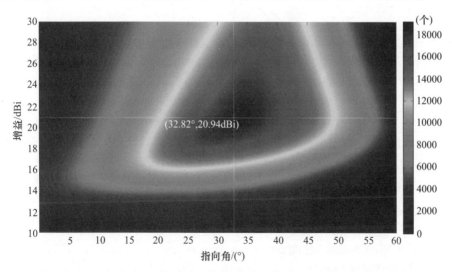

图 14.7 综合海况下可用镜面反射点数量与天线增益、波束指向角的关系

表 14.4 表示根据 TDS-1 卫星下视天线参数并基于 GSNAOCOM 计算了可用反射点数量及反射信号利用率。据表 14.4 可知,相比于 TDS-1 卫星下视天线参数组

合,基于 GSNAOCOM 获得的最优参数组合获取的接收反射信号数量增加了 5.38 倍。这是由于更高的天线增益以及指向角能够有效增加天线接收反射信号的概率。当采用相同的天线增益以及半功率波束宽度时,当指向角为 20.18°时观测能力最优,相比于 TDS-1 参数组合下的观测能力提升了 46.63%。TDS-1 下视天线只能接收 GPS 反射信号且接收通道只有 4 个[556],而星载 GNSS-R 接收机已可使用多模系统且信号通道可达 16 个甚至更多[557-558]。为了充分利用接收信号通道,更需要对下视天线进行优化设计以保证捕获并跟踪更多 GNSS 反射信号。增加信号通道是提高 GNSS-R 卫星海面测高分辨率的有效途径,当然也应平衡考虑通道增加带来的更高热噪声和功率消耗。

表 14.4　综合海况下可用信号数量及利用率

参数类型	天线增益/dBi	波束指向角/(°)	可用信号数量/个	反射信号利用率/%
最优化参数组合	20.94	32.82	19104	18.00
TDS-1 卫星参数	13.30	0	2994	2.82
采用 TDS-1 天线增益的最优化参数	13.3	20.18	4459	4.20

本章研究主要针对单天线。目前,相控阵天线已用于 GNSS-R 星载任务概念中,如 G-TERN、Cookie[559-560]等。相控阵天线的单元具有波束成形能力,可以更好地平衡 GNSS-R 下视天线的增益和覆盖范围[561-565]。相控阵天线在未来的 GNSS-R 任务中将会越来越多地使用。

14.5　小　　结

提高空间分辨率是 GNSS-R 海面测高的重要研究方向。下视接收天线作为 GNSS-R 测高卫星接收海面 GNSS 反射信号的关键载荷,是影响对地观测分辨率的重要因素之一。通过对 GNSS-R 卫星下视天线的优化组合设计,能够提高接收海面测高反射信号数量以改善空间分辨率,进而反演高空间分辨率的全球海洋重力场模型,可有效提高水下重力匹配导航精度。本章提出了星载 GNSS-R 下视天线观测能力优化方法,详细讨论了接收反射信号数量与天线参数之间的关系,对下视天线参数进行了最优化设计以达到最高观测能力,并将该结果与 TDS-1 下视天线观测能力进行了对比分析。当轨道高度为 635km、下视天线增益取 20.94dBi、指向角取 32.82°时,下视天线接收反射信号数量最多,观测能力比 TDS-1 提升了 5.38 倍。使用与 TDS-1 相同的天线增益以及半功率波束宽度时,通过指向角的优化设计最多可将反射信号利用率提升 46.63%。本章提出的 GSNAOCOM 能够有效提高 GNSS-R 卫星下视天线接收测高反射信号的能力,为高空间分辨率 GNSS-R 测高卫星的下视天线设计提供了理论和方法基础。

第15章 基于测地线周期性航向控制法提高水下地形匹配导航的匹配效率

本章开展了提高水下地形匹配导航的匹配效率研究。①联合几何学中的球面最短距离法则和航天/航海学中的姿态控制原理,提出了测地线周期性航向控制法;②沿着设定航迹,基于此方法可一定程度减小匹配区的搜索范围半径,有利于提高算法的匹配效率;③以参数设置为例,在保证水下导航精度的前提下,基于测地线周期性航向控制方法,水下地形匹配导航的搜索匹配时间从9.84s减少到1.29s(提高约7.6倍)。

15.1 概 述

目前水下潜器的导航系统主要由惯性导航系统(inertial navigation system,INS)组成,但存在误差随时间累积的问题,时间越长,累积误差越大。因此,为抑制惯性导航系统的误差累积,确保其安全航行和武器精准打击,必须利用外界信息手段对其进行周期性重调与校正[566-567]。

将地球物理场与惯性导航系统结合构成无源辅助导航系统可以较好地弥补惯性导航系统误差随时间累积的问题。目前可用于水下长时间隐蔽导航的技术包括地形匹配、重力匹配、地磁匹配。地磁场本身存在长期和短期变化,使地磁图精度达不到较高要求,且测磁手段存在磁干扰等局限性。重力场[568-570]和海底地形都是辅助导航的主要技术手段,而且地形场的研究开展较早,特别是陆地上的地形匹配导航技术经过了30多年的发展,已经比较成熟且运用于飞行器导航。水下地形匹配导航发展较晚,但国内外加大了此技术的研究,"2000—2035年美国海军技术发展战略"研究中就提出了主要采用水下地形匹配技术提高水下潜器导航精度的目标[571],如图15.1所示。

地形匹配导航实现的核心问题是解决高精度和高空间分辨率全球海底数字地形图、高精度水深测量系统、地形匹配算法等关键技术。自20世纪以来,众多学者先后提出了多种匹配算法[572-573],根据算法原理大致可分为3种类型:第一种是相关分析技术;第二种是扩展卡尔曼滤波(EKF)技术;第三种是概率准则技术。其中,TERCOM算法较为盛行,优点为计算简单可靠、定位精度较高等;缺点为对载体航迹要求较高,当航向存在较大偏差时误差将急剧增大,且运算量大和运算效率较低[574-576]。

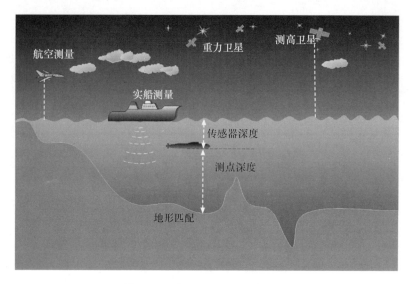

图 15.1 水下地形匹配导航原理

因此,如何提高 TERCOM 算法的匹配效率和定位精度是当前水下导航领域的研究热点。通过引入预测控制思想,徐克虎等提出了基于高度特征的地形轮廓预测匹配法,可使计算量减少约 35%,提高了导航系统的实时性[577];于家城等设计了基于图像分层搜索的 TERCOM 算法,应用图像分层搜索的序列判决算法,通过上、下两层同时匹配的比较控制逻辑,既提高了匹配速度又减少了误匹配。仿真结果表明,匹配效率提高了约 93%[578];王胜平等提出基于 TERCOM 和 ICCP 集成的新方法,并对此算法中的粗匹配及其性能进行了分析,同时研究了精匹配及改进 ICCP 算法,通过渤海湾实验可知此新算法的匹配效率提高 2~6 倍[579]。

不同于前人研究,在保持精度的前提下,为提高水下地形匹配导航的匹配效率,本章提出新型测地线周期性航向控制法。该方法有助于精确调整航向偏差,通过减小匹配区域的搜索半径提高匹配效率。

15.2 水下地形匹配导航系统

水下地形匹配导航主要涉及高精度和高空间分辨率海底数字地形图获取、高精度水深测量、地形匹配算法构建等关键技术。系统基本模块构成如图 15.2 所示[580-581],包括惯性导航模块、水深测量模块、海底数字地形图模块和地形匹配模块。①惯性导航模块提供主要的导航信息;②水深测量模块提供海平面到海底的深度(水下潜器距离海平面的深度由自身携带的测潜仪测量,水下潜器到海底的深度由测深仪测量);③海底数字地形图模块一般采用数字水深图表示;④地形匹配模块主要利用计算机系统将水深测量模块(测深仪/测潜仪)实测的航迹区域水深信息,与根据惯性导航位置信息所选取的相关区域海底数字地形图进行高精度匹配,从而获得最佳匹配点。

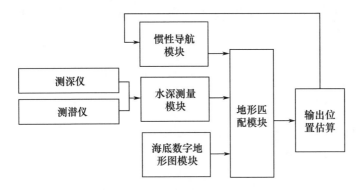

图 15.2　水下地形匹配导航系统组成

15.3　测地线周期性航向控制法计算原理

水下地形匹配精度与匹配算法和海底地形区域特性密切相关。现有地形匹配算法中,TERCOM 和 ICCP 均为批处理的相关类算法,SITAN 和 PF 算法分别是基于扩展卡尔曼滤波和基于直接概率准则的匹配算法。地形区域特性通常利用地形特征参数来描述,依据不同理论,研究人员提出了包括地形标准差、信息熵、粗糙度、相关系数等众多地形特征参数,总体上从地形的宏观起伏、微观破碎和自相似性 3 个方面对地形区的适配性进行描述,并寻求利用特征参数建立地形适配性判别的模型[582-586]。

TERCOM 算法是一种批处理算法,最佳匹配位置是在测得一定长度的水深序列后,通过无遗漏地搜索位置不确定区域内的每个网格位置得到[587]。本实验所选择的地形区域经过了预先验证,且适配性较好。

假设在所选水域范围内,实现由起始位置 A 到目标位置 B 的航行任务,则基于测地线周期性航向控制法的流程如图 15.3 所示。

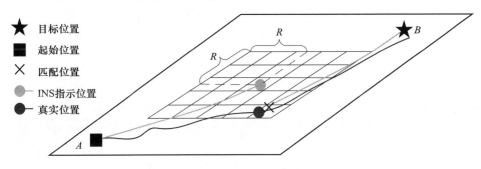

图 15.3　水下地形匹配算法流程

(1) 确定起始位置 A 及目标位置 B 的坐标,并规划航向。

(2) 水下潜器依靠惯性导航系统进行航行,惯性导航系统具有短时精度高的特点,因而每隔周期时间 T,根据当前惯性导航指示位置与目标位置 B 的相对方位,基于测地线周期性航向控制法修正航向。

(3) 水下潜器进入匹配区后,当采集到一组水深测量序列时,依据 TERCOM 算法进行一次地形匹配,并依据匹配结果修正惯性导航定位误差,搜索范围半径 R 是根据当前时刻惯性导航误差的 ±3σ 估计值确定。

(4) 重复步骤(2)和(3),直至到达目标位置 B。

惯性导航测量数据通过图 15.4 所示的方法获得。图 15.5 所示为测地线周期性航向控制法结构图,其中执行机械的传递函数视为 1,K 为自然数。

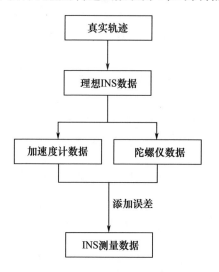

图 15.4 惯性导航数据获取流程框图

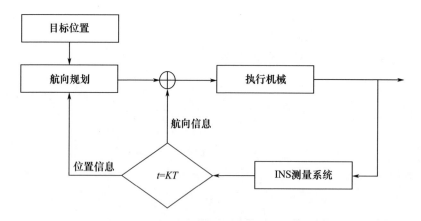

图 15.5 测地线周期性航向控制法结构框图

航向规划依据"最短距离"原则进行,并考虑地球球形因素。在平面上,点 A 到达点 B 的最短距离为两者之间的直线距离。但在球面上,点 A 到达点 B 的最短距离为连接两点的大圆弧[588]。

若将地球视为标准球形,如图 15.6(a) 所示,则 A、B 两点间的最短距离应当是圆心角 $\angle AOB$ 对应的弧段 AOB,而非纬度线圈上的弧段 $AO'B$。

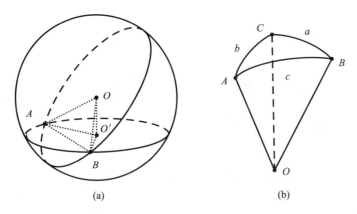

图 15.6 测地线原理

据图 15.6(b)可知,在北半球时,假设 C 为北极点,A 为当前惯性导航指示位置坐标 $[\text{lat\_}A, \text{lon\_}A]$,$B$ 为目标位置坐标 $[\text{lat\_}B, \text{lon\_}B]$,球面三角四元素公式表示为

$$\sin C \cot A = \cot a \sin b - \cos C \cos b \tag{15.1}$$

在式(15.1)中,二面角 $\angle ACB$ 可由 A 和 B 两点的经度差获得,即

$$C = (\text{lon\_}B - \text{lon\_}A)\pi/180 \tag{15.2}$$

边 a 和边 b 分别对应圆心角 $\angle COB$ 和 $\angle COA$ 对应的弧段,可根据 A 和 B 两点的纬度获得,即

$$a = (90° - \text{lat\_}B)\frac{\pi}{180} \tag{15.3}$$

$$b = (90° - \text{lat\_}A)\frac{\pi}{180} \tag{15.4}$$

据式(15.1)~式(15.4)可计算"最短距离"原则下的最优航向角 $\angle CAB$,其值表示北偏东的角度,即

$$A = \text{arccot}\frac{(\cot a \sin b - \cos C \cos b)}{\sin C} \tag{15.5}$$

15.4 测地线周期性航向控制法验证和应用

本实验采用的原始海底数字地形图的分辨率为 0.5′×0.5′，经过转换成 100m×100m 进行验证，这为利用地形数据进行匹配导航及模拟计算提供了便利。本研究数据来自全球海陆数据库(general bathymetric chart of the oceans, GEBCO)，选取南海地区数据进行研究(黑色方框区域)，数据经、纬度取值范围(经度 114°~115°E、纬度 10°~11°N)，如图 15.7 所示。

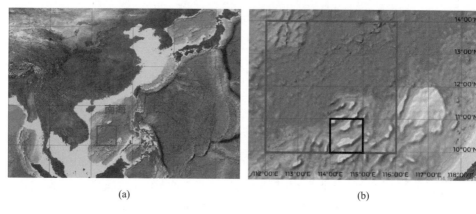

(a)   (b)

图 15.7 研究区域卫星图及局部放大图

图 15.8 表示研究区域的 100m×100m 分辨率的二维、三维海底数字地形图。图 15.8 与该区域卫星图 15.7 相符。据图 15.8 可知，此区域海底地形变化剧烈，有利于本研究模拟路线的设定。

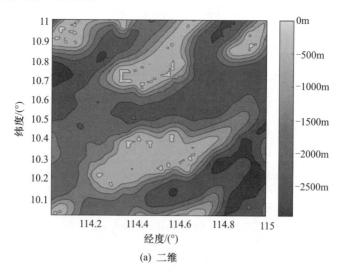

(a) 二维

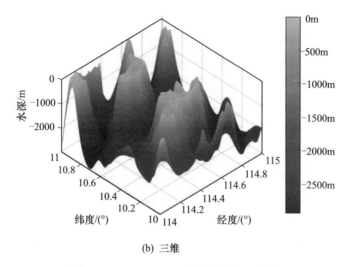

(b) 三维

图 15.8　$100m \times 100m$ 的海底数字地形图

假设水下潜器沿着由 A 到 B 路线行驶,图 15.9 表示基于陀螺仪常值漂移 $0.01(°)/h$、加速度计零偏 $10^{-3}m/s^2$、纬度 $10.25°$ 和运行 $48h$ 时,东向/北向速度误差、经/纬度误差和东/北/天向姿态误差变化曲线。据图 15.9 可知,对于惯性导航系统而言,纬度误差成周期性变化,其累积误差主要由经度误差引起。

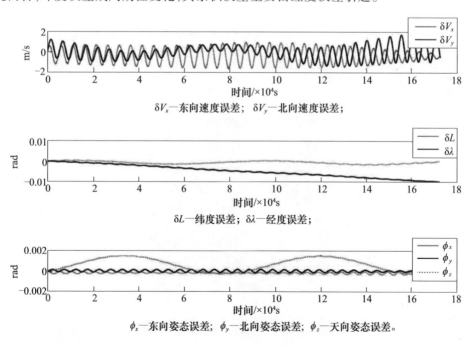

δV_x—东向速度误差; δV_y—北向速度误差;

δL—纬度误差; $\delta \lambda$—经度误差;

ϕ_x—东向姿态误差; ϕ_y—北向姿态误差; ϕ_z—天向姿态误差。

图 15.9　基于静基座估计误差发散规律

图 15.10 表示静基座条件下陀螺仪漂移(ε_x、ε_y、ε_z)和加速度计零偏(∇_x、∇_y)对经度误差 $\delta\lambda$ 的影响,分析如下。

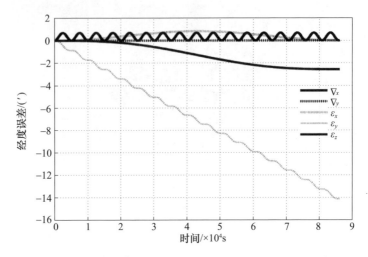

图 15.10 陀螺仪漂移和加速度计零偏对经度误差 $\delta\lambda$ 的影响

(1)陀螺仪的常值漂移引起的系统经度误差随时间累积。其累积主要由北向陀螺漂移 ε_y 和天向陀螺漂移 ε_z 产生,而东向陀螺漂移 ε_x 不引起随时间积累的经度误差。

(2)加速度计的零偏不引起随时间积累的经度误差。

图 15.11 表示惯性导航轨迹与真实轨迹实时误差模拟对比。参数设置如下:陀螺仪漂移 $0.01(°)/h$、加速度计零偏 $10^{-3} m/s^2$、航速 $10 m/s$、初始位置误差 0、速度误差 $0.03 m/s$,测地线周期性航向控制法修正周期 $T=360s$。

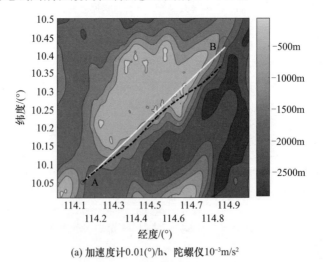

(a) 加速度计 $0.01(°)/h$,陀螺仪 $10^{-3} m/s^2$

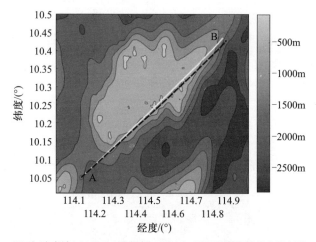

(b)(加速度计0.01(°)/h、陀螺仪10⁻³m/s²)+测地线周期性航向控制法

图15.11 惯性导航轨迹(黑虚线)和真实轨迹(白实线)示意图

图 15.11 对比了两种方法下惯性导航轨迹与真实轨迹的实时误差,图 15.11(a)表示不采用测地线方法的水下潜器惯性导航轨迹(虚线)和真实轨迹(实线),图 15.11(b)表示基于测地线方法的水下潜器惯性导航轨迹(虚线)和真实轨迹(实线)。

据图 15.12 可知,惯性导航轨迹与真实轨迹之间实时误差较大(虚线),然而基于测地线周期性航向控制法在相同参数下(陀螺仪漂移为 0.01(°)/h 和加速度计零偏为 10^{-3} m/s²),可以较大程度减小惯性导航轨迹与真实轨迹之间实时误差(实线),从而减小了搜索匹配区域的半径,有利于提高匹配效率。

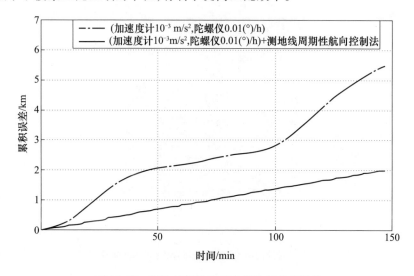

图 15.12 惯性导航轨迹和真实轨迹累积误差

图 15.13 表示基于两种方法的水下地形匹配导航对比。TERCOM 数值模拟参数设置如下:陀螺仪常值漂移 $0.01(°)/h$、加速度计常值零偏 $10^{-3} m/s^2$、航速 $10 m/s$、初始位置误差 0、速度误差 $0.03 m/s$、航向误差 $0.05°$、采样序列长度 110、采样间隔 $10 s$、实时测深数据是真实航迹在海底地形基准数据库中的采样值叠加标准差为 $20 m$ 的随机噪声,测地线周期性航向控制法修正周期 $T=360 s$。

在相同条件下进行了 50 次仿真实验。如图 15.13 所示,虚线表示惯性导航轨迹,实线表示真实轨迹,A 点为起始点,B 点为目标点。在从 A 到 B 的行驶中经过了 4 次地形匹配。

图 15.13(a)表示水下地形匹配图。当水下潜器到达目标 B 点时,惯性导航轨迹

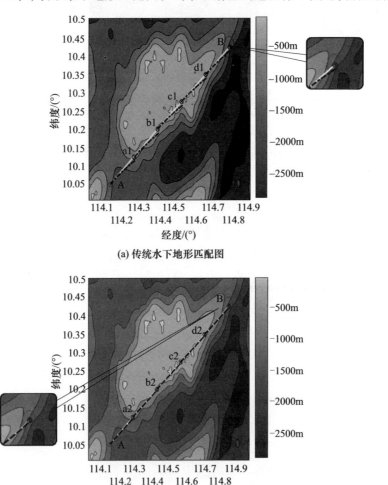

(a) 传统水下地形匹配图

(b) 基于测地线周期性航向控制法的水下地形匹配图

图 15.13 水下地形匹配对比(虚线是惯性导航轨迹;实线是真实轨迹)

与真实轨迹之间的导航误差较大,导航误差会随着时间快速累积,如图 15.12(虚线)所示,累积导航误差约为 2km/h。

图 15.13(b)表示基于测地线周期性航向控制法的水下地形匹配图。当水下潜器到目标 B 点时,惯性导航轨迹与真实轨迹之间的导航误差小于图 15.13(a)。依靠惯性导航与测地线周期性航向控制法,每隔周期时间 T 进行航向控制,据图 15.13(实线)可知位置误差发散速度得到了一定抑制,有利于减小匹配区搜索范围的半径 R,从而提高了搜索匹配效率。

图 15.14 表示水下地形匹配点示意图(对应图 15.13(a)),表 15.1 是图 15.14 的统计结果。据表 15.1 中匹配点 a1、b1、c1、d1 可知,搜索匹配时间约为 9.84s,匹配前圆概率(惯性导航指示位置与真实位置误差)较大,达到 1.3km 以上。而匹配后的匹配位置均优于惯性导航指示位置,表 15.1 中匹配点 b1、c1 和 d1 的 3 次匹配后圆概率(匹配位置与真实位置误差)约为 100m 内,匹配修正效果均优于匹配点 a1 的 310.2m,这表明在匹配点 a1 附近地形区的适配性要稍差于其他 3 个位置,匹配搜索区域内沿轨迹方向可能存在多个相似性较高的水深序列,从而导致在测量噪声作用下出现较大匹配偏差。

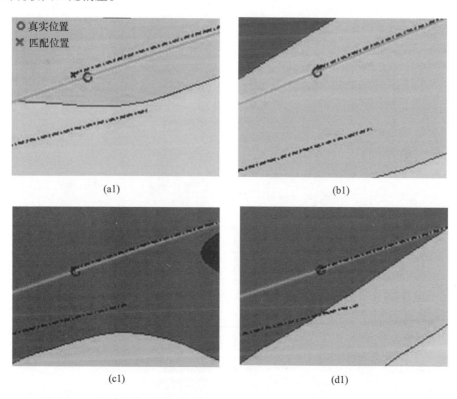

图 15.14 水下地形匹配点示意图(虚线是惯性导航轨迹;实线是真实轨迹)

表 15.1　水下地形匹配点统计信息

项目	匹配点信息		圆概率/m		搜索匹配时间/s
	序号	坐标	匹配前	匹配后	
传统水下地形匹配	a1	10.123°N、114.287°E	1447.6	310.2	9.84
	b1	10.199°N、114.433°E	1631.5	111.6	
	c1	10.273°N、114.579°E	1252.6	102.9	
	d1	10.346°N、114.727°E	1174.6	44.6	

图 15.15 表示基于测地线周期性航向控制法的水下地形匹配点示意图(对应图 15.13(b)),表 15.2 是图 15.15 的统计结果。据表 15.2 中匹配点 a2、b2、c2、d2 可知,基于测地线周期性航向控制法,搜索匹配时间约为 1.29s,匹配前圆概率(惯性导航指示位置与真实位置误差)较小,约为 500m。匹配后的匹配位置均优于惯性导航指示位置,匹配后圆概率(匹配位置与真实位置误差)约为 100m 内,且稳定度较好。

对比表 15.1 和表 15.2 得,基于测地线周期性航向控制法,在匹配后圆概率保持稳定前提下,由于搜索匹配区域半径的减小,使得搜索匹配时间从 9.84s 减少到 1.29s,即搜索匹配效率提高了约 7.6 倍。同时,据表 15.1 中匹配点 a1 和表 15.2 中匹配点 a2 可知,由于匹配区搜索半径 R 的减小,也降低了匹配区内出现相似性航迹的可能,也在一定程度上提高了匹配成功率。

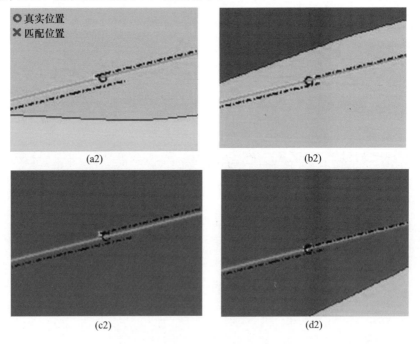

图 15.15　基于测地线周期性航向控制法的水下地形匹配点示意图
(虚线是惯性导航轨迹;实线是真实轨迹)

表 15.2　基于测地线周期性航向控制法的水下地形匹配点统计信息

	匹配点信息		圆概率/m		搜索匹配时间/s
	序号	坐标	匹配前	匹配后	
基于测地线周期性航向控制法的水下地形匹配	a2	10.124°N、114.287°E	536.6	73.7	1.29
	b2	10.199°N、114.434°E	469.3	96.5	
	c2	10.274°N、114.579°E	560.6	86.9	
	d2	10.348°N、114.727°E	404.4	53.4	

15.5　小　　结

本章基于新型测地线周期性航向控制法,旨在提高水下地形匹配导航的匹配效率。

（1）构建测地线周期性航向控制法。本章将几何学中的球面最短距离法则和航天/航海学中的姿态控制原理相结合,提出了测地线周期性航向控制法。

（2）验证并应用测地线周期性航向控制法。此方法通过减小匹配区窗口搜索范围的半径来降低计算复杂度,从而减小运算量,提高了匹配效率。以本研究的参数设置为例,在保证水下导航精度的前提下,采用测地线周期性航向控制法,水下地形匹配导航的搜索匹配时间从9.84s减少到1.29s(匹配效率提高约7.6倍)。

第16章　基于分层邻域阈值搜索法提高水下潜器重力匹配导航的匹配效率

本章开展了水下重力匹配导航的匹配效率改善研究。①为克服传统 TERCOM 算法逐点遍历搜索效率较低的缺点,提出新型分层邻域阈值搜索法。原理如下:首先,利用 4 格网间隔数进行粗搜索匹配;其次,为提高初始匹配点的选取标准设置 4mGal 阈值(基准图上重力值与实测重力值之差),对选取的若干粗搜索行最佳匹配点周围 24 邻域点进行取舍并匹配比较;最后,获得搜索范围内最佳匹配点。②综合考虑了重力场标准差、峰度系数、坡度标准差、粗糙度、信息熵等重力场主要特征参数,将其作为适配区优劣的分析依据。③在适配性良好区域内,在保证水下导航精度的前提下,基于分层邻域阈值搜索法,以本研究参数设置为例,水下重力匹配导航的匹配效率提高约 14.14 倍。

16.1　概　　述

目前水下潜器导航系统主要为惯性导航系统(INS),可为水下潜器航行和武器系统精准打击提供有利条件,但惯性导航系统存在误差随时间积累的缺点,因此需进行外部校正[589-590]。迄今为止,将地球物理场与惯性导航系统联合构成的无源辅助导航系统始终是有效抑制惯性导航系统误差积累问题的国际研究热点。目前无源辅助导航技术主要包括地磁匹配、地形匹配、重力匹配等。地磁场本身存在长期和短期变化,使地磁图精度达不到较高要求,且测磁技术存在磁干扰等局限性[591]。地形研究开展较早,特别是陆地上的地形匹配导航技术已运用于飞行器导航,但水下地形匹配导航发展相对较晚。由于需要向外发射声波,而且声呐测量在海况复杂条件下无法精确探测到深海地形,因此目前水下地形匹配导航技术仅适用于浅海地区。然而,海洋重力匹配导航是根据地球不同位置重力差异实现导航定位,不需要水下潜器浮出或接近水面,测量时不向外辐射能量,且地球重力场在长时间内保持稳定,因此有望实现水下潜器精确、自主和连续长航时定位[592]。

重力匹配技术实现的核心问题是解决高精度和高空间分辨率全球海洋重力基准图[593-595]、高精度重力测量系统、重力匹配算法等关键技术。自 20 世纪以来,众多学者先后提出了多种重力匹配算法,其中 TERCOM 算法较为盛行。优点为计算简单可靠、定位精度较高等;缺点为采用全局遍历的搜索策略,运算量大,运算效率较低,且对载体航迹要求较高,当航向存在较大偏差时误差将急剧增大[596-597]。因此,如何提高 TERCOM 算法的匹配效率和定位精度是当前水下导航领域的研究热点。赵建虎等将基于 Hausdorff 距离的匹配准则引入 TERCOM 算法中,提出通过增加旋转变化、自适应确定最佳旋转角、实现适配序列精匹配的思想和算法,进而有效提高了匹配导航精度[598];闫利等基于 TERCOM 算法开展重力匹配仿真模拟研究,并证明了地形粗糙度和坡度方差与 TERCOM 算法的定位精度具有强相关性;王虎彪等提出最小均方误差旋转拟合法,对提高现有重力匹配导航的定位成功率和定位精度具有重要意义[599]。综上所述,目前大部分学者主要围绕提高水下导航精度开展研究,而提高水下导航匹配效率方面研究相对较少。

不同于前人已有研究,本章以提高水下导航匹配效率为研究目标,在保证水下定位精度前提下提出新型分层邻域阈值搜索法,通过提高匹配点的选取效率加快匹配速度,旨在进一步提高水下重力匹配导航的匹配效率。新型分层邻域阈值搜索法计算原理如下:首先,在惯性导航估计误差搜索范围内,以较大的网格间隔数进行横向和纵向粗搜索匹配,获得每个粗搜索行的最佳匹配点;其次,选取每个粗搜索行最佳匹配点周围的若干邻域点进行匹配比较,获得每个粗搜索行附近范围内临时最佳匹配点,在匹配过程中,设置阈值并选取基准图上重力与实测重力之差在一定范围内的邻域点作为初始匹配点,进而提高匹配点的选取标准;最后,将获取的若干临时最佳匹配点分析比较,得到整个搜索范围内最佳匹配点。

16.2 水下重力匹配导航系统

地球形状的不规则性和介质密度的不均匀性导致地球上各点重力值不同,并表现为空间位置(经度、纬度和高度)的函数,因此载体在航行过程中经过特征比较明显的区域时,利用重力仪实时采集周围重力场信息,通过和预先测量得到的重力基准图(天基、空基、海基等融合信息)匹配,进而构建水下重力匹配导航系统(图16.1),以期实现惯性导航系统重调[600]。

如图 16.2 所示,水下重力匹配导航系统基本模块包括惯性导航模块、重力基准图模块、重力/深度测量模块和重力匹配模块。①惯性导航模块提供主要的导航信息;②重力基准图模块基于联合卫星、航空、海洋等天空海多源数据融合及关键技术构建;③重力/深度测量模块提供水下潜器航行时的轨迹序列重力值(由潜载重力仪测得)和海平面到水下潜器的深度值(由潜载测潜仪测得),并经深度改正获得海面重力值;④重力匹配模块主要利用计算机系统将实测航迹线的重力信息,与根据惯性导航位置信息所选取的相关区域重力基准图进行高精度匹配,从而获得最佳匹配点。

目前全球海洋重力基准图的空间分辨率无法满足高精度水下重力匹配导航要求,主要原因如下:①目前获取全球海洋重力场的常规手段主要是通过星载高度计海面测高;②现有基于卫星海面测高数据反演海洋重力场方法无法有效控制重力场空

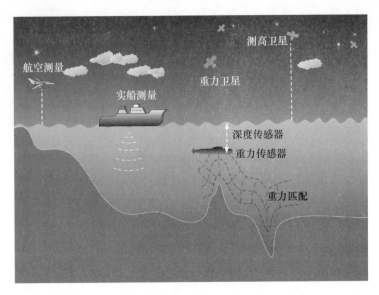

图 16.1　水下重力匹配导航系统原理示意图

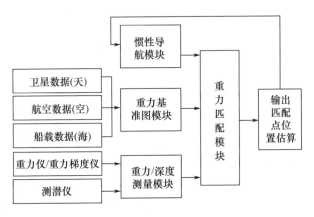

图 16.2　水下重力匹配导航系统组成框图

间分辨率损失。因此,全球海洋重力基准图空间分辨率仅为 $2'\times 2'$。为了解决全球海洋重力基准图空间分辨率不足的科学难题,本研究团队提出通过多颗 GNSS-R 测高星座获得高空间分辨率和高精度全球海洋重力基准图的思路。GNSS-R 海面测高的基本原理为利用 GNSS 海面反射信号与直射信号到达接收机的时间差计算路程差,从而实现海面精确测高。目前国内外学者已围绕 GNSS-R 测高技术的可靠性论证、理论计算、算法模拟、实验验证等方面开展了相关研究,测高精度经岸基和空基实验验证与星载高度计相当(厘米级),初步证明了 GNSS-R 高精度测高的可行性。在保证测高精度前提下进一步提高海面测高空间分辨率达百米级,为高空间分辨率和高精度全球海洋重力基准图构建提供了理论借鉴和技术保证[601-603],旨在为实现高精度水下重力匹配导航提供有力支撑。

16.3 分层邻域阈值搜索法的计算原理和算法流程

本节基于重力场连续分布且空间分布变化较缓的特点[604]，提出新型分层邻域阈值搜索法，旨在提高 TERCOM 算法的匹配效率。新型分层邻域阈值搜索法的计算原理和算法流程如图 16.3 所示。

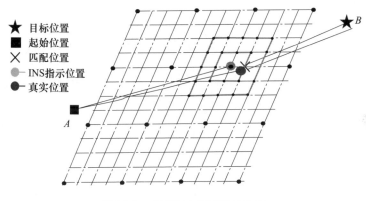

图 16.3 水下重力匹配导航流程

（1）确定起始位置 A 及目标位置 B 的坐标，并规划航向。

（2）水下潜器进入匹配区后，当重力场测量序列足够长时，采用新型分层邻域阈值搜索法。首先，根据当前时刻惯性导航误差估计搜索范围半径，在 3σ 误差搜索范围内，先以较大的格网进行粗搜索匹配，获得每个粗搜索行的最佳匹配点；其次，选取粗搜索行最佳匹配点周围若干邻域点进行匹配比较，获得每个粗搜索行附近范围内临时最佳匹配点，在匹配过程中设置阈值提高匹配点的选取标准；最后，比较分析获取的若干临时最佳匹配点，确定搜索范围内最佳匹配点。

在匹配搜索过程中，假设搜索区域大小为 $M\times M$ 格网，$g(x,y)$ 为格网点 (x,y) 处的重力异常值，$g_s(x,y)$ 为重力测量序列最后一个采样点值，若依据逐点遍历搜索策略，则初始匹配点总数目为

$$S_0 = M^2 \tag{16.1}$$

基于新型分层邻域阈值搜索法，则初始匹配点总数目 S 估算如下。

首先，当以较大的格网间隔数横向和纵向粗搜索时，设 n 为格网间隔数，M 为每行格网数，则每行选取的搜索点依次是 $g(x,1)$、$g(x,n+1)$、$g(x,2n+1)$、$\cdots$、$g(x,n(k-1)+1)$，其中 k 为每行粗搜索点序号（正整数）。

每行格网数 M、格网间隔数 n 和每行粗搜索点数 k 关系为

$$n(k-1)+1 \leqslant M < nk+1 \tag{16.2}$$

所以，由式(16.2)可得每行粗搜索点数 k 为

$$\frac{M-1}{n} < k \leqslant \frac{M+n-1}{n} \tag{16.3}$$

由于 k 为正整数，因而对 k 取整可得

$$k = \left[\frac{M+n-1}{n}\right] \tag{16.4}$$

其次，由于粗搜索行与搜索列数目相同，因而搜索区域 $M \times M$ 格网内的粗搜索点总数目 S_1 为

$$S_1 = k^2 = \left[\frac{M+n-1}{n}\right]^2 \tag{16.5}$$

然后，由于共有 k 个粗搜索行，每行都有一个最佳匹配点，选取此点周围 8 邻域点（或 24 邻域点）进行匹配，在匹配过程中阈值设置为 $(|g(x,y) - g_s(x,y)| \leqslant 4\text{mGal})$，提高了匹配点的选点标准。由式(16.4)可得 8 邻域（或 24 邻域）时，周围附加搜索点数目的表达式为

$$0 < S_2 \leqslant \begin{cases} 8k = 8\left[\dfrac{M+n-1}{n}\right], & 8 \text{ 邻域时} \\ 24k = 24\left[\dfrac{M+n-1}{n}\right], & 24 \text{ 邻域时} \end{cases} \tag{16.6}$$

最后，由式(16.5)和式(16.6)可得初始匹配点总数目为

$$S = S_1 + S_2 \tag{16.7}$$

$$S_1 < S \leqslant \begin{cases} k^2 + 8k = k(k+8) = \left[\dfrac{M+n-1}{n}\right]\left[\dfrac{M+9n-1}{n}\right], & 8 \text{ 邻域时} \\ k^2 + 24k = k(k+24) = \left[\dfrac{M+n-1}{n}\right]\left[\dfrac{M+25n-1}{n}\right], & 24 \text{ 邻域时} \end{cases} \tag{16.8}$$

其中，由于 $M \gg n$，因而估算数目 S 远小于式(16.1)中的遍历搜索数目 S_0。因此，基于新型分层邻域阈值搜索法，可通过提高匹配点的选取效率加快匹配速度，进而提高匹配导航的匹配效率。

(3) 应用中值滤波误匹配修正法对步骤(2)的匹配点进行判断修正。现在的惯性导航误差通常是由上一时间惯性导航指示位置作为初值，然后对加速度积分得到。若匹配时间间隔一样，则若干相邻匹配点之间惯性导航每次指示位置到匹配位置的修正数变化较小。因此，若某相邻点的匹配修正数偏离较大，则此点匹配结果不准确，可以用中值滤波进行匹配点估计。

(4) 重复步骤(2)和(3)，直至到达目标区域。

16.4 分层邻域阈值搜索法的验证和应用

计算数据(空间分辨率 1′×1′ 的重力异常数据和海底地形数据)源于加利福尼亚大学圣迭戈分校网站。如图 16.4 所示,本章选取南海地区重力异常数据进行研究,并与同区域海底地形数据进行对比分析。数据经、纬度取值范围为:经度 112°~116°E;纬度 10°~11°N。其中重力异常最大值为 133.4mGal,最小值为 -32.4mGal,平均值为 14.81mGal。本章通过 Matlab 插值计算将数据转换成格网分辨率 100m×100m 进行验证,如图 16.5 和图 16.6 所示。

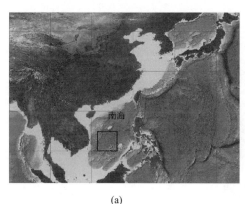
(a)

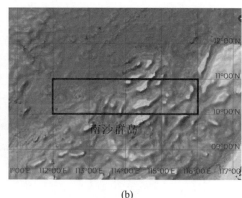
(b)

图 16.4　研究区域卫星遥感图及局部放大图

图 16.5 表示研究区域 100m×100m 格网分辨率的二维、三维海底地形基准图,反映了该区域海底地形变化,与该区域卫星遥感图(图 16.4)相符。图 16.6 表示研究区域 100m×100m 格网分辨率的二维、三维重力异常基准图。据图 16.6 可知,东部及东南部重力场起伏剧烈,而西北部重力场变化较平缓,与该区域卫星遥感图(图 16.4)基本相符,但也存在部分差异,这是因为图 16.4 表示的是海底地形变化,而图 16.6 表示的是重力异常变化。由于地球并非密度均衡球体,介质密度的不均衡性导致地形与重力值并非一一对应。同时,据图 16.5(b)和 16.6(b)可知,图 16.5(b)中海底地形特征显著,山峰、山脊、峡谷等棱角突变特征明显;而图 16.6(b)中重力场呈连续性分布,空间分布变化平滑。因此,新型分层邻域阈值搜索法更适用于水下重力匹配导航研究。

新型分层邻域阈值搜索法的特点是有利于提高匹配点的选点标准和加快搜索匹配速度,可在保证 TERCOM 算法定位精度前提下较大程度提高匹配效率。本章模拟验证如下:将上述重力异常基准图数据从左到右分成 4 块,每块大小为 1°×1°。如图 16.7 所示,左图表示 4 组数值模拟重力异常基准数据的三维图,右图表示航迹上各采样点重力异常值。表 16.1 表示 4 组基准图的重力场特征统计信息。

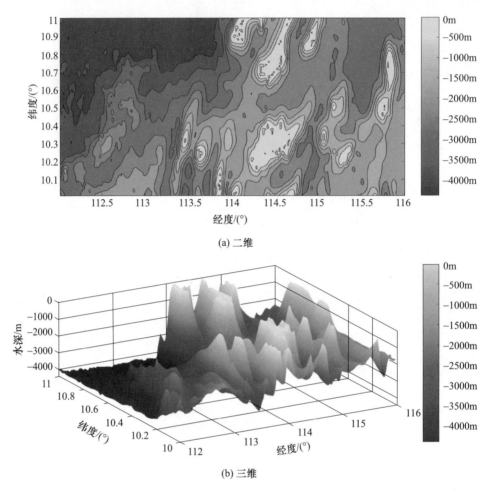

(a) 二维

(b) 三维

图 16.5 海底地形基准图

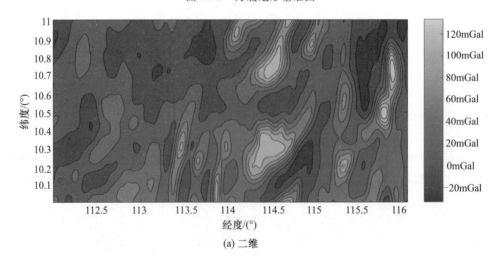

(a) 二维

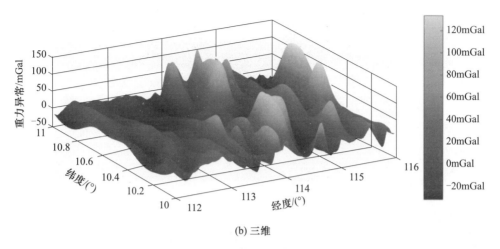

(b) 三维

图 16.6 海洋重力异常基准图

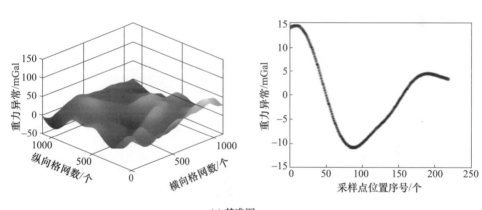

(a) 基准图一

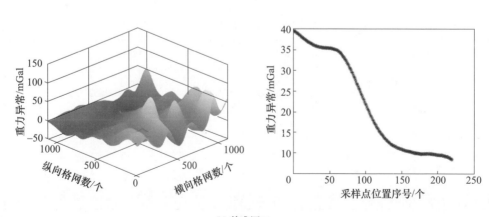

(b) 基准图二

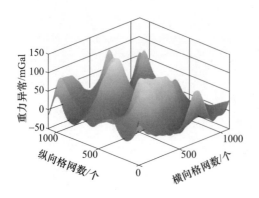
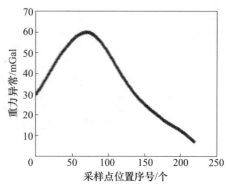

(c) 基准图三

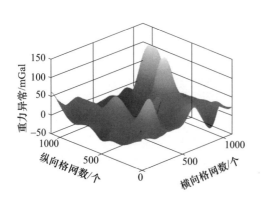
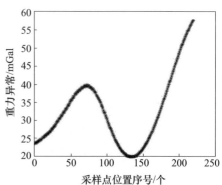

(d) 基准图四

图 16.7　海洋重力异常基准图的三维数值模拟

表 16.1　4 个区域重力异常基准图统计信息

参数	基准图一	基准图二	基准图三	基准图四
重力场标准差/mGal	13.8135	21.3745	34.1609	29.1301
峰度系数	2.9930	3.7558	2.8630	4.8676
坡度标准差/rad	0.0170	0.0392	0.0542	0.0494
粗糙度/mGal	0.1009	0.1500	0.2706	0.2024
信息熵/bit	11.4864	11.4740	11.4497	11.4574

重力场特征参数主要包括重力场标准差、峰度系数、坡度标准差、粗糙度、信息熵等。重力场标准差反映了重力场的起伏变化；峰度系数用来度量数据在中心的聚集

程度,可反映频数分布曲线顶端尖峭或扁平的程度;坡度标准差表示重力场变化的速率;粗糙度反映了整个区域重力场的平均光滑程度和局部起伏;信息熵用来评价重力区域信息量的丰富程度。重力场标准差越大、坡度标准差越大、粗糙度越大、信息熵越小,则信息越丰富、越有利于匹配。据表 16.1 中 4 个区域的统计信息可知:首先,基准图三的重力场标准差、坡度标准差和粗糙度的值最大,说明此区域更不平坦且重力场变化更快;其次,基准图三的信息熵最小,说明此区域重力异常特征信息更丰富和更复杂;最后,基准图三的峰度系数最小,由于正态分布情况下的峰度系数值为 3,如果峰度系数大于 3,则说明观测量更集中,有比正态分布更短的尾部;当峰度系数小于 3 时,则说明观测量不太集中,更有利于匹配。因此,综合各特征参数判断,选择基准图三适配性较好。

格网间隔数、邻域大小、阈值(基准图上重力值与实测重力值之差)均为定位精度和定位时间的重要影响因素。阈值可取 $4\sigma_1$ (σ_1 表示重力仪实测数据与基准图数据差值的标准差,$4\sigma_1 \approx 99.99\%$)。由于格网间隔数和邻域大小对定位精度和定位时间的影响相反(随着格网间隔数增大,定位精度将降低,定位时间将减小;而随着邻域增大,定位精度将提高,定位时间将增加),因而从定位精度与定位时间角度考虑,本章对新型分层邻域阈值搜索法格网间隔数与邻域大小的优选进行了数值模拟和分析讨论。TERCOM 数值模拟参数设置如下:陀螺仪常值漂移 $0.01(°)/h$、加速度计常值零偏 $10^{-3} m/s^2$(惯性导航均方根误差服从正态分布)、航速 10m/s、航向北偏东 70°、初始位置误差 0m、速度误差 0.03m/s、航向误差 0.05°、重力仪实时测量数据是真实航迹在重力异常基准数据库中的采样值叠加标准差为 1mGal 的随机噪声(阈值取为 4mGal)、采样点数 220 个、采样周期 20s。

为验证新型分层邻域阈值搜索算法的稳定性,本章在相同条件下进行了 200 次模拟,分别在以不同格网间隔数(3 个格网、4 个格网、5 个格网、6 个格网)和邻域(8 邻域、24 邻域)两两组合的情况下对定位精度及效率进行了数值模拟。图 16.8(a) ~ (d) 中的左图表示不同格网间隔数和邻域情况下算法定位精度。据图 16.8 中的左图可知,在邻域相同时,随着格网间隔数增大,算法平均定位精度明显降低;在格网间隔数相同时,24 邻域情况下的平均定位精度明显高于 8 邻域。图 16.8(a) ~ (d) 中的右图表示不同格网间隔数和邻域情况下算法定位时间(定位时间由基准图加载、绘图、搜索匹配等时间组成)。据图 16.8(a) ~ (d) 中的右图和表 16.2 可知,传统 TERCOM 算法平均单次定位用时 31.79s(其中基准图加载、绘图等用时 20.04s),搜索匹配用时 11.75s,且各次用时较分散;而在相同条件下,本章所提不同格网间隔数(3 个格网、4 个格网、5 个格网、6 个格网)和邻域(8 邻域、24 邻域)两两组合的 8 种情况下算法单次定位用时处于 20 ~ 22s 之间,则说明去掉基准图加载、绘图等公共时间,搜索匹配用时小于 2s,因此快速提高了匹配效率。

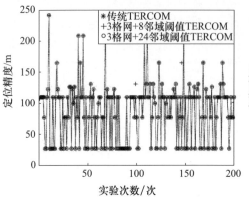
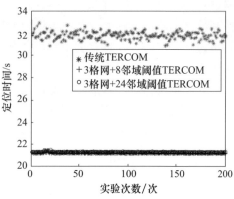

(a) 3格网间隔数

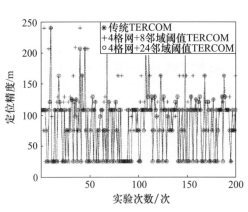
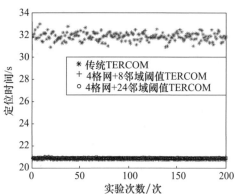

(b) 4格网间隔数

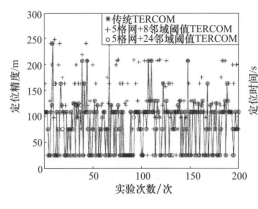
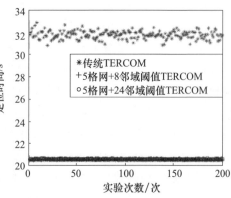

(c) 5格网间隔数

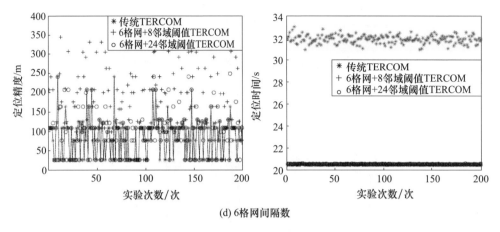

(d) 6格网间隔数

图 16.8　不同格网间隔数和邻域情况下算法定位精度和效率对比

表 16.2　不同格网间隔数和邻域情况下算法定位精度和效率统计结果

算法	平均定位精度/m	定位精度标准差/m	搜索匹配时间/s	8种情况下算法与传统 TERCOM 算法对比			
				平均定位精度之差/m	定位精度标准差之差/m	匹配重合率/次	效率提高/倍
传统 TERCOM	87.94	50.66	11.75	—	—	—	—
3 格网 +8 邻域	88.93	50.82	1.32	0.99	0.16	194/200	8.89
4 格网 +8 邻域	103.87	56.54	0.75	15.93	5.88	117/200	15.72
5 格网 +8 邻域	121.47	62.71	0.48	33.53	12.05	73/200	24.27
6 格网 +8 邻域	162.03	81.11	0.35	74.09	30.45	59/200	33.68
3 格网 +24 邻域	87.94	50.66	1.40	0	0	200/200	8.42
4 格网 +24 邻域	87.94	50.66	0.83	0	0	200/200	14.14
5 格网 +24 邻域	88.91	50.81	0.55	0.97	0.15	190/200	21.43
6 格网 +24 邻域	96.55	56.04	0.40	8.61	5.05	133/200	29.37

表 16.2 表示不同格网和邻域情况下算法定位精度和效率统计信息(图 16.8 统计结果)。图 16.9 是对表 16.2 统计信息的进一步分析讨论。以本章 100m × 100m 格网分辨率的重力异常基准图设置为例,据表 16.2 可知,基于 200 次匹配定位模拟,传统 TERCOM 算法平均定位精度为 87.94m、定位精度标准差为 50.66m、定位时间为 31.79s、搜索匹配时间为 11.75s。同时考虑到定位精度和定位精度标准差也受到重力异常基准图分辨率的影响,通过匹配定位模拟可得结果如表 16.3 所列。

表 16.3　不同空间分辨率的重力异常基准图对定位精度和定位精度标准差的影响

空间分辨率/m	平均定位精度/m	定位精度标准差/m
100 × 100	87.94	50.66
500 × 500	427.12	249.37
1000 × 1000	813.81	637.52

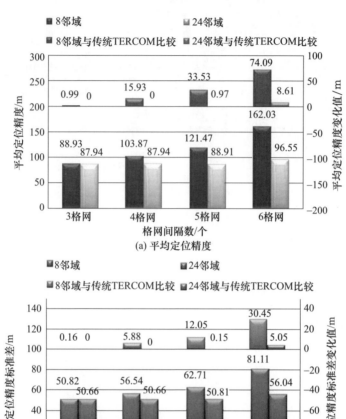

(a) 平均定位精度

(b) 定位精度标准差

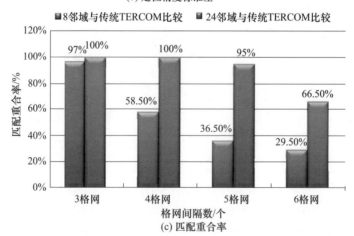

(c) 匹配重合率

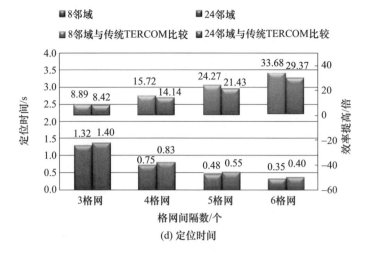

图 16.9 （见彩图）不同格网和邻域情况下算法统计信息对比

表 16.3 表明了提高全球海洋重力基准图空间分辨率对改善水下导航精度的重要性。据图 16.9(a)和(b)可知,随格网间隔数增加,在 8 邻域情况下,平均定位精度和定位精度标准差都有明显降低趋势,当选择 3 格网间隔时,平均定位精度降低 0.99m,定位精度标准差降低 0.16m;若选择 6 格网间隔时,平均定位精度降低达 74.09m,定位精度标准差降低达 30.45m。然而在 24 邻域情况下,平均定位精度和定位精度标准差虽然也有降低趋势,但其降低幅度较小,当选择 3 格网和 4 格网间隔时,平均定位精度(87.94m)和定位精度标准差(50.66m)与传统 TERCOM 算法结果一致;选择 6 格网间隔时,平均定位精度也仅降低了 8.61m,定位精度标准差降低 5.05m。因此,如图 16.9(c)所示,在 24 邻域情况下,选择 3 格网和 4 格网间隔均可达到与传统 TERCOM 算法 100% 的匹配重合率,即可保持定位精度一致。

据表 16.2 和图 16.9(d)可知,基于 200 次匹配定位模拟,传统 TERCOM 算法单次平均搜索匹配时间为 11.75s。随着格网间隔数增加,定位时间呈减小趋势,8 邻域情况下的定位时间略优于 24 邻域,但选择 8 邻域情况时不能保持传统 TERCOM 算法定位精度,因而选择 24 邻域。当选择 24 邻域时,3 格网间隔单次搜索匹配时间为 1.40s,较相同条件下的传统 TERCOM 算法单次搜索匹配效率提高 8.48 倍;然而 4 格网间隔单次搜索匹配时间为 0.83s,比在相同条件下的传统 TERCOM 算法单次搜索匹配时间缩短 10.92s,匹配效率提高约 14.14 倍。

综上所述,以本研究参数设置为例,本章新型分层邻域阈值搜索法与传统 TER-COM 法相比,可在保证定位精度基础上有效提高匹配效率约 14.14 倍。本章仅模拟了短时间水下导航匹配效率提高情况,根据惯性导航误差随时间积累特性,若运行时间延长,惯性导航误差估计的搜索范围将持续增大;同时采样点次数增加,均可增大传统 TERCOM 算法的搜索匹配时间,使新型分层邻域阈值搜索法单次搜索匹配时间至少缩短 10.92s。

16.5 小　　结

本章提出新型分层邻域阈值搜索法,旨在提高水下重力匹配导航的匹配效率。

(1) 构建新型分层邻域阈值搜索法。由于传统 TERCOM 算法匹配效率较低,因而提出了新型分层邻域阈值搜索法。优点:以较大格网间隔数进行粗搜索匹配,并设置阈值且对选取的每个粗搜索行最佳匹配点周围的若干邻域点进行匹配比较,获得每个粗搜索行附近范围内临时最佳匹配点,最终对获取的所有临时最佳匹配点进行比较,进而得到整个搜索范围内最佳匹配点。

(2) 优选匹配区域。重力匹配导航的匹配精度与匹配区适配性密切相关。为优选重力匹配效果良好的区域,本章综合考虑重力场标准差、坡度标准差、峰度系数、粗糙度、信息熵等重力场特征参数,将其作为匹配区选择标准,有利于优良适配区的选取,从而有利于提升水下重力匹配精度。

(3) 提高水下导航匹配效率。在适配性良好的区域内,基于新型分层邻域阈值搜索法,以本研究参数设置为例,结果表明:当采用 4 格网、24 邻域和 4mGal 阈值参数情况时,在保证定位精度前提下,单次搜索匹配时间由 11.75s 减少到了 0.83s,比在相同实验条件下的传统 TERCOM 算法单次搜索匹配时间缩短 10.92s,匹配效率提高约 14.14 倍。因此,新型分层邻域阈值搜索法有利于提高水下重力匹配导航的匹配效率。

第 17 章 基于主成分加权平均归一化法优选水下重力匹配导航适配区

本章开展了水下潜器重力匹配导航的匹配区适配性评价研究。①综合考虑了重力异常标准差、坡度标准差、粗糙度、重力异常差异熵、分形维数等重力场主要特征参数,联合主成分分析准则和加权平均原理,提出了新型主成分加权平均归一化法;②基于新型主成分加权平均归一化法,计算可评价重力异常基准图各区域匹配效果的总体特征参数指标,依据总体特征参数指标进行优良适配区、一般适配区和非适配区划分;③在相同条件下,在划分的优良适配区、一般适配区和非适配区内,分别进行重力匹配数值模拟验证比较,结果表明,优良适配区的重力匹配效果显著,匹配概率约为98%,匹配稳定性高,位置误差小于1个重力异常基准图格网。

17.1 概 述

重力匹配导航技术作为目前水下导航领域的研究热点,由于地球形状的不规则性和介质密度的不均匀性导致地球上各点的重力值不同,可以表现为空间位置(经度、纬度、高度)的函数,因此载体在航行过程中经过重力特征比较明显的区域时利用重力仪实时采集周围重力场信息,通过和预先得到的重力异常基准图匹配,构建水下重力匹配导航系统,不需要水下潜器浮出或接近水面,测量时不向外辐射能量,且地球重力场在长时间内保持稳定,因此有望实现水下潜器精确、自主、连续和长航时的定位[605]。

重力匹配导航实现的核心问题不仅是解决高精度和高空间分辨率重力异常基准图、高精度重力测量系统[606-607]、重力匹配定位算法等关键技术,而且重力适配区的选择也是主要影响因素,相同的匹配算法在具有不同重力特征的区域进行匹配时,匹配效果各不相同,重力特征丰富的区域能够明显提高匹配精度。因而,为了评价重力匹配导航在重力异常基准图不同区域的匹配效果,为优选适配区提供有效支撑。程力等通过在重力场区域中移动局部计算窗口方法,计算了实测重力场各个局部的多种统计特征并使用填色等值线图进行了对比和分析,以局部重力场标准差和经纬度方向相关系数作为匹配区域选择的数量指标,给出了重力匹配区经验选择准则[608];夏冰和蔡体菁提出基于 SPSS 回归分析和量纲分析基本原理,通过在重力有效数据和重力场特征参数之间建立定量关系,作为重力匹配判断准则对重力匹配区域进行选择;张凯等提出了基于支持向量机的背景场适配/误配区自动识别和划分方法,通过借助支持向量机来构建输入特征参量与匹配性能的映射关系,最终实现适配/误配区的自动识别和划分[609];蔡体菁和陈鑫巍运用层次分析法,基于反演重力图的多项统计特征及匹配仿真结果,给出新型重力匹配区域选择准则;马越原等利用信息熵具有能够整合多种统计参数且算法计算量小的特点,提出了基于特征参数信息熵的重力辅助导航适配区的选择方法。

不同于前人已有研究,本章综合统计分析重力异常标准差、坡度标准差、粗糙度、重力异常差异熵、分形维数等重力场主要特征参数,联合主成分分析准则和加权平均原理,提出主成分加权平均归一化法,得出重力异常基准图各区域的总体特征参数指标,进而依据总体特征参数指标进行优良适配区、一般适配区和非适配区的划分,并通过仿真验证了该划分指标的合理性。

17.2 重力场特征参数

本节依据现有概念对重力异常标准差、坡度标准差、粗糙度、重力异常差异熵、分形维数等重力场主要特征参数进行了分析及部分推导(表17.1)。

表17.1 重力场主要特征参数

特征	含义
重力异常标准差	表示重力异常值偏离重力异常平均值的范围,是反映区域重力场起伏剧烈程度的参数
坡度标准差	坡度反映重力场变化的快慢速率,而坡度标准差反映了坡度变化速率的起伏变化
粗糙度	反映了整个区域重力场的平均光滑程度和局部起伏,粗糙度越大,重力局部起伏越剧烈
重力异常差异熵	反映该区域重力场含有信息量的大小,重力异常值变化越剧烈,信息量越丰富,计算出的熵值越小,越有利于匹配
分形维数	反映了复杂形体占有空间的有效性,它是复杂形体不规则性的量度,描述了重力场微观破碎特征

1. 重力异常标准差 σ

$$\sigma = \sqrt{\frac{1}{mn-1}\sum_{i=1}^{m}\sum_{j=1}^{n}[g(i,j)-\bar{g}]^2} \tag{17.1}$$

式中:$\bar{g}$ 为计算窗口($10\text{km}\times10\text{km}$)内重力异常平均值,$\bar{g}=\frac{1}{mn}\sum_{i=1}^{m}\sum_{j=1}^{n}g(i,j)$;$g$ 为所选区域的重力异常值;m 和 n 分别为经、纬度跨越格网数。

2. 坡度标准差 σ_s

$$\sigma_s = \sqrt{\frac{1}{mn-1}\sum_{i=1}^{m}\sum_{j=1}^{n}[S(i,j)-\bar{S}]^2} \tag{17.2}$$

其中，

$$\bar{S} = \frac{1}{mn} \sum_{i=1}^{m} \sum_{j=1}^{n} S(i,j)$$

$$S = \arctan(\sqrt{S_\phi^2 + S_\lambda^2})$$

$$S_\phi = \frac{1}{2 \times \text{scGrid}}(g(i+1,j) + g(i+1,j+1) - g(i,j) - g(i,j+1))$$

$$S_\lambda = \frac{1}{2 \times \text{scGrid}}(g(i,j+1) + g(i+1,j+1) - g(i,j) - g(i+1,j))$$

式中：S 为重力场坡度；S_ϕ 为纬度方向的坡度；S_λ 为经度方向的坡度；scGrid 为格网边长；$\bar{S}$ 为计算窗口（10km×10km）内坡度平均值。

3. 粗糙度 R

$$R = \frac{(R_\lambda + R_\phi)}{2} \tag{17.3}$$

其中，

$$R_\phi = \frac{1}{m(n-1)} \sum_{i=1}^{m} \sum_{j=1}^{n-1} |g(i,j) - g(i,j+1)|$$

$$R_\lambda = \frac{1}{(m-1)n} \sum_{i=1}^{m-1} \sum_{j=1}^{n} |g(i,j) - g(i+1,j)|$$

式中：R_ϕ 为纬度方向的粗糙度；R_λ 为经度方向的粗糙度。

4. 重力异常差异熵 H

$$H = -\sum_{i=1}^{m} \sum_{j=1}^{n} P_{ij} \log_2 P_{ij} \tag{17.4}$$

其中，

$$P_{ij} = \frac{D_{ij}}{\sum_{i=1}^{m} \sum_{j=1}^{n} D_{ij}}, \quad D_{ij} = \frac{|g(i,j) - \bar{g}|}{\bar{g}}$$

式中：P_{ij} 为局部差异概率；D_{ij} 为重力异常差异值。

5. 分形维数

$$\log A(s) = (2 - D)\log s + C \tag{17.5}$$

式中：$A(s)$ 为分形曲面的表面积；s 为度量时所使用的面积尺度；D 为曲面的分形维数；C 为常数。

17.3 重力匹配区域选择准则

重力场各特征参数都不同程度地反映了重力场的变化特点，运用主成分分析准则(principal component analysis,PCA)与加权平均原理[610-611],综合考虑各特征参数的影响,来确定重力匹配区域选择准则。

主成分分析是一种将多个有相关性的变量 F_1、F_2、…、F_k 重新组合,生成少数几个彼此不相关的变量 Z_1、Z_2、…、Z_p,使其尽可能多地表示原有变量的信息,从而实现对数据的降维,分析多特征变量内在关系的方法。其中 Z_1、Z_2、…、Z_p 叫做主成分,依次是第一主成分、第二主成分、……、第 p 主成分。

本章为了便于比较分析重力场各特征参数之间的取值大小与特点,消除数据单位和量纲的影响,采用正规化方法(z-score)进行数据标准化处理,这种方法基于原始数据的均值和标准差进行计算,经过处理的数据符合标准正态分布,即均值为0、标准差为1且无量纲。转化函数为

$$y_i = \frac{x_i - \bar{x}}{s} \tag{17.6}$$

其中,

$$\bar{x} = \frac{1}{n}\sum_{i=1}^{n} x_i$$

$$s = \sqrt{\frac{1}{n-1}\sum_{i=1}^{n}(x_i - \bar{x})^2}$$

式中:y_i 为处理后的新序列,均值为0、标准差为1;x_i 为原始数据序列;$\bar{x}$ 为原始数据均值;s 为原始数据的标准差。

假设有 k 个重力场特征参数 F_1、F_2、…、F_k,每个特征参数中有 n 个数据信息,利用式(17.6)对原始数据进行标准化处理后,则组成的标准化矩阵表示为

$$\boldsymbol{Y} = \begin{bmatrix} y_1 & y_2 & \cdots & y_k \end{bmatrix} = \begin{bmatrix} y_{11} & y_{12} & \cdots & y_{1k} \\ y_{21} & y_{22} & \cdots & y_{2k} \\ \vdots & \vdots & & \vdots \\ y_{n1} & y_{n2} & \cdots & y_{nk} \end{bmatrix} \tag{17.7}$$

式中:y_{ij} 为第 j 个特征参数中第 i 个数据信息标准化值。

标准化矩阵 $\boldsymbol{Y}$ 的样本相关系数矩阵公式为

$$\boldsymbol{R} = [r_{ij}]_{k \times k} = \frac{\boldsymbol{Y}^\mathrm{T}\boldsymbol{Y}}{n-1} \tag{17.8}$$

解相关矩阵 $\boldsymbol{R}$ 的特征方程 $|\boldsymbol{R} - \lambda \boldsymbol{I}_k| = 0$,求得 k 个依次递减的特征根 λ_i,$i = 1,2,\cdots,p,\cdots,k$,则特征根 λ_i 的信息贡献率为

$$b_i = \frac{\lambda_i}{\sum_{i=1}^{k}\lambda_i} \quad i = 1,2,\cdots,p,\cdots,k \tag{17.9}$$

一般取 $p(p \leqslant k)$ 个主成分，使主成分累计贡献率大于 85%，即

$$\frac{\sum_{i=1}^{p} b_i}{\sum_{i=1}^{k} b_i} \geqslant 0.85 \tag{17.10}$$

通过线性组合，将原有 k 个标准化重力场特征参数重新组合，生成 p 个彼此不相关的新参数 Z_1、Z_2、$\cdots$、Z_p，表示为

$$\begin{cases} Z_1 = a_{11}\lambda_1^{-1/2}y_1 + a_{12}\lambda_1^{-1/2}y_2 + \cdots + a_{1k}\lambda_1^{-1/2}y_k \\ Z_2 = a_{21}\lambda_2^{-1/2}y_1 + a_{22}\lambda_2^{-1/2}y_2 + \cdots + a_{2k}\lambda_2^{-1/2}y_k \\ \vdots \\ Z_p = a_{p1}\lambda_p^{-1/2}y_1 + a_{p2}\lambda_p^{-1/2}y_2 + \cdots + a_{pk}\lambda_p^{-1/2}y_k \end{cases} \tag{17.11}$$

式中：a_{ij} 为第 i 个主成分在第 j 个特征参数上的载荷数；λ_i 为第 i 个主成分的特征根。

由于贡献率越大表示该主成分越重要，因而主成分的贡献率可以表示不同主成分的权重，所以指标系数可以看作对该指标在各主成分线性组合中系数的加权平均，即

$$Z = \frac{\sum_{i=1}^{p} a_{i1}\lambda_i^{-1/2}b_i}{\sum_{i=1}^{p} b_i} y_1 + \frac{\sum_{i=1}^{p} a_{i2}\lambda_i^{-1/2}b_i}{\sum_{i=1}^{p} b_i} y_2 + \cdots + \frac{\sum_{i=1}^{p} a_{ik}\lambda_i^{-1/2}b_i}{\sum_{i=1}^{p} b_i} y_k \tag{17.12}$$

经过归一化处理，最终可得指标权重表达式为

$$Z = \frac{\dfrac{\sum_{i=1}^{p} a_{i1}\lambda_i^{-1/2}b_i}{\sum_{i=1}^{p} b_i}}{\sum_{j=1}^{k} \dfrac{\sum_{i=1}^{p} a_{ij}\lambda_i^{-1/2}b_i}{\sum_{i=1}^{p} b_i}} y_1 + \frac{\dfrac{\sum_{i=1}^{p} a_{i2}\lambda_i^{-1/2}b_i}{\sum_{i=1}^{p} b_i}}{\sum_{j=1}^{k} \dfrac{\sum_{i=1}^{p} a_{ij}\lambda_i^{-1/2}b_i}{\sum_{i=1}^{p} b_i}} y_2 + \cdots + \frac{\dfrac{\sum_{i=1}^{p} a_{ik}\lambda_i^{-1/2}b_i}{\sum_{i=1}^{p} b_i}}{\sum_{j=1}^{k} \dfrac{\sum_{i=1}^{p} a_{ij}\lambda_i^{-1/2}b_i}{\sum_{i=1}^{p} b_i}} y_k$$

$$\tag{17.13}$$

17.4 数值模拟及验证

计算数据（空间分辨率 $1' \times 1'$ 的海洋重力异常数据）源于加利福尼亚大学圣迭戈分校网站。如图 17.1 所示，本研究选取南海地区重力异常数据进行研究。数据经

度、纬度取值范围为：经度 113°～115°E；纬度 10°～12°N。其中重力异常最大值为 129.9mGal，最小值为 -33.3mGal，平均值为 15.34mGal。本章通过 Matlab 插值计算将数据转换成格网分辨率 100m×100m 进行模拟分析，如图 17.2 所示。

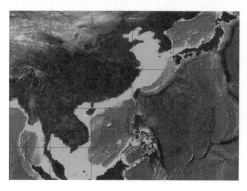
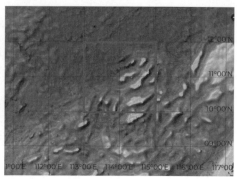

图 17.1　研究区域卫星遥感图像及局部放大图

图 17.2 表示经插值加密后研究区域的 100m×100m 分辨率的二维、三维海洋重力异常基准图。据图 17.2 可知，东部及东南部重力场起伏剧烈，而西北部重力场变化较平缓，与该区域卫星遥感图 17.1 基本相符，但也存在部分差异，这是由于地球并非密度均衡球体，介质密度的不均衡性导致地形与重力值并非一一对应。

在图 17.2 所示的研究区域中，以 100×100 个格网的区域作为一个样本区块，则图 17.2 可分割成 441 个样本区块（每个样本大小约为 10km×10km），分别利用重力场各特征参数式（17.1）～式（17.5）对研究区域的适配性进行分析，可得结果如图 17.3 所示。其中，为了便于比较分析各特征参数之间的取值大小与特点，采用

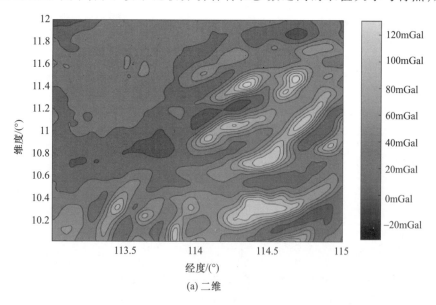

(a) 二维

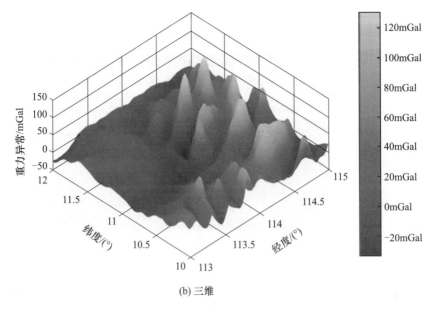

(b) 三维

图17.2 海洋重力异常基准图(分辨率100m×100m)

式(17.6)正规化方法对矩阵数据进行标准化处理,可消除不同数据单位和量纲产生的影响。

图17.3表示研究区域441个样本区块(样本大小约为10km×10km)的重力场各特征参数标准化三维图。图17.3(a)~(e)分别表示重力异常标准差图、坡度标准差图、粗糙度图、重力异常差异熵图和分形维数图。由于重力异常标准差越大、坡度标准差越大、粗糙度越大、分形维数越大、重力异常差异熵越小,则信息越丰富、越有利于匹配。据图17.3(d)可知,重力异常差异熵值较小的样本区块比较均匀地分布在整个研究区域中,表明若以重力差异熵特征值为评价指标,则这几个区域适配性较好;据图17.3(a)~(e)比较可知,重力异常标准差、坡度标准差、粗糙度和分形维数特征值较大的样本区块大都分布在研究区域东部及东南部,表明这些区域更不平坦,重力特征起伏剧烈且重力场变化速率更快,适配性较好。但图17.3(a)~(c)和(e)在东部及东南部中的局部起伏也存在差异,并不完全相同。

综上所述,基于单一重力场特征参数无法有效评价适配性,这是由于单一特征参数包含的重力信息量有限,以此为依据得到的结果可信度不高。因而需要综合多种重力场特征参数的信息量作为判断适配性的依据。综合上述5个重力场特征参数,按照主成分分析准则进行计算,经式(17.7)~式(17.11)分别求出特征根、方差贡献率、累积贡献率、载荷数等,如表17.2和表17.3所列。其中,由于重力异常标准差、坡度标准差、粗糙度和分形维数越大越好,而重力异常差异熵越小越好,因此为了方便解算,重力异常差异熵可取负值。

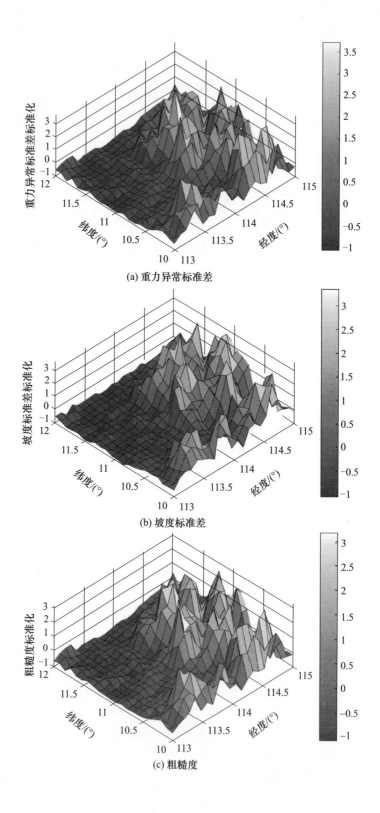

(a) 重力异常标准差

(b) 坡度标准差

(c) 粗糙度

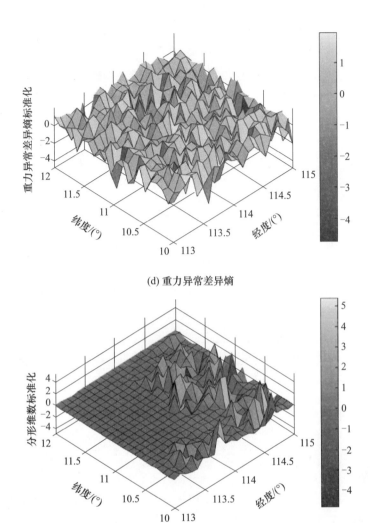

(d) 重力异常差异熵

(e) 分形维数

图17.3 海洋重力场各特征参数标准化三维图

表17.2 特征根、方差贡献率和累积贡献率

主成分	特征根	方差贡献率/%	累积贡献率/%
第一主成分	2.819	56.388	56.388
第二主成分	1.183	23.661	80.049
第三主成分	0.839	16.77	96.819
第四主成分	0.145	2.894	99.713
第五主成分	0.014	0.287	100.000

据表 17.2 可知，前两个主成分的累积贡献率小于 85%，而前 3 个主成分的累积贡献率达到了 96.819%，超过了 85%，即前 3 个主成分包含了原始特征参数中 96.819% 的有效信息，因而选取前 3 个主成分已足够对研究区域的适配性进行综合评估。

表 17.3 列出了表 17.2 前 3 个主成分中重力场各特征参数的载荷数大小。结果表明，第一主成分对重力异常标准差、坡度标准差、粗糙度有绝对值较大的载荷数；第二主成分和第三主成分均对重力异常差异熵、分形维数有绝对值较大的载荷数。

表 17.3　各主成分载荷数

特征参数	第一主成分	第二主成分	第三主成分
重力异常标准差	0.979	-0.103	0.041
坡度标准差	0.926	0.210	0.067
粗糙度	0.984	-0.019	0.062
重力异常差异熵	-0.179	0.735	0.651
分形维数	0.073	0.767	-0.636

利用表 17.3 中的载荷数除以表 17.2 中特征根的开方，可得 3 个主成分线性组合矩阵为

$$\begin{cases} Z_1 = 0.583 y_1 + 0.552 y_2 + 0.586 y_3 - 0.107 y_4 + 0.043 y_5 \\ Z_2 = -0.095 y_1 + 0.193 y_2 - 0.017 y_3 + 0.676 y_4 + 0.705 y_5 \\ Z_3 = 0.045 y_1 + 0.073 y_2 + 0.068 y_3 + 0.711 y_4 - 0.694 y_5 \end{cases} \quad (17.14)$$

利用式(17.12)和式(17.13)进行加权平均归一化处理，可得 5 个重力场特征参数的综合权重系数为

$$\boldsymbol{Q} = [0.239 \quad 0.281 \quad 0.257 \quad 0.166 \quad 0.057] \quad (17.15)$$

基于综合权重系数 $\boldsymbol{Q}$ 及重力场各特征参数标准化矩阵 $\boldsymbol{Y}$，可得一种可评价重力异常基准图各区域匹配效果的总体特征参数指标为

$$Z = \boldsymbol{QY} = 0.239 y_1 + 0.281 y_2 + 0.257 y_3 + 0.166 y_4 + 0.057 y_5 \quad (17.16)$$

则海洋重力异常总体特征参数指标如图 17.4 所示。

图 17.4(a) 表示研究区域 441 个样本区块(样本大小约为 10km × 10km)的海洋重力异常总体特征参数指标三维图。图 17.4(b) 表示海洋重力异常总体特征参数指标统计直方图。总体特征参数指标越大，适配性越好。据图 17.4 可知，东部及东南部局部区域适配性较好。

将总体特征参数指标 Z 的大小作为划分优良适配区、一般适配区和非适配区的

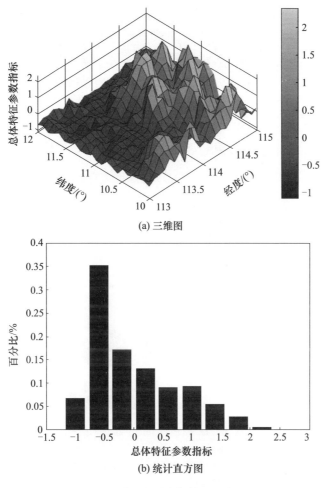

(a) 三维图

(b) 统计直方图

图 17.4　海洋重力异常总体特征参数指标

判断依据,则匹配区划分准则为

$$T_0 < Z < T_1 \tag{17.17}$$

式中:T_0 为划分非适配区和一般适配区的阈值;T_1 为划分一般适配区和优良适配区的阈值,则小于 T_0 的区域为非适配区,介于 T_0 和 T_1 之间的为一般匹配区,大于 T_1 的为优良适配区,综合大量仿真实验和经验确定阈值 $T_0 = 0.5$ 和 $T_1 = 1.2$ 较为准确。因此,依据准则对海洋重力异常总体特征参数指标图 17.4(a)进行匹配区划分,可得到理论上的重力匹配适配性分布如图 17.5 所示。

但考虑到水下航行器航行时的安全问题,航线应避免浅滩、礁盘分布密集的区域。在此假设水深 100m 以上为安全水深,适合航行,因此提取同区域(数据经纬度取值范围:经度 113°～115°E;纬度 10°～12°N)的海底地形数据进行分析比较,图 17.6 中深色区域表示危险区域(水深小于 100m)。在图 17.5 中剔除图 17.6 的危险航行区域,可得图 17.7。

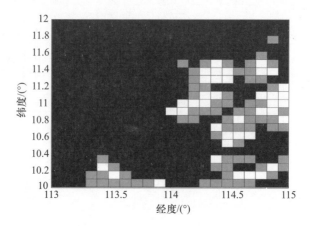

图 17.5　重力匹配适配性分布

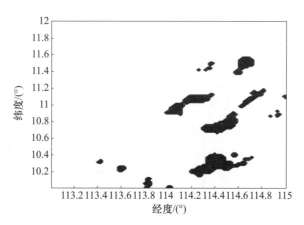

图 17.6　危险区域分布

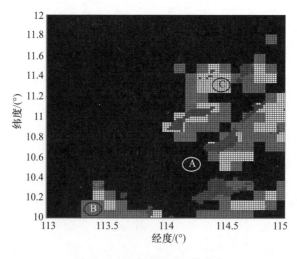

图 17.7　重力匹配适配性分布

图17.7表示研究区域重力匹配适配性分布。其中,白色区域为优良匹配区,匹配定位精度高,匹配效果好;浅灰色区域为一般匹配区,匹配效果一般,在无优良匹配区情况下,可作为备用;黑色区域为非匹配区,匹配效果差,不适于进行匹配;深灰色区域为危险区域,分布浅滩、礁盘,不适合航行。

在图17.7中分别选出3个区域,即A(非适配区)、B(一般适配区)和C(优良适配区),利用TERCOM算法进行100次重力匹配数值模拟验证。样本区块内重力异常格网分辨率为100m×100m,陀螺仪常值漂移0.01(°)/h,加速度计常值零偏10^{-3} m/s^2(惯性导航均方根误差服从正态分布)、航速10m/s、航向北偏东70°、初始位置误差0m、速度误差0.04m/s、航向误差0.05°。重力仪实时测量数据是真实航迹在重力异常数据库中的采样值叠加标准差为1mGal的随机噪声、采样点数110个、采样周期20s。本章定义定位精度(匹配位置与真实位置之差)在一个格网对角线长($100\sqrt{2}$ m)之内为有效匹配,则匹配概率=(有效匹配数/实验次数)×100%。

为了验证图17.7所示划分区域的适配性效果,本章在相同条件下分别在A(非适配区)、B(一般适配区)和C(优良适配区)3个区域进行了100次模拟匹配,结果如图17.8所示。表17.4是图17.8的统计结果。据表17.4可知,在C区域内,重力匹配效果明显,匹配概率约为98%,匹配稳定性高,且平均定位精度可达60.8m,定位精度标准差为18.2m,即位置误差小于1个重力异常基准图格网;在B区域内,重力匹配效果一般,匹配概率为84%,匹配稳定性较好,平均定位精度为107.5m,定位精度标准差为55.7m,且位置误差均小于3个重力异常基准图格网;在A区域内,重力匹配效果差,匹配概率仅为30%,且匹配稳定性差,平均定位精度仅为257.6m,定位精度标准差为143.3m,位置误差可达7个重力异常基准图格网,不适于进行重力匹配。

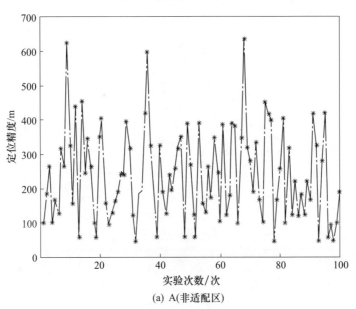

(a) A(非适配区)

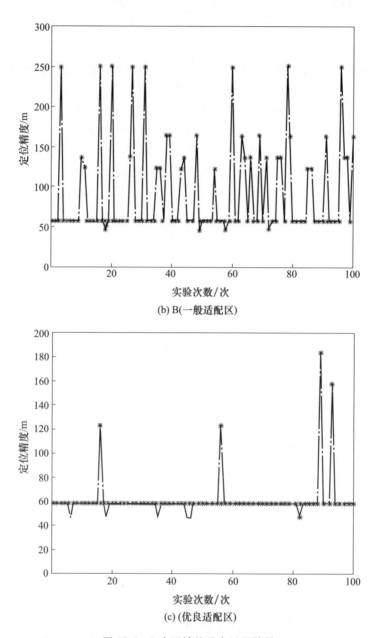

(b) B(一般适配区)

(c) (优良适配区)

图 17.8　3 个区域的重力匹配效果

表 17.4　不同区域重力匹配统计结果

区域	平均定位精度/m	定位精度标准差/m	格网数	匹配概率/%
A(非适配区)	257.6	143.3	7 个格网内	30
B(一般适配区)	107.5	55.7	3 个格网内	84
C(优良适配区)	60.8	18.2	1 个格网内	98

17.5 小　　结

本章提出了主成分加权平均归一化法,旨在进行水下潜器重力匹配导航的匹配区适配性评价研究,为适配区的优选提供有效依据。

(1) 构建新型主成分加权平均归一化法。由于单一的重力场特征参数包含的重力信息量有限,单一特征参数无法有效评价适配性,以此为依据得到的结果可信度不高。因而,本章综合考虑了重力异常标准差、坡度标准差、粗糙度、重力异常差异熵、分形维数等重力场主要特征参数,联合主成分分析准则和加权平均原理,提出了新型主成分加权平均归一化法,以此作为判断匹配区适配性的依据。

(2) 基于新型主成分加权平均归一化法获得匹配区适配性分布图。基于新型主成分加权平均归一化法,求得 5 个重力场特征参数的综合权重系数,并结合重力场各特征参数标准化矩阵,计算可评价重力异常基准图各区域匹配效果的总体特征参数指标,依据总体特征参数指标(并综合考虑水下航行安全情况)进行优良适配区、一般适配区和非适配区划分,从而有利于提升水下重力匹配效果。

(3) 验证新型主成分加权平均归一化法的合理性。在优良适配区、一般适配区和非适配区内,以本研究参数设置分别进行 100 次模拟验证。结果表明,优良适配区的重力匹配效果显著,匹配概率约为 98%,匹配稳定性高,位置误差小于 1 个重力异常基准图格网。因此,新型主成分加权平均归一化法有利于优选水下潜器重力匹配导航的匹配区,进而有利于提高水下潜器导航匹配精度和稳定性。

第18章 基于先验递推迭代最小二乘误匹配修正法提高水下潜器重力匹配导航的可靠性

本章开展了水下潜器重力匹配导航的可靠性研究。①以误匹配的后处理为研究切入点,以先验递推多次匹配和迭代最小二乘为思路,基于统计和拟合原理提出了新型先验递推迭代最小二乘误匹配修正法。②根据算法概率及误差等因素,并综合分析讨论了递推采样点数、先验匹配点数等参数,基于先验递推迭代最小二乘误匹配修正法,构建了新型误匹配判别动态修正模型。③相同条件下在优良适配区、一般适配区和非适配区内,分别开展了误匹配判别动态修正模型对新匹配点的判别修正模拟验证。结果表明,在优良适配区内,经判别修正后匹配概率由约96%提高到100%,基本可以剔除全部误匹配点;在一般适配区内,匹配概率由约64%提高到92%,大幅度降低误匹配点的出现概率,提高了匹配导航可靠性。

18.1 概 述

海洋重力匹配导航技术旨在修正惯性导航随时间累积的误差,测量时不向外辐射能量,且不需要水下潜器浮出或接近水面,是真正的无源导航技术,有利于实现水下潜器自主、连续、精确和长航时的定位[612]。基本原理:载体在航行过程中经过重力特征较丰富区域时利用海洋重力仪/重力梯度仪采集周围重力场信息,并与预先存储在导航系统中的重力基准图进行对比,依据相关准则判断两者之间的拟合度,从而确定最佳匹配位置。

不仅重力匹配定位算法、高精度和高分辨率重力异常基准图[613-614]、高精度重力测量系统以及重力适配区选择等是影响水下重力匹配导航效果的关键因素,而且误匹配也会对其产生负面影响。在实际情况中,基于粗差理论,重力匹配过程中无法避免误匹配,因此,各种算法无法做到完全匹配。因为对于水下潜器来说,载体自身无法判断匹配位置的正确性,受水下特征信息的复杂度以及重力场搜索区域内轨迹分布的相似性影响,匹配过程可能出现误匹配情况,即匹配点远离正确位置,而错误匹配点不仅无法起到校正惯性导航的误差累积,而且会影响水下潜器的航行和武器系统的精准打击。因此,如何降低误匹配出现概率,提高匹配可靠性也是水下导航领域的重要研究热点。目前,众多学者大都围绕如何提高重力匹配导航的定位精度以及匹配区域选择开展研究,以期尽量直接降低误匹配出现概率并提高可靠性。赵建虎等将基于 Hausdorff 距离的匹配准则引入 TERCOM 算法,提出通过增加旋转变化、自适应确定最佳旋转角、实现适配序列精匹配的思想和算法,有效提高了匹配导航精度和可靠性;杨勇和王可东基于 ICCP 算法研究了目标函数最小阈值选取问题,利用数据关联滤波法对误匹配进行判断,提高了算法收敛性和精度[615];张红梅等对 ICCP 算法进行了预平移简化,通过优化算法有效降低了误匹配,提高了定位精度和可靠性;蔡体菁和陈鑫巍通过运用层次分析法,基于反演重力图的多项统计特征及匹配仿真结果,构建重力匹配区域选择准则,通过优选水下重力特征丰富区域进行导航,直接提高了定位精度和可靠性;张堃薇和王可东利用 TERCOM 匹配相关面内若干极小值点的联合概率分布,提出了相关面内多参照点联合概率误匹配在线判断准则,通过分析高程量测噪声的统计分布,建立待匹配点的 MSD 概率分布密度函数,设定阈值对 MSD 相关面内最小值点进行判断[616]。

不同于前人研究,本章从误匹配的后处理着手,以先验递推多次匹配和迭代最小二乘为思路,基于统计和拟合原理提出先验递推迭代最小二乘误匹配修正法,通过迭代拟合由递推所得到的一系列先验匹配点之间的函数关系,剔除先验误匹配点,构建误匹配判别动态修正模型,旨在对新的匹配点进行是否为误匹配点的判别及修正,并通过 TERCOM 仿真算法验证了所提方法的合理性。

18.2 先验递推迭代最小二乘误匹配修正法计算原理

本章基于采样点序列先验递推多次匹配和迭代最小二乘思路,提出先验递推迭代最小二乘误匹配修正法,旨在构建误匹配判别动态修正模型,对新的匹配点进行判别并修正。基于先验递推迭代最小二乘误匹配修正法的水下重力匹配计算原理如图 18.1 所示。

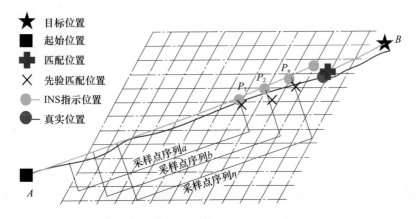

图 18.1　基于先验递推迭代最小二乘误匹配修正法的水下重力匹配导航图

先验递推迭代最小二乘误匹配修正法流程如图18.2所示。首先,计算先验匹配点位置坐标。本章预计实现由起始位置A到目标位置B的航行任务,各采样点序列具有相同长度(采样点序列a、采样点序列b、……、采样点序列n)。在可匹配区域,当重力场采样点序列a足够长时,进行第一次先验匹配(只计算匹配点位置,但不修正惯性导航),得到第一个先验匹配点$P_1(x_1,y_1)$。然后,对采样点序列a进行递推处理,去掉后端N个采样点(N为递推采样点数),加上N个新的采样点,可形成新采样点序列b,匹配得到第二个先验匹配点$P_2(x_2,y_2)$。同理,以N个采样点为单位滑动递推,可得到先验匹配点$P_3(x_3,y_3)$、…、$P_{n-1}(x_{n-1},y_{n-1})$、$P_n(x_n,y_n)$。

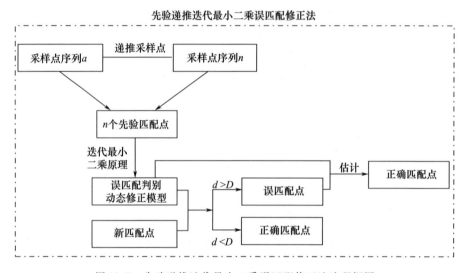

图18.2　先验递推迭代最小二乘误匹配修正法流程框图

其次,构建误匹配判别动态修正模型。最小二乘法思想是通过最小化误差的平方和,寻找能够拟合数据的最佳函数模型。在误匹配点判别时,通常使用多项式函数模型,计算所有匹配点到函数模型的误差,若误差大于限定的阈值,则认为此匹配点为误匹配点。函数拟合法的优点为速度快、计算简单等;缺点为当存在误差较大的数据时,会使拟合的函数模型误差较大,偏离真实情况,从而导致误匹配点剔除结果可信度不高。因此,为了克服误差较大匹配点对拟合函数模型的影响,本章引入了迭代思想,利用迭代最小二乘原理优化函数模型。

本章引入以N个采样点为单位进行先验递推匹配的思路,由于水下潜器的机动性能较低,较短时间内其航行轨迹的形状较平滑,因而在较短时间内水下潜器的轨迹近似直线分布,即利用所有先验匹配点$P_1(x_1,y_1)$、$P_2(x_2,y_2)$、…、$P_n(x_n,y_n)$等拟合得到的曲线应近似为一条直线。设定阈值D作为限制条件,求出各先验匹配点到拟合直线的最大距离,若大于阈值,则相应的先验匹配点为误匹配点,应剔除;当剔除一个误差最大的先验匹配点后,再次利用剩余先验匹配点求取函数拟合模型,并计算误差,对剩余先验匹配点进行判别,直到所有误差均小于设定阈值。具体步骤如下。

(1) 假设拟合直线为 $y = a_0 + a_1 x$,依据最小二乘原理可得[617]

$$a_0 = \frac{\sum_{i=1}^{n} y_i - a_1 \sum_{i=1}^{n} x_i}{n} \qquad (18.1)$$

$$a_1 = \frac{n \sum_{i=1}^{n} x_i y_i - \sum_{i=1}^{n} x_i \sum_{i=1}^{n} y_i}{n \sum_{i=1}^{n} x_i^2 - \left(\sum_{i=1}^{n} x_i\right)^2} \qquad (18.2)$$

(2) 依据点到直线的距离公式[618],可计算所有先验匹配点 $P_i(x_i, y_i)$ 到拟合直线 $y = a_0 + a_1 x$ 的距离 d_i,即

$$d_i = \left| \frac{a_1 x_i - y_i + a_0}{\sqrt{a_1^2 + 1}} \right| \quad i = 1,2,\cdots,n \qquad (18.3)$$

并求出最大距离 $d_{max} = \max(d_i)$,若 d_{max} 大于设定阈值 D,则认为此先验匹配点为误匹配点。

(3) 对于剩余的 $n-1$ 个先验匹配点,重复(1)和(2)两步骤,直到最大距离 d_{max} 小于设定阈值 D,则认为剔除完毕,得到了误匹配判别动态修正模型。

最后,判别修正新的匹配点。利用构建的误匹配判别动态修正模型对新的匹配点进行判别,并对真实匹配点进行估计。计算新的匹配点 $P_{n+1}(x_{n+1}, y_{n+1})$ 到误匹配判别动态修正模型 $y = a_0 + a_1 x$ 的距离 d_{n+1},若 d_{n+1} 小于设定阈值 D,则认为此匹配点是正确匹配点;反之,则为误匹配点,并利用剩余先验匹配点间惯性导航误差累积关系对真实匹配点进行估计。

18.3 误匹配判别动态修正模型构建

本章数据为加利福尼亚大学圣迭戈分校网站提供的南海地区海洋重力异常数据(空间分辨率 $1' \times 1'$),通过 Matlab 插值将数据转换成格网分辨率 $100m \times 100m$ 进行模拟分析,假设重力异常参考图精度满足重力匹配要求。图 18.3 表示 $100m \times 100m$ 空间分辨率的二维、三维海洋重力异常基准图,数据经度、纬度取值范围为经度 $133° \sim 135°E$、纬度 $39° \sim 41°N$。据图 18.3 可知,此区域整体重力场起伏较剧烈,中部和南部重力场变化更剧烈,而北部和西部重力场变化较平缓。由于重力场特征不仅影响重力匹配精度,而且与误匹配概率相关性较强,相同的匹配算法在不同重力特征区域进行匹配时,匹配效果各不相同,误匹配概率也不相同,重力特征丰富区域能够明显提高匹配精度,降低误匹配概率。

可描述重力场特征的参数较多,本研究选择重力异常标准差、坡度标准差、粗糙度、重力异常差异熵、分形维数等参数对重力异常基准图各区域的匹配效果进行评

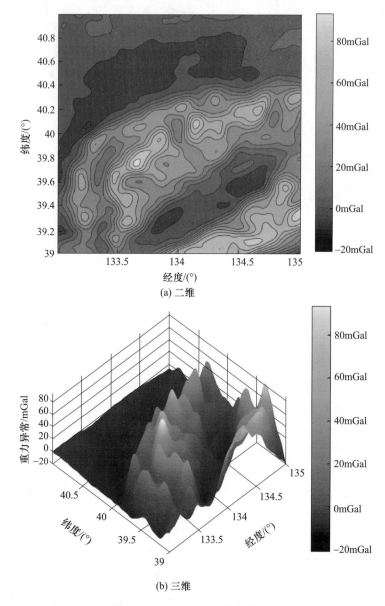

图 18.3 海洋重力异常基准图(空间分辨率 100m × 100m)

价。由于重力异常标准差越大、坡度标准差越大、粗糙度越大、分形维数越大、重力异常差异熵越小,则信息越丰富,越有利于匹配。但是单一特征参数包含的重力信息有限,以此为依据无法有效评价适配性,因此,本章对上述重力场主要特征参数进行了综合分析,联合主成分分析准则和加权平均原理,提出了主成分加权平均归一化法,得到可评价重力异常基准图各区域匹配效果的总体特征指标,作为判断匹配区域适配性的依据,对所选南海经度、纬度区域重力异常基准图的适配性进行划分。

图 18.4 表示研究区域重力匹配适配性分布。其中,白色区域为优良匹配区,匹配定位精度高,匹配效果好;浅灰色区域为一般匹配区,匹配效果一般;黑色区域为非匹配区,匹配效果差,不适于匹配;深灰色区域为叠加同区域海底地形数据得到的危险区域(水深小于 400m),分布浅滩、礁盘,考虑安全因素,航线规划应避免。因此,在图 18.4 中,本章预从 3 种区域(优良适配区(A 区域)、一般适配区(B 区域)和非适配区(C 区域))中各自选取局部区域为例,从不同角度对所提出的先验递推迭代最小二乘误匹配修正法进行可行性验证。

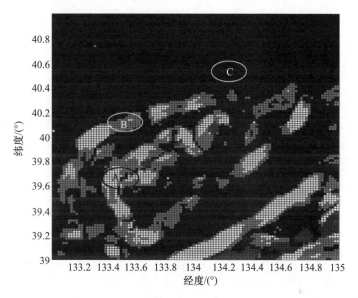

图 18.4 重力匹配适配性分布

关于参数设置分析讨论,递推采样点数和先验匹配点数等都对定位精度和误匹配率具有重要影响。

首先,若以匹配序列采样点数 100 为例,理论上递推采样点数 N 的取值范围为 1~100,取 1 时,每次递推一个采样点,则采样点序列 a、采样点序列 b、……、采样点序列 n 等相邻序列中 99% 的采样点相同,由此得到的若干先验匹配点受局部重力影响较大,之间相关性较强,有可能出现整体偏差;随着递推采样点取值增大,则采样点序列 a、采样点序列 b、……、采样点序列 n 等相邻序列中采样点的重叠率降低,可降低局部重力对先验匹配点影响,有利于增强每个先验匹配点的独立性。

其次,先验匹配点数作为构建误匹配判别动态修正模型的重要数据。当先验匹配点数为 0 时,则算法退化为传统 TERCOM 算法,随着先验匹配点数的增加,有利于提高修正模型效果。

最后,考虑到实际情况,递推采样点数和先验匹配点数并不是越大越好。主要原因:一是随着递推采样点数和先验匹配点数增大,先验匹配整体耗费时间增长,其航行轨迹的形状不易保持近似直线分布,而且不利于潜器的快速匹配校正;二是若先验匹配整体耗费时间延长,则需要有足够大的可匹配区域,提高了可匹配区选择限制。

综上所述,递推采样点数和先验匹配点数的取值需要根据实际情况兼顾考虑。在本章中以递推采样点数 5 和先验匹配点数 10 为例开展数值模拟验证。TERCOM 数值模拟参数设置如下:陀螺仪常值漂移 $0.01(°)/h$、加速度计常值零偏 $10^{-3}\,m/s^2$(惯性导航均方根误差服从正态分布)、航速 $10m/s$、初始位置误差 $0m$、速度误差 $0.02m/s$、航向误差 $0.03°$、重力仪实时测量数据是真实航迹在重力异常数据库中的采样值叠加标准差为 $1mGal$ 的随机噪声、匹配序列采样点数 100 个、采样周期 $20s$、阈值 1 个格网。本章定义定位精度(匹配位置与真实位置之差)在一个格网对角线长 $100\sqrt{2}\,m$ 之内为有效匹配,则匹配概率 = (有效匹配数/实验次数)×100%。

基于先验递推迭代最小二乘误匹配修正法,本章构建了误匹配判别动态修正模型。如图 18.5 所示,本章于相同条件下在优良适配区、一般适配区和非适配区分别进行了 10 次先验递推匹配(各自得到 10 个先验匹配点)。图 18.5(a)~(c)中的右图表示最终误匹配判别动态修正模型。表 18.1 表示 3 种区域误匹配判别动态修正模型统计信息,是对图 18.5(a)~(c)中的右图迭代优化过程的描述。根据算法概率及误差等因素,设定先验匹配点到拟合直线的最大距离阈值为 1 个格网,若大于阈值,则相应的先验匹配点为误匹配点,应剔除;再次利用剩余先验匹配点求取函数拟

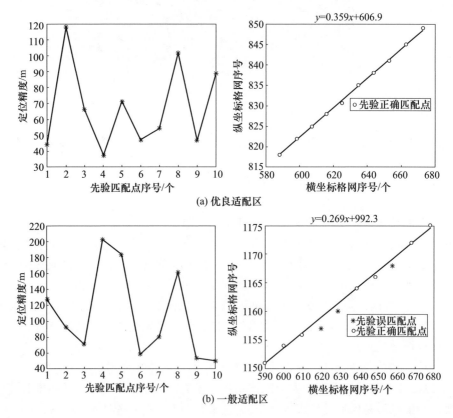

(a) 优良适配区

(b) 一般适配区

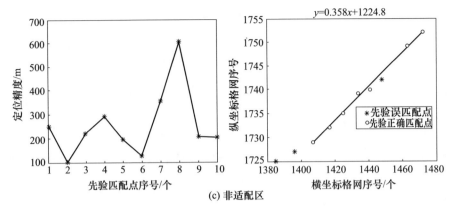

图 18.5 3 种区域 10 个先验匹配点的定位精度及位置对比

合模型,计算匹配点误差,对剩余先验匹配点进行判别,直到所有误差小于设定阈值 1。据表 18.1 可知,在优良适配区内,先验匹配点($P_1 \sim P_{10}$)拟合模型为 $y = 0.359x + 606.9$,各点到模型的最大距离均小于阈值 1,所以先验匹配点($P_1 \sim P_{10}$)中没有误匹配点,则误匹配判别动态修正模型为 $y = 0.359x + 606.9$。在一般适配区内,先验匹配点($P_1 \sim P_{10}$)拟合模型为 $y = 0.269x + 991.3$,所有先验匹配点中 $P_4(620,1157)$ 到模型的距离最大,为 1.445 个格网点,大于阈值 1,则认为 P_4 为误匹配点;剩余先验匹配点($P_1 \sim P_3, P_5 \sim P_{10}$)的拟合模型为 $y = 0.267x + 993.4$,先验匹配点 $P_5(629, 1160)$ 到模型的距离最大,为 1.174 个格网点,大于阈值 1,P_5 也为误匹配点;剩余先验匹配点($P_1 \sim P_3, P_6 \sim P_{10}$)的拟合模型为 $y = 0.266x + 994.2$,先验匹配点 $P_8(658, 1168)$ 到模型的距离最大,为 1.027 个格网点,大于阈值 1,P_8 也为误匹配点;剩余先验匹配点($P_1 \sim P_3, P_6, P_7, P_9, P_{10}$)的拟合模型为 $y = 0.269x + 992.3$,各点到模型的最大距离均小于阈值 1,所以剔除完毕,剩余先验匹配点($P_1 \sim P_3, P_6, P_7, P_9, P_{10}$)中再无误匹配点,误匹配判别动态修正模型为 $y = 0.269x + 992.3$。同理,在非适配区内,依次剔除了先验匹配点 $P_1(1385, 1725)$、$P_2(1396, 1727)$、$P_8(1448, 1742)$ 等 3 个误匹配点,最终误匹配判别动态修正模型为 $y = 0.358x + 1224.8$。

表 18.1 3 种区域误匹配判别动态修正模型统计结果

区域	先验匹配点数	迭代次数	参与拟合模型先验匹配点	误匹配判别动态修正模型	最大距离(格网数)	先验误匹配点
优良适配区	10 个	0	$P_1 \sim P_{10}$	$y = 0.359x + 606.9$	0.411	无
一般适配区	10 个	0	$P_1 \sim P_{10}$	$y = 0.269x + 991.3$	1.445	$P_4(620, 1157)$
		1	$P_1 \sim P_3, P_5 \sim P_{10}$	$y = 0.267x + 993.4$	1.174	$P_5(629, 1160)$
		2	$P_1 \sim P_3, P_6 \sim P_{10}$	$y = 0.266x + 994.2$	1.027	$P_8(658, 1168)$
		3	$P_1 \sim P_3, P_6, P_7, P_9, P_{10}$	$y = 0.269x + 992.3$	0.732	无

续表

区域	先验匹配点数	迭代次数	参与拟合模型先验匹配点	误匹配判别动态修正模型	最大距离（格网数）	先验误匹配点
非适配区	10 个	0	$P_1 \sim P_{10}$	$y = 0.319x + 1281.6$	1.867	$P_1(1385,1725)$
		1	$P_2 \sim P_{10}$	$y = 0.338x + 1254.4$	1.308	$P_2(1396,1727)$
		2	$P_3 \sim P_{10}$	$y = 0.354x + 1230.1$	1.094	$P_8(1448,1742)$
		3	$P_3 \sim P_7, P_9, P_{10}$	$y = 0.358x + 1224.8$	0.811	无

图18.5(a)~(c)中的左图表示10个先验匹配点精度。表18.2表示3种区域10个先验匹配点信息,是图18.5(a)~(c)的统计结果。据表18.2可知,在优良适配区内,重力匹配效果显著,平均定位精度达67.71m,定位精度标准差为27.34m,匹配概率接近100%（10个先验匹配点均正确）,先验误匹配点为0个;在一般适配区内,重力匹配效果一般,平均定位精度约为107.96m,定位精度标准差为56.86m,匹配概率约70%（10个先验匹配点中7个正确）,先验误匹配点为3个;在非适配区内,重力匹配效果差,平均定位精度仅为255.65m,定位精度标准差为142.52m,匹配概率约20%（10个先验匹配点中2个正确）,而先验误匹配点为3个,并非8个,这是由于在非适配区内,10个先验匹配点中只有2个正确点,先验匹配点的可靠性太低。先验匹配点拟合的误匹配判别动态修正模型可靠性及精度均不高,不适于误匹配点的剔除和修正,因此,误匹配判别动态修正模型也无法作用于非适配区。

表18.2 3种区域10个先验匹配点信息统计结果

区域	平均定位精度/m	定位精度标准差/m	匹配概率/%	误匹配点数目/个
优良适配区	67.71	27.34	100	0
一般适配区	107.96	56.86	70	3
非适配区	255.65	142.52	20	3

18.4 误匹配判别动态修正模型验证及应用

基于误匹配判别动态修正模型对新匹配点的修正效果进行验证。18.3节描述了误匹配判别动态修正模型的构建过程,且每个新匹配点判别修正前都需重新构建误匹配判别动态修正模型。如图18.6所示,相同条件下分别在优良适配区、一般适配区和非适配区3种区域进行了50次对新匹配点的判别修正模拟验证。

图18.6所示的统计结果如表18.3所列。在优良适配区内,重力匹配效果良好,误匹配判别修正效果也良好,定位精度由68.39m提高到61.65m,匹配可靠性高,经判别修正后误匹配点数由2个降低到0个（匹配概率由约96%提高到100%,基本可

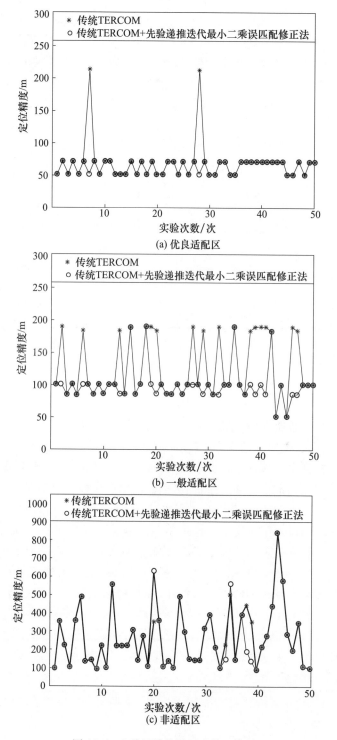

图 18.6　3 种区域的误匹配修正效果

全部剔除误匹配点);在一般适配区内,重力匹配效果一般,而误匹配判别修正效果较显著,定位精度由 127.13m 提高到 99.23m,经判别修正后误匹配点数由 18 个降低为 4 个(匹配概率由约 64% 提高到 92%),大幅度提高了匹配导航的可靠性;在非匹配区内,重力匹配效果差,匹配概率无明显提升,这是由于构建误匹配判别动态修正模型的先验匹配点可靠性太低,导致所构建的模型可靠性及精度均不高,误匹配修正效果差。

表 18.3　在 3 种区域的重力匹配统计结果

区域	传统 TERCOM				传统 TERCOM + 先验递推迭代最小二乘误匹配修正法			
	平均定位精度/m	定位精度标准差/m	匹配概率/%	误匹配点数目	平均定位精度/m	定位精度标准差/m	匹配概率/%	误匹配点数目
优良适配区	68.39	31.26	96	2	61.65	10.61	100	0
一般适配区	127.13	47.26	64	18	99.23	33.58	92	4
非匹配区	267.59	162.51	26	37	263.42	172.03	28	36

18.5　小　　结

本章提出了先验递推迭代最小二乘误匹配修正法,构建了误匹配判别动态修正模型,旨在降低误匹配出现的概率,提高匹配导航的可靠性。

(1) 提出新型先验递推迭代最小二乘误匹配修正法。本章基于采样点序列先验递推多次匹配和迭代最小二乘思路,提出先验递推迭代最小二乘误匹配修正法,旨在构建新型误匹配判别动态修正模型,对新的匹配点进行判别并修正。

(2) 构建新型误匹配判别动态修正模型。本章根据算法概率及误差等因素,基于先验递推迭代最小二乘误匹配修正法,构建了误匹配判别动态修正模型。

(3) 验证新型误匹配判别动态修正模型对新匹配点的修正效果。结果表明:①优良适配区的误匹配判别修正效果较好,经判别修正后误匹配点数由 2 个降低到 0 个;②一般适配区的误匹配判别修正效果也较显著,经判别修正后误匹配点数由 18 个降低到 4 个,误匹配点出现概率较大幅度降低,提高了匹配导航的可靠性。因此,先验递推迭代最小二乘误匹配修正法有利于降低误匹配点的出现概率,进而有利于提高水下潜器导航的可靠性。

参 考 文 献

[1] ZHENG W, XU H Z, ZHONG M, et al. Efficient accuracy improvement of GRACE global gravitational field recovery using a new inter-satellite range interpolation method[J]. Journal of Geodynamics, 2012, 53: 1-7.

[2] ZHENG W, XU H Z, ZHONG M, et al. Precise recovery of the Earth's gravitational field with GRACE: Intersatellite range-rate interpolation approach[J]. IEEE Geoscience and Remote Sensing Letters, 2012, 9(3): 422-426.

[3] ZHENG W, XU H Z, ZHONG M, et al. Requirements analysis for future satellite gravity mission Improved-GRACE[J]. Surveys in Geophysics, 2015, 36(1): 87-109.

[4] 孙文科. 低轨道人造卫星(CHAMP、GRACE、GOCE)与高精度地球重力场—卫星重力大地测量的最新发展及其对地球科学的重大影响[J]. 大地测量与地球动力学, 2002, 1: 92-100.

[5] 沈云中. 动力学法的卫星重力反演算法特点与改进设想[J]. 测绘学报, 2017, 46(10): 1308-1315.

[6] 许厚泽, 陆洋. 卫星测高在我国大地测量学中的应用前景[J]. 地球科学进展, 1996, 11(4): 336-341.

[7] 许厚泽, 王海瑛, 陆洋, 等. 利用卫星测高数据推求中国近海及邻域大地水准面起伏和重力异常研究[J]. 地球物理学报, 1999, 42(4): 465-471.

[8] 边少锋, 张德涵. 测高-重力边值问题的有限元解法[J]. 测绘学报, 1992, 4: 272-283.

[9] SANDWELL D T. Antarctic marine gravity field from high-density satellite altimetry[J]. Geophysical Journal of the Royal Astronomical Society, 1992, 109(2): 437-448.

[10] 翟国君. 卫星测高数据处理的理论与方法[M]. 北京: 测绘出版社, 2000.

[11] 李建成, 宁津生, 晁定波, 等. 卫星测高在大地测量学中的应用及进展[J]. 测绘科学, 2006, 31(6): 19-23.

[12] HAJJ G A, ZUFFADA C. Theoretical description of a bistatic system for ocean altimetry using the GPS signal[J]. Radio Science, 2003, 38(5): 1089.

[13] RIUS A, CARDELLACH E, MARTÍN-NEIRA M. Altimetric analysis of the sea-surface GPS-reflected signals[J]. IEEE Transactions on Geoscience and Remote Sensing, 2010, 48(4): 2119-2127.

[14] CARDELLACH E, RIUS A, MARTÍN-NEIRA M, et al. Consolidating the precision of interferometric GNSS-R ocean altimetry using airborne experimental data[J]. IEEE Transactions on Geoscience and Remote Sensing, 2014, 52(8): 4992-5004.

[15] JIN S G, CARDELLACH E, XIE F. GNSS remote sensing: theory, methods and applications[M]. Netherlands: Springer-Verlag, 2014.

[16] CLARIZIA M P, RUF C, CIPOLLINI P. First spaceborne observation of sea surface height using

GPS – Reflectometry[J]. Geophysical Research Letters,2016,43(2):767 – 774.

[17] CARRENO – LUENGO H,CAMPS A,PEREZ – RAMOS I,et al. ³Cat – 2:A P(Y) and C/A GNSS – R experimental nano – satellite mission[C].//2013 IEEE International Geoscience and Remote Sensing Symposium, v Proc. IEEE International Geoscience Remote Sensing Symposium. Melbourne:IEEE,2013. 843 – 846.

[18] MARTIN – NEIRA M,D'ADDIO S,BUCK C,et al. The PARIS ocean altimeter in – orbit demonstrator[J]. IEEE Transactions on Geoscience and Remote Sensing,2011,49(6):2209 – 2237.

[19] WICKERT J,CARDELLACH E,MARTIN – NEIRA M,et al. GEROS – ISS:GNSS reflectometry,radio occultation,and scatterometry onboard the international space station[J]. IEEE Journal of Selected Topics in Applied Earth Observations and Remote Sensing,2016,9(10):4552 – 4581.

[20] 秦瑾,孟婉婷,杜璞玉,等. 微小型 GNSS – R 测高仪测高精度评估及地面验证[J]. 上海航天,2018,35(02):103 – 109.

[21] MARTIN – NEIRA M,CAPARRINI M,FONT – ROSSELLO J. The PARIS concept:An experimental demonstration of sea surface altimetry using GPS reflected signals[J]. IEEE Transactions on Geoscience and Remote Sensing,2001,39(1):142 – 150.

[22] LOWE S T,ZUFFADA C,CHAO Y,et al. 5 – cm precision aircraft ocean altimetry using GPS reflections[J]. Geophysical Research Letters,2002,29(10):1375 – 1 – 1375 – 4.

[23] SEMMLING A M,SCHMIDT T,WICKERT J. On the retrieval of the specular reflection in GNSS carrier observations for ocean altimetry[J]. Radio Science,2012,47(6):1 – 13.

[24] FABRA F,CARDELLACH E,RIUS A. Phase altimetry with dual polarization GNSS – R over sea ice[J]. IEEE Transactions on Geoscience and Remote Sensing,2012,50(6):2112 – 2121.

[25] LARSON K M,LÖFGREN J S,HAAS R. Coastal sea level measurements using a single geodetic GPS receiver[J]. Advances in Space Research,2013,51(8):1301 – 1310.

[26] ZHANG Y,LI B,TIAN L. Phase altimetry using reflected signals from BeiDou GEO satellites[J]. IEEE Geoscience and Remote Sensing Letters,2016,13(10):1410 – 1414.

[27] MARTIN – NEIRA M,COLMENAREJO P,RUNI G,et al. Ocean altimetry using the carrier phase of GNSS reflected signals[J]. Cersat Journal,2000,11(22):1 – 8.

[28] TREUHAFT R N,LOWE S T,ZUFFADA C. 2 – cm GPS altimetry over Crater Lake[J]. Geophysical Research Letters,2001,22(1):4343 – 4346.

[29] MARTIN – NEIRA M,COLMENAREJO P,RUFFINI G. Altimetry precision of 1 cm over a pond using the wide – lane carrier phase of GPS reflected signals[J]. Canadian Journal of Remote Sensing,2002,28(3):394 – 403.

[30] CARDELLACH E,AO C O,DEL T J M. Carrier phase delay altimetry with GPS – reflection/occultation interferometry from low earth orbiters[J]. Geophysical Research Letters, 2004, 31(10):377 – 393.

[31] SEMMLING M,CARDELLACH E,FABRA F. Step by step to PARIS – airborne carrier phase altimetry using reflected GPS signals:A21 – 0013 – 10[R]. Bremen:38th COSPAR Scientific Assembly,2010.

[32] LÖFGREN J S,HAAS R,SCHERNECK H G. Three months of local sea level derived from reflected

GNSS signals[J]. Radio Science,2011,46(6):387-410.

[33] LÖFGREN J S,HAAS R. Sea level measurements using multi-frequency GPS and GLONASS observations[J]. Eurasip Journal on Advances in Signal Processing,2014,1:1-13.

[34] CAMPS A,PARK H,DOMÈNECH E V I. Optimization and performance analysis of interferometric GNSS-R altimeters:Application to the PARIS IoD mission [J]. IEEE Journal of Selected Topics in Applied Earth Observations and Remote Sensing,2014,7(5):1436-1451.

[35] MARTIN-NEIRA M. A passive reflectometry and interferometry system(PARIS):Application to ocean altimetry[J]. ESA Journal,1993,17(4):331-355.

[36] AUBER J C,BILBAUT A,RIGAL J M. Characterization of multipath on land and sea at GPS frequencies[C]. //ION-GPS-94 Conference. Manassas:ION,1994. 1155-1171.

[37] KATZBERG S J,GARRISON J L. Utilizing GPS to determine ionospheric delay over the ocean: NASA-TM-4750, NAS 1.15:4750, L-7575 [R]. Hampton: NASA Langley Research Center,1996.

[38] GARRISON J L,KATZBERG S J,HILL M L. Effect of sea roughness on bistatically scattered range coded signal from the global positioning system[J]. Geophysical Research Letters,1998,25(3): 2257-2260.

[39] GARRISON J L,KATZBERG S J. Detection of ocean reflected GPS signals:theory and experiment [C]. //Proceedings IEEE SOUTHEASTCON 97. Blacksburg:IEEE,1997. 290-294.

[40] LOWE S T,ZUFFADA C,LABRECQUE J L,et al. An ocean-altimetry measurement using reflected GPS signals observed from a low altitude aircraft[C]. //IEEE 2000 International Geoscience and Remote Sensing Symposium. Honolulu:IEEE,2000. 2185-2187.

[41] RUFFINI G,SOULAT F. PARIS interferometric processor analysis and experiment results [J]. Physics,2000,43(4):804-809.

[42] ZAVOROTNY V U,VORONOVICH A G. Scattering of GPS signals from the ocean with wind remote sensing application[J]. IEEE Transactions on Geoscience and Remote Sensing,2000,38(2):951-964.

[43] BEYERLE G,HOCKE K. Observation and simulation of direct and reflected GPS signals in radio occultation experiment[J]. Geophysical Research Letters,2001,28(9):1895-1898.

[44] MARTIN-NEIRA M,COLMENAREJO P,RUFFINI G. Ocean altimetry interferometric method and device using GNSS signals:US,6549165B2[P]. 2003-04-15.

[45] RUFFINI G,CAPARRINI M,RUFFINI L. PARIS altimetry with L1 frequency data from the bridge 2 experiment:ESA/ESTEC 14285/85/nl/pb[R]. Barcelona:ESA/ESTEC,2002.

[46] GERMAIN O,RUFFINI G,SILVESTRIN P,et al. The eddy experiment II:GNSS-R speculometry for directional sea-roughness retrieval from low aircraft[J]. Geophysical Research Letters,2004, 31(21):163-183.

[47] MARTIN-NEIRA M. Application of the global navigation satellite systems to spacecraft landing,attitude determination and earth observation constellations [D]. Barcelona:Universitat Politècnica de Catalunya,1996.

[48] BELMONTE R M,MARTIN-NEIRA M. Coherent GPS reflections from the sea surface[J]. IEEE

Geoscience and Remote Sensing Letters,2006,3(1):28 - 31.

[49] CARDELLACH E,RUFFINI G,PINO D,et al. Mediterranean balloon experiment:Ocean wind speed sensing from the stratosphere, using GPS reflections[J]. Remote Sensing Environment,2003,88(3):351 - 362.

[50] RUFFINI G,CAPARRINI M,CHAPRON B,et al. Oceanpal:An instrument for remote sensing of the ocean and other water surfaces using GNSS reflections[J]. Elsevier Oceanography Series,2003,69(3):146 - 153.

[51] RUFFINI G,SOULAT F,CAPARRINI M,et al. The eddy experiment:Accurate GNSS - R ocean altimetry from low altitude aircraft[J]. Geophysical Research Letters,2004,31(12):L12306.

[52] UNWIN T M,GLEASON S,BRENNAN M. The space GPS reflectometry experiment on the UK disaster monitoring constellation satellite[C].//Proceeding ION - GPS/GNSS 2003. Portland:ION, 2003. 2656 - 2663.

[53] CLARIZIA M P,GOMMENGINGER C P,GLEASON S T,et al. Analysis of GNSS - R delay - Doppler maps from the UK - DMC satellite over the ocean[J]. Geophysical Research Letters, 2009,36(2):L02608.

[54] FOTI G,GOMMENGINGER C,SROKOSZ M. First spaceborne GNSS - reflectometry observations of hurricanes from the UK TechDemoSat - 1 mission[J]. Geophysical Research Letters,2017,44(24):12358 - 12366

[55] YANG D K,ZHANG Y Q. Delay mapping receiver design based on DSP for remote sensing[C].// 2nd Conferences on DSP application,China:Chinese Institute of Electronics,2004. 264 - 267.

[56] YANG D K,ZHANG Y Q,ZHANG Q S,et al. Study and implementation of ocean wind - field remote sensing method based on GPS satellite signal[J]. Remote Sensing Information,2006,58(3): 10 - 19.

[57] 张益强,杨东凯,张其善,等. GPS 海面散射信号探测技术研究[J]. 电子与信息学报,2006,28(6):1091 - 1094.

[58] YANG D K,ZHANG Y Q,LU Y,et al. GPS reflections for sea surface wind speed measurement [J]. IEEE Geoscience and Remote Sensing Letters,2008,5(4):569 - 572.

[59] LU Y,XIONG H G,YANG D K,et al. A raw data acquisition system for detecting ocean wind fields [J]. Journal of Harbin Engineering University,2009,30(6):644 - 648.

[60] YAO Y X,YANG D K,ZHANG Q S. Lake height variation measurement utilizing GNSS reflected signal carrier phase[J]. Journal of Beijing University of Aeronautics and Astronautics,2009,35(9):1072 - 1075.

[61] YANG D K,LU Y,LI Z W,et al. GNSS - R data acquisition system design and experiment[J]. Chinese Science Bulletin,2010,55(33):3842 - 3846.

[62] 张凤元,吴红甲,杨东凯,等. 一种 GNSS 反射信号时域处理的新方法[J]. 遥测遥控,2010,31(5):43 - 46.

[63] 杨东凯,张其善. GNSS 反射信号处理基础与实践[M]. 北京:电子工业出版社,2012.

[64] FU Y,ZHOU Z M. Investigation of ocean remote sensing by using GNSS - R signal[J]. Geomatics and Information Science of Wuhan University,2006,31(2):128 - 131.

[65] WANG Y Q,YAN W,FU Y,et al. Retrieval of ocean surface wind speed using reflected GNSS signals measured from aircraft[J]. Acta Oceanologica Sinica,2008,30(6):51-59.

[66] WANG Y Q,YAN W,FU Y. Simulation of the impacts of single LEO satellite orbit parameters on GNSS reflection event's distribution and number[J]. Geomatics and Information Science of Wuhan University,2009,34(12):1410-1414.

[67] ZHANG X X,ZHANG D Y,HU X,et al. Remote sensing of the global oceanic state using GPS-reflected signals[J]. GNSS World of China,2004,29(5):2-9.

[68] WANG X,SUN Q,ZHANG X X,et al. First China ocean reflection experiment using coastal GNSS-R[J]. Chinese Science Bullet,2008,53(5):589-592.

[69] SHAO L J,ZHANG X X,ZHOU X Z,et al. The algorithm of sea surface altimetry on GNSS-R[J]. Hydrographic Surveying and Charting,2010,30(2):1-10.

[70] ZHOU X Z,SHAO L J. Simulation techniques of GNSS-R sea surface wind field retrieval from airborne remote sensing[J]. Journal of Remote Sensing,2012,16(1):143-153.

[71] 李伟强,杨东凯,李明里,等. 面向遥感的GNSS反射信号接收处理系统及实验[J]. 武汉大学学报(信息科学版),2011,36(10):1204-1208.

[72] 宋学忠,徐爱功,杨东凯,等. GNSS反射信号在土壤湿度测量中的应用[J]. 测绘通报,2013,11:61-64.

[73] TAO P,SUN Y Q,LI H,et al. Design and verified of a GPS-R software receiver for ocean altimetry[J]. Science Technology and Engineering,2009,9(10):2558-2568.

[74] TENG X J,SUN Y Q,WU D,et al. Signal acquisition algorithm design for GNSS-R receiver[J]. Science Technology and Engineering,2010,10(10):2278-2283.

[75] 尹聪. GNSS-R信号测量海面有效波高的应用[D]. 南京:南京信息工程大学,2011.

[76] 严颂华,龚健雅,张训械,等. GNSS-R测量地表土壤湿度的地基实验[J]. 地球物理学报,2011,54(11):2735-2744.

[77] 许才军,申文斌,晁定波. 地球物理大地测量学原理与方法[M]. 武汉:武汉大学出版社,2006.

[78] 刘雪婷,孙希延,纪元法. 基于二分算法的全球导航卫星反射信号数值分析研究[J]. 科学技术与工程,2016,16(17):221-224.

[79] 马小东,张凤元,杨东凯,等. 星载GNSS海面散射信号功率分析与接收方法研究[C].//第六届全国信号和智能信息处理与应用学术会议论文集,北京:计算机工程与应用,2012. 205-208.

[80] 刘原华,刘豪,牛新亮. GNSS-R海面风场探测的镜面反射点估计算法[J]. 现代电子技术,2019,42(17):6-9.

[81] 孙小荣,刘支亮,郑南山,等. 两种新的GNSS-R镜面反射点位置估计算法[J]. 中国矿业大学学报,2017,46(4):917-938.

[82] Wu S C,Meehan T,Young L. The potential use of GPS signals as ocean altimetry observable[C].// Proceedings of the National Technical Meeting of the Institute of Navigation. Santa Monica:The Institute of Navigation,1997. 543-550.

[83] 张波,王峰,杨东凯. 基于线段二分法的GNSS-R镜面反射点估计算法[J]. 全球定位系统,2013,38(5):11-26.

[84] WAGNER C, KLOKOČNÍK J. The value of ocean reflections of GPS signals to enhance satellite altimetry: Data distribution and error analysis[J]. Journal of Geodesy, 2003, 77(3): 128-138.

[85] CLARIZIA M P, BISCEGLIE M D, GALDI C, et al. Delay super resolution for GNSS-R [C]. //2009 IEEE International Geoscience and Remote Sensing Symposium. Cape Town: IEEE, 2009. 134-137.

[86] ZAVOROTNY V U, GLEASON S, CARDELLACH E, et al. Tutorial on remote sensing using GNSS bistatic radar of opportunity[J]. IEEE Geoscience and Remote Sensing Letters, 2014, 2(4): 8-45.

[87] CLARIZIA M P, RUF C S. On the spatial resolution of GNSS reflectometry[J]. IEEE Geoscience and Remote Sensing Letters, 2016, 13(8): 1064-1068.

[88] GAO F, XU T, WANG N, et al. Spatiotemporal evaluation of GNSS-R based on future fully operational global multi-GNSS and eight-LEO constellations[J]. Remote Sensing, 2018, 10(1): 67-1-67-18.

[89] BUSSY-VIRAT C D, RUF C S, RIDLEY A J. Relationship between temporal and spatial resolution for a constellation of GNSS-R satellites[J]. IEEE Journal of Selected Topics in Applied Earth Observations and Remote Sensing, 2019, 12(1): 16-25.

[90] BARBAROSSA S, LEVRINI G. An antenna pattern synthesis technique for spaceborne SAR performance optimization[J]. IEEE Transactions on Geoscience and Remote Sensing, 1991, 29(2): 254-259.

[91] FOTI G, GOMMENGINGER C, JALES P, et al. Space borne GNSS reflectometry for ocean winds: first results from the UK TechDemoSat-1 mission[J]. Geophysical Research Letters, 2015, 42(13): 5435-5441.

[92] CARRENO-LUENGO H, CAMPS A, VIA P, et al. 3Cat-2—an experimental nanosatellite for GNSS-R earth observation: Mission concept and analysis[J]. IEEE Journal of Selected Topics in Applied Earth Observations and Remote Sensing, 2016, 9(10): 4540-4551.

[93] RUF C S, ATLAS R, MAJUMDAR S. NASA CYGNSS tropical cyclone mission [C]. //EGU General Assembly Conference. Vienna: EGU, 2017. 1961.

[94] SEEBER G. Satellite geodesy: foundations, methods, and applications [M]. Berlin: Walter de Gruyter, 2003.

[95] ABDALATI W, ZWALLY H J, BINDSCHADLER R, et al. The ICESat-2 laser altimetry mission [J]. Proceedings of the IEEE, 2010, 98(5): 735-751.

[96] KLOKOČNÍK J, BEZDĚK A, KOSTELECKÝ J. GNSS-R concept extended by a fine orbit tuning [J]. Advances in Space Research, 2012, 49: 957-965.

[97] SAMSUNG L. Orbit analysis and maneuver design for the geoscience laser altimeter system [D]. Austin: University of Texas, 1995.

[98] MARTIN L. Sadsam: A software assistant for designing satellite missions: DTS/MPI/MS/MN/99-053[R]. Toulouse: CNES, 1998.

[99] MARTIN L, RYAN P R. Fast design of repeat ground track orbits in high-fidelity geopotentials [J]. The Journal of the Astronautical Sciences, 2008, 56(3): 311-324.

[100] 高凡. 测高卫星轨道设计和优化及精密定轨关键技术研究[D]. 武汉: 中国科学院大学(测

量与地球物理研究所),2015.

[101] 高凡,彭碧波,钟敏,等. 基于带谐重力场的测高卫星轨道设计[J]. 大地测量与地球动力学,2016,36(10):859-863.

[102] RUF C S,ATLAS R,CHANG P S,et al. New ocean winds satellite mission to probe hurricanes and tropical convection[J]. Bulletin of the American Meteorological Society,2016,97(3):385-395.

[103] 郑伟,许厚泽,钟敏,等. 地球重力场模型研究进展和现状[J]. 大地测量与地球动力学,2010,30(4):83-91.

[104] 郑伟,许厚泽,钟敏,等. 国际重力卫星研究进展和我国将来卫星重力测量计划[J]. 测绘科学,2010,35(1):5-9.

[105] 郑伟,许厚泽,钟敏,等. 卫星重力梯度反演研究进展[J]. 大地测量与地球动力学,2014,34(4):1-8.

[106] MARKS K M,SMITH W H F. Some remarks on resolving seamounts in satellite gravity[J]. Geophysical Research Letters,2007,34(3):307-311.

[107] MCADOO D,LAXON S. Antarctic tectonics:Constraints from an ERS-1 satellite marine gravity field[J]. Science,1997,276(5312):556-561.

[108] SANDWELL D T,SMITH W H F. Marine gravity anomaly from Geosat and ERS-1 satellite altimetry[J]. Journal of Geophysical Research:Solid Earth,1997,102(B5):10039-10054.

[109] SANDWELL D,FIALKO Y. Warping and cracking of the Pacific plate by thermal contraction[J]. Journal of Geophysical Research:Solid Earth,2004,109(B10):411-420.

[110] ANDERSEN O B. DTU17 global marine gravity field (and DTU18 MSS)-validation in the Arctic Ocean[R]. National DTU Institute,2018.

[111] ZHENG W,XU H Z,ZHONG M,et al. Precise and rapid recovery of the Earth's gravity field from the next-generation GRACE Follow-On mission using the residual intersatellite range-rate method[J]. Chinese Journal of Geophysics,2014,57(1):11-24.

[112] 黄谟涛,王瑞,翟国君,等. 多代卫星测高数据联合平差及重力场反演[J]. 武汉大学学报(信息科学版),2007,32(11):988-993.

[113] 黄谟涛,翟国君,欧阳永忠,等. 利用多代卫星测高数据反演海洋重力场[J]. 测绘科学,2006,31(6):37-39.

[114] BAO L F,XU H Z,LI Z C. Towards a 1 mGal accuracy and 1 min resolution altimetry gravity field[J]. Journal of Geodesy,2013,87(10):961-969.

[115] 彭富清. 海洋重力辅助导航方法及应用[D]. 郑州:解放军信息工程大学,2009.

[116] ZHENG W,XU H Z,ZHONG M,et al. Efficient and rapid accuracy estimation of the Earth's gravitational field from next-generation GOCE Follow-On by the analytical method[J]. Chinese Physics B,2013,22(4):563-570.

[117] WU T Q,OUYANG Y Z,LU X P,et al. Analysis on effecting mode of several essential factors to gravity aided navigation[J]. Journal of Chinese Inertial Technology,2011,19(05):559-564.

[118] ARABELOS D,TSCHERNING C C. Gravity field mapping from satellite altimetry,sea-gravimetry and bathymetry in the eastern Mediterranean[J]. Geophysical Journal,1988,92(2):195-206.

[119] KEATING P,NICOLAS P. Comparison of surface and shipborne gravity data with satellite-altime-

ter gravity data in Hudson Bay[J]. The Leading Edge,2013,32(4):450-480.

[120] NEUMANN G A,FORSYTH D W. Comparison of marine gravity from shipboard and high-density satellite altimetry along the mid-atlantic ridge,30.5°-35.5°S[J]. Geophysical Research Letters,1993,20(15):1639-1642.

[121] ZHENG W,XU H Z,ZHONG M,et al. A contrastive study on the influences of radial and three-dimensional satellite gravity gradiometry on the accuracy of the earth's gravitational field recovery [J]. Chinese Physics B,2012,21(10):581-588.

[122] ZHENG W,XU H Z,ZHONG M,et al. Precise recovery of the Earth's gravitational field by grace Follow-On satellite gravity gradiometry method[J]. Surveys in Geophysics,2015,57(5):1415-1423.

[123] LOUIS G,LEQUENTREC L M. Modeling the oceanic gravity field by a high resolution altimetric satellite mission[R]. GRGS,2008.

[124] 欧阳永忠. 海空重力测量数据处理关键技术研究[D]. 武汉:武汉大学,2013.

[125] GUO J Y,LIU X,CHEN Y N,et al. Local normal height connection across sea with ship-borne gravimetry and GNSS techniques[J]. Marine Geophysical Research,2014,35(2):141-148.

[126] WANG J B,GUO J Y,LIU X,et al. Orthometric height connection across sea with ship-borne gravimetry and GNSS measurement along the ship route[J]. Marine Geodesy,2017,52(3):357-373.

[127] ZHENG W,XU H Z,ZHONG M,et al. Physical explanation of influence of twin and three satellite formation mode on the accuracy of earth's gravitational field [J]. Chinese Physics Letters,2009,26(2):029101.

[128] SHUM C K,RIES J C,TAPLEY B D. The accuracy and applications of satellite altimetry [J]. Geophysical Journal International,1995,121(2):321-336.

[129] HWANG C,PARSONS B. An optimal procedure for deriving marine gravity from multi-satellite altimetry[J]. Geophysical Journal International,1996,125(3):705-718.

[130] LAXON S,MCADOO D. Arctic ocean gravity field derived from ERS-1 satellite altimetry [J]. Science,1994,265(5172):621-624.

[131] LI J,SIDERS M G. Marine gravity and geoid determination by optimal combination of satellite altimetry and shipborne gravimetry data[J]. Journal of Geodesy,1997,71(4):209-216.

[132] QUARTLY G D,RINNE E,PASSARO M,et al. Review of radar altimetry techniques over the Arctic Ocean:recent progress and future opportunities for sea level and sea ice research:tc-2018-148[R]. The Cryosphere Discussions,2018.

[133] YALE M M,SANDWELL D T,HERRING A T. What are the limitations of satellite altimetry? [J]. The Leading Edge,1998,17(1):73-76.

[134] LEQUENTREC-LALANCETTE M,ROUXEL D,SARZEAUD O. Global marine gravity models from altimetry:a method to quantify the error [C].//EGU General Assembly Conference Abstracts.:EGU,2013,15(9058):1.

[135] 高德章,张明华. 海洋船测重力场与卫星测高反演海洋重力场[C].//中国地球物理学会第二十六届年会暨中国地震学会第十三次学术大会论文集,宁波,2010.834.

[136] HWANG C,KAO E C,PARSONS B. Global derivation of marine gravity anomalies from Seasat, Geosat,ERS-1 and TOPEX/POSEIDON altimeter data[J]. Geophysical Journal International, 1998,134(2):449-459.

[137] 黄谟涛,翟国君. 海洋重力场测定及其应用[M]. 北京:测绘出版社,2005.

[138] 李建成,陈俊勇,宁津生,等. 地球重力场逼近理论与中国2000似大地水准面的确定[M]. 武汉:武汉大学出版社,2003.

[139] ANDERSEN O B,KNUDSEN P. The DNSC08GRA global marine gravity field from double retracked satellite altimetry[J]. Journal of Geodesy,2010,84(3):191-199.

[140] RAPP R H. Comparison of altimeter-derived and ship gravity anomalies in the vicinity of the Gulf of California[J]. Marine Geodesy,1998,21(4):245-259.

[141] 文汉江,金涛勇,朱广彬,等. 卫星测高原理及应用[M]. 北京:测绘出版社,2017.

[142] MEDVEDEV P,PLESHACOV D,BULYCHEV A. An integrated satellite altimetry,gravity and geodesy data base:data processing and regional marine gravity field modeling[D]. Moscow:Geophysical Center Russian Academy of Sciences,1999.

[143] 刘敏,黄谟涛,欧阳永忠,等. 海空重力测量及应用技术研究进展与展望(一):目的意义与技术体系[J]. 海洋测绘,2017,37(2):1-5.

[144] MARKS K M. Resolution of the Scripps/NOAA marine gravity field from satellite altimetry[J]. Geophysical Research Letters,1996,23(16):2069-2072.

[145] TZIAVOS L N,SIDERIS M G,FORSBERG R. Combined satellite altimetry and shipborne gravimetry data processing[J]. Marine Geodesy,1998,21(4):299-317.

[146] BALMINO G,SARRAILH M,SARRAILH M,et al. Free air gravity anomalies over the oceans from Seasat and GEOS-3 altimeter data[J]. American Geophysical Union,1987,68(2):17-19.

[147] RAPP R H. Gravity anomalies and sea surface heights derived from a combined GEOS-3/Seasat altimeter data set[J]. Journal of Geophysical Research,1986,91(B5):4867-4876.

[148] WEISSEL J K,HAXBY W F. Evidence for small-scale mantle convection from Seasat altimeter data[J]. Journal of Geophysical Research,1986,91(B3):3507-3520.

[149] ANDERSEN O B,KNUDSEN P. Investigation of methods for global gravity fields recovery from dense ERS-1 geodetic mission altimetry[C].//International Association of Geodesy Symposia. Boulder:Global Gravity Field and Its Temporal Variations. 1995. 218-226.

[150] HARTANTO P,HUDA S,PUTRA W,et al. Estimation of marine gravity anomaly model from satellite altimetry data case study:Kalimantan and Sulawesi waters-Indonesia[J]. Earth and Environmental Science,2018,162(1):012038-1—012038-11.

[151] HUANG M T,ZHAI G J. Comparisons of three inversion approaches for recovering gravity anomalies from altimeter data[J]. Tianjin Institute of Hydrographic Surveying and Charting,2003,126:151-159.

[152] LIU L,JIANG X G,LIU S W,et al. Calculating the marine gravity anomaly of the South China Sea based on the inverse Stokes' formula[J]. Earth and Environmental Science,2016,46(1):012062-1—012062-6.

[153] CHENG L Y,XU H Z. General inverse of Stokes,Vening-Meinesz and Molodensky formulae[J].

Science in China:Series D Earth Sciences,2006,49(5):499 – 504.

[154] GOPALAPILLAI S. Non – global recovery of gravity anomalies from a combination of terrestrial and satellite altimetry data:210[R]. Ohio:Dept of Geodetic Science and Surveying,The Ohio State University,1974.

[155] RUMMEL R,SJÖBERG L E,RAPP R H. The determination of gravity anomalies from geoid heights using the inverse Stokes' formula,Fourier transforms,and Least – squares collocation [D]. Washington:NASA,1978.

[156] ANDERSEN O B,KNUDSEN P. Global marine gravity field from the ERS – 1 and Geosat geodetic mission altimetry[J]. Journal of Geophysical Research:Oceans,1998,103(C4):8129 – 8138.

[157] 黄谟涛,翟国君,管铮,等. 利用 FFT 技术计算垂线偏差研究[J]. 武汉测绘科技大学学报,2000,25(5):414 – 420.

[158] 黄谟涛,翟国君,管铮,等. 利用卫星测高数据反演海洋重力异常研究[J]. 测绘学报,2001,30(2):179 – 184.

[159] HWANG C,RAPP R H. High precision gravity anomaly and sea surface height estimation from satellite altimeter data[R]. Department of Geodetic Science and Surveying,1989.

[160] NEREM R S,LERCH F J,MARSHALL J A,et al. Gravity model development for TOPEX/POSEIDON:Joint gravity models 1 and 2[J]. Journal of Geophysical Research,1994,99(C12):24421 – 24447.

[161] SMITH G. Mean gravity anomaly prediction from terrestrial gravity data and satellite altimeter data:214[R]. Ohio:Department of Geodetic Science and Surveying,The Ohio State University,1974.

[162] RAPP R H. Gravity anomaly recovery from satellite altimetry data using least squares collocation techniques:220[R]. Ohio:Department of Geodetic Science and Surveying,The Ohio State University,1974.

[163] RAPP R H. Procedures and results related to the determination of gravity anomalies from satellite and terrestrial gravity data:211[R]. Ohio:Department of Geodetic Science and Surveying,The Ohio State University,1974.

[164] RAPP R H. Global anomaly and undulation recovery using Geos – 3 altimeter data:285[R]. Ohio:Department of Geodetic Science and Surveying,The Ohio State University,1979.

[165] TSCHERNING C C,RAPP R H. Closed covariance expressions for gravity anomalies,geoid undulations,and deflections of the vertical implied by anomaly degree variance models[D]. USA:Defense Technical Information Center,1974.

[166] RAPP R H. The determination of geoid undulation and gravity anomalies from Seasat altimeter data [J]. Journal of Geophysical Research,1983,88(C3):1552 – 1562.

[167] RAPP R H. Detailed gravity anomalies and sea surface height derived from Geos – 3/Seasat altimeter data:385[R]. Ohio:Department of Geodetic Science and Surveying,The Ohio State University,1985.

[168] HWANG C. High precision gravity anomaly and sea surface height estimation from GEOS – 3/SEASAT Satellite altimeter data:399[R]. Ohio:Department of Geodetic Science and Surveying,The Ohio State University,1989.

[169] 王虎彪,王勇,陆洋,等. 用卫星测高和船测重力资料联合反演海洋重力异常[J]. 大地测量与地球动力学,2005,25(1):81-85.

[170] 王虎彪,王勇,陆洋,等. 联合多种测高数据确定中国边缘海及全球海域的垂线偏差[J]. 武汉大学学报(信息科学版),2007,32(9):770-773.

[171] HAXBY W F, KARNER G D, LABRECQUE J L, et al. Digital images of combined oceanic and continental data sets and their use in tectonic studies[J]. EOS,1983,64(52):995-1004.

[172] OLGIATI A, BALMINO G, SARRAILH M, et al. Gravity anomalies from satellite altimetry: comparison between computation via geoid heights and via deflections of the vertical[J]. Bulletin Géodésique,1995,69(4):252-260.

[173] HWANG C. Analysis of some systematic errors affecting altimeter-derived sea surface gradient with application to geoid determination over Taiwan[J]. Journal of Geodesy,1997,71(2):113-130.

[174] WANG J, GUO J, LIU X, et al. Local oceanic vertical deflection determination with gravity data along a profile[J]. Marine Geodesy,2018,41(1):24-43.

[175] HWANG C, GUO J, DENG X, et al. Coastal gravity anomalies from retracked Geosat/GM altimetry: improvement, limitation and the role of airborne gravity data[J]. Journal of Geodesy,2006,80(4):204-216.

[176] SANDWELL D T. A detailed view of the south pacific geoid from satellite altimetry[J]. Journal of Geophysical Research,1984,89(B2):1089-1104.

[177] BELL R E. Continental margins of the Western Weddell Sea: insights from airborne gravity and Geosat derived gravity[J]. American Geophysical Union,1990,50:91-102.

[178] HWANG C. Inverse vening-meinesz formula and deflection-geoid formula: Applications to the prediction of gravity and geoid over the South China Sea[J]. Journal of Geodesy,1998,72(5):304-312.

[179] SANDWELL D T, MULLER R D, SMITH W H F, et al. New global marine gravity model from CryoSat-2 and Jason-1 reveals buried tectonic structure[J]. Science,2014,346(6205):65-67.

[180] 张胜军,李建成,褚永海,等. 基于CryoSat和Jason/GM数据的垂线偏差计算与分析[J]. 武汉大学学报(信息科学版),2015,40(8):1012-1017.

[181] ANDERSEN O B, KNUDSEN P, TRIMMER R. The KMS99 global marine gravity field from ERS and Geosat altimetry[C]. //ERS-Envisat Symposium: looking down to earth in the new millennium. Noordwijk: ESA Publications Division,2000.461.

[182] HWANG C, HSU H Y, JANG R J. Global mean sea surface and marine gravity anomaly from multi-satellite altimetry: applications of deflection-geoid and inverse Vening Meinesz formulae[J]. Journal of Geodesy,2002,76(8):407-418.

[183] 李建成,宁津生. 联合Topex/Poseidon、ERS2和Geosat卫星测高资料确定中国近海重力异常[J]. 测绘学报,2001,30(3):197-202.

[184] 李建成,宁津生,陈俊勇,等. 中国海域大地水准面和重力异常的确定[J]. 测绘学报,2003,32(2):114-119.

[185] 王海瑛,王广云. 卫星测高数据的沿轨迹重力异常反演法及其应用[J]. 测绘学报,2001,30(1):21-26.

[186] 邓凯亮. 海域多源重力数据的处理、融合及应用研究[D]. 大连:海军大连舰艇学院,2011.

[187] 吴怿昊,罗志才. 联合多代卫星测高和多源重力数据的局部大地水准面精化方法[J]. 地球物理学报,2016,59(5):1596-1607.

[188] SANDWELL D T,SMITH W H F. Global marine gravity from retracked Geosat and ERS-1 altimetry:ridge segmentation versus spreading rate[J]. Journal of Geophysical Research:Solid Earth,2009,114(B1):B01411.

[189] ANDERSEN O B,KNUDSEN P,STENSENG L. The Arctic marine gravity field-a new era with CryoSat-2 SAR altimetry[C].//SEG Technical Program Expanded Abstracts 2012. Tulsa:Society of Exploration Geophysicists,2012. 4609.

[190] ANDERSEN O B,JAIN M,KNUDSEN P. The impact of using Jason-1 and CryoSat-2 geodetic mission altimetry for gravity field modeling[J]. International Assocision of Geodesy Symposia,2015,143:205-210.

[191] ANDERSEN O B,STENSENG L,JAIN M,et al. Towards the new global altimetric gravity field from five years of CryoSat-2 geodetic mission altimetry DTU14[C].//EGU General Assembly 2015. Vienna:EGU,2015. 5025.

[192] KNUDSEN P,ANDERSEN O. Improved recovery of the global marine gravity field from the GEOSAT and the ERS-1 geodetic mission. In:Segawa J,Fujimoto H,Okubo S. Gravity,geoid and Marine Geodesy[C].//IAG Symposia 117. Berlin:Springer,1997,461-469.

[193] ANDERSEN O B,KNUDSEN P,KENYON S,et al. Recent improvement in the KMS global marine gravity field[J]. Bollettino Di Geofisica Teorica Ed Applicata,1999,40(3):369-377.

[194] ANDERSEN O B,KNUDSEN P. Improved high resolution altimetric gravity field mapping KMS2002 global marine gravity field[J]. A Window on the Future of Geodesy,2002,128:326-331.

[195] ANDERSEN O B,KNUDSEN P,BERRY P,et al. The DNSC07A ocean-wide altimetry-derived gravity anomaly field[C].// American Geophysical Union Fall Meeting 2007. Washington:AGU,2008. G31A-07.

[196] ANDERSEN O B,KNUDSEN P. The DTU13 Global marine gravity field first evalution[R]. DTU space,2013.

[197] ANDERSEN O B. The DTU10 global gravity field and mean sea surface-improvements in the Arctic[R]. DTU Space,2010.

[198] ANDERSEN. O B. Satellite altimetry data processing[R]. DTU,Space,2013.

[199] ANDERSEN O,KNUDSEN P. Deriving and evaluating the DTU15 global high resolution marine gravity field[C].//ESA Living Planet Symposium 2016. Prague:ESA Special Publication, 2015,189.

[200] HWANG C,XU H Z. Shallow-water gravity anomalies from satellite altimetry:case studies in the East China sea and Taiwan strait[J]. Journal of the Chinese Institute of Engineers,2008,31(5):841-851.

[201] HWANG C,HSU H Y,DENG X. Marine gravity anomaly from satellite altimetry:a comparison of methods over shallow waters[J]. Springer Berlin Heidelberg,2003,126:59-66.

[202] CHANDLER M T,WESSEL P. Improving the quality of marine geophysical trackline data:Along-

track analysis[J]. Journal of Geophysical Research,2008,113(B02102):1-15.

[203] SANDWELL D T,SMITH W. Retracking ERS-1 altimeter waveforms for optimal gravity field recovery[J]. Geophysical Journal of the Royal Astronomical Society,2010,163(1):79-89.

[204] AMAROUCHE L,THIBAUT P,ZANIFE O Z,et al. Improving the Jason-1 ground retracking to better account for attitude effects[J]. Marine Geodesy,2004,27(1-2):171-197.

[205] 鲍李峰,许厚泽. 双星伴飞卫星测高模式及其轨道设计[J]. 测绘学报,2014,43(7):661-667.

[206] 彭富清,霍立业. 海洋地球物理导航[J]. 地球物理学进展,2007,22(3):759-764.

[207] 张建会,李俊,王涛,等. 远程AUV组合导航技术研究[J]. 弹箭与制导学报,2006,(S1):183-184+188.

[208] 张红伟. 水下重力场辅助导航定位关键技术研究[D]. 哈尔滨:哈尔滨工程大学,2013.

[209] 杨昆. 重力场和地磁场辅助惯性导航技术研究[D]. 成都:电子科技大学,2009.

[210] TAKASE K. Precision rotation rate measurements with a mobile atom interferometer[D]. California:Stanford University,2008.

[211] GAUGUET A,CANUEL B,LÉVÈQUE T,et al. Characterization and limits of a cold-atom Sagnac interferometer[J]. Physical Review A,2009,80(6):70-70.

[212] TACKMANN G,BERG P,SCHUBERT C,et al. Self-alignment of a compact large-area atomic Sagnac interferometer[J]. New Journal of Physics,2012,14(1):015002.

[213] 程力. 重力辅助惯性导航系统匹配方法研究[D]. 南京:东南大学,2007.

[214] 程传奇,郝向阳,张振杰,等. 鲁棒性地形匹配/惯性组合导航算法[J]. 中国惯性技术学报,2016,24(2):202-207.

[215] 郭才发,胡正东,张士峰,等. 地磁导航综述[J]. 宇航学报,2009,30(4):1314-1319.

[216] 吴永亭,周兴华,杨龙. 水下声学定位系统及其应用[J]. 海洋测绘,2003,23(4):18-21.

[217] 刘基余. GNSS全球导航卫星系统的新发展[J]. 遥测遥控,2007,28(4):1-6.

[218] 陈义,程言. 天文导航的发展历史现状及前景[J]. 中国水运,2006,4(6):27-28.

[219] 崔晨风. 水下重力辅助导航技术研究[D]. 武汉:武汉大学,2010.

[220] VESTLUND K,HELLSTROM T. Requirements and system design for a robot performing selective cleaning in young forest stands[J]. Journal of Terramechanics,2006,43:505-525.

[221] 周军,葛致磊,施桂国,等. 地磁导航发展与关键技术[J]. 宇航学报,2008,29(5):1467-1472.

[222] 李雄伟,刘建业,康国华. TERCOM地形高程辅助导航系统发展及应用研究[J]. 中国惯性技术学报,2006,14(1):34-40.

[223] 张静远,谌剑,李恒,等. 水下地形辅助导航技术的研究与应用进展[J]. 国防科技大学学报,2015,37(3):128-135.

[224] 赵建虎,欧阳永忠,王爱学. 海底地形测量技术现状及发展趋势[J]. 测绘学报,2017,46(10):1786-1794.

[225] BAKER W,CLEM R. Terrain contour matching(TERCOM) primer:ASP-TR-77-61[R]. Ohio:Aeronautical Systems Division,1977.

[226] GOLDEN J P. Terrain Contour Matching(TERCOM):A cruise missile guidance aid[J]. Image

Processing for Missile Guidance,1980,238:10 - 18.

[227] BERGMAN N. A bayesian approach to terrain - aided navigation[J]. IFAC Proceedings Volumes, 1997,30(11):1457 - 1462.

[228] BERGMAN N. Recursive bayesian estimation:navigation and tracking applications[D]. Sweden: Linkoping Studies in Science and Technology,Linkoping,1999.

[229] 徐遵义,晏磊,宁书年,等. 海洋重力辅助导航的研究现状与发展[J]. 地球物理学进展, 2007,22(1):104 - 111.

[230] HELLER W G. Gradiometer - aided inertial navigation [M]. Analytic Sciences Corporation,1975.

[231] WELLS E M,BREAKWELL J V. A study to determine the best utilization of gravity gradiometer information to improve Inertial Navigation System accuracy[J]. AIAA paper,1980,72 - 79.

[232] AFFLECK C A,JIRCITANO A. Passive gravity gradiometer navigation system[C]//IEEE Symposium on Position Location and Navigation. Las Vegas:IEEE,1990:60 - 66.

[233] BOOZER D D,FELLERHO J R. Terrain - aided navigation test results in the AFTI/F - 16 aircraft [J]. Journal of the Institute of Navigation,1988,35(2):161 - 176.

[234] HOLLOWELL J. Heli/SITAN:a terrain referenced navigation algorithm for helicopters[C]//IEEE Symposium on Position Location and Navigation,Las Vegas:IEEE,1990:616 - 625.

[235] JIRCITANO A,DOSCH D E. Gravity aided inertial navigation system(GAINS)[C]//Institute of Navigation,47th Annual Meeting. Willamsburg,1991:221 - 229.

[236] ZORN A H. A merging of system technologies:all - accelerometer inertial navigation and gravity gradiometry[J]. IEEE Position Location and Navigation Symposium,2002,66 - 73.

[237] 杨晔. 重力辅助惯性导航系统(GAINS)[J]. 舰船导航,2002,4:1 - 14.

[238] 李姗姗,吴晓平. GAINS中重力传感器信息的扰动改正[J]. 测绘科学技术学报,2007,24 (4):270 - 273.

[239] MORYL J,RICE H,SHINNERS S. The universal gravity module for enhanced submarine navigation[C]//IEEE Position Location and Symposium. Palm Springs,1998:324 - 331.

[240] RICE H,KELMENSON S,MENDELSOHN L. Geophysical navigation technologies and applications [C]//IEEE Position,Location and Navigation Symposium. Monterey,2004:618 - 624.

[241] LOWREY III J A,SHELLENBARGER J C. Passive navigation using inertial navigation sensors and maps[J]. Naval Engineers Journal,1997,109(3):245 - 249.

[242] BEHZAD K P,BEHROOZ K P. Vehicle localization on gravity maps [J]. Unmanned Ground Vehicle Technology,1999,3693:182 - 191.

[243] 刘光军,袁书明,黄咏梅. 海底地形匹配技术研究[J]. 中国惯性技术学报,1999,7 (1):21 - 24.

[244] 许大欣. 利用重力异常匹配技术实现潜艇导航[J]. 地球物理学报,2005,48(4):812 - 816.

[245] 孙岚. 重力辅助惯性导航的匹配算法初探[J]. 海洋测绘,2006,26(1):44 - 46.

[246] 吴太旗,黄谟涛,边少锋. 直线段的重力场匹配水下导航新方法[J]. 中国惯性技术学报, 2007,15(2):202 - 205.

[247] 吴太旗,黄谟涛,陆秀平,等. 重力场匹配导航的重力图生成技术[J]. 中国惯性技术学报, 2007,15(4):438 - 441.

[248] 闫利,崔晨风,吴华玲. 基于TERCOM算法的重力匹配[J]. 武汉大学学报(信息科学版),2009,34(3):261-264.

[249] 张红梅,赵建虎,王爱学,等. 预平移简化ICCP匹配算法研究[J]. 武汉大学学报(信息科学版),2010,35(12):1432-1435.

[250] 夏冰,蔡体菁. 基于SPSS的重力匹配区域选择算法[J]. 中国惯性技术学报,2010,18(1):81-84.

[251] 熊凌,马杰,田金文. 基于粒子滤波的重力梯度与地形信息融合辅助导航方法[J]. 计算机应用与软件,2010,27(2):85-87.

[252] 李姗姗,吴晓平,赵东明. 导航用海洋重力异常图的孔斯曲面重构方法[J]. 测绘学报,2010,39(5):508-515.

[253] 童余德,边少锋,蒋东方,等. 实时ICCP算法重力匹配仿真[J]. 中国惯性技术学报,2011,19(3):340-343.

[254] 王虎彪,王勇,许大欣,等. 重力异常和重力梯度联合辅助导航算法及仿真[J]. 地球物理学进展,2011,26(1):116-122.

[255] 许大欣,王勇,王虎彪,等. 重力垂直梯度和重力异常辅助导航SITAN算法结果分析[J]. 大地测量与地球动力学,2011,31(1):127-131.

[256] 蒋东方,童余德,边少锋,等. ICCP重力匹配算法在局部连续背景场中的实现[J]. 武汉大学学报(信息科学版),2012,37(10):1203-1206.

[257] ZHENG H,WANG H B,WU L,et al. Simulation research on gravity-geomagnetism combined aided underwater navigation[J]. The Journal of Navigation,2013,66(1):83-98.

[258] 庞永杰,陈小龙,李晔. 基于改进贝叶斯估计的水下地形匹配辅助导航方法[J]. 仪器仪表学报,2012,33(10):2161-2167.

[259] 刘洪,高永琪,张毅. 基于质点滤波的水下地形匹配算法分析[J]. 弹箭与制导学报,2013,33(3):12-16.

[260] 蔡挺,刘明雍,黄博. 基于中心微分Kalman滤波的重力/惯性组合导航[J]. 国外电子测量技术,2013,32(1):22-24.

[261] 蔡体菁,陈鑫巍. 基于层次分析法的重力匹配区域选择准则[J]. 中国惯性技术学报,2013,21(1):93-96.

[262] 刘繁明,唐英丽. 差分进化粒子滤波在惯性/重力组合导航中的应用研究[J]. 应用科技,2015,42(4):15-19.

[263] 刘繁明,姚剑奇,荆心由. 小波与随机采样提升重力场插值精度的策略[J]. 中国惯性技术学报,2015,35(6):948-952.

[264] 魏二虎,董翠军,刘建栋,等. 改进TERCOM算法用于重力场辅助惯性导航[J]. 测绘地理信息,2017,42(6):29-31.

[265] HAN Y R,WANG B,DENG Z H,et al. A mismatch diagnostic method for TERCOM-based underwater gravity-aided navigation[J]. IEEE Sensors Journal,2017,17(9):2880-2888.

[266] 刘念,熊凌,但斌斌. 水下潜器惯性导航定位精度控制研究[J]. 计算机仿真,2017,34(6):344-348.

[267] XU Y,NAN F,CAO W,et al. Gravity anomaly reconstruction based on nonequispaced Fourier

transform[J]. Geophysics,2019,84(6):83-92.

[268] 杨元喜,徐天河,薛树强. 我国海洋大地测量基准与海洋导航技术研究进展与展望[J]. 测绘学报,2017,46(1):1-8.

[269] 赵建虎,王爱学. 精密海洋测量与数据处理技术及其应用进展[J]. 海洋测绘,2015,35(6):1-7.

[270] 暴景阳,翟国君,许军. 海洋垂直基准及转换的技术途径分析[J]. 武汉大学学报(信息科学版),2016,41(1):52-57.

[271] WU F,ZHENG W,LI Z W,et al. Improving the GNSS-R specular reflection point positioning accuracy using the gravity field normal projection reflection reference surface combination correction method[J]. Remote Sensing,2019,11(1):33-1-33-16.

[272] WU F,ZHENG W,LI Z W,et al. Improving the positioning accuracy of satellite-borne GNSS-R specular reflection point on sea surface based on the ocean tidal correction positioning method[J]. Remote Sensing,2019,11(13):1626-1-1626-15.

[273] LIU Z Q,ZHENG W,WU F,et al. Increasing the number of sea surface reflected signals received by GNSS-reflectometry altimetry satellite using the nadir antenna observation capability optimization method[J]. Remote Sensing,2019,11(21):2473-1-2473-16.

[274] LI Z W,ZHENG W,FANG J,et al. Optimizing suitability region of the underwater gravity matching navigation based on the new principal component weighted average normalization method[J]. Chinese Journal of Geophysics,2019,62(9):3269-3278.

[275] LI Z W,ZHENG W,WU F. Geodesic-based method for improving matching efficiency of underwater terrain matching navigation[J]. Sensors,2019,19(12):2709-1-2709-13.

[276] LI Z W,ZHENG W,WU F,et al. Improving the matching efficiency of the underwater gravity matching navigation based on the new hierarchical neighborhood threshold method[J]. Chinese Journal of Geophysics,2019,62(7):2405-2416.

[277] LI Z W,ZHENG W,WU F. Improving the reliability of underwater gravity matching navigation based on a priori recursive iterative least squares mismatching correction method[J]. IEEE Access,2020,8(1):8648-8657.

[278] 张益强. 基于 GNSS 反射信号的海洋微波遥感技术[D]. 北京:北京航空航天大学,2008.

[279] GUIER W H,WEIFFENBACH G C. A satellite Doppler navigational system[C]//Proceedings of the IRE. IEEE,1960,48(4):507-516.

[280] PARKINSON B W,SPLIKER J J,ED JR. Global positioning system:Theory and application,vol. I [M]. Cambrige,MA:American Insitute of Aeronautics and Astronautics,Inc,1996.

[281] 周忠谟,易杰军,周琪. GPS 卫星测量原理与应用[M]. 北京:测绘出版社,1995.

[282] 刘基余. GPS 卫星导航定位原理与方法[M]. 北京:科学出版社,2003.

[283] 陈忠贵,帅平,曲广吉. 现代卫星导航系统技术特点与发展趋势分析[J]. 中国科学 E 辑:技术科学,2009,39(4):686-695.

[284] BARKER B C,BETZ J W,CLARK J E. Overview of the GPS M code signal[C]//Proceedings of the 2000 National Technical Meeting of The Institute of Navigation. Anaheim,2000:542-549.

[285] FONTANA R D,CHEUNG W,STANSELL T. The modernized L2 civil signal:leaping forward in

the 21st century[J]. GPS World,2001,11(10):28-34.

[286] JANUSZEWSKI J. Modernization of satellite navigation systems and theirs new maritime applications[R]. US:Lockheed Martin Inc,2007.

[287] MCGRAW G,MURPHY T. Safety of life considerations for GPS modernization architectures[C]//Proceedings of the 14th International Technical Meeting of the Satellite Division of The Institute of Navigation(ION GPS 2001). Salt Lake City,2001:632-640.

[288] IS-GPS-200E. Navstar GPS space segment/navigation user interfaces[S],2010.

[289] HAY C. The GPS accuracy improvement initiative[J]. GPS World,2000,10(6):56-61.

[290] PULLEN S,ENGE P. A civil user perspective on near-term and long-term GPS modernization[R]. US:Stanford University,2005.

[291] LAZAR S. Satellite navigation:modernization and GPS III,crosslink[S]. The Aerospace Corporation Magazine of Advance in Aerospace Technology,2002,22(2):42-53.

[292] LUBA O,BOYD L,GOWER A. GPS III system operation concepts[C]//Proceedings of the 16th International Technology Meeting of the Satellite Division of the Institute of Navigation,Portland:The Institute of Navigation,2003:1561-1570.

[293] MAINE K P,ANDERSON P,LANGER J. Crosslinks for the next-generation GPS[C]//IEEE Aerospace Conference Proceedings. Big Sky:IEEE,2003:4-1589-4-1596.

[294] LANGLEY R B. GLONASS update delves into constellation details [EB/OL], http://www.gpsworld.com/gnss-system/glonass/news/glonass-update-delves-constellation-details-10499.

[295] GLONASS-ICD EDITION 5.1. Global navigation satellite system GLONASS interface control document navigation,radiosignal in bands L1,L2[S]. 2008.

[296] Schäfer C,Trautenberg H,Weber T. Galileo system architecture—status and concepts [J]. Satellite Navigation Systems,2003,8:53-61.

[297] HEIN G W,GODET J,ISSLER J L,et al. The CALILEO frequency structure and signal design [C]//Proceedings of the 14th International Technical Meeting of the Satellite Division of The Institute of Navigation(ION GPS 2001). Salt Lake City,2001:1273-1282.

[298] European GNSS Programmes EGNOS and Galileo [EB/OL], http://www.oosa.unvienna.org/pdf/icg/2010/ICG5/18october/01.pdf.

[299] 杨元喜. 北斗卫星导航系统的进展、贡献与挑战[J]. 测绘学报,2010,39(1):1-6.

[300] 北斗卫星发射一览表[EB/OL]. 2020. http://www.beidou.gov.cn/xt/fsgl/.

[301] 北斗卫星导航系统空间信号接口控制文件(2.1版)[EB/OL]. 2016. http://www.beidou.gov.cn/xt/gfxz/201710/P020171202693088949056.pdf.

[302] 刘瑞华,商鹏. 不同干扰对北斗B1I信号接收机影响[J]. 系统工程与电子技术,2019,41(8):1705-1712.

[303] 王郁茗,邵利民. 北斗三代卫星导航系统服务性能仿真评估[J]. 兵工自动化,2018,37(5):12-15+35.

[304] IS-QZSS. Quasi-zenith satellite system navigation service interface specification for QZSS [S]. 2009.

[305] Launch Result of the First Quasi-Zenith Satellite 'MICHIBIKI' by H-IIA Launch Vehicle No. 18 [EB/OL]. [2010-9-11]. http://www.jaxa.jp/press/2010/09/20100911_h2af18_e.html.

[306] 沈俐娜. 电磁场与电磁波[M]. 武汉:华中科技大学出版社,2009.

[307] 熊皓. 电磁波传播空间环境[M]. 北京:电子工业出版社,2004.

[308] 姜宇. 工程电磁场与电磁波[M]. 武汉:华中科技大学出版社,2009.

[309] MAURICE W. Radar reflectivity of land and sea(3rd Edition)[R]. Boston:Artech House,2001.

[310] YOU H T. Stochastic model for ocean surface reflected GPS signals and satellite remote sensing applications[D]. West Lafayette:Purdue University,2005.

[311] 寇艳红. GNSS 软件接收机与信号模拟器系统研究基于[D]. 北京:北京航空航天大学,2006.

[312] ANDERSON K D. A GPS tide gauge[J]. GPS World Showcase,1995,6:44.

[313] CLIFFORD S F,TATARSKII V I,VORONOVICH A G,et al. GPS sounding of ocean surface waves:theoretical assessment[C]//IEEE International Geoscience and Remote Sensing Symposium Proceedings. Seattle,1998:2005-2007.

[314] LIN B,KATZBERG S J,GARRISON J L,et al. Relationship between GPS signals reflected from sea surfaces and surface winds:Modeling results and comparisons with aircraft measurements[J]. Journal of Geophysical Research-Oceans,1999,104(C9):20713-20727.

[315] ELFOUHAILY T,CHAPRON B,KATSAROS K,et al. A unified directional spectrum for long and short wind-driven waves[J]. Journal of Geophysical Research,1997,102(C7):15781-15796.

[316] ELFOUHAILY T,THOMPSON D R,LINSTROM L,et al. Delay-doppler analysis of bistatically reflected signals from the ocean surface:theory and application[J]. IEEE Transactions on Geoscience and Remote Sensing,2002,40(3):560-573.

[317] ELFOUHAILY T,ZUFFADA C. On deriving near-surface wind vector information from GPS ocean reflections:simulation and measurements[C]//IEEE International Geoscience and Remote Sensing Symposium Proceedings. Honolulu,2000:3081-3083.

[318] FUNG A K,ZUFFADA C,HSIEH C Y. Incoherent bistatic scattering from the sea surface at L-Band[J]. IEEE Transactions on Geoscience and Remote Sensing,2001,39(5):1006-1012.

[319] ZUFFADA C,FUNG A,OKOLICANYI M,et al. The collection of GPS signal scattered off a wind-driven ocean with a down-looking GPS receiver:polarization properties versus wind speed and direction[C]//IEEE International Geoscience and Remote Sensing Symposium. Sydney,2001,7:3335-3337.

[320] GARRISON J L,BERTUCCELLI L. Model function development for GPS reflection measurements[C]//IEEE International Geoscience and Remote Sensing Symposium. Toronto,2002,2:1293-1295.

[321] GARRISON J L. Anisotropy in reflected GPS measurements of ocean winds[C]//IEEE International Geoscience and Remote Sensing Symposium Proceedings. Toulouse,2003,7:4480-4482.

[322] ARMATYS M,KOMJATHY A,AXELRAD P,et al. A comparison of GPS and scatterometer sensing of ocean wind speed and direction[C]//IEEE International Geoscience and Remote Sensing Symposium. Barcelona,2000:2861-2863.

[323] ZUFFADA C,ELFOUHAILY T,LOWE S. Sensitivity analysis of wind vector measurements from ocean reflected GPS signals[R]. Remote Sensing of Environment,2003.

[324] ALENIA. Final report for the constellation of pulse limited nadir looking radar altimeters[S]. ESTEC Contract 9370/91,1992.

[325] ANDERSON K. A global positioning system(GPS)tide gauge[R]. NATO Advisory Group for Aerospace Research and Development,Tech. Rep. CP – 582,1996.

[326] BELMONTE M,MARTIN – NEIRA M. GNSS reflections:First altimetry products from bridge – 2 field campaign[S]. Proc. 1st ESA Workshop Satellite Navigat. User Equipment Technol(NAVITEC),2001, 465 – 479.

[327] BEEKHUIS M L,BELMONTE M,BASTARRACHEA N. Zeelandbrug Ⅲ experiment,a GPS – R experiment with new GNSS – R receiver to retrieve geophysical parameters as sea surface roughness and sea level[R]. Proc. Oceanography with GNSS Reflections Workshop,2003:111 – 112.

[328] RIUS A,APARICIO J M,CARDELLACH E,et al. Sea surface state measured using GPS reflected signals[J]. Geophysical Research Letters,2002,29(23):2122.

[329] LOWE S T,LABRECQUE J L,ZUFFADA C,et al. First spaceborne observation of an Earth – reflected GPS signal[J]. Radio Science,2002,37(1):1 – 28.

[330] KOMJATHY A,MASLANIK J,ZAVOROTNY V U. Sea ice remote sensing using surface reflected GPS signals[R]. Honolulu Hawaii:IEEE 2000 International Geoscience Remote Sensing Symposium,2000.

[331] KOMJATHY A,MASLANIK J A,ZAVOROTNY V U. Towards GPS surface refection remote sensing of sea ice condition[C]//The Sixth International Conference on Remote Sensing for Marine and Coastal Environments. Charleston,2000.

[332] ZAVOROTNY V U,ZUFFADA C. Assessing the possibility of measuring the thickness of undeformed first – year Arctic sea ice from bistatic reflections of GPS signals[R]. Starlab,Barcelona: Proceedings of the 2003 workshop on Oceanography with GNSS – R,2003.

[333] WIEHL M,LEGRESY B,DIETRICH R. Potential of reflected GNSS signals for ice sheet remote sensing[R]. Progress In Electromagnetics,2003.

[334] BELMONTE R M,MASLANIK J A,AXELRAD P. Bistatic scattering of GPS signals off arctic sea ice[J]. IEEE Transactions on Geoscience and Remote Sensing,2010,48(3):1548 – 1553.

[335] CAMPS A,CAPARRINI M,SABIA R,et al. Sea surface salinity retrieval from space:potential synergetic use of GNSS – R signals to improve the sea state correction and application to the SMOS mission[C]//IEEE MicroRad. San Juan,2006:91 – 96.

[336] CAMPS A,MARCHAN – HERNANDEZ J F,RAMOS – PEREZ I. New radiometer concepts for remote sensing description of the passive advanced unit(PAU)for ocean monitoring[C]// 2006 IEEE International Symposium on Geoscience and Remote Sensing. Denver:IEEE,2006:3988 – 3991.

[337] CAMPS A,BOSCH – LLUIS X,RAMOS – PEREZ I,et al. New instrument concepts for ocean sensing:analysis of the PAU – radiometer[J]. IEEE Transactions on Geoscience and Remote Sensing, 2007,45(10):3180 – 3192.

[338] CAMPS A, AGUASCA A, BOSCH-LLUIS X. PAU one-receiver ground-based and airbone instruments[C]//IEEE International Geoscience and Remote Sensing Symposium. Barcelona, 2007: 2901-2904.

[339] MARCHAN-HERNANDEZ J F, RODRÍGUEZ-ÁLVAREZ N, CAMPS A, et al. Correction of the sea state impact in the L-band brightness temperature by means of delay-doppler maps of global navigation satellite signals reflected over the sea surface[J]. IEEE Transactions on Geoscience and Remote Sensing, 2007, 46(10): 2914-2923.

[340] LARSON K M, SMALL E E, GUTMANN E D, et al. Using GPS multipath to measure soil moisture fluctuations: Initial results[J]. GPS Solutions, 2008, 12(3): 173-177.

[341] LARSON K M, SMALL E E, GUTMANN E D, et al. Use of GPS receivers as a soil moisture network for water cycle studies[J]. Geophysical Research Letters, 2008, 35(24).

[342] LARSON K M, BRAUN J J, SMALL E E, et al. GPS multipath and its relation to near-surface soil moisture content[J]. IEEE Journal of Selected Topics in Applied Earth Observations & Remote Sensing, 2010, 3(1): 91-99.

[343] ZAVOROTNY V U, LARSON K M, BRAUN J J, et al. A physical model for GPS multipath caused by land reflections: toward bare soil moisture retrievals[J]. IEEE Journal of Selected Topics in Applied Earth Observations & Remote Sensing, 2010, 3(1): 100-110.

[344] MASTERS D, ZAVOROTNY V, KATZBERG S, et al. GPS signal scattering from land for moisture content determination[C]//IEEE 2000 International Geoscience and Remote Sensing Symposium. Honolulu, 2000, 7: 3090-3092.

[345] ZAVOROTNY V U, VORONOVICH A G. Bistatic GPS signal reflections at various polarizations from rough land surface with moisture content[C]//IEEE 2000 International Geoscience and Remote Sensing Symposium. Honolulu, 2000, 7: 2852-2854.

[346] ZAVOROTNY V U, MASTERS D, GASIEWSKI A, et al. Seasonal polarimetric measurements of soil moisture using tower-based GPS bistatic radar[C]//IEEE International Geoscience and Remote Sensing Symposium. Toulouse, 2003, 2: 781-783.

[347] MASTERS D, KATZBERG S, AXELRAD P. Airborne GPS bistatic radar soil moisture measurements during SMEX02[C]//IEEE International Geoscience and Remote Sensing Symposium. Proceedings. Toulouse, 2003, 2: 896-898.

[348] MASTERS D. Surface remote sensing applications of GNSS bistatic radar: Soil moisture and aircraft altimetry[R]. Univ. Colorado, Boulder, CO, 2004.

[349] RODRIGUEZ-ALVAREZ N, MARCHÁN J F, CAMPS A. Soil moisture retrieval using GNSS-R techniques: measurement campaign in a wheat field[C]//IEEE International Geoscience and Remote Sensing Symposium. Boston, 2008, 2: 245-248.

[350] RODRIGUEZ-ALVAREZ N, BOSCH-LLUIS X, CAMPS A, et al. Soil moisture retrieval using GNSS-R techniques: experimental results over a bare soil field[J]. IEEE Transactions on Geoscience and Remote Sensing, 2009, 47(11): 3616-3624.

[351] GRANT M S, KATZBERG S J. Combined GPS reflected signal and visual imagery for unsupervised clustering and terrain classification[C]//IEEE Southeast Con Proceedings. Greensboro,

2004:370 - 377.

[352] GRANT M S,ACTON S T,KATZBERG S J. Terrain moisture classification using GPS surface - reflected signals[J]. IEEE Geoscience and Remote Sensing Letters,2007,4(1):41 - 45.

[353] 刘经南,邵连军,张训械. GNSS - R 研究进展及其关键技术[J]. 武汉大学学报信息科学版,2007,32(11):955 - 960.

[354] LOWE S T,KROGER P,FRANKLIN G. A delay/Doppler - mapping receiver system for GPS - reflection remote sensing[J]. IEEE Transactions on Geoscience and Remote Sensing,2002,40(5):1150 - 1163.

[355] YOU H,GARRISON J L,HECKLER G. The autocorrelation of waveforms generated from ocean - scattered GPS signals[J]. IEEE Geoscience and Remote Sensing Letters,2006,3(1):78 - 82.

[356] NOGUÉS - CORREIG O,SUMPSI A,CAMPS A,et al. 3 GPS - channels Doppler - Delay receiver for remote sensing applications[C]//IEEE International Geoscience and Remote Sensing Symposium Proceedings. Toulouse,2003:4483 - 4485.

[357] DUNNE S,SOULAT F. A GPS - reflection coastal instrument to monitor tide and sea - state [C]. GNSS Reflection Workshop. Guildford:Surrey Univ. ,2005,2:1351 - 1356.

[358] GARRISON J L,WALKER M,HAASE J,et al. Development and testing of the GISMOS instrument [C]//IEEE International Geoscience and Remote Sensing Symposium. Barcelona,2007;5105 - 5108.

[359] NOGUES - CORREIG O,CARDELLACH E,SANZ CAMPDERROS J. A GPS - reflections receiver that computes Doppler/delay maps in real time[J]. IEEE Transactions on Geoscience and Remote Sensing,2007,45(1):156 - 174.

[360] ZAVOROTNY Z U,VORONOVICH A G,KATZBERG S J,et al. Extraction of sea state and wind speed from reflected GPS signals:modeling and aircraft measurements[C]//IEEE International Geoscience and Remote Sensing Symposium Proceedings. Honolulu,2000,4:1507 - 1509.

[361] HECKLER G,GARRISON J L. Architecture of a reconfigurable software receiver[C]// Proceedings of the 17th International Technical Meeting of the Satellite Division of The Institute of Navigation. Long Beach,2004:947 - 965.

[362] KELLEY C,BARNES J,CHENG J. Open source GPS open source software for learning about GPS [J]. Proc of Ion Gps,Portland,OR,2002.

[363] HELM A,BEYERLE G,REIGBER C,et al. Remote monitoring of ocean heights by ground - based observations of reflected GPS signals:2 case studies[C]//GNSS Reflection Workshop. Guildford:Surrey Univ. ,2005.

[364] 李紫薇,陈新. 基于 GPS 遥感的海面风场探测技术[J]. 高技术通讯,2003,3:50 - 53.

[365] YANG D K,ZHANG Q S,ZHANG Y Q,et al. Design and realization of delay mapping receiver based on GPS for sea surface wind measurement[C]//IEEE Conference on Industrial Electronics and Applications. Singapore,2006:1 - 4.

[366] 杨东凯,张益强. 基于 GPS 散射信号的机载海面风场反演系统[J]. 航空学报,2006,27(2):310 - 313.

[367] 俞雷,吴彦鸿,贾鑫. 基于 GPS 反射信号测量的海洋测高方法研究[J]. 装备技术学院学报,2005,16(3):78 - 81.

[368] 张训械,张冬娅,胡雄. 利用 GPS 反射信号遥感全球海态[J]. 全球定位系统,2004,29(5):1-9.

[369] 邵连军,张训械,王鑫. 利用 GNSS-R 信号反演海浪波高[J]. 武汉大学学报(信息科学版),2008,33(5):475-479.

[370] 张训械,邵连军,王鑫. GNSS-R 地基实验[J]. 全球定位系统,2006,31(5):4-8.

[371] ZHANG X X,WANG X,SHAO L,et al. First results of GNSS-R coastal experiment in China[C]// IEEE International Geoscience and Remote Sensing Symposium. Barcelona,2007:5088-5092.

[372] 林明森,王其茂,彭海龙. GPS 反射信号的海洋应用[J]. 海洋湖沼通报,2004,4:32-40.

[373] 周兆明,符养,薛震刚. 利用 GPS 反射信号遥感 Michael 飓风海面风场研究[J]. 武汉大学学报(信息科学版),2006,31(11):991-994.

[374] 刘立东,袁伟明,吴顺君,等. 基于 GPS 照射源的天地双基地雷达探测系统[J]. 电波科学学报,2004,19(1):109-113.

[375] 杨进佩. 基于 GPS 的无源雷达技术研究[D]. 南京:南京理工大学,2006.

[376] 曲卫,贾鑫,吴彦鸿. 用导航卫星作为辐射源的双(多)基地雷达系统可行性研究[J]. 装备指挥技术学院学报,2007,18(4):63-67.

[377] 齐义全,施平,王静. 卫星遥感海面风场的进展[J]. 遥感技术与应用,1998,13(1):56-61.

[378] 陈世平,方宗义,林明森. 利用全球导航定位系统进行大气和海洋遥感[J]. 遥感技术与应用,2005,20(1):30-37.

[379] BOURLIER C,SAILLARD L,BERGINC G. Intrinsic infrared radiation of the sea surface[J]. Progress in Electromagnetics Research,2000,27:185-335.

[380] 蒋德才,刘白桥,韩树宗. 工程海洋环境学[M]. 北京:海洋出版社,2005.

[381] VORONOVICH A G. Wave scattering from rough surfaces[R]. Springer-Verlag,1994.

[382] COATANHAY A,KHENCHAR A. Model of GNSS signal from the ocean based on an electromagnetic scattering theory:Two Scale Model(TSM)approach[C]//Geoscience and Remote Sensing Symposium. Seoul,2005.

[383] BERGINC G. Small-slope approximation method:A further study of vector wave scattering from two-dimensional surfaces and comparison with experimental data[J]. Progress in Electromagnetics Research,PIER 2002,37:251-287.

[384] BARRICK D E,Peake W H. A review of scattering from surface with different roughness scales[J]. Radio Science,1986,3:865-868.

[385] HELM A. Ground-based GPS altimetry with the L1 OpenGPS receiver using carrier phase-delay observations of reflected GPS signals[M]. Potsdam:GFZ,2008.

[386] GERMAIN O,RUFFINI G. A revisit to the GNSS-R code range precision[C]//GNSS Reflection Workshop. Noordwijk:Surrey Univ. ,2006.

[387] KAPLAN E D. Understanding GPS:principles and applications[M]. Boston:Artech House,1996.

[388] BROWN A,MATHEWS B. Remote sensing using bistatic GPS and a digital beam steering receiver[C]//IEEE International Geoscience and Remote Sensing Symposium. Seoul,2005.

[389] SOULAT F,CAPARRINI M,GERMAIN O,et al. Sea state monitoring using coastal GNSS-R[J]. Geophysical Research Letters,2004,31(21):133-147.

[390] RUFFINI G, SOULAT F. On the GNSS-R interferometric complex field coherence time[J]. Arxiv Cornell University Library, 2004.

[391] DUNNE S, SOULAT F, CAPARRINI M. A GPS-reflection coastal instrumentto monitor tide and sea-state[J]. Oceans 2005-Europe, 2005, 2(2): 1351-1356.

[392] LI W Q, YANG D, D'ADDIO S, et al. Partial interferometric processing of reflected GNSS signals for ocean altimetry[J]. IEEE Geoscience and Remote Sensing Letters, 2014, 11(9): 1509-1513.

[393] GLEASON S, GOMMENGINGER C, CROMWELL D. Fading statistics and sensing accuracy of ocean scattered GNSS and altimetry signals[J]. Advances in Space Research, 2010, 46(2): 208-220.

[394] GLEASON S, HODGART S, SUN Y, et al. Detection and processing of bistatically reflected GPS signals from low earth orbit for the purpose of ocean remote sensing[J]. IEEE Transactions on Geoscience and Remote Sensing, 2005, 43(6): 1229-1241.

[395] RIUS A, NOGUÉS-CORREIG O, RIBÓ S, et al. Altimetry with GNSS-R interferometry: first proof of concept experiment[J]. GPS Solutions, 2012, 16(2): 231-241.

[396] D'ADDIO S, MARTÍN-NEIRA M. Comparison of processing techniques for remote sensing of earth-exploiting reflected radio-navigation signals[J]. Electronics Letters, 2013, 49(4): 292-293.

[397] KUKIEATTIKOOL P. GNSS signal analysis using high gain antenna[D]. M. S. thesis, Inst. Comm. Navi., Technische Universität München, Munich, Germany, 2009.

[398] KAPLAN E D, HEGARTY C J. Understanding GPS: principles and applications [M]. 2nd ed. Norwood, MA, USA: Artech House, 2006.

[399] RODRÍGUEZ J Á Á. On generalized signal waveforms for satellite navigation [D]. Munich: Univ. FAF Munich, 2008.

[400] CNAGA. COMPASS view on compatibility and interoperability [C]//ICG Working Group A Meet. GNSS Interoperability. Vienna, 2009.

[401] REVNIVYKH S. GLONASS status and modernization[C].//In Proc. 24th ION GNSS. Portland: IEEE, 2011. 839-854.

[402] LI W Q, RIUS A, FABRA F, et al. The impact of inter-modulation components on interferometric GNSS-Reflectometry[J]. Remote Sensing, 2016, 8(12): 1013-1024.

[403] CARRENO-LUENGO H, CAMPS A. Empirical results of a surface-level GNSS-R experiment in a wave channel[J]. Remote Sensing, 2015, 7(6): 7471-7493.

[404] MASHBURN J, AXELRAD P, LOWE S T, et al. An assessment of the precision and accuracy of altimetry retrievals for a Monterey Bay GNSS-R experiment[J]. IEEE Journal of Selected Topics in Applied Earth Observations & Remote Sensing, 2016, 9(10): 4660-4668.

[405] LOWE S T, MEEHAN T, YOUNG L. Direct signal enhanced semicodeless processing of GNSS surface-reflected signals[J]. IEEE Journal of Selected Topics in Applied Earth Observations & Remote Sensing, 2014, 7(5): 1469-1472.

[406] CARRENO-LUENGO H, CAMPS A, RAMOS-PEREZ I, et al. Experimental evaluation of GNSS-reflectometry altimetric precision using the P(Y) and C/A signals[J]. IEEE Journal of Selected Topics in Applied Earth Observations & Remote Sensing, 2014, 7(5): 1493-1500.

[407] WICKERT J,ANDERSEN O B,BEYERLE G,et al. GEROS – ISS:GNSS reflectometry,radio occultation,and scatterometry onboard the international space station [J]. IEEE Journal of Selected Topics in Applied Earth Observations & Remote Sensing,2016,9(10):4552 – 4581.

[408] MARTIN F,DADDIO S,CAMPS A,et al. Modeling and analysis of GNSS – R waveforms sample – to – sample correlation[J]. IEEE Journal of Selected Topics in Applied Earth Observations & Remote Sensing,2014,7(5):1545 – 1559.

[409] PASCUAL D,PARK H,CAMPS A,et al. Simulation and analysis of GNSS – R composite waveforms using GPS and Galileo signals[J]. IEEE Journal of Selected Topics in Applied Earth Observations & Remote Sensing,2014,7(5):1461 – 1468.

[410] MARTIN F. Interferometric GNSS – R processing modeling and analysis of advanced processing concepts for altimetry[D]. Barcelona:Univ. Politècnica de Catalunya,2015.

[411] DAFESH P,NGUYEN T,LAZAR S. Coherent adaptive subcarrier modulation (CASM) for GPS modernization[C].//In Proceedings of the 1999 National Technical Meeting of The Institute of Navigation. San Diego:Spinger,1999. 649 – 660.

[412] CANGIANI G L. Methods and apparatus for multi – beam,multi – signal transmission for active phased array antenna:US6856284[P]. 2005 – 02 – 15.

[413] REBEYROL E,MACABIAU C,RIES L,et al. Interplex modulation for navigation systems at the L1 band[J]. Clinical Pharmacology & Therapeutics,2014,65(6):661 – 671.

[414] RIBO S,ARCO – FERNANDEZ J C,CARDELLACH E,et al. A software – defined GNSS reflectometry recording receiver with wide – bandwidth,multi – band capability and digital beam – forming [J]. Remote Sensing,2017,9(5):450 – 470.

[415] YOU H,GARRISON J L,HECKLER G,et al. Stochastic voltage model and experimental measurement of ocean – scattered GPS signal statistics[J]. IEEE Transactions on Geoscience and Remote Sensing,2004,42(10):2160 – 2169.

[416] PASCUAL D,CAMPS A,MARTIN F,et al. Precision bounds in GNSS – R ocean altimetry [J]. IEEE Journal of Selected Topics in Applied Earth Observations & Remote Sensing,2014,7(5):1416 – 1423.

[417] AVILA – RODRIGUEZ J A. Signal multiplex techniques for GNSS[EB/OL]. [2011 – 02 – 13]. http://www. navipedia. net/index. php/Signal_Multiplex_Techniques_for_GNSS.

[418] XIAO W,LIU W,SUN G. Modernization milestone:BeiDou M2 – S initial signal analysis[J]. GPS Solutions,2016,20(1):125 – 133.

[419] LI W Q,CARDELLACH E,FABRA F,et al. First spaceborne phase altimetry over sea ice using TechDemoSat – 1 GNSS – R signals[J]. Geophysical Research Letters,2017,44(16):8369 – 8376.

[420] MARTIN – NEIRA M,DADDIO S,ALCAZAR J,et al. The Paris In – Orbit demonstration mission [C].//IEEE International Geoscience and Remote Sensing Symposium. Munich:IEEE,2012. 7500 – 7504.

[421] LI Z,ZUFFADA C,LOWE S T,et al. Analysis of GNSS – R altimetry for mapping ocean mesoscale sea surface heights using high – resolution model simulations [J]. IEEE Journal of Selected Topics

in Applied Earth Observations & Remote Sensing,2016,9(10):4631-4642.

[422] SEMMLING A M. Detection of Arctic ocean tides using interferometric GNSS-R signals[J]. Geophysical Research Letters,2011,38(4):1-2.

[423] SEMMLING A,BECKHEINRICH J,WICKERT J,et al. Sea surface topography retrieved from GNSS reflectometry phase data of the GEOHALO flight mission[J]. Geophysical Research Letters,2014,41(3):954-960.

[424] SEMMLING A M,LEISTER V,SAYNISCH J,et al. A phase-altimetric simulator:studying the sensitivity of earth-reflected GNSS signals to ocean topography[J]. IEEE Transactions on Geoscience and Remote Sensing,2016,54(11):6791-6802.

[425] GLEASON S. Remote sensing of ocean,ice and land surfaces using bistatically scattered GNSS signals from low Earth orbit[D]. Guildford:Univ. of Surrey,2006.

[426] UNWIN M,JALES P,TYE J,et al. Spaceborne GNSS-reflectometry on TechDemoSat-1:Early mission operations and exploitation[J]. IEEE Journal of Selected Topics in Applied Earth Observations & Remote Sensing,2016,9(10):4525-4539.

[427] CHEW C,SHAH R,ZUFFADA C,et al. Demonstrating soil moisture remote sensing with observations from the UK TechDemoSat-1 satellite mission[J]. Geophysical Research Letters,2016,43(7):3317-3324.

[428] YAN Q,HUANG W. Spaceborne GNSS-R sea ice detection using delay-doppler maps:first results from the U.K. TechDemoSat-1 mission[J]. IEEE Journal of Selected Topics in Applied Earth Observations & Remote Sensing,2016,9(10):4795-4801.

[429] YAN Q,HUANG W,MOLONEY C. Neural networks based sea ice detection and concentration retrieval from GNSS-R Delay-Doppler Maps[J]. IEEE Journal of Selected Topics in Applied Earth Observations and Remote Sensing,2017,10(8):3789-3798.

[430] ALONSO-ARROYO A,ZAVOROTNY V U,CAMPS A. Sea ice detection using U.K. TDS-1 GNSS-R data[J]. IEEE Transactions on Geoscience and Remote Sensing,2017,99(5):1-13.

[431] LAXON S W. CryoSat-2 estimates of Arctic sea ice thickness and volume[J]. Geophysical Research Letters,2013,40(4):732-737.

[432] CARDELLACH E,FABRA F,RIUS A,et al. Characterization of dry-snow sub-structure using GNSS reflected signals[J]. Remote Sensing of Environment,2012,124(1):122-134.

[433] RIUS A,CARDELLACH E,FABRA F,et al. Feasibility of GNSS-R ice sheet altimetry in Greenland using TDS-1[J]. Remote Sensing,2017,9(7):742-757.

[434] FABRA F. GNSS-R as a source of opportunity for remote sensing of the cryosphere[D]. Barcelona:Univ. Politècnica de Catalunya,2013.

[435] BECKMANN P,SPIZZICHINO A. The scattering of electromagnetic waves from rough surfaces [M]. Norwood Mass:Artech House Publishers,1987.

[436] HU C,BENSON C,RIZOS C,et al. Single-pass sub-meter space-based GNSS-R ice altimetry:Results from TDS-1[J]. IEEE Journal of Selected Topics in Applied Earth Observations & Remote Sensing,2017,7(99):1493-1500.

[437] CAVALIERI D,PARKINSON C,GLOERSEN P,et al. Sea ice concentrations from Nimbus-7

SMMR and DMSP SSM/I – SSMIS passive microwave data, Version 1 [EB/OL]. https://nsidc.org/data/NSIDC – 0051/versions/1.

[438] TIAN – KUNZE X, KALESCHKE L, MAAß N. SMOS daily sea ice thickness version 3 [M]. Hamburg: Integrated Climate Data Center (ICDC), Univ. of Hamburg, 2017.

[439] CRADDOCK A, JOHNSTON G. International GNSS service[J]. GPS World, 2018, 29(9): 50 – 55.

[440] KWOK R, MORISON J. Sea surface height and dynamic topography of the ice – covered oceans from CryoSat – 2: 2011 – 2014[J]. Journal of Geophysical Research: Oceans, 2016, 121(1): 674 – 692.

[441] HERNÁNDEZ – PAJARES M, ROMA DOLLASE D, KRANKOWSKI A, et al. Comparing performances of seven different global VTEC ionospheric models in the IGS context [C].//International GNSS Service Workshop (IGS 2016). Sydney: International GNSS Service, 2016. 1 – 13.

[442] ORÚS R, HERNÁNDEZ – PAJARES M, JUAN J, et al. Improvement of global ionospheric VTEC maps by using kriging interpolation technique[J]. Journal of Atmospheric and Solar – Terrestrial Physics, 2005, 67(16): 1598 – 1609.

[443] Hopfield H S. Tropospheric effect on electromagnetically measured range: Prediction from surface weather data[J]. Radio Science, 1971, 6(3): 357 – 367.

[444] EGBERT G D, EROFEEVA S Y. Effcient inverse modeling of Barotropic ocean tides[J]. Journal of Atmospheric and Oceanic Technology, 2002, 19(2): 183 – 204.

[445] LEVIT C, MARSHALL W. Improved orbit predictions using two – line elements [J]. Advances in Space Research, 2011, 47(7): 1107 – 1115.

[446] CHENEY R E, DOUGLAS B C, MILLER L. Evaluation of Geosat altimeter data with application to tropical Pacific sea level variability[J]. Journal of Geophysical Research, 1989, 94(C4): 4737 – 4747.

[447] ANDERSEN O, KNUDSEN P, STENSENG L. The DTU13 MSS (Mean Sea Surface) and MDT (Mean Dynamic Topography) from 20 years of satellite altimetry, June 30 – July 6, 2014[C].//In IGFS 2014: Proceedings of the 3rd International Gravity Field Service (IGFS). Switzerland: Springer, 2014. 111 – 121.

[448] WADHAMS P, TUCKER W B, KRABILL W B, et al. Relationship between sea ice freeboard and draft in the Arctic Basin, and implications for ice thickness monitoring[J]. Journal of Geophysical Research, 1992, 97(12): 20325 – 20334.

[449] ALEXANDROV V, SANDVEN S, WAHLIN J, et al. The relation between sea ice thickness and freeboard in the Arctic[J]. Cryosphere, 2010, 4(3): 373 – 380.

[450] LI W Q, RIUS A, FABRA F, et al. Revisiting the GNSS – R waveform statistics and its impact on altimetric retrievals[J]. IEEE Transactions on Geoscience and Remote Sensing, 2018, 56(5): 2854 – 2871.

[451] JIN S, CARDELLACH E, XIE F. GNSS remote sensing[J]. Remote Sensing & Digital Image Processing, 2014, 19(18): 1328 – 1328.

[452] CARRENO – LUENGO H, PARK H, CAMPS A, et al. GNSS – R derived centimetric sea topography: An airborne experiment demonstration[J]. IEEE Journal of Selected Topics in Applied Earth

Observations and Remote Sensing,2013,6(3):1468-1478.

[453] SAYNISCH J,SEMMLING M,WICKERT J,et al. Potential of space-borne GNSS reflectometry to constrain simulations of the ocean circulation[J]. Ocean Dynamics,2015,65(11):1441-1460.

[454] PARK J,JOHNSON J T,OBRIEN A,et al. Studies of TDS-1 GNSS-R ocean altimetry using a "full DDM" retrieval approach[C]. //IEEE International Geoscience and Remote Sensing Symposium (IGARSS). Beijing:IEEE,2016. 5625-5626.

[455] DADDIO S,MARTÍN NEIRA M,BISCEGLIE M D,et al. GNSS-R altimeter based on Doppler multi-looking[J]. IEEE Journal of Selected Topics in Applied Earth Observations and Remote Sensing,2014,7(5):1452-1460.

[456] MARTIN-NEIRA M,DADDIO S,BUCK C,et al. The PARIS in-orbit demonstrator[C]. //IEEE International Geoscience and Remote Sensing Symposium. Cape Town:IEEE,2009. 322-325.

[457] MARTIN F,CAMPS A,PARK H,et al. Cross-correlation waveform analysis for conventional and interferometric GNSS-R approaches[J]. IEEE Journal of Selected Topics in Applied Earth Observations and Remote Sensing,2014,7(5):1560-1572.

[458] RODRIGUEZ E,MARTIN J M. Correlation properties of ocean altimeter returns[J]. IEEE Transactions on Geoscience and Remote Sensing,1994,32(3):553-561.

[459] ZUFFADA C,ZAVOROTNY V. Coherence time and statistical properties of the GPS signal scattered off the ocean surface and their impact on the accuracy of remote sensing of sea surface topography and winds[C]. //IEEE International Geoscience and Remote Sensing Symposium. Sydney:IEEE, 2001. 3332-3334.

[460] GARRISON J L. Modeling and simulation of bin-bin correlations in GNSS-R waveforms [C]. //IEEE International Geoscience and Remote Sensing Symposium. Munich:IEEE, 2012. 7079-7081.

[461] GARRISON J L. A statistical model and simulator for ocean-reflected GNSS signals[J]. IEEE Transactions on Geoscience and Remote Sensing,2016,54(10):6007-6019.

[462] CLARIZIA M P,GOMMENGINGER C,DI BISCEGLIE M,et al. Simulation of L-band bistatic returns from the ocean surface:a facet approach with application to ocean GNSS reflectometry[J]. IEEE Transactions on Geoscience and Remote Sensing,2012,50(3):960-971.

[463] GHAVIDEL A,SCHIAVULLI D,CAMPS A. Numerical computation of the electromagnetic bias in GNSS-R altimetry[J]. IEEE Transactions on Geoscience and Remote Sensing,2015, 54(1):489-498.

[464] GOODMAN J W. Statistical optics[M]. New York:Wiley,2015.

[465] JAMIL K,ALAM M,HADI M A,et al. A multi-band multi-beam software-defined passive radar Part I:System design[C]. //IET International Conference on Radar Systems (Radar 2012). Glasgow:IET,2012. 1-4.

[466] FABRA F,CARDELLACH E,RIBO S,et al. Synoptic capabilities of the GNSS-R interferometric technique with the SPIR instrument[C]. //Geoscience and Remote Sensing Symposium. Beijing: IEEE,2016. 5600-5602.

[467] ONRUBIA R,QUEROL J,PASCUAL D,et al. DME/TACAN impact analysis on GNSS reflectome-

try[J]. IEEE Journal of Selected Topics in Applied Earth Observations and Remote Sensing, 2017, 9(10):4611-4620.

[468] GHAVIDEL A, CAMPS A. Time-domain statistics of the electromagnetic bias in GNSS-reflectometry[J]. Remote Sensing, 2015, 7(9):11151-11162.

[469] VALENCIA E, CAMPS A, MARCHAN-HERNANDEZ J F, et al. Experimental determination of the sea correlation time using GNSS-R coherent data[J]. IEEE Geoscience and Remote Sensing Letters, 2010, 7(4):675-679.

[470] LI W, YANG D, FABRA F, et al. Typhoon wind speed observation utilizing reflected signals from BeiDou GEO satellites[C]//Sun J, Jiao W, Wu H, et al. China Satellite Navigation Conference (CSNC)2014 Proceedings: Volume I. Berlin: Springer, 2014, 303:191-200.

[471] GIANGREGORIO G, BISCEGLIE M D, ADDABBO P, et al. Stochastic modeling and simulation of Delay-Doppler maps in GNSS-R over the ocean[J]. IEEE Transactions on Geoscience and Remote Sensing, 2016, 54(4):2056-2069.

[472] JALES P. Spaceborne receiver design for scatterometric GNSS reflectometry [D]. Guildford: Univ. of Surrey, 2012.

[473] MARÍA I N, LUDES-MEYERS J, MARTS-ME A, et al. Frequent loss of WWOX expression in breast cancer: correlation with estrogen receptor status[J]. Breast Cancer Research and Treatment, 2005, 89(2):99-105.

[474] ULABY F T, MOORE R K, FUNG A K. Microwave remote sensing: active and passive [M]. Norwood: Addison Wesley Publishing Company, 1982.

[475] PARK H, PASCUAL D, CAMPS A, et al. Analysis of spaceborne GNSS-R delay-Doppler tracking[J]. IEEE Journal of Selected Topics in Applied Earth Observations and Remote Sensing, 2014, 7(5):1481-1492.

[476] RODRÍGUEZ E. Altimetry for non-Gaussian oceans: Height biases and estimation of parameters [J]. Journal of Geophysical Research Oceans, 1988, 93(11):14107-14120.

[477] MARCHAN-HERNANDEZ J F, CAMPS A, RODRIGUEZ-ALVAREZ N, et al. An efficient algorithm to the simulation of delay-doppler maps of reflected global navigation satellite system signals[J]. IEEE Transactions on Geoscience and Remote Sensing, 2009, 47(8):2733-2740.

[478] LI W Q, CARDELLACH E, FABRA F, et al. Lake level and surface topography measured with spaceborne GNSS-Reflectometry from CYGNSS mission: Example for the Lake Qinghai [J]. Geophysical Research Letters, 2018, 45(24):13332-13341.

[479] BERRY P, GARLICK J, FREEMAN J, et al. Global inland water monitoring from multi-mission altimetry[J]. Geophysical Research Letters, 2005, 32(16):L16401.

[480] BIRKETT C M. The contribution of TOPEX/POSEIDON to the global monitoring of climatically sensitive lakes[J]. Journal of Geophysical Research, 1995, 100(12):25179-25204.

[481] FRAPPART F, CALMANT S, CAUHOPÉ M, et al. Preliminary results of ENVISAT RA-2-derived water levels validation over the Amazon basin[J]. Remote Sensing of Environment, 2006, 100(2):252-264.

[482] JIANG L, NIELSEN K, ANDERSEN O B, et al. Monitoring recent lake level variations on the Ti-

betan Plateau using CryoSat – 2 SARIn mode data[J]. Journal of Hydrology,2017,544(1):109 – 124.

[483] KLEINHERENBRINK M,LINDENBERGH R,DITMAR P. Monitoring of lake level changes on the Tibetan Plateau and Tian Shan by retracking CryoSat SARIn waveforms[J]. Journal of Hydrology, 2015,521(2):119 – 131.

[484] NIELSEN K,STENSENG L,ANDERSEN O B,et al. Validation of CryoSat – 2 SAR mode based lake levels[J]. Remote Sensing of Environment,2015,171(12):162 – 170.

[485] TSENG K H,SHUM C,YI Y,et al. Envisat altimetry radar waveform retracking of quasi – specular echoes over the ice – covered Qinghai Lake[J]. Terrestrial,Atmospheric and Oceanic Sciences, 2013,24(4):615 – 627.

[486] CHENG K C,KUO C Y,SHUM C,et al. Accurate linking of Lake Erie water level with shoreline datum using GPS buoy and satellite altimetry[J]. Terrestrial,Atmospheric and Oceanic Sciences, 2008,19(1 – 2):53 – 62.

[487] LI X,CROWLEY J W,HOLMES S A,et al. The contribution of the GRAV – D airborne gravity to geoid determination in the Great Lakes region[J]. Geophysical Research Letters,2016,43(9): 4358 – 4365.

[488] SCHWATKE C,KOCH T. BOSCH W,Satellite altimetry over inland water:A new tool to detect geoid errors[C].//EGU General Assembly Conference Abstracts,Vienna:EGU,2012. 7738.

[489] XIE J,BERTINO L,CARDELLACH E,et al. An OSSE evaluation of the GNSS – R altimetry data for the GEROS – ISS mission as a complement to the existing observational networks[J]. Remote Sensing of Environment,2018,209(5):152 – 165.

[490] MASHBURN J,AXELRAD P,LOWE S T,et al. Global ocean altimetry with GNSS reflections from TechDemoSat – 1[J]. IEEE Transactions on Geoscience and Remote Sensing,2018,56(7):4088 – 4097.

[491] CARTWRIGHT J,CLARIZIA M P,CIPOLLINI P,et al. Independent DEM of Antarctica using GNSS – R data from TechDemoSat – 1[J]. Geophysical Research Letters,2018,45(12): 6117 – 6123.

[492] CAMPS A,PARK H,SEKULIC I,et al. GNSS – R altimetry performance analysis for the GEROS Experiment on board the International Space Station[J]. Sensors,2017,17(7):1583 – 1601.

[493] GRIECO G,STOFFELEN A,PORTABELLA M,et al. Quality control of Delay – Doppler maps for stare processing[J]. IEEE Transactions on Geoscience and Remote Sensing,2019,57(5):2990 – 3000.

[494] ZUFFADA C,LI Z,NGHIEM S V,et al. The rise of GNSS reflectometry for Earth remote sensing [C].//In Proceedings of IEEE 2015 International Geoscience and Remote Sensing Symposium (IGARSS). Milan:IEEE,2015. 5111 – 5114.

[495] SEMMLING A M,WICKERT J,SCHŇÜN S,et al. A zeppelin experiment to study airborne altimetry using specular Global Navigation Satellite System reflections[J]. Radio Science,2013,48(4): 427 – 440.

[496] RUF C,CHANG P,CLARIZIA M,et al. CYGNSS handbook[M]. Ann Arbor:Michigan Publishing,2016.

[497] RUF C S,CHEW C,LANG T,et al. A new paradigm in Earth environmental monitoring with the CYGNSS small satellite constellation[J]. Scientific reports,2018,8(1):8782 – 8795.

[498] CHEW C,REAGER J T,SMALL E. CYGNSS data map flood inundation during the 2017 Atlantic hurricane season[J]. Scientific Reports,2018,8(1):1 – 8.

[499] CHEW C,SMALL E. Soil moisture sensing using spaceborne GNSS reflections:comparison of CYGNSS reflectivity to SMAP soil moisture[J]. Geophysical Research Letters,2018,45(9):4049 – 4057.

[500] KIM H,LAKSHMI V. Use of Cyclone Global Navigation Satellite System (CyGNSS) observations for estimation of soil moisture[J]. Geophysical Research Letters,2018,45(16):8272 – 8282.

[501] RUF C S,GLEASON S,MCKAGUE D S. Assessment of CYGNSS wind speed retrieval uncertainty [J]. IEEE Journal of Selected Topics in Applied Earth Observations and Remote Sensing,2019,12(1):87 – 97.

[502] MONTENBRUCK O,STEIGENBERGER P,PRANGE L,et al. The Multi – GNSS Experiment (MGEX) of the International GNSS Service (IGS)—Achievements,prospects and challenges [J]. Advances in Space Research,2017,59(7):1671 – 1697.

[503] FABRA F,CARDELLACH E,LI W,et al. WAVPY:A GNSS – R open source software library for data analysis and simulation[C].//In Proceedings of IEEE 2017 International Geoscience and Remote Sensing Symposium (IGARSS). Fort Worth:IEEE,2017. 4125 – 4128.

[504] MISRA P,ENGE P. Global Positioning System:Signals,measurements and performance (second edition)[M]. Lincoln:Ganga – Jamuna Press,2006.

[505] HERNÁNDEZ – PAJARES M,ROMA DOLLASE D,KRANKOWSKI A,et al. Comparing performances of seven different global VTEC ionospheric models in the IGS context[C].//In International GNSS Service Workshop (IGS 2016). Sydney:IGS,2016. 1 – 13.

[506] HARRIS R B,MACH R G. The GPSTk:An open source GPS toolkit[J]. GPS Solutions,2007,11(2):145 – 150.

[507] MCCARTHY D D,PETIT G. IERS conventions (2003)[M]. Frankfurt:(IERS Technical Note No. 32):International Earth Rotation and Reference Systems Service (IERS),2004.

[508] PEKEL J F,COTTAM A,GORELICK N,et al. High – resolution mapping of global surface water and its long – term changes[J]. Nature,2016,540(7633):418 – 422.

[509] MAYERS D,RUF C. Measuring ice thickness with CYGNSS altimetry[C].//In Proceedings of IEEE 2018 International Geoscience and Remote Sensing Symposiu (IGARSS). Valencia:IEEE,2018. 8535 – 8538.

[510] YANG J,ZHANG X,ZHANG F,et al. On the accuracy of EGM2008 Earth gravitational model in Chinese mainland[J]. Progress in Geophysics,2012,27(4):1298 – 1306.

[511] ZHANG G,SHEN W,ZHU Y,et al. Evaluation of ASTER GDEM in the northeastern margin of Tibetan Plateau in gravity reduction[J]. Geodesy and Geodynamics,2017,8(5):335 – 341.

[512] VORONOVICH A G,ZAVOROTNY V U. Bistatic radar equation for signals of opportunity revisited [J]. IEEE Transactions on Geoscience and Remote Sensing,2018,56(4):1959 – 1968.

[513] ZHENG W,XU H Z,ZHONG M,et al. Efficient and rapid estimation of the accuracy of future

GRACE Follow – On Earth's gravitational field using the analytic method[J]. Chinese Journal of Geophysics,2010,53(2):796 – 806.

[514] HELM A. Ground – based GPS altimetry with the L1 open GPS receiver using carrier phase – delay observations of reflected GPS signals[D]. Potsdam:Posdam Deutsches GFZ,2008.

[515] KOSTELECKY J,KLOKOCNIK J,WAGNER C A. Geometry and acuracy of reflecting points in bistatic satelite altimetry[J]. Journal of Geodesy,2005,79(8):421 – 430.

[516] SKOLNIK M. Radar handbook[M]. New York:McGraw – Hill,1990.

[517] GLEASON S,GEBRE – EGZIABHER D. GNSS applications and methods [M]. USA:Artech House:Norwood,MA,2009.

[518] JALES P,UNWIN M. MERRByS product manual—GNSS Reflectometry on TDS – 1 with the SGR – ReSI[R]. Surrey Satellite Technology LTD:Guildford,UK,2017.

[519] PAVLIS N K,SALEH J. Error propagation with geographic specificity for very high degree geopotential models [M]. In Gravity,Geoid and Space Missions. Berlin:Springer,2005.

[520] PAVLIS N K,HOLMES S A,KENYON S C,et al. The development and evaluation of the Earth Gravitational Model 2008 (EGM2008)[J]. Journal of Geophysical Research:Solid Earth,2012, 117(B4):1 – 38.

[521] 刘亚龙. HY – 2 雷达高度计海面高度定标技术研究[D]. 青岛:中国海洋大学,2014.

[522] ROSMORDUC V,BENVENISTE J,LAURET O,et al. Radar altimetry tutorial and toolbox [R]. http://www.altimetry.info,2011.

[523] SCHWIDERSKI W. On charting global ocean tides[J]. Reviews of Geophysics,1980,18(1):243 – 268.

[524] LEPROVOST C,GENCO L,LYARD F. Spectroscopy of the world ocean tides from a finite element hydrodynamic model[J]. Journal of Geophysical Research:Oceans (1978 – 2012) 1994,99(12): 24777 – 24797.

[525] CHENG Y,ANDERSEN B. Multimission empirical ocean tide modeling for shallow waters and polar seas[J]. Journal of Geophysical Research:Oceans (1978 – 2012),2011,116(C11):1130 – 1146.

[526] EGBERT D,BENNETT F,FOREMAN G. TOPEX/Poseidon tides estimated using a global inverse model[J]. Journal of Geophysical Research,1994,99(C12):24821 – 24852.

[527] EGBERT D,RAY D. Significant dissipation of tidal energy in the deep ocean inferred from satellite altimeter data[J]. Nature,2000,405(6788):775 – 778.

[528] SAVCENKO R,BOSCH W. EOT08a – A new global tide model from multi—mission altimetry [C].//38th COSPAR Scientific Assembly. Bermen:Deutsche Geodatisches Forschungsinstitut (DGFI),2010. 3.

[529] RAY D. A global ocean tide model from TOPEX/Poseidon altimetry:GOT99. 2 [R]. Maryland: NASA TM – 1999 – 209478,National Aeronautics and Space Administration,Goddard Space Flight Center,1999.

[530] MURPHY C,MOORE P,WOODWORTH P. Short – arc calibration of the TOPEX/Poseidon and ERS1 altimeters utilizing in situ data[J]. Journal of Geophysical Research,1996,101 (C6):14191 – 14200.

[531] MITCHUM G. Monitoring the stability of satellite altimeters with tide gauge[J]. Journal of Atmospheric and Oceanic Technology,1998,15(3):721-730.

[532] HWANG C,CHEN S. Fourier and wavelet analyses of TOPEX/Poseidon-derived sea level anomaly over the South China Sea:A contribution to the South China Sea monsoon experiment[J]. Journal of Geophysical Research,2000,105(C12):28785-28804.

[533] RIGNOT E,PADMAN L,MACAYEAL R,et al. Observation of ocean tides below the Filchner and Ronne Ice Shelves,Antarctica,using synthetic aperture radar interferometry:Comparison with tide model predictions[J]. Journal of Geophysical Research:Oceans,2000,105(C8):19615-19630.

[534] DONG X,WOODWORTH P,MOORE P,et al. Absolute calibration of the TOPEX/Poseidon altimeters using UK tide gauges,GPS,and precise,local geoid-differences[J]. Marine Geodesy,2002,25(3):189-204.

[535] WOODWORTH P,MOORE P,DONG X,et al. Absolute calibration of the Jason-1 altimeter using UK tide gauges[J]. Marine Geodesy,2004,27(1-2):95-106.

[536] RAY D,ROWLANDS D,EGBERT D. Tidal models in a new era of satellite gravimetry[J]. Space Science Reviews,2003,108(1-2):271-282.

[537] ANDERSEN B. Rangeand geophysical corrections in coastal regions:and implications for mean sea surface determination,volume coastal altimetry[M]. Technical University of Denmark:Springer,2011,103-146.

[538] LIU Y,TANG J,ZHU J,et al. An improved method of absolute calibration to satellite altimeter:A case study in the Yellow Sea,China[J]. Acta Oceanologica Sinica,2014,33(5):103-112.

[539] BAO J,XU J. Tide analysis from altimeter data and the establishment and application of tide model[M]. Beijing:Surveying and Mapping Press,2013.

[540] LYARD F,LEFEVRE F,LETELLIER T,et al. Modelling the global ocean tides:modern insights from FES2004[J]. Ocean Dynamics,2006,56(5):394-415.

[541] FENG S,LI F,LI S. Introduction to ocean science[M]. Beijing:Higher Education Press,2016.

[542] JIN S,FENG G P,GLEASON S. Remote sensing using GNSS signals:Current status and future directions[J]. Advances in Space Research,2011,47(10):1645-1653.

[543] ZHENG W,LI Z W. Preferred design and error analysis for the future dedicated deep-space Mars-SST satellite gravity mission[J]. Astrophysics and Space Science,2018,363(8):172-187.

[544] ZHENG W,XU H,ZHONG M,et al. Improvement in the recovery accuracy of the lunar gravity field based on the future Moon-ILRS spacecraft gravity mission[J]. Surveys in Geophysics,2015,36(4):587-619.

[545] METZGER E H,JIRCITANO A. Inertial navigation performance improvement using gravity gradient matching techniques[J]. Journal of Spacecraft and Rockets,2012,13(6):323-324.

[546] SILVER S. Microwave antenna theory and design[M]. New York:MIT Radiation Laboratory Series Vol. 12,1949.

[547] 海上升"捕风"——揭秘捕风一号A、B卫星[EB/OL].(2019-06-08). http://www.cma.gov.cn/2011xwzx/2011xmtjj/201906/t20190608_526702.html.

[548] FENG Y,ZHENG Y. Efficient interpolations to GPS orbits for precise wide area applications[J].

GPS Solutions,2005,9(4):273 - 282.

[549] PICARDI G,SEU R,SORGE S G. Bistatic model of ocean scattering[J]. IEEE Transactions on Antennas and Propagation,2002,46(10):1531 - 1541.

[550] BECKMANN P,SPIZZICHINO A. The scattering of electromagnetic wavesfrom rough surfaces [R]. Pergamon,1963.

[551] SORIANO G,SAILLARD M. A two - scale model for the ocean surface bistatic scattering [C].//IEEE International Geoscience and Remote Sensing Symposium. Toulouse:IEEE,2003. 4147 - 4149.

[552] COX C,MUNK W. Measurement of the roughness of the sea surface from photographs of the sun's glitter[J]. Journal of the Optical Society of America B - Optical Physics,1954,44(11):838 - 850.

[553] ANGELOPOULOU E. Specular highlight detection based on the fresnel reflection coefficient [C].//IEEE International Conference on Computer Vision. Rio de Janeiro:IEEE,2007. 1 - 8.

[554] LI W,CARDELLACH E,FABRA F,et al. Assessment of spaceborne GNSS - R ocean altimetry performance using CYGNSS Mission raw data[J]. IEEE Transactions on Geoscience and Remote Sensing,2019,363(8):1 - 13.

[555] ALONSO A A,QUEROL J,LOPEZ M C,et al. SNR and standard deviation of cGNSS - R and iGNSS - R scatterometric measurements[J]. Sensors,2017,17(12):183 - 213.

[556] www. merrbys. org Mission and Product Descriptions,May 2016. Available:http://www. merrbys. co. uk/Resources% 20Page. htm.

[557] LU W,SHUAI F,YANG R. Synthetic array processing for GNSS receiver in multipath environments [C].//International Conference on Automatic Control and Artificial Intelligence. Xiamen:IET,2013. 2026 - 2029.

[558] PASCUAL D,ONRUBIA R,QUEROL J. Calibration of GNSS - R receivers with PRN signal injection:Methodology and validation with the microwave interferometric reflectometer (MIR)[C].// IEEE International Geoscience and Remote Sensing Symposium (IGARSS). Fort Worth:IEEE,2017. 5022 - 5025.

[559] CARDELLACH E,WICKERT J,BAGGEN R,et al. GNSS transpolar Earth reflectometry exploriNg system (G - TERN):mission concept[J]. IEEE Access,2018,6(6):13980 - 14018.

[560] MARTÍN - NEIRA M,LI W,Andrés - Beivide A,et al. Cookie:A satellite concept for GNSS remote sensing constellations[J]. IEEE Journal of Selected Topics in Applied Earth Observations and Remote Sensing,2016,9(10):4593 - 4610.

[561] VISSER H J. Array and phased array antenna basics[M]. New York:John Wiley and Sons,2005.

[562] KELLEY D F,STUTZMAN W L. Array antenna pattern modeling methods that include mutual coupling effects[J]. IEEE Transactions on Antennas and Propagation,1993,41(12):1625 - 1632.

[563] RIZA N A,MADAMOPOULOS N. Phased - array antenna,maximum - compression,reversible photonic beam former with ternary designs and multiple wavelengths [J]. Applied Optics,1997,36 (5):983 - 996.

[564] HANNAN P W,BALFOUR M A. Simulation of a phased - array antenna in waveguide[J]. Antennas and Propagation IEEE Transactions on,1965,13(3):342 - 353.

[565] HUANG J. A Ka – band circularly polarized high – gain microstrip array antenna[J]. Antennas and Propagation IEEE Transactions on,1995,43(1):113 – 116.

[566] 朱海,王顺杰,蔡鹏. 基于ICCP的水下直线段地磁匹配[J]. 中国惯性技术学报,2009,17(2):153 – 155.

[567] CHEN P Y,LI Y,SU Y M,et al. Review of AUV underwater terrain matching navigation[J]. Journal of Navigation,2015,68(6):1155 – 1172.

[568] ZHENG W,XU H Z,ZHONG M,et al. Efficient and rapid estimation of the accuracy of GRACE global gravitational field using the semi – analytical method[J]. Chinese Journal of Geophysics,2008,51(6):1704 – 1710.

[569] ZHENG W,XU H Z,ZHONG M,et al. Effective processing of measured data from GRACE key payloads and accurate determination of Earth's gravitational field[J]. Chinese Journal of Geophysics,2009,52(4):1966 – 1975.

[570] ZHENG W,XU H Z,LI Z W,et al. Precise establishment of the next – generation Earth gravity field model from HIP – 3S based on combination of inline and pendulum satellite formations[J]. Chinese Journal of Geophysics,2017,60(5):3051 – 3061.

[571] ZHANG K,LI Y,ZHAO J H,et al. A study of underwater terrain navigation based on the robust matching method[J]. Journal of Navigation,2014,67(4):569 – 578.

[572] CHEN P Y,LI Y,SU Y M,et al. Underwater terrain positioning method based on least squares estimation for AUV[J]. China Ocean Engineering,2015,29(6):859 – 874.

[573] 谢建春,赵荣椿. 几种地形辅助导航方法的比较[J]. 测控技术,2007,26(12):15 – 18.

[574] 刘承香. 水下潜器的地形匹配辅助定位技术研究[D]. 哈尔滨:哈尔滨工程大学,2003.

[575] ZHANG H,HU X L. A height – measuring algorithm applied to TERCOM radar altimeter[C].// 2010 3rd International Conference on Advanced Computer Theory and Engineering (ICACTE). Chengdu:IEEE,2010. 543 – 546.

[576] 李姗姗,吴晓平,马彪. 水下重力异常相关极值匹配算法[J]. 测绘学报,2011,40(4):464 – 469.

[577] 徐克虎,贺也平,沈春林. 一种改进的地形轮廓预测匹配辅助导航算法[J]. 航空计算技术,2000,30(1):9 – 11.

[578] 于家城,晏磊,贺翔. 基于图像分层搜索的地形轮廓匹配算法设计[J]. 海洋测绘,2008,28(6):33 – 39.

[579] 王胜平,张红梅,赵建虎,等. 唐平利用TERCOM与ICCP进行联合地磁匹配导航[J]. 武汉大学学报(信息科学版),2011,36(10):1209 – 1212.

[580] 刘光军,陈晶. 海底地形辅助导航系统仿真技术研究[J]. 计算机仿真,2000,17(2):21 – 24.

[581] LI Y,MA T,CHEN P Y,et al. Autonomous underwater vehicle optimal path planning method for seabed terrain matching navigation[J]. Ocean Engineering,2017,133(15):107 – 115.

[582] 郑彤,蔡龙飞,边少锋,等. 地形匹配辅助导航中匹配区域的选择[J]. 中国惯性技术学报,2009,17(2):191 – 196.

[583] 刘中华,王晖,陈宝国. 景象匹配区选取方法研究[J]. 计算机技术与发展,2013,23(12):

128-133.

[584] 马越原,欧阳永忠,黄谟涛,等.基于重力场特征参数信息熵的适配区选择方法[J].中国惯性技术学报,2016,24(6):763-768.

[585] 饶喆,张静远,冯炜.一种地形匹配导航区域的可导航性评价方法[J].河南大学学报(自然版),2016,46(1):89-95.

[586] 程力,蔡体菁.一种模式识别神经网络重力匹配算法[J].中国惯性技术学报,2007,15(4):418-422.

[587] LU S L,ZHAO L,ZHANG C Y. Improved TERCOM based on fading factor [J]. Applied Mechanics and Materials,2011,143(144):770-774.

[588] WERTZ J R. Spacecraft attitude determination and control[M]. Dordrecht:Springer,1978.

[589] 王可东,杨勇.地形辅助导航匹配误差研究[J].宇航学报,2008,29(6):1809-1813.

[590] 秦宇杰,王可东.基于重力测量卫星的重力梯度辅助导航研究[J].全球定位系统,2016,41(1):19-23.

[591] 赵建虎.地磁与惯性水下组合导航定位关键技术研究[J].中国科技成果,2013,14(1):33-34.

[592] 童余德,边少锋,蒋东方,等.一种新的基于局部重力图逼近的组合匹配算法[J].地球物理学报,2012,55(9):2917-2924.

[593] 郑伟,许厚泽,钟敏,等.不同插值法对下一代卫星重力反演精度的影响[J].宇航学报,2014,35(3):269-276.

[594] ZHENG W,XU H Z,ZHONG M,et al. Accurate and rapid error estimation on global gravitational field from current GRACE and future GRACE Follow-On missions[J]. Chinese Physics B,2009,18(8):3597-3604.

[595] 郑伟,许厚泽,钟敏,等.GRACE卫星关键载荷实测数据的有效处理和地球重力场的精确解算[J].地球物理学报,2009,52(8):1966-1975.

[596] 王伟,李姗姗,邢志斌,等.关联概率密度加权重力异常UKF滤波匹配导航算法[J].测绘科学技术学报,2015,32(4):349-352.

[597] 程传奇,郝向阳,张振杰,等.鲁棒性地形匹配/惯性组合导航算法[J].中国惯性技术学报,2016,24(2):202-207.

[598] 赵建虎,王胜平,王爱学.一种改进型TERCOM水下地磁匹配导航算法[J].武汉大学学报(信息科学版),2009,34(11):1320-1323.

[599] 王虎彪,王勇,方剑,等."最小均方误差旋转拟合法"重力辅助导航仿真研究[J].中国科学:地球科学,2012,42(7):1055-1062.

[600] 王文晶.基于重力和环境特征的水下导航定位方法研究[D].哈尔滨:哈尔滨工程大学,2009.

[601] 郑伟,许厚泽,钟敏,等.基于下一代三向车轮双星编队改善地球重力场空间分辨率研究[J].地球物理学报,2015,58(3):767-779.

[602] ZHENG W,XU H Z,ZHONG M,et al. Demonstration on the optimal design of resolution indexes of high and low sensitive axes from space-borne accelerometer in the satellite-to-satellite tracking model[J]. Chinese Journal of Geophysics,2009,52(6):1200-1209.

[603] ZHENG W,XU H Z,ZHONG M,et al. Sensitivity analysis for key payloads and orbital parameters from the next-generation Moon-Gradiometer satellite gravity program[J]. Surveys in Geophysics,2015,36(1):111-137.

[604] 彭富清. 海洋重力辅助导航方法及应用[D]. 郑州:解放军信息工程大学,2013.

[605] 赵建虎,王胜平,王爱学. 基于 kexue 地磁共生矩阵的水下地磁导航适配区选择[J]. 武汉大学学报(信息科学版),2011,36(4):446-449.

[606] 黄谟涛,翟国君,欧阳永忠,等. 海洋重力测量误差补偿两步处理法[J]. 武汉大学学报(信息科学版),2002,27(3):251-255.

[607] 于波,刘雁春,暴景阳,等. Eötvös 效应改正中航速、航向角计算方法研究[J]. 测绘科学,2007,32(3):80-82.

[608] 程力,张雅杰,蔡体菁. 重力辅助导航匹配区域选择准则[J]. 中国惯性技术学报,2007,15(5):559-563.

[609] 张凯,赵建虎,王锲. 基于支持向量机的水下地形匹配导航中适配区划分方法研究[J]. 大地测量与地球动力学,2013,33(6):72-77.

[610] 秦寿康. 综合评价原理与应用[M]. 北京:电子工业出版社,2003.

[611] 李春林,陈旭红. 应用多元统计分析[M]. 北京:清华大学出版社,2013.

[612] WANG B,LI Y,DENG Z H. A particle filter-based matching algorithm with gravity sample vector for underwater gravity aided navigation[J]. IEEE/ASME Transactions on Mechatronics,2016,21(3):1399-1408.

[613] ZHENG W,XU H Z,ZHONG M,et al. A study on the improvement in spatial resolution of the Earth's gravitational field by the next-generation ACR-Cartwheel-A/B twin-satellite formation[J]. Chinese Journal of Geophysics,2015,58(2):135-148.

[614] ZHENG W,SHAO C G,LUO J,et al. Improving the accuracy of GRACE Earth's gravitational field using the combination of different inclinations[J]. Progress in Natural Science,2008,18(5):555-561.

[615] 杨勇,王可东. ICCP 中单纯形优化的误匹配检测[J]. 北京航空航天大学学报,2009,35(3):334-337.

[616] 张堃薇,王可东. 多参照点联合概率地形误匹配判断准则[J]. 北京航空航天大学学报,2017,44(7):1562-1568.

[617] LI Q Y. Numerical analysis[M]. Beijing:Tsinghua University Press,2011.

[618] 杨瑜. 空间点到直线距离公式探析[J]. 高师理科学刊,2011,31(2):48-50.

作者简介

郑伟,男,1977年生,中共党员,首席研究员,博士生导师,华中科技大学理学博士,日本京都大学博士后,入选辽宁省攀登学者特聘教授、湖北省新世纪高层次人才工程、中国科学院青年创新促进会会员。曾工作于中国科学院测量与地球物理研究所,现就职于中国航天科技集团钱学森空间技术实验室;主要研究方向为卫星重力反演和天空海一体化导航与探测。现担任中国空间技术研究院科技委(空间科学与空间探测专业组)成员、中国惯性技术学会理事和天空海一体化导航与探测专委会主任委员、中国测绘学会理事、中国地球物理学会理事、中国电子学会青年科学家俱乐部理事、中国地球物理学会(航空航天地球物理专委会)副主任委员、中国指挥与控制学会(空天安全平行系统专委会)副主任委员、中国自动化学会(平行控制与管理专委会)副主任委员、中国测绘学会(大地测量与导航专委会)委员、中国测绘学会(海洋测绘专委会)委员、中国惯性技术学会(惯性仪表与元件专委会)委员、中国宇航学会(电推进专委会)委员、中国海洋学会(海洋测绘专委会)委员,四川省重点实验室学术委员会委员,《Remote Sensing》(SCI 二区)、《Applied Geophysics》(SCI)、《中国惯性技术学报》(EI)、《中国空间科学技术》等期刊编委,浙江大学兼职研究员、哈尔滨工业大学兼职博导、东南大学兼职教授和兼职博导、大连理工大学兼职教授、电子科技大学协议教授和兼职博导、太原理工大学客座教授、西安电子科技大学兼职教授和兼职博导、南京航空航天大学兼职教授和兼职博导、南京理工大学兼职博导、哈尔滨工程大学兼职教授和兼职硕导、辽宁工程技术大学兼职教授和兼职博导、河南理工大学兼职教授和兼职博导,澳大利亚纽卡斯尔大学博士学位论文评审专家、国家高分专项重力评审专家组组长、国家发展改革委项目评审专家、国家重点研发计划评审专家、国家重大科学仪器设备开发专项评审专家、国家自然科学基金(仪器、重大、重点、优青、面上、区域、青年)评审专家、国家教育部学位中心评审专家等30余项。主要研究成果:以第一作者在国际权威期刊 Surveys in Geophysics(IF = 6.673,SCI 一区)、Progress in Natural Science(IF = 3.607,SCI 二区)、IEEE Geoscience and Remote Sensing Letters(IF = 3.966,SCI 二区)、Advances in Space Research(IF = 2.152)、Journal of Geodynamics(IF = 2.345)、Planetary and Space Science(IF = 2.030)、Astrophysics and Space Science(IF = 1.830)、Acta Geophysica(IF = 2.054)等发表研究论文100余篇(SCI 收录55篇),以通讯/共同作者在 Journal of Hydrology(IF = 5.722,SCI 一区)、Remote Sensing(IF = 4.848,SCI 二区)、IEEE Journal of Selected Topics in Applied Earth Observations and Remote Sensing(IF = 3.784,SCI 二区)、Journal of Geophysical Research – Atmospheres(IF = 4.261,SCI 二区)、*IEEE Access*(IF = 3.367,SCI 二区)、*Sensors*(IF = 3.576,SCI 二区)、*International Journal of Remote Sensing*(IF = 3.151)、*Hydrogeology Journal*(IF = 3.178)等发表 SCI 论文 40 余篇,他引 1200 余次;以独立/第一作者在科学出版社、国防工业出版社和北京理工大学出版社出版学术专著 6 部(获国家出版基金、国家科学技术学术著作出版基金、国防科技图书出版基金和"十二/三五"国家重点图书出版规划项目资助),参编英文学术著作 1 部(主编:胡文瑞院士和许厚泽院士);以第一发明人授权国家发明专利 24 项和受理 32 项;以排名第一荣获中国测绘科技进步一等奖(3 项)、中国专利优秀奖、中国地球物理科技进步二等奖、湖北省自然科学二等奖、中科院卢嘉锡青年人才奖(全国 50 名/年)、傅承义青年科技奖(全国 5 名/年)、刘光鼎地球物理青年科技奖(全国 5 名/年)、十佳中国电子学会优秀科技工作者奖(全国 10 名/年)、中国青年测绘地理信息科技创新人才奖(全国 30 名/年)、中国地球物理科学技术创新奖(全国 2 名/年)、中国产学研合作创新奖(全国 40 名/年)、领跑者 5000 - 中国精品科技期刊顶尖论文奖、中国惯性技术创新优秀论文奖(全国 2 篇/年)等 30 余项;主持中央军委科技委前沿科技创新项目、国防科技创新特区创新工作站重点项目课题、国家自然科学基金青年项目(结题特优)、面上项目和重点项目课题、"兴辽英才计划"攀登学者(科技创新领军人才)、中科院知识创新工程重要方向青年人才项目、中科院卢嘉锡青年人才和青年创新促进会基金、日本 JSPS 项目课题、国家留学人员科技择优资助基金、中国空间技术研究院杰出青年人才基金等 30 余项;研究成果获西班牙科学院空间科学研究所、澳大利亚纽卡斯尔大学等 20 个航天、测绘、海洋、地震、国防部门应用;获奖成果被《中国测绘报》《长江日报》《中国航天》等媒体跟踪报道。

内 容 简 介

本书是一本较系统和翔实地论述 GNSS-R 卫星测高方法及水下导航应用的科学专著。全书共 18 章,主要内容包括:基于新一代 GNSS-R 星座海面测高原理提高水下惯性/重力组合导航精度研究进展;GNSS-R 卫星海面测高基本原理;GNSS-R 海面风场测量及反射信号处理方法;GNSS-R 海面测高及反射信号处理方法;海面有效波高测量及信号处理方法;GNSS 反射信号接收处理平台设计;GNSS 海面测高反射信号的部分干涉处理;互调分量对干涉 GNSS-R 测量的影响;基于 TechDemoSat-1 星载 GNSS-R 的海冰相位测高;GNSS-R 波形统计及其对测高反演的影响;利用 CYGNSS 计划获取的星载 GNSS-R 数据测量湖泊水位与表面地形;基于重力场-法向投影反射参考面组合修正法提高 GNSS-R 镜面反射点定位精度;基于海洋潮汐时变高程修正定位法提高星载 GNSS-R 镜面反射点海面定位精度;基于星载下视天线观测能力优化法提高 GNSS-R 测高卫星接收海面反射信号数量;基于测地线周期性航向控制法提高水下地形匹配导航的匹配效率;基于分层邻域阈值搜索法提高水下潜器重力匹配导航的匹配效率;基于主成分加权平均归一化法优选水下重力匹配导航适配区;基于先验递推迭代最小二乘误匹配修正法提高水下潜器重力匹配导航的可靠性。

本书可供从事与 GNSS-R 卫星测高和水下导航相关科学研究的科研人员参阅,也可作为卫星导航学、惯性导航学、海洋重力学等相关专业本科生和研究生的教学参考书。

This book is a systematic, detailed and scientific monograph concerning the methodology on GNSS-Reflectometry satellite altimetry and its application in underwater navigation. The book consists of 18 chapters, and the main contents include as follows: firstly, the research progress in improving the accuracy of underwater inertial/gravity integrated navigation based on the new generation of GNSS-Reflectometry constellation sea surface altimetry principle; secondly, the basic principle of GNSS-Reflectometry satellite sea surface altimetry; thirdly, the GNSS-Reflectometry sea surface wind field measurement and reflected signal processing method; fourthly, the GNSS-Reflectometry sea surface altimetry and reflection signal processing method; fifthly, the sea surface significant wave height measurement and signal processing method; sixthly, the design of GNSS reflection signal receiving and processing platform; seventhly, the partial interferometric processing of reflected GNSS signals for ocean altimetry; eighthly, the impact of inter – modulation components on interferometric GNSS – Reflectometry; ninthly, the spaceborne phase altimetry over sea ice using TechDemoSat – 1 GNSS – Reflectometry signals; tenthly, the revisiting the GNSS – Reflectometry waveform statistics and its impact on altimetric retrievals; eleventhly, the lake level and surface topography measured with spaceborne GNSS – Reflectometry from CYGNSS mission; twelfthly, improving the GNSS – R specular reflection point positioning accuracy using new the gravity field normal projection reflection reference surface combination correction method; thirteenthly, improving the positioning accuracy of satellite – borne GNSS – R specular reflection point on sea surface based on the new ocean tidal correction positioning method; fourteenthly, increasing the number of sea surface reflected signals received by GNSS – Reflectometry altimetry satellite using the nadir antenna observation capability optimization method; fifteenthly, geodesic – based method for improving matching efficiency of underwater terrain matching navigation; sixteenthly, improving the matching efficiency of the underwater gravity matching navigation based on the new hierarchical neighborhood threshold method; seventeenthly, optimizing suitability region of the underwater gravity matching navigation based on the new principal component weighted average normalization method; eighteenthly, improving the reliability of underwater gravity matching navigation based on the priori recursive iterative least squares mismatching correction method.

This monograph can be used as a reference book for researchers engaged in scientific research on GNSS – R satellite altimetry and underwater navigation, as well as for undergraduate and graduate students majoring in satellite navigation, inertial navigation and marine gravimetry.

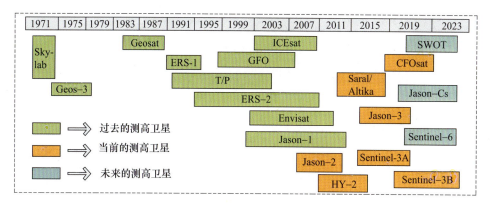

图 1.1 国内外测高卫星发展进程

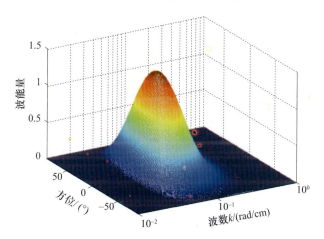

图 3.4 风速 10m/s 和风向 0°下的二维 Elfouhaily 海浪谱

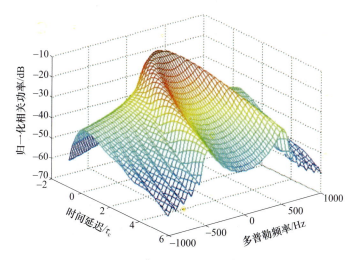

图 3.8 典型时延－多普勒二维相关功率仿真

1

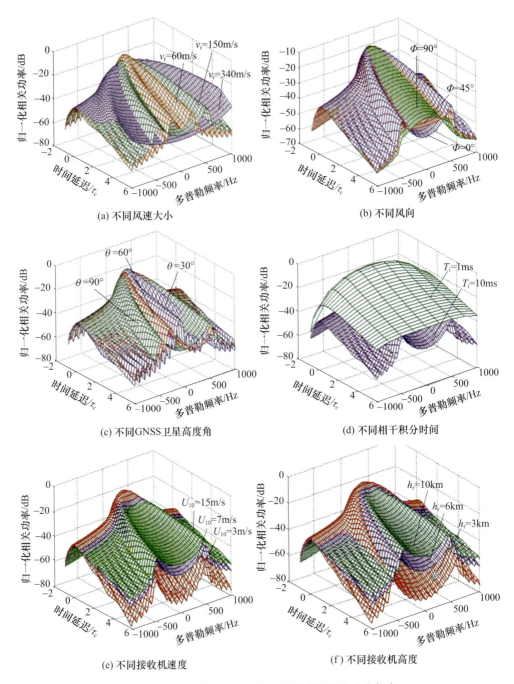

图 3.9 不同条件下 GNSS 海面反射信号相关功率仿真

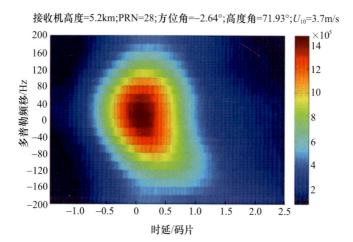

图 3.18 实验获取的典型时延-多普勒二维相关功率

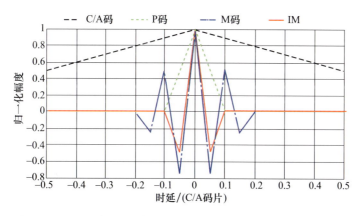

图 8.2 GPS L1 波段不同信号分量(C/A 码、P 码、M 码和互调分量)的自相关函数(ACF)比较

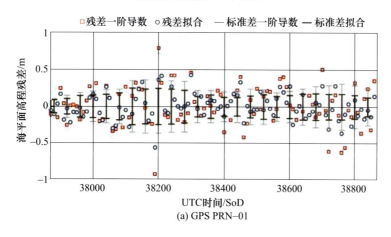

(a) GPS PRN-01

3

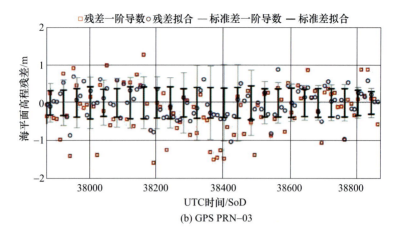

(b) GPS PRN-03

图 10.3 基于前沿拟合法和前沿导数法的实测海面高残差对比。根据 GNSS-R 时间序列获得的海面高与简单拟合的分段线性函数之差计算残差。通过绘制正负统一标准的条形图,基于前沿拟合法[SSH std(FIT)]和前沿导数法[SSH std(DER)]对比了实测海面高的可变性,相干积分时间为 $t_c = 10\text{ms}$ 和非相干积分时间为 $T_1 = 10\text{s}$ ($N_1 = 1000$)。

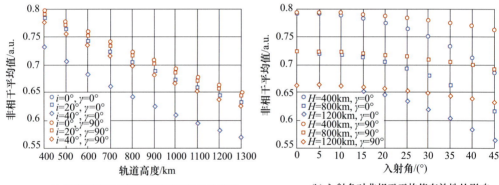

(a) 轨道高度对非相干平均值有效性的影响　　(b) 入射角对非相干平均值有效性的影响

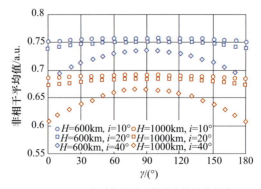

(c) γ 角对非相干平均值有效性的影响

图 10.7 不同参数对非相干平均值有效性的影响

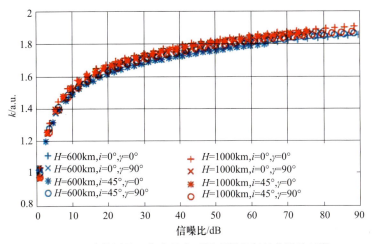

图 10.8 改善因子 k 作为具有不同观测几何的信噪比函数

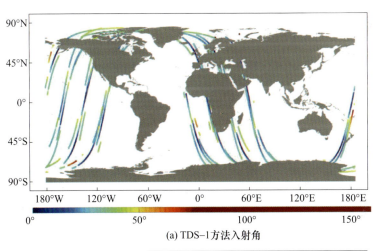

(a) TDS-1方法入射角

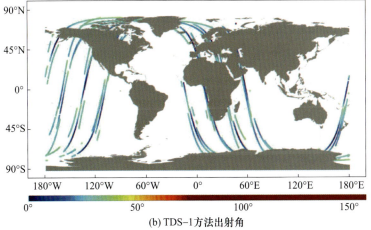

(b) TDS-1方法出射角

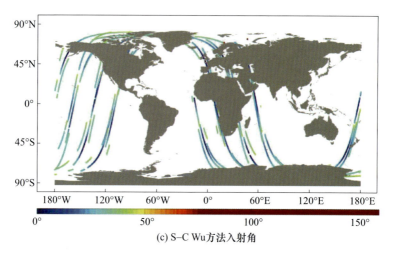

(c) S–C Wu方法入射角

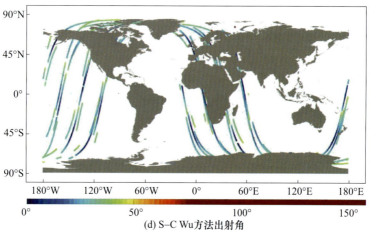

(d) S–C Wu方法出射角

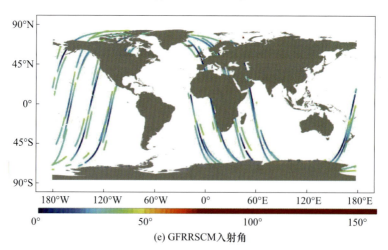

(e) GFRRSCM入射角

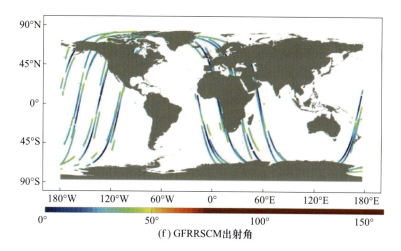

(f) GFRRSCM出射角

图 12.4　2018 年 3 月 31 日 21 时至 2018 年 4 月 1 日 3 时(UTC)
镜面反射点对应的入射角和出射角

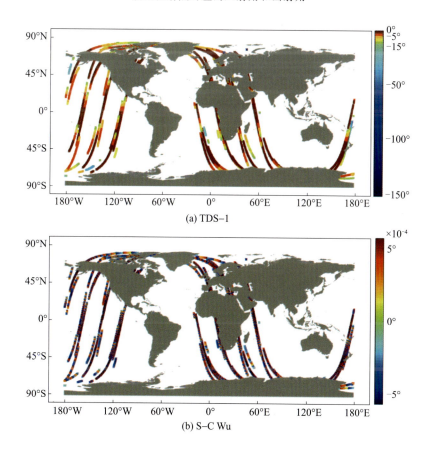

(a) TDS-1

(b) S-C Wu

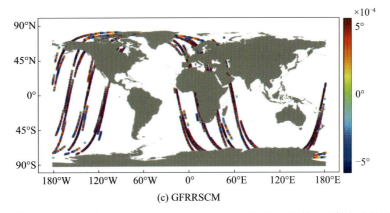

图 12.5　2018 年 3 月 31 日 21 时至 2018 年 4 月 1 日 3 时(UTC)镜面反射点对应的出射角与入射角之差

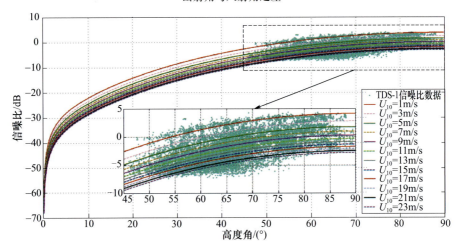

图 14.4　模型数据与 TDS-1 观测数据对比

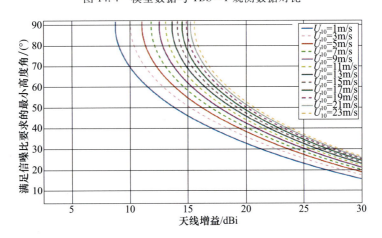

图 14.5　满足信噪比要求的最小卫星高度角与天线增益关系

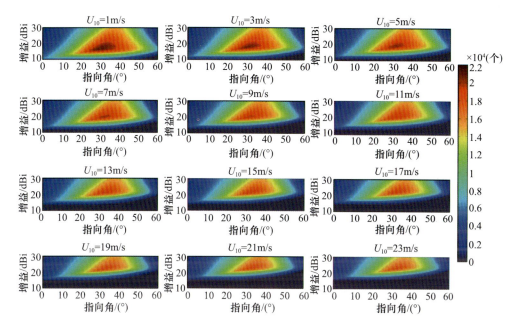

图 14.6 GNSS-R 卫星接收海面反射信号数量与天线增益、波束指向角之间的关系

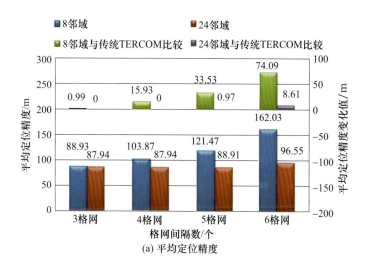

(a) 平均定位精度

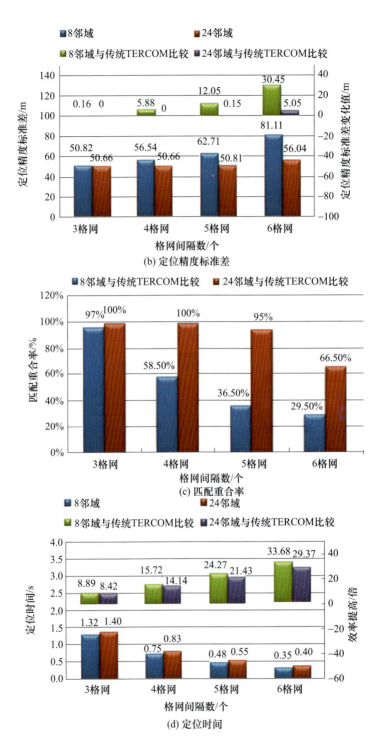

图 16.9 不同格网和邻域情况下算法统计信息对比